高等院校土木工程专业课程设计解析与实例丛书

钢结构课程设计解析与实例

第 2 版

唐兴荣　编著

机 械 工 业 出 版 社

本书是"高等院校土木工程专业课程设计解析与实例丛书"之一，书中对土木工程专业课程设计体系中结构设计模块的组合楼盖设计、普通钢屋架设计、平台钢结构设计、轻型门式刚架结构设计和钢框架结构设计共五个钢结构设计进行了分析说明，解析了上述钢结构的设计方法、设计内容及基本要求，并列举了相应的课程设计实例。

　　本书可供高等院校土木工程专业及相关专业师生作为课程设计的教学辅导与参考书，也可作为土木工程专业毕业生通向新工作岗位的一座必要桥梁。

图书在版编目（CIP）数据

钢结构课程设计解析与实例/唐兴荣编著 . —2 版 . —北京：机械工业出版社，2021.1（2024.7 重印）

（高等院校土木工程专业课程设计解析与实例丛书）

ISBN 978-7-111-66974-6

Ⅰ . ①钢… 　Ⅱ . ①唐… 　Ⅲ . ①钢结构 - 课程设计 - 高等学校 - 教学参考资料 　Ⅳ . ①TU391

中国版本图书馆 CIP 数据核字（2020）第 234520 号

机械工业出版社（北京市百万庄大街 22 号 　邮政编码 100037）
策划编辑：薛俊高 　责任编辑：薛俊高 　关正美
责任校对：刘时光 　封面设计：张 　静
责任印制：刘 　媛
涿州市般润文化传播有限公司印刷
2024 年 7 月第 2 版第 3 次印刷
210mm×285mm · 18.5 印张 · 538 千字
标准书号：ISBN 978-7-111-66974-6
定价：49.00 元

电话服务 　　　　　　　网络服务
客服电话：010-88361066 　机 　工 　官 　网：www.cmpbook.com
　　　　　010-88379833 　机 　工 　官 　博：weibo.com/cmp1952
　　　　　010-68326294 　金 　书 　网：www.golden-book.com
封底无防伪标均为盗版 　机工教育服务网：www.cmpedu.com

总　序

　　土木工程专业实践教育体系由实验类、实习类、设计类和社会实践以及科研训练等领域组成。土木工程专业实践教育是土木工程专业培养方案中重要的教学环节之一，其设计领域包括课程设计和毕业设计，其中课程设计是土木工程专业实践教育体系的重要环节，起到承上启下的纽带作用。一个课程设计实践环节与一门理论课程相对应，课程设计是将课程基本理论、基本知识转化为课程实践活动的"桥梁"，也可为学生后续的毕业设计和今后的工作奠定坚实的基础。但是，由于课程设计辅导环节很难满足大多数学生的需求，缺少课程设计后期的答辩和信息反馈环节，加上辅导教师缺乏工程实践经验，使课程设计很难达到专业培养方案所提出的要求。为此，编者根据多年来从事土木工程专业教学改革项目研究和实践所取得的成果，以及指导土木工程专业课程设计所积累的教学经验，按照我国现行规范、标准编写了这套丛书。

　　土木工程专业课程设计体系包括实践单元、知识与技能点两个层次，由建筑设计、结构设计和施工技术与经济三个设计模块组成。据此，提出了土木工程各专业方向课程设计的内容及其知识与技能点。

　　本丛书注重解析课程设计中的重点、难点及理论应用于实践的基本方法，培养学生初步的设计计算能力，掌握综合运用课程基础理论和设计方法。每个课程设计的内容包括知识与技能点、设计解析、设计实例以及思考题等。书后还附有课程设计任务书，供教师教学时参考。

　　"高等院校土木工程专业课程设计解析与实例丛书"共七册，涵盖了土木工程专业建筑工程、道路和桥梁工程、地下工程各设计模块中涉及的课程内容。第一册：《建筑设计课程设计解析与实例》，包括土木工程制图课程设计、房屋建筑学课程设计等；第二册：《施工技术与经济课程设计解析与实例》，包括施工组织设计、工程概预算课程设计等；第三册：《混凝土结构课程设计解析与实例》，包括混凝土梁板结构设计、单层厂房排架结构设计、混凝土框架结构设计、砌体结构设计等；第四册：《钢结构课程设计解析与实例》，包括组合楼盖设计、普通钢屋架设计、平台钢结构设计、轻型门式刚架结构设计、钢框架结构设计等；第五册：《桥梁工程课程设计解析与实例》，包括桥梁结构设计、桥梁桩基础设计等；第六册：《道路工程课程设计解析与实例》，包括道路勘测设计、路基挡土墙设计、路基路面设计等；第七册：《地下建筑结构课程设计解析与实例》，包括地下建筑结构设计、隧道工程设计、基坑支护设计、桩基础工程设计等。

　　本丛书既可作为高等院校土木工程专业及相关专业师生课程设计的教学辅导与参考书，也可作为土木工程专业师生毕业设计的参考书，还可供从事土木工程专业及相关专业的工程技术人员参考。

　　由于编者的水平有限，书中难免会有疏漏之处，敬请读者批评指正。

编　者

2020 年元月

前　言

　　本书是"高等院校土木工程专业课程设计解析与实例丛书"之一。书中解析了土木工程专业课程设计体系中结构设计模块的组合楼盖设计、普通钢屋架设计、平台钢结构设计、轻型门式刚架结构设计和钢框架结构设计五个钢结构设计。

　　"组合楼盖设计"系统解析了钢-混凝土组合楼盖的设计方法和步骤，其可使学生完成钢-混凝土组合楼盖结构布置、内力计算、内力组合以及施工阶段和使用阶段各构件的强度、稳定性计算、次梁与主梁节点设计以及结构施工图绘制，具有初步的组合楼盖设计能力。

　　"普通钢屋架设计"系统解析了普通钢屋架的设计方法和步骤，其可使学生完成钢屋架支撑系统体系的布置、钢屋架选型、荷载计算与荷载组合、内力计算、钢屋架杆件设计、节点设计，以及钢屋架施工图绘制，具有初步的普通钢屋架设计能力。

　　"平台钢结构设计"系统解析了平台钢结构的设计方法和步骤，其可使学生完成钢平台结构布置、内力计算和内力组合、各构件的强度、稳定性计算，梁柱节点和柱脚设计，以及钢平台结构施工图绘制，具有初步的平台钢结构设计能力。

　　"轻型门式刚架结构设计"系统解析了轻型门式刚架结构设计方法和步骤，其可使学生完成轻型门式刚架结构布置、内力计算和内力组合、各构件的强度、稳定性计算，梁柱节点和柱脚设计，以及门式刚架结构施工图绘制，具有初步的轻型门式刚架结构设计能力。

　　"钢框架结构设计"系统解析了钢框架结构设计方法和步骤，其可使学生完成钢框架结构布置、内力计算和内力组合、各构件的强度、稳定性计算，梁柱节点和柱脚设计，以及钢框架结构施工图绘制，具有初步的钢框架结构设计能力。

　　本书内容根据《建筑结构可靠性设计统一标准》（GB 50068—2018）、《建筑结构荷载规范》（GB 50009—2012）、《混凝土结构设计规范》（GB 50010—2010）（2015 年版）、《建筑抗震设计规范》（GB 50011—2010）（2016 年版）、《钢结构设计标准》（GB 50017—2017）、《建筑地基基础设计规范》（GB 50007—2011）等国家现行的规范、规程、标准编写，编写时也充分吸纳了广大读者反馈的有益建议。本书可作为高等院校土木工程专业及相关专业师生课程设计、毕业设计的教学辅导与参考书，也可供土木工程专业及相关专业工程技术人员参考。

　　由于编者的水平有限，书中难免会有疏漏之处，敬请读者批评指正。

目 录

第1章 绪 论

1.1 课程设计的目的

课程设计是土木工程专业实践教学体系中的重要环节之一，其目的主要体现在以下几个方面：

1. 巩固与运用理论教学的基本概念、基础知识

一个课程设计实践环节与一门理论课程相对应，课程设计起着将课程基本理论、基本知识转化为课程实践活动的"桥梁"纽带作用。通过课程设计，可以加深学生对课程基本理论、知识的认识和理解，并学习运用这些基本理论、基本知识来解决工程实际问题。

2. 培养学生使用各种规范、规程、查阅手册和资料的能力

完成一个课程设计，仅仅局限于教材中的内容是远远不够的，需要查阅和运用相关的规范、规程、标准、手册、图集等资料。学生在完成课程设计的过程中进行文献检索，一方面有助于提高课程设计的质量，另一方面可以培养学生查阅各种资料和应用规范、规程的能力，为毕业设计（论文）打下坚实的基础。

3. 培养学生工程设计意识，提高概念设计的能力

课程设计实践环节实现了学生从基本理论、基本知识的学习到工程技术学习的过渡，通过课程设计，可培养学生工程设计意识，提高概念设计的能力。一个完整的结构设计过程，从结构选型、结构布置，到结构分析计算、截面设计，再到细部处理等环节，学生对所遇的问题依据建筑结构在各种情况下工作的一般规律，结合实践经验，综合考虑各方面因素，确定合理的结构分析、处理方法，力求取得最为经济、合理的结构设计方案。

4. 熟悉设计步骤与相关的设计内容

所有的工程结构设计，无论是整个结构体系，还是结构构件设计的步骤都有其共同性，通过课程设计教学环节的训练，可以使学生熟悉设计的基本步骤和程序，掌握主要设计过程的设计内容与设计方法。

5. 培养学生的设计计算能力

各门课程设计的计算除了涉及本课程的设计计算内容外，还要涉及其他专业课程、专业基础课程甚至基础课程的相关知识。课程设计对学生加深各门课程之间纵横向联系的理解，学会综合运用各门课程的知识完成工程设计计算是一项十分有益的训练。

6. 培养学生施工图的表达能力

在课程设计过程中，应引导学生查阅有关的构造手册，对规范中规定的各种构造措施要在图纸中有明确的表示，使学生认识到，图纸是工程师的语言，自己所绘的图纸必须正确体现设计计算，图纸上的每一根线条都要有根有据，不仅自己看得明白，还要让施工人员便于理解设计意图，最终达到正确施工的目的。

7. 培养学生分析和解决工程实际问题的能力

课程设计是理论知识与设计方法的综合运用。每份课程设计任务书的设计任务有所不同，要实现"一人一题"，这样可以避免重复，同时减少学生间的相互依赖，使学生主动思考，自行设计。从而使学生既受到全面的设计训练，也通过具体工程问题的处理，提高学生分析问题和解决工程实际问题的能力。

8. 培养学生的语言表达能力

在课程设计结束时，建议增加一个课程设计的答辩环节，以培养学生的语言组织能力、逻辑思维能力和语言表达能力，同时也为毕业设计（论文）答辩做好准备。

1.2　课程设计的基本要求

课程设计的成果一般包括课程设计计算书和设计图。课程设计计算书应装订成册，一般由封面、目录、课程设计计算书、参考文献、附录、致谢和封底等部分组成。设计图应符合规范，达到施工图要求。

1. 封面

封面要素包括课程设计名称、学院（系）及专业名称、学生姓名、学号、班级、指导教师姓名以及编写日期等。

2. 目录

编写目录时应注意与设计计算书相对应，尽量细致划分、重点突出。

3. 课程设计计算书

课程设计计算书主要记录全部的设计计算过程，应完整、清楚、整洁、正确。计算步骤要条理清楚，引用数据要有依据，采用计算图表和计算公式应注明其来源或出处，构件编号、计算结果（如截面尺寸、配筋等）应与图纸表达一致，以便核对。

当采用计算机计算时，应在计算书中注明所采用的计算机软件名称，计算机软件必须经过审定或鉴定才能在工程中推广应用，电算结果应经分析认可。荷载简图、原始数据和电算结果应整理成册，与手算计算结果统一整理。

选用标准图集时，应根据图集的说明，进行必要的选用计算，作为设计计算的内容之一。

4. 参考文献

参考文献中列出主要的参考文章、书籍，编号应与正文相对应。

5. 附录

附录包括课程设计任务书和其他主要的设计依据资料。

6. 致谢

对在设计过程中给予自己帮助的教师、学生等给予感谢。

7. 封底

施工图是进行施工的依据，是设计者的语言，是设计意图最准确、最完整的体现，也是保证工程质量的重要环节。

图纸要求：依据国家制图标准《房屋建筑制图统一标准》（GB/T 50001—2017）和《建筑结构制图标准》（GB/T 50105—2010），采用手绘或 CAD 软件绘制，设计内容满足规范要求，图面布置合理，表达正确，文字规范，线条清楚，达到施工图设计深度的要求。

1.3　土木工程专业课程设计体系和课程设计内容

1. 土木工程专业课程设计体系

土木工程专业各专业方向（建筑工程、道路与桥梁工程、地下工程、铁道工程等）构建由"建筑设计""结构设计""施工技术与经济"三个模块所组成的课程设计体系，如图 1-1 所示。

2. 土木工程专业课程设计内容和知识技能点

根据上述所构建的土木工程专业课程设计体系，对土木工程专业课程设计加以适当组合，以反映土木工程专业各专业方向完整的课程设计体系。

（1）建筑设计模块 建筑设计模块包括"土木工程制图课程设计""房屋建筑学课程设计"，其分别对应《土木工程制图》《房屋建筑学》两门课程。

"土木工程制图课程设计"是一个建议新增的基础性课程设计，其设计内容有：给定一栋民用建筑或工业建筑的若干主要建筑施工图、结构施工图，学生通过运用建筑制图和结构制图标准，手工绘制设计任务书所规定的建筑、结构施工图，并进行施工图识读基本能力的训练。通过本课程设计的训练，使学生掌握土建制图的基本知识，掌握绘制和阅读一般土木工程施工图的方法，正确使用绘图仪器和绘图软件作图，并具备手工绘图的初步技能。土木工程专业各专业方向均设置"土木工程制图课程设计"（1周），各校也可根据具体情况，结合课程教学进度，采用课程大作业的形式进行。

"房屋建筑学课程设计"内容有：根据给定的建筑设计条件，进行中小型公共建筑的建筑方案、功能布置、建筑施工图绘制，掌握建筑构造基本知识和具有初步建筑设计能力。建筑工程方向设置"房屋建筑学课程设计"（1周），地下工程方向设置"地下建筑规划设计"（1周）。

（2）结构设计模块 土木工程专业方向均设置"混凝土结构构件课程设计"（1周），对应《混凝土结构设计原理》课程。其中建筑工程方向、地下工程方向为梁、板结构设计，道路和桥梁工程方向为混凝土板（梁）桥结构设计，铁道工程方向为路基支挡结构设计。除此以外，结构设计模块设置以下课程设计：

1）建筑工程方向。设置3个课程设计："混凝土结构课程设计"（1周）、"钢结构课程设计"（1周）、"基础工程课程设计"（1周），分别对应《混凝土结构设计》《钢结构设计》《基础工程》3门课程。"混凝土结构课程设计"内容可选择装配式单层厂房结构设计、混凝土框架结构设计等。"钢结构课程设计"内容可选择钢屋架设计、钢结构平台设计、门式刚架结构设计等。"基础工程课程设计"内容可选择柱下条形基础设计、独立桩基础设计等。

2）道路与桥梁工程方向。设置4个课程设计："道路勘测课程设计"（1周）、"挡土墙或边坡课程设计"（1周）、"路基路面课程设计"（1周）、"基础工程课程设计"（1周），分别对应《道路勘测设计》《路基工程》《路面工程》《基础工程》4门课程。其中，"基础工程课程设计"可选择桥梁桩基础设计。

3）地下工程方向。设置3个课程设计："隧道工程课程设计"（1周）、"基坑支护课程设计"（1周）、"基础工程课程设计"（1周），分别对应《隧道工程》《边坡工程及基坑支护》《基础工程》3门课程。其中，"基础工程课程设计"可选择独立桩基础设计。

4）铁道工程方向。设置4个课程设计："路基横断面设计"（1周）、"铁道无缝线路设计"（1周）、"线路设计"（1周）、"铁路车站设计"（1周），分别对应《路基工程》《轨道工程》《线路设计》《铁路车站》4门课程。

（3）施工技术与经济模块 施工技术与经济模块包括"施工组织设计""工程概预算"2个课程设计，分别对应《土木工程施工技术》《工程概预算》或《工程造价》。

土木工程专业各专业方向均设置"施工组织课程设计"（1周），其中，建筑工程方向为"建筑工程施工组织设计"，道路与桥梁工程方向为"桥梁施工组织设计"，地下工程方向为"地下工程施工组织设计"，铁道工程方向为"铁道工程施工组织设计"。

土木工程专业各专业方向均设置"工程概预算课程设计"（1周），进行工程项目的工程量计算、预算书编制以及工程造价分析。土木工程专业不同专业方向分别进行建筑工程、道路与桥梁工程、地下工程以及铁道工程的工程量计算、概预算编制、工程造价分析。

土木工程专业各专业方向课程设计内容一览表见表1-1。

土木工程专业各专业方向课程设计的知识技能点见表1-2。

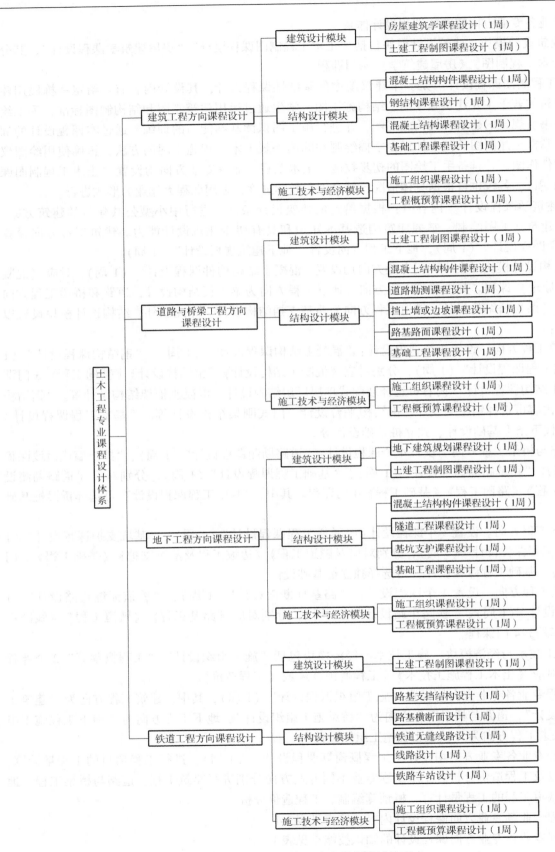

图1-1　土木工程专业课程设计体系

表1-1 土木工程专业各专业方向课程设计内容一览表

序号	专业方向	课程设计名称	课程设计内容描述	对应课程	建议周数
1	建筑工程	土木工程制图课程设计	识图并手绘主要建筑、结构施工图	土木工程制图	1周
2		房屋建筑学课程设计	中小型公共建筑方案设计	房屋建筑学	1周
3		混凝土结构构件设计	(单、双向板)肋梁楼盖梁、板构件设计	混凝土结构设计原理	1周
4		钢结构设计	钢屋架设计或钢平台结构设计	钢结构设计	1周
5		混凝土结构设计	装配式混凝土单层厂房结构设计或多层混凝土框架结构设计	混凝土结构设计	1周
6		基础工程课程设计	柱下条形基础或独立柱下桩基础设计	基础工程	1周
7		施工组织课程设计	民用建筑或工业建筑施工组织设计	建筑工程施工	1周
8		工程概预算	房屋建筑工程的工程量计算、概预算编制、工程造价分析	建筑工程造价	1周
1	道路与桥梁工程	土木工程制图课程设计	识图并手绘主要建筑、结构施工图	土木工程制图	1周
2		混凝土结构构件设计	混凝土板(梁)桥结构设计	桥梁工程	1周
3		道路勘测设计	三级公路设计	道路勘测设计	1周
4		路基工程设计	挡土墙或边坡设计	路基路面工程	1周
5		路面工程设计	刚性路面或柔性沥青路面结构设计	路基路面工程	1周
6		基础工程课程设计	桥梁桩基础设计	基础工程	1周
7		施工组织课程设计	桥梁工程施工组织设计	道路与桥梁工程施工技术	1周
8		工程概预算	道路工程或桥梁工程的工程量计算、概预算编制、工程造价分析	道路与桥梁工程概预算	1周
1	地下工程	土木工程制图课程设计	识图并手绘主要建筑、结构施工图	土木工程制图	1周
2		地下建筑规划设计	典型地下建筑工程的规划设计	地下建筑规划设计	1周
3		混凝土结构构件设计	地下建筑(单、双向板)肋梁楼盖梁、板构件设计	混凝土结构设计	1周
4		地下建筑结构设计	浅埋式框架结构设计或盾构隧道结构设计	地下建筑结构	1周
5		基坑支护设计	基坑支护设计	基坑支护	1周
6		基础工程课程设计	独立桩基设计	基础工程	1周
7		施工组织课程设计	地下建筑工程施工组织设计	地下工程施工技术	1周
8		工程概预算	地下建筑工程的工程量计算、概预算编制、工程造价分析	地下工程概预算	1周
1	铁道工程	土木工程制图课程设计	识图并手绘主要建筑、结构施工图	土木工程制图	1周
2		路基支挡结构设计	挡土墙及边坡设计	路基工程	1周
3		路基横断面设计	铁道路基工程设计	路基工程	1周
4		铁道无缝线路设计	铁道无缝线路设计	轨道工程	1周
5		线路设计	普通铁道线路设计	线路设计	1周
6		铁道车站设计	铁路区段站设计	铁路车站	1周
7		施工组织课程设计	铁道工程施工组织设计	铁道工程施工技术	1周
8		工程概预算	铁道工程的工程量计算、概预算编制、工程造价分析	铁道工程概预算	1周

注:课程设计内容各学校可根据土木工程专业课程设置情况作适当的调整。

表 1-2　土木工程专业各专业方向课程设计的知识技能点

实践单元		知识与技能点		
序号	描述	序号	描述	要求
1	土木工程制图课程设计（1周）	1	建筑制图、结构制图的标准	熟悉
		2	绘制和阅读建筑、结构施工图方法	掌握
2	房屋建筑学课程设计（1周）	1	中小型公共建筑方案设计	熟悉
		2	绘制建筑施工图（平、立、剖面图及局部大样图）的方法	掌握
3	混凝土结构构件设计（1周）	1	楼盖结构梁板布置方法和构件截面尺寸估算方法	掌握
		2	按弹性理论、塑性理论设计计算混凝土梁、板构件	掌握
		3	楼盖结构施工图的绘制方法	掌握
4	钢结构设计（1周）	1	钢屋架形式的选择和主要尺寸的确定	掌握
		2	钢屋架支撑系统体系的布置原则及表达方法	掌握
		3	钢屋架荷载、内力计算与组合方法	掌握
		4	钢屋架各杆件截面选择原则、验算的内容及计算方法	掌握
		5	钢屋架典型节点的设计计算方法及相关构造；焊缝的计算方法及构造	掌握
		6	钢屋架施工图的绘制方法及材料用量计算	熟悉
5	混凝土结构设计（1周）	1	混凝土结构布置原则、构件截面尺寸估选方法	熟悉
		2	混凝土结构计算单元和计算简图的取用	掌握
		3	混凝土结构荷载、内力的计算和组合方法	掌握
		4	混凝土结构构件截面设计和构造要求	掌握
		5	绘制混凝土结构施工图	掌握
6	基础工程课程设计（1周）	1	设计资料分析、基础方案及类型的选择	熟悉
		2	地基承载力验算及基础尺寸的拟定；地基变形及稳定验算	掌握
		3	基础结构设计计算方法	掌握
		4	绘制基础结构施工图	掌握
7	施工组织课程设计（1周）	1	工程概况及施工特点分析；施工部署和施工方法概述	熟悉
		2	主要分部分项工程施工方法的选择	掌握
		3	施工进度计划、施工准备工作计划	掌握
		4	安全生产、质量工期保证措施和文明施工达标措施	掌握
		5	设计并绘制施工现场总平面布置图	掌握
8	工程概预算（1周）	1	按照相应"工程计价表"中的计算规则进行详细的工程量计算	掌握
		2	按照相应"工程计价表"中的相应价格编制各分部分项工程的预算书	掌握
		3	按照相应地区的工程量清单计价程序和取费标准编制工程造价书	掌握
1	土木工程制图课程设计（1周）	1	建筑制图、结构制图的标准	熟悉
		2	绘制和阅读建筑、结构施工图方法	掌握
2	混凝土结构构件设计（1周）	1	钢筋混凝土简支板（梁）桥结构布置原则和构件截面尺寸估选	掌握
		2	钢筋混凝土简支板（梁）的设计计算方法和构造要求	掌握
		3	结构施工图的绘制方法	掌握
3	道路勘测设计（1周）	1	道路选线的一般方法和要求	熟悉
		2	道路的线型设计（包括平、纵、横）	掌握
		3	道路线型施工图的绘制方法	掌握

（序号1～8左侧合并单元格："建筑工程方向课程设计"；序号1～3左侧合并单元格："道路与桥梁工程方向课程设计"）

（续）

实践单元			知识与技能点		
序号	描述		序号	描述	要求
4	道路与桥梁工程方向课程设计	路基工程设计 （1周）	1	挡土墙结构类型选用	熟悉
			2	挡土墙结构设计计算方法	掌握
			3	绘制挡土墙结构施工图（包括挡土墙纵断面、平面、横断面详图）；计算有关工程数量	掌握
5		路面工程设计 （1周）	1	路基设计计算方法	掌握
			2	路面结构设计参数确定方法	掌握
			3	路面结构设计计算方法	掌握
			4	路面结构施工图的绘制方法	掌握
6		基础工程课程设计 （1周）	1	基础方案及类型的选择	熟悉
			2	地基承载力验算及基础尺寸的拟定；地基变形及稳定验算	掌握
			3	基础结构设计计算方法	掌握
			4	绘制基础结构施工图	掌握
7		施工组织课程设计 （1周）	1	施工方案和施工方法的选择	熟悉
			2	下部、上部结构和特殊部位工艺流程和技术措施	掌握
			3	施工进度计划表；施工准备工作计划	掌握
			4	安全生产、质量工期保证措施和文明施工达标措施	掌握
			5	设计并绘制施工现场总平面布置图	掌握
8		工程概预算 （1周）	1	按照相应"工程计价表"中的计算规则进行详细的工程量计算	掌握
			2	按照相应"工程计价表"中的相应价格编制各分部分项工程的预算书	掌握
			3	按照相应地区的工程量清单计价程序和取费标准编制工程造价书	掌握
1	地下工程方向课程设计	土木工程制图课程设计 （1周）	1	建筑制图、结构制图的标准	熟悉
			2	绘制和阅读建筑、结构施工图方法	掌握
2		地下建筑规划设计 （1周）	1	地下建筑工程的结构选型，主体工程的长度、宽度和高度等主要尺寸的估算	掌握
			2	通道、出口部等主要附属工程的结构形式与净空尺寸的估算	掌握
			3	绘制地下建筑的建筑施工图	掌握
3		混凝土结构构件设计 （1周）	1	主体建筑结构选择，衬砌（支护）结构形式选择	熟悉
			2	外部荷载计算，主要结构的力学计算及校核，配筋计算等	掌握
			3	梁、板、柱等主要构件的设计计算方法	掌握
			4	绘制结构施工图	掌握
4		隧道工程设计 （1周）	1	隧道断面布置	掌握
			2	隧道主体结构设计方法	掌握
			3	绘制隧道结构施工图	掌握
5		基坑支护设计 （2周）	1	基坑支护类型的选择方法	熟悉
			2	土钉墙设计计算方法	掌握
			3	护坡桩设计计算方法	掌握
			4	基坑施工要求及安全监测的设计	熟悉
			5	基坑施工图绘制方法	掌握

（续）

实践单元			知识与技能点		
序号	描述		序号	描述	要求
6	地下工程方向课程设计	基础工程课程设计（1周）	1	选择桩的类型和几何尺寸	掌握
			2	确定单桩竖向承载力特征值；确定桩的数量、间距和布置方式	掌握
			3	验算桩基承载力；桩基沉降计算；承台设计	掌握
			4	桩基础结构施工图绘制方法	掌握
7		施工组织课程设计（1周）	1	掘进和支护工序施工方案的选择、施工工艺与方法的设计、施工设备的选择	熟悉
			2	提升、运输、压气供应、通风、供水、排水等辅助系统的设计方法	掌握
			3	编制工程质量与安全措施	掌握
			4	设计并绘制施工方案图	掌握
8		工程概预算（1周）	1	按照相应"工程计价表"中的计算规则进行详细的工程量计算	掌握
			2	按照相应"工程计价表"中的相应价格编制各分部分项工程的预算书	掌握
			3	按照相应地区的工程量清单计价程序和取费标准编制工程造价书	掌握
1	铁道工程方向课程设计	土木工程制图课程设计（1周）	1	建筑制图、结构制图的标准	熟悉
			2	绘制和阅读建筑、结构施工图方法	掌握
2		铁道无缝线路设计（1周）	1	路基、桥上无缝线路设计的基本原理、方法和步骤	掌握
			2	通过计算，确定路基上无缝线路的允许降温和升温幅度、确定中和轨道温度（即无缝线路设计锁定轨温）	掌握
			3	计算单跨简支梁位于固定区的钢轨伸缩附加力，确定桥上无缝线路锁定轨温	掌握
3		线路设计（1周）	1	根据给定的客货运量，确定主要技术标准，求算区间需要的通过能力，计算站间的距离，进行车站分布计算	熟悉
			2	线路走向选择及平纵断面设计	掌握
			3	工程量和工程费用计算	掌握
			4	平纵断面图的绘制、编制设计说明书	掌握
4		路基横断面设计（1周）	1	设计资料分析、确定路基形式及高度	掌握
			2	确定路基面宽度及形状、基床厚度	掌握
			3	路基填料设计、路基边坡坡度确定	掌握
			4	路堤整体稳定性验算及路堤边坡稳定性验算	掌握
5		路基支挡结构设计（1周）	1	设计资料分析、确定路基横断面尺寸、初步拟定挡土墙高度	掌握
			2	支挡结构荷载分析、拟定挡土墙尺寸并进行土压力计算	掌握
			3	挡土墙的稳定性验算和截面应力验算	掌握
			4	绘制挡土墙结构施工图（包括挡土墙纵断面、平面、横断面详图）	掌握
6		铁路车站设计（1周）	1	分析资料、铁路区段站设计的各主要环节、分析区段站各项设备相互位置、选择车站类型	掌握
			2	确定各项运转设备数量、咽喉设计及计算	掌握
			3	坐标计算、绘图、编写说明书	掌握
7		施工组织课程设计（1周）	1	分析设计资料、工程概况及施工特点，按结构形式确定施工方案及施工方法	熟悉

（续）

实践单元			知识与技能点		
序号	描述	序号	描述		要求
7	铁道工程方向课程设计	施工组织课程设计（1周）	2	根据轨道或路基结构形式确定工艺流程和技术措施，编制资源需要量计划	掌握
			3	施工进度计划表、施工准备工作计划	掌握
			4	安全生产、质量工期保证措施和文明施工达标措施	掌握
			5	设计并绘制施工现场总平面图布置图	掌握
8		工程概预算（1周）	1	按照相应"工程计价表"中的计算规则进行详细的工程量计算	掌握
			2	按照相应"工程计价表"中的相应价格编制各分部分项工程的预算书	掌握
			3	按照相应地区的工程量清单计价程序和取费标准进行工程造价汇总	掌握

注：各学校可根据土木工程专业课程设置情况对课程设计内容作适当的调整。

1.4 课程设计的成绩评定

一般课程设计成绩由以下四部分组成：① 计算书（权重50%）；② 图纸（权重30%）；③ 设计答辩（权重10%）；④ 完成情况（权重10%），具体见表1-3。

表1-3 课程设计的成绩评定

项目	权重	分值	评分标准	评分
计算书（X1）	50%	90～100	结构计算的基本原理、方法、计算简图完全正确 导荷载概念、思路清楚，运算正确 计算书内容完整、系统性强、书写工整、图文并茂	
		80～89	结构计算的基本原理、方法、计算简图正确 导荷载概念、思路基本清楚，运算无误 计算书内容完整、计算书有系统性、书写清楚	
		70～79	结构计算的基本原理、方法、计算简图正确 导荷载概念、思路清楚，运算正确 计算书内容完整、系统性强、书写工整	
		60～69	结构计算的基本原理、方法、计算简图基本正确 导荷载概念、思路不够清楚，运算有错误 计算书无系统性、书写潦草	
		60以下	结构计算的基本原理、方法、计算简图不正确 导荷载概念、思路不清楚，运算错误多 计算书内容不完整、书写不认真	
图纸（X2）	30%	90～100	正确表达设计意图 图例、符号、线条、字体、习惯做法完全符合制图标准 图面布局合理，图纸无错误	
		80～89	正确表达设计意图 图例、符号、线条、字体、习惯做法完全符合制图标准 图面布局合理，图纸有小错误	
		70～79	尚能表达设计意图 图例、符号、线条、字体、习惯做法基本符合制图标准 图面布局一般，有抄图现象，图纸有小错误	
		60～69	能表达设计意图 图例、符号、线条、字体、习惯做法基本符合制图标准 图面布局不合理，有抄图不求甚解现象，图纸有小错误	

（续）

项目	权重	分值	评分标准	评分
图纸 （X2）	30%	60以下	不能表达设计意图 图例、符号、线条、字体、习惯做法不符合制图标准 图面布局不合理、有抄图不求甚解现象，图纸错误多	
答辩 （X3）	10%	90~100	回答问题正确，概念清楚，综合表达能力强	
		80~89	回答问题正确，概念基本清楚，综合表达能力较强	
		70~79	回答问题基本正确，概念基本清楚，综合表达能力一般	
		60~69	回答问题错误较多，概念基本清楚，综合表达能力较差	
		60以下	回答问题完全错误，概念不清楚	
完成 任务 （X4）	10%	90~100	能熟练地综合运用所学的知识，独立全面出色完成设计任务	
		80~89	能综合运用所学的知识，独立完成设计任务	
		70~79	能运用所学的知识，按期完成设计任务	
		60~69	能在教师的帮助下运用所学的知识，按期完成设计任务	
		60以下	不能按期完成设计任务	
总分（X）	\multicolumn{4}{l}{X = 0.5X1 + 0.3X2 + 0.1X3 + 0.1X4}	

课程设计成绩采用优秀、良好、中等、及格和不及格五级制，五级制等级与百分制的对应关系见表1-4。

表1-4　五级制等级与百分制的对应关系

百分制分值	90~100	80~89	70~79	60~69	60分以下
五级制等级	优秀	良好	中等	及格	不及格

1.5　课程设计教学质量的评估指标体系

1. 课程设计教学质量评价的特点

构建科学、合理的本科课程设计教学质量评价体系，准确地评价本科课程设计教学质量是准确地评价本科人才培养质量的基础性工作之一。本科课程设计工作涉及面广，从工作层面来看，涉及学校、学院、系（教研室）、教师、学生五个不同层次的工作；从工作性质来看，涉及教学管理部门、教师、学生三个不同主体的工作。因此，课程设计教学质量的评价应体现层次性、多元性和综合性。

2. 课程设计教学质量评价的体系

根据课程设计教学质量评价的层次性、多元性、综合性等特点，对不同工作层次和不同工作对象进行分层次、分对象的评价，形成层次化、多元化的评价体系。建议从制度建设、组织管理、设计成果、学生情况、指导教师、教学条件六个方面对本科课程设计教学质量进行综合评价，形成综合性评价体系。具体评价指标体系见表1-5。

表1-5　课程设计教学质量评价指标体系

序号	一级指标 内容	一级指标 权重	二级指标 内容	二级指标 权重	评价内容
1	制度建设	0.1	制度建设	0.3	学校是否制定了关于课程设计工作的管理文件
				0.3	学院是否制定了课程设计工作的具体实施计划或工作方案
				0.4	学院或系（教研室）是否制定了符合本科教学要求的课程设计质量标准

（续）

序号	一级指标		二级指标		评价内容
	内容	权重	内容	权重	
2	组织管理	0.1	常规管理	0.6	校、院、系（教研室）对课程设计工作过程的管理
			教学资料	0.4	学生设计成果归档
3	设计成果	0.4	选题	0.1	选题是否紧扣专业的培养目标
			实际动手能力	0.1	设计能力：具有一定的工程技术实际问题的分析能力、设计能力
				0.1	计算能力：掌握计算方法的熟练程度以及计算结果的正确性
			综合应用知识能力	0.2	学生综合运用基本理论与基本技能的熟练程度，表述概念是否清楚、正确
			规范要求方面	0.3	图纸质量：绘图、字体规范标准，符合国家标准
				0.2	计算书质量：内容完整，概念清楚，条理分明，书写工整
4	学生情况	0.15	独立工作能力	0.4	按进度要求独立完成设计任务
			教师评学	0.6	学生纪律表现、工作态度、学风等（由教师评价）
5	指导教师	0.15	任务书质量	0.2	任务书内容完整、科学、合理
			进度计划及执行	0.2	进度计划合理，执行情况好
			学生评教	0.4	教师工作态度、方法、效果等（由学生评价）
			指导教师资格和指导人数	0.2	符合学校有关指导教师资格和指导人数的规定
6	教学条件	0.1	教学经费	0.2	课程设计经费，且满足要求
			图书资料	0.6	能满足课程设计需要资料（规范、规程、标准、手册及工具书等）的要求
			教学场地	0.2	固定的设计教室、设计所需的制图工具

3. 课程设计评价的主要内容

（1）课程设计管理工作质量评价 课程设计管理工作质量包括学校、学院、系（教研室）在不同层面对课程设计工作的过程管理，以及指导教师对学生的具体指导工作，因此对课程设计管理工作质量的评价既是对学校、学院、系（教研室）工作的评价，又是对教师指导工作的评价。

在学校、学院、系（教研室）对课程设计工作的管理方面主要评价制度建设、教学条件、过程管理等对课程设计工作的作用。制度建设主要看学校是否制定了有关课程设计工作的管理文件，学院是否制定了课程设计工作的具体实施计划或工作方案，学院或系（教研室）是否制定了符合本科教学要求的课程设计质量标准。教学条件是指课程设计工作在培养计划中的学时安排、经费支出、场地条件、图书资料等对于学生完成课程设计教学环节的支撑。过程管理主要评价从课程设计开始到课程设计答辩工作结束的整个过程中，学校、学院、系（教研室）对课程设计工作的常规管理，以及学生完成课程设计成果的归档管理。

对指导教师工作的评价，则侧重于课程设计任务书质量，计划进度和执行情况，评分的客观性、公正性，指导工作的到位情况，以及教师工作态度、方法、效果等，由学生评价的情况等。另外，指导教师的资格和指导学生的人数也作为评价的因素。

（2）课程设计成果质量评价 对课程设计成果的评价主要应对学生选题、动手能力、综合应用基本知识与基本技能能力以及规范要求的评价。选题的正确性主要反映在题目是否紧扣专业的培养目标。在学生实际动手能力的评价中，主要考虑学生的计算能力和制图能力。在综合应用基本理论与基本技能的能力评价中主要考虑学生综合运用基本理论与基本技能的熟练程度，表述概念是否清楚、正确。在规范要求方面主要评价图纸是否符合国家现行的标准，计算书内容是否完整等。

另外，对学生工作的评价主要包括学生独立工作能力、学生纪律表现、工作态度以及学风等，由教师作出评价。

第2章 组合楼盖设计

【知识与技能点】

- 掌握组合楼盖结构布置和构件截面尺寸的估算方法。
- 掌握组合楼盖结构的内力分析和内力组合。
- 掌握施工阶段组合楼盖中各构件的强度、稳定性计算，次梁与主梁节点设计等。
- 掌握使用阶段组合楼盖中各构件的强度、稳定性计算，次梁与主梁节点设计等。
- 掌握组合楼盖结构施工图的绘制方法。

2.1 设计解析

本章解析压型钢板—混凝土组合楼板设计，并给出一个完整的设计实例。

2.1.1 结构布置和截面尺寸估选

楼面和屋面结构中的梁系一般由主梁和次梁组成，当有框架时，框架梁宜为主梁。次梁的上翼缘一般与主梁的上翼缘齐平，以减小楼面和屋面的结构高度。次梁与主梁的连接宜采用铰接连接。

当主梁或次梁采用钢梁时，在钢梁的上翼缘可设置抗剪连接件，使板与梁交界面的剪力由抗剪连接件传递。铺在钢梁上的现浇混凝土板或压型钢板—现浇混凝土组合板能与钢梁形成整体，构成组合梁。

1. 压型钢板厚度

用于组合楼板的压型钢板基板的净厚度（不包括涂层）不应小于0.75mm，一般宜取1.0mm，但不得超过1.6mm，否则栓钉穿透焊有困难。开口型压型钢板凹槽重心轴处宽度（对闭口型压型钢板为上口槽宽）不应小于50mm；当在槽内设置栓钉时，压型钢板的总高度不宜大于80mm。

2. 混凝土厚度 h_c

组合板总厚度 h 不应小于90mm，压型钢板肋顶部以上的混凝土厚度 h_c 不应小于50mm。当压型钢板用作混凝土板底部受力钢筋时，还需进行防火保护，对于无防火保护层的开口压型钢板，肋顶部混凝土厚度 h_c 不应小于80mm（隔热极限1.5h）。此外，对于简支组合板的跨高比不宜大于25，连续组合板的跨高比不宜大于35。

3. 组合梁截面尺寸

根据刚度要求，组合梁的高跨比一般为 $h/l \geqslant 1/15 \sim 1/16$，且组合梁的截面高度不宜超过钢梁截面高度的2.5倍。

2.1.2 组合楼盖设计

压型钢板—混凝土组合楼盖的设计应进行施工及使用两个阶段的计算。这两个阶段的计算均应按承载能力极限状态验算组合板的强度并按正常使用极限状态验算组合板的变形。

1. 压型钢板施工阶段验算

施工阶段压型钢板作为浇注混凝土的底模，一般不设置支撑，由压型钢板承担组合楼板混凝土自重和施工荷载，需进行强度和变形验算。

施工阶段压型钢板的计算简图可视实际支承跨数及跨度尺寸确定，但考虑到下料的不利情况，也可取两跨连续板或单跨简支板进行计算，如图 2-1 所示。

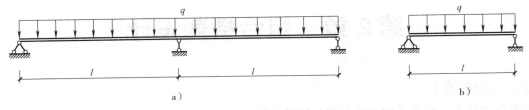

图 2-1 施工阶段压型钢板计算简图
a）两跨连续板 b）单跨简支板

计算单元取一个波宽，按强边（顺肋）方向的单向板计算正、负弯矩和挠度，对弱边（垂直肋）方向可以不进行计算。

（1）施工阶段验算时应考虑的荷载 施工阶段压型钢板上作用的荷载包括以下几种：

1）永久荷载：包括压型钢板与钢筋、混凝土自重。当压型钢板跨中挠度 $\delta > 20\text{mm}$ 时，计算混凝土自重应考虑"坑凹"效应，在全跨增加 0.7δ 混凝土厚度。

2）可变荷载：包括施工荷载与附加荷载。施工荷载是指工人和施工机具、设备，并考虑施工时可能产生的冲击和振动，宜取不小于 1.0kN/m^2。此外，还以工地实际荷载为依据，若有过量冲击、混凝土堆放、管线、泵荷载等应增加附加荷载。

施工阶段楼承板（压型钢板）按承载力极限状态设计时，其荷载效应组合设计值 S 计算公式为：

$$S = \gamma_G S_{Sk} + \gamma_C S_{Ck} + \gamma_Q S_{qk} \tag{2-1}$$

式中 S_{Sk}——楼承板（压型钢板）、钢筋自重在计算截面产生的荷载效应标准值；

         S_{Ck}——混凝土自重在计算截面产生的荷载效应标准值；

         S_{qk}——施工阶段可变荷载在计算截面产生的荷载效应标准值；

         γ_G——永久荷载分项系数，取 $\gamma_G = 1.2$；根据《建筑结构可靠性设计统一标准》（GB 50068—2018）规定，取 $\gamma_G = 1.3$；

         γ_C、γ_Q——混凝土自重、可变荷载的分项系数，取 $\gamma_C = \gamma_Q = 1.4$；根据《建筑结构可靠性设计统一标准》（GB 50068—2018）规定，取 $\gamma_C = \gamma_Q = 1.5$。

（2）抗弯强度验算 压型钢板的抗弯强度应符合下式要求：

$$\sigma = \frac{\gamma_0 M_{max}}{W_{ae}} \leqslant f_a \tag{2-2}$$

式中 M_{max}——计算截面的最大弯矩设计值；

         W_{ae}——计算宽度内压型钢板有效截面抵抗矩；

         f_a——压型钢板抗拉强度设计值；

         γ_0——结构重要性系数，可取 0.9。

（3）挠度验算 施工阶段楼承板（压型钢板）挠度（δ_c）应按荷载标准组合计算，具体计算公式如下：

$$\delta_c = \delta_{1Gk} + \delta_{1Qk} \tag{2-3}$$

式中 δ_{1Gk}——施工阶段按永久荷载效应的标准组合计算的楼承板（压型钢板）挠度值；

         δ_{1Qk}——施工阶段按可变荷载效应的标准组合计算的楼承板（压型钢板）挠度值。

考虑到下料的不利情况，压型钢板可取两跨连续板或单跨简支板进行挠度验算，当均布荷载时：

两跨连续板 $$\delta_c = \frac{q_k l^4}{185 E I_{ae}} \leqslant [\delta] \tag{2-4a}$$

单跨简支板 $$\delta_c = \frac{5 q_k l^4}{384 E I_{ae}} \leqslant [\delta] \tag{2-4b}$$

式中 δ_c——按荷载效应标准组合计算的最大挠度值；

EI_{ae}——一个波宽内压型钢板的有效截面弯曲刚度；

$[\delta]$——压型钢板施工阶段的挠度限值，取 $l/180$ 和 20mm。

2. 组合楼板使用阶段的计算

组合楼板在使用阶段的截面计算内容包括正截面抗弯、纵向抗剪、抗冲切、截面抗剪等承载力极限状态的计算，以及挠度和负弯矩区段的裂缝宽度等正常使用阶段的验算。

（1）计算简图 在使用阶段，当压型钢板肋顶以上的混凝土厚度为 50~100mm 时，取用如图 2-2 所示的计算图形计算：

1）按简支单向板计算组合楼板强边（顺肋）方向的正弯矩和挠度。

2）强边（顺肋）方向的负弯矩按嵌固端考虑。

3）弱边（垂直于肋方向）方向的正、负弯矩均不考虑。

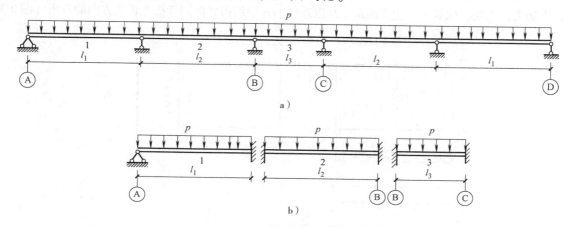

图 2-2 组合板计算简图

a) 用于计算跨中弯矩和挠度 b) 用于计算支座弯矩

当压型钢板肋顶以上的混凝土厚度大于100mm时，板的强度应按下列规定按双向板或单向板进行计算，但板的挠度仍按强边方向的简支单向板计算：

《组合楼板设计与施工规范》（CECS 273：2010）中在判断单、双向板时，都采用了如下的规定来定义计算参数 λ_e：

$$\lambda_e = \mu \frac{l_x}{l_y} \tag{2-5}$$

式中 μ——板的各向异性系数，$\mu = \left(\dfrac{I_x}{I_y}\right)^{1/4}$；

l_x——组合楼板强边（顺肋）方向的跨度；

l_y——组合楼板弱边（垂直于肋）方向的跨度；

I_x、I_y——组合楼板强边方向和弱边方向计算宽度的截面惯性矩，但计算 I_y 时只考虑压型钢板肋顶以上的混凝土厚度 h_e。

当 $0.5 \leqslant \lambda_e \leqslant 2.0$ 时，按正交异性双向板计算；当 $\lambda_e < 0.5$ 时，按强边方向单向板计算；当 $\lambda_e > 2.0$ 时，按弱边方向单向板计算。

实际上，将组合楼板等效为一块弯曲刚度为 D_x，边长为 l_x 和 μl_y 的各向同性板计算；也可等效为一块弯曲刚度为 D_y，边长为 l_x/μ 和 l_y 的各向同性板计算。因此，组合楼板按单向板或双向板计算的分界应与比值 $\mu l_y/l_x$ 或 $\dfrac{l_x}{\mu}/l_y$ 有关，对计算参数 λ_e 的定义应为 $\lambda_e = \mu l_y/l_x$。根据《混凝土结构设计规范》

（GB 50010—2010）中对单向板与双向板的界限规定，可以得到：

当 $\mu l_y/l_x \geq 3.0$ 时，可按 x（顺肋）方向的单向板计算，此时 $\lambda_e = \mu l_y/l_x \geq 3.0$；

当 $\dfrac{l_x}{\mu}/l_y \geq 3.0$ 时，可按 y（垂直于肋）方向的单向板计算，此时 $\lambda_e = \mu l_y/l_x \leq 1/3$。

所以，组合板的单、双向板的判断标准定义如下：

当 $1/3 < \lambda_e < 3.0$ 时，应按双向板计算；当 $\lambda_e \leq 1/3$ 或 $\lambda_e \geq 3.0$ 时，应按单向板计算。

双向组合板周边的支承条件，可按以下情况确定：

1）当跨度大致相等，且相邻跨是连续的，楼板周边可视为固定边。

2）当组合板上浇筑的混凝土不连续或相邻跨度相差较大，应将楼板周边视为简支板。

对于各向异性双向板弯矩，可将板形状系数按有效边长比 λ_e 加以修正后视作各向同性板弯矩：

1）强边方向弯矩，取等于弱边方向跨度乘以系数 μ 后所得各向同性板在短边方向的弯矩（图 2-3a）。

2）弱边方向弯矩，取等于强边方向跨度乘以系数 $1/\mu$ 后所得各向同性板在长边方向的弯矩（图 2-3b）。

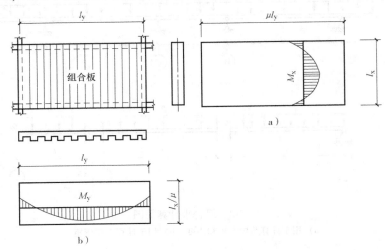

图 2-3　各向异性板的计算简图
a）强边方向弯矩　b）弱边方向弯矩

设计四边支承双向板时，强边方向按组合板设计，弱边方向按压型钢板肋以上厚度的混凝土板（$h = h_c$）设计。

在使用阶段，组合楼板计算时应考虑下列荷载：

1）永久荷载：压型钢板、混凝土自重和其他附加恒荷载。

2）可变荷载：各种使用活荷载。

在使用阶段，组合楼板弯矩设计值 M 取值如下：

1）不设置临时支撑时：

正弯矩区段

$$M = M_{1G} + M_{2G} + M_{2Q} \tag{2-6a}$$

压型钢板组合楼板连接钢筋处负弯矩区段

$$M = M_{2G} + M_{2Q} \tag{2-6b}$$

2）设置临时支撑时，组合楼板正、负弯矩区段：

$$M = M_{1G} + M_{2G} + M_{2Q} \tag{2-6c}$$

式中　M_{1G}——组合楼板自重在计算截面产生的弯矩设计值；

　　　M_{2G}——除组合楼板自重以外，其他永久荷载在计算截面产生的弯矩设计值；

M_{2Q}——可变荷载在计算截面产生的弯矩设计值。

在使用阶段，组合楼板剪力设计值 V 取值：

$$V = \gamma V_{1G} + V_{2G} + V_{2Q} \tag{2-7}$$

式中 V_{1G}——组合楼板自重在计算截面产生的剪力设计值；

　　V_{2G}——除组合楼板自重以外，其他永久荷载在计算截面产生的剪力设计值；

　　V_{2Q}——可变荷载在计算截面产生的剪力设计值；

　　γ——施工时与支撑条件有关的支撑系数，按表 2-1 取用。

表 2-1 支撑系数 γ

支撑条件	满支撑	三分点支撑	中点支撑	无支撑
支撑系数 γ	1.0	0.733	0.625	0.0

（2）承载力计算

1）跨中截面受弯承载力。当塑性中和轴在压型钢板顶面的混凝土截面内（$x \leqslant h_c$）（图 2-4）：

由平衡方程可得

$$\alpha_1 f_c bx = A_p f \tag{2-8a}$$

$$M = \alpha_1 f_c bx^2 \left(h_0 - \frac{x}{2} \right) \tag{2-8b}$$

式中 M——组合楼板在压型钢板一个波宽内的弯矩设计值；

　　A_p——一个波宽压型钢板的截面面积；

　　f——钢板的抗拉强度设计值；

　　b——压型钢板波宽；

　　h_0——压型钢板组合板的有效高度，$h_0 = h_c + y_0$，其中，h_c 为压型钢板顶面以上混凝土厚度，y_0 为一个波宽压型钢板形心距顶面的距离。

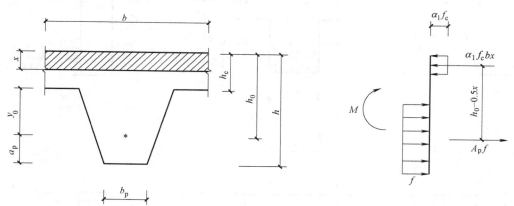

图 2-4 组合板跨中正弯矩截面受弯承载力的计算（$x \leqslant h_c$）

当塑性中和轴在压型钢板内（$x > h_c$）（图 2-5）：

由平衡方程可得

$$\alpha_1 f_c bh_c + A_{p2} f = (A_p - A_{p2}) f \tag{2-9a}$$

$$M = \alpha_1 f_c bh_c y_{p1} + A_{p2} f y_{p2} \tag{2-9b}$$

式中 A_{p2}——塑性中和轴以上压型钢板波宽内的截面面积，由式（2-9a）可得，$A_{p2} = \dfrac{1}{2} \times \left(A_p - \dfrac{\alpha_1 f_c bh_c}{f} \right)$；

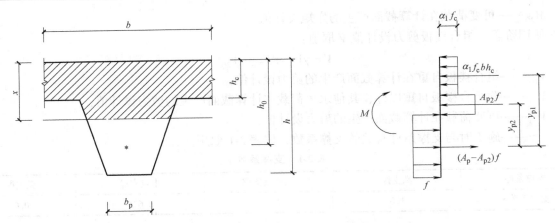

图 2-5　组合板跨中正弯矩截面受弯承载力的计算（$x > h_c$）

y_{p1}、y_{p2}——压型钢板受拉区截面应力合力分别至受压区混凝土板截面和压型钢板截面压应力合力的距离。

公式的适用条件：$x \le \xi_b h_0$；$\rho \ge \rho_{min}$（这里 ρ_{min} 取 0.2% 和 $45 f_t / f_y \%$ 的较大值）

2）支座截面受弯承载力。对于支座截面的负弯矩区，抗弯承载力计算比较复杂，有两种简化计算方法：一种是不考虑压型钢板的作用，按倒 T 形截面混凝土梁进行计算。对于压型钢板肋内的混凝土按其平均肋宽 b_0 考虑，截面的有效高度可取 $h_0 = h_p + h_c - a_s$，如图 2-6b、e 所示。另一种是将受拉钢筋合力对压型钢板截面形心取矩，如图 2-6d 所示。

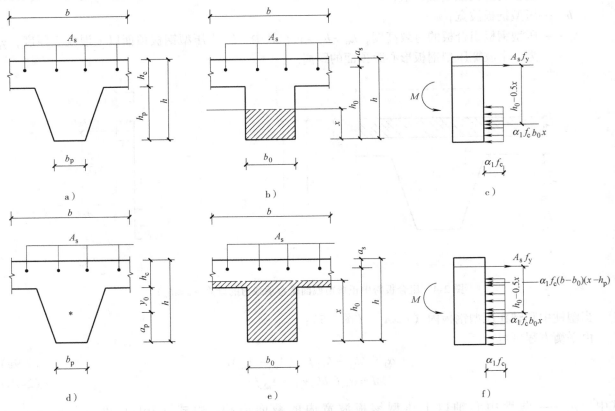

图 2-6　组合板负弯矩截面受弯承载力简化计算

a）实际截面　b）不考虑压型钢板作用（中和轴在肋部）　c）中和轴在肋部时计算简图

d）受拉钢筋对压型钢板合理点取矩　e）不考虑压型钢板作用（中和轴在翼缘）　f）中和轴在翼缘时计算简图

当中和轴位于压型钢板肋部时，由平衡方程可得：

$$\alpha_1 f_c b_0 x = A_s f_y \tag{2-10a}$$

$$M = \alpha_1 f_c b_0 x \left(h_0 - \frac{x}{2} \right) \tag{2-10b}$$

式中 b_0——压型钢板肋内的混凝土的平均肋宽；

h_0——截面的有效高度，$h_0 = h_p + h_c - a_s$。

当中和轴位于压型钢板顶面时，按倒 T 形截面梁计算。根据平衡条件：

$$\alpha_1 f_c b_0 x + \alpha_1 f_c (b - b_0)(x - h_p) = A_s f_y \tag{2-11a}$$

$$M = \alpha_1 f_c b_0 x^2 \left(h_0 - \frac{x}{2} \right) + \alpha_1 f_c (b - b_0)(x - h_p) \left[h_0 - h_p - \frac{1}{2}(x - h_p) \right] \tag{2-11b}$$

公式的适用条件：$x \leq \xi_b h_0$；$\rho \geq \rho_{\min}$（这里 $\rho_{\min}$ 取 0.2% 和 $45 f_t / f_y \%$ 的较大值）

将受拉钢筋合力对压型钢板截面形心取矩，可得：

$$M = A_s f_y (h - a_s - a_p) \tag{2-12}$$

A_s 取式（2-10a）或式（2-11a）和式（2-12）两者较小值。

3）斜截面受剪承载力。组合楼板斜截面受剪承载力应符合下列要求：

$$V \leq 0.7 f_t b_{\min} h_0 \tag{2-13a}$$

$$b_{\min} = \frac{b}{c_s} b_{l,\min} \tag{2-13b}$$

式中 V——组合楼板最大剪力设计值；

$b_{\min}$——计算宽度内组合楼板换算腹板宽度；

b——组合楼板计算宽度；

c_s——压型钢板波距宽度（图 2-7）；

$b_{l,\min}$——压型钢板单槽最小宽度（图 2-7）；

h_0——组合楼板截面有效高度。

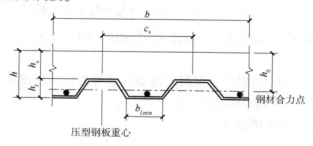

图 2-7 组合楼板截面示意

（3）挠度验算 组合楼板的挠度计算包括荷载效应标准组合下的挠度（δ_s）和荷载效应准永久组合下的挠度（δ_l）。前者采用短期刚度（B_s），后者采用长期刚度（B_l）。

$$\delta_s = (1 - \gamma_d) \delta_{1Gk} + \left(\delta_{2Gk}^s + \delta_{Q1k}^s + \sum_2^n \psi_{ci} \delta_{Qik}^s \right) \tag{2-14a}$$

$$\delta_l = (1 - \gamma_d) \delta_{1Gk} + \left(\delta_{2Gk}^l + \sum_1^n \psi_{qi} \delta_{Qik}^l \right) \tag{2-14b}$$

式中 δ_{1Gk}——施工阶段按永久荷载标准组合计算的楼承板挠度；

δ_{2Gk}^s——按 $\gamma_d g_k$ 和其他永久荷载标准组合，且按短期截面抗弯刚度 B_s 计算的组合楼板挠度；

δ_{Qik}^s——第 i 个可变荷载标准作用下，按短期截面抗弯刚度 B_s 计算的组合楼板挠度；

δ_{2Gk}^l——按 $\gamma_d g_k$ 和其他永久荷载标准组合，且按长期截面抗弯刚度 B_l 计算的组合楼板挠度；

δ_{Qik}^l——第 i 个可变荷载标准作用下，按长期截面抗弯刚度 B_l 计算的组合楼板挠度；

ψ_{ci}——第 i 个可变荷载的组合值系数，按《建筑结构荷载规范》（GB 50009—2012）规定取值；

ψ_{qi}——第 i 个可变荷载的准永久值系数，按《建筑结构荷载规范》（GB 50009—2012）规定取值；

g_k——组合楼板（压型钢板、钢筋和混凝土）自重；

γ_d——系数，无支撑时取 $\gamma_d = 0$，其他取 $\gamma_d = 1$。

1）短期刚度 B_s。取一个波宽范围作为计算单元，对于肋内的混凝土近似按平均肋宽 b_0 的矩形截面考虑，如图 2-8 所示。

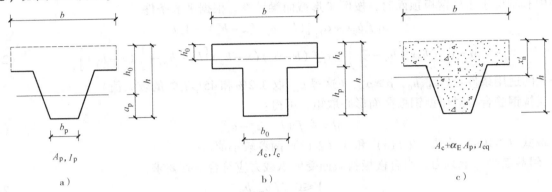

图 2-8　组合楼板截面特性

a）压型钢板部分　b）混凝土部分　c）换算截面

压型钢板的截面面积 A_p，对自身形心的惯性矩 I_p，形心距混凝土顶板距离为 h_0；混凝土部分的截面面积 A_c，对自身形心的惯性矩 I_c，形心距混凝土顶板距离为 h_0'。则等效截面形心距混凝土板顶的距离 x_n'：

$$x_n' = \frac{A_c h_0' + \alpha_E A_p h_0}{A_c + \alpha_E A_p} \tag{2-15a}$$

等效截面的惯性矩 I_{eq}^s：

$$I_{eq}^s = \frac{1}{\alpha_E} \left[I_c + A_c (x_n' - h_0')^2 + I_p + A_p (h_0 - x_n')^2 \right] \tag{2-15b}$$

式中　α_E——钢材弹性模量 E_p 与混凝土弹性模量 E_c 的比值，即 $\alpha_E = E_p / E_c$。

短期刚度 $B_s = E_p I_{eq}^s$。

2）长期刚度 B_l。计算长期刚度时，将混凝土按 $2\alpha_E$ 换算为钢材，按单一等效截面计算截面惯性矩。将 $2\alpha_E$ 替换式（2-15）中的 α_E，即得：

等效截面形心距混凝土板顶的距离 x_n'

$$x_n' = \frac{A_c h_0' + 2\alpha_E A_p h_0}{A_c + 2\alpha_E A_p} \tag{2-16a}$$

等效截面的惯性矩 I_{eq}^l

$$I_{eq}^l = \frac{1}{2\alpha_E} \left[I_c + A_c (x_n' - h_0')^2 \right] + I_p + A_p (h_0 - x_n')^2 \tag{2-16b}$$

式中　α_E——钢材弹性模量 E_p 与混凝土弹性模量 E_c 的比值，即 $\alpha_E = E_p / E_c$。

长期刚度 $B_l = E_p I_{eq}^l$。

3）挠度计算。计算组合楼板挠度时，不论其实际支承情况，均按简支单向板沿强边（顺肋）方向的挠度。根据短期刚度可计算荷载效应标准组合下组合楼板的挠度，采用长期刚度可计算荷载效应准永久组合下组合楼板的挠度。算得的挠度 δ 应小于允许值 $[\delta] = l/200$。

$$\delta = \frac{5 q_k l^4}{384 B} \leqslant [\delta] = l/200 \tag{2-17}$$

（4）裂缝宽度验算　验算组合楼板负弯矩部位混凝土的裂缝宽度时，可近似地忽略压型钢板的作用，即按混凝土板及其负钢筋计算板的最大裂缝宽度。取一个波宽作为计算单元。

组合楼板支座负弯矩最大裂缝宽度按下式计算：

$$w_{max} = \alpha_{cr} \psi \frac{\sigma_s}{E_s} \left(1.9 c_s + 0.08 \frac{d_{eq}}{\rho_{te}} \right) \leqslant w_{lim} \tag{2-18}$$

式中　α_{cr}——构件受力特征系数，受弯构件 $\alpha_{cr} = 1.9$；

c_s——最外层纵向受拉钢筋外边缘至受拉区底边的距离（mm），当 $c_s < 20mm$ 时，取 $c_s = 20mm$；当 $c_s > 65mm$ 时，取 $c_s = 65mm$；

ρ_{te}——按有效受拉混凝土截面面积计算的纵向受拉钢筋配筋率，在最大裂缝宽度计算中，当 $\rho_{te} < 0.01$ 时，取 $\rho_{te} = 0.01$；

d_{eq}——纵向钢筋的等效直径，$d_{eq} = \dfrac{\sum n_i d_i^2}{\sum n_i \nu_i d_i}$；$d_i$ 为第 i 种受拉钢筋直径；n_i 为第 i 种受拉钢筋根数；ν_i 为第 i 种受拉钢筋的相对粘结特性系数，取光圆钢筋 $\nu_i = 0.7$，带肋钢筋 $\nu_i = 1.0$；

ψ——受拉钢筋应变不均匀系数，$\psi = 1.1 - \dfrac{0.65 f_{tk}}{\rho_{te} \sigma_{sk}}$；$\psi < 0.2$，取 $\psi = 0.2$；$\psi > 1$，取 $\psi = 1.0$；

σ_s——裂缝截面处钢筋应力，受弯构件 $\sigma_s = \dfrac{M_k}{0.87 h_0 A_s}$；

w_{lim}——连续组合板负弯矩区的裂缝宽度限值，一类环境 $w_{lim} = 0.3mm$，二类 a 环境 $w_{lim} = 0.2mm$。

（5）组合楼板舒适度验算　为了保证组合楼板的舒适度，可以近似地通过控制组合楼盖的自振频率 f_n 和峰值加速度 a_p 限值来判别。

1）组合楼盖自振频率。对于简支梁或等跨连续梁形成的组合楼盖，其自振频率 f_n 可按式（2-19）计算，且自振频率 f_n 不宜小于 3Hz，也不宜大于 8Hz。

$$f_n = \frac{18}{\sqrt{\delta_j + \delta_g}} \tag{2-19}$$

式中　δ_j——组合楼盖板格中次梁板带的挠度，限于简支次梁或等跨连续次梁，此时均按有效均布荷载作用下的简支梁计算，在板格内各梁板带挠度不同时取挠度较大值（mm）；

δ_g——组合楼盖板格中主梁板带的挠度，限于简支主梁或等跨连续主梁，此时均按有效均布荷载作用下的简支梁计算，在板格内各梁板带挠度不同时取挠度较大值（mm）；

当主梁跨度 l_g 小于有效宽度 b_{Ej} 时，式（2-19）中的主梁挠度 δ_g 替换为 $\delta_g' = \dfrac{l_g}{b_{Ej}} \delta_g$。$b_{Ej}$ 为次梁板带的有效宽度（mm），按下式计算：

$$b_{Ej} = C_j \left(\frac{D_s}{D_j} \right)^{\frac{1}{4}} l_j \tag{2-20}$$

式中　D_s——垂直于次梁方向组合楼板单位惯性矩（mm³），按下式计算：

$$D_s = \frac{h_0^3}{12(\alpha_E / 1.35)} \tag{2-21}$$

l_g、l_j——主梁、次梁的跨度；

h_0——组合楼板有效高度。

验算组合楼盖舒适度（自振频率和峰值加速度）时，应按有效荷载计算。有效荷载等于楼盖自重与有效可变荷载之和。有效可变荷载住宅区取 0.25kN/m²，其他取 0.5kN/m²。

组合楼盖计算板格有效荷载 G_E 可按下式计算：

$$G_E = \frac{G_{Ej} \delta_j + G_{Eg} \delta_g}{\delta_j + \delta_g} \tag{2-22a}$$

式中　G_{Eg}——主梁上的有效荷载（N），按下式计算

$$G_{\mathrm{Eg}} = \alpha g_{\mathrm{Eg}} b_{\mathrm{Eg}} l_{\mathrm{g}} \qquad\qquad (2\text{-}22\mathrm{b})$$

G_{Ej}——次梁上的有效荷载（N），按下式计算

$$G_{\mathrm{Ej}} = \alpha g_{\mathrm{Ej}} b_{\mathrm{Ej}} l_{\mathrm{j}} \qquad\qquad (2\text{-}22\mathrm{c})$$

α——系数，当为连续梁时，取 $\alpha = 1.5$，简支梁时 $\alpha = 1.0$；

g_{Eg}、g_{Ej}——主梁板带、次梁板带上的有效荷载（kN/m²）；

b_{Ej}——次梁板带有效宽度（图 2-9）（mm），按式（2-20）计算，当所计算的板格有相邻板格时，b_{Ej} 不超过相邻板格主梁跨度之和的 2/3；

b_{Eg}——主梁板带有效宽度（图 2-9）（mm），当所计算的板格有相邻板格时，b_{Eg} 不超过相邻板格次梁跨度之和的 2/3，b_{Eg} 按下式计算

$$b_{\mathrm{Eg}} = C_{\mathrm{g}} \left(\frac{D_{\mathrm{j}}}{D_{\mathrm{g}}}\right)^{\frac{1}{4}} l_{\mathrm{g}} \qquad\qquad (2\text{-}22\mathrm{d})$$

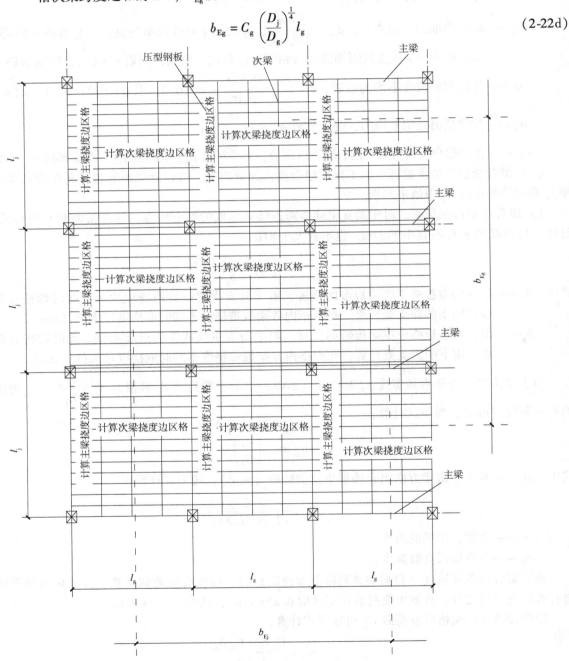

图 2-9　组合楼盖板格及板带有效宽度

C_j——楼板受弯连续性影响系数，计算板格内板格取 $C_j = 2.0$，边板格取 $C_j = 1.0$；

C_g——主梁支撑影响系数，支撑次梁时，取 $C_g = 1.8$，支撑框架梁时，取 $C_g = 1.6$；

D_j——次梁板带单位宽度截面惯性矩（mm^3），等于次梁板带上的次梁按组合梁计算的惯性矩平均到次梁板带上；

D_g——主梁板带单位宽度截面惯性矩（mm^3），等于计算板格内主梁惯性矩（符合组合梁要求时按组合梁考虑）平均到计算板格内；

l_g、l_j——主梁、次梁跨度（mm）。

组合楼板的自振频率 f 也可按下式进行估算，并应大于规定的限值：

$$f = \frac{1}{0.178 \sqrt{\delta}} \geq 15\,\mathrm{Hz} \tag{2-23}$$

式中　δ——永久荷载下的挠度值（cm）。

2）峰值加速度 a_p。组合楼盖舒适度应验算一个板格振动的峰值加速度，板格划分可取由柱或剪力墙在平面内围城的区格（图 2-9），峰值加速度 a_p 可按动力时程分析，也可按下式计算：

$$\frac{a_p}{g} = \frac{p_0 \exp(-0.35 f_n)}{\xi G_E} \tag{2-24}$$

式中　p_0——人行走产生的激振作用力（N），一般可取 0.3kN；

ξ——楼盖阻尼比，可按表 2-2 取值；

g——重力加速度；

其余符号同前。

表 2-2　楼盖阻尼比 ξ

房屋功能	住宅、办公	商业、餐饮
计算板格内无家具或家具很少、没有非结构构件或非结构构件很少	0.02	0.02
计算板格内有少量家具、有少量可拆式隔墙	0.03	
计算板格内有较重家具、有少量可拆式隔墙	0.04	
计算板格内每层都有非结构分隔墙	0.05	

组合楼盖振动峰值加速度与重力加速度之比（a_p/g）限值，住宅、办公：$a_p/g \leq 0.005$；商场、餐饮：$a_p/g \leq 0.015$。

2.1.3　组合梁的截面设计

1. 组合梁施工阶段验算

组合梁施工时，若钢梁下无临时支撑，混凝土硬结前所有荷载均由钢梁承受，包括混凝土重量、压型钢板重量、钢梁自重及施工可变荷载。当梁没有洞口削弱，抗剪强度可以不验算；当采用轧制型钢，局部稳定无需验算。钢梁仅需进行抗弯强度、整体稳定性及挠度验算。

纵向组合梁均按铰接设计，按简支梁进行强度和变形验算。

（1）抗弯强度验算

$$\sigma = \frac{M_{max}}{\gamma W_{nx}} \leq f \tag{2-25}$$

式中　γ——截面塑性发展系数，对工字形截面，当截面板件宽厚比等级为 S4 或 S5 级时，截面塑性发展系数 $\gamma = 1.0$，当截面板件宽厚比等级为 S1 级、S2 级、S3 级时，对 x 轴（强轴），$\gamma = 1.05$；

W_{nx}——对 x 轴的净截面模量，当截面板件宽厚比等级为 S1 级、S2 级、S3 级或 S4 级时，应取全截面模量，当截面板件宽厚比等级为 S5 级时，应取有效截面模量；

f——钢材抗弯强度设计值。

（2）整体稳定性验算　当铺板（各种钢筋混凝土板和钢板）密铺在梁的受压翼缘上与其牢固相连，能阻止梁受压翼缘的侧向位移时，可不计算梁的整体稳定性。其他情况，应按下式验算最大刚度主平面内受弯构件的整体稳定性：

$$\sigma = \frac{M_x}{\varphi_b W_x} \leqslant f \tag{2-26}$$

式中　W_x——按受压最大纤维确定的梁毛截面模量，当截面板件宽厚比等级为 S1 级、S2 级、S3 级或 S4 级时，应取全截面模量，当截面板件宽厚比等级为 S5 级时，应取有效截面模量；

φ_b——梁的整体稳定性系数，对于等截面焊接工字形和轧制 H 型钢简支梁的整体稳定性系数 φ_b 应按下式计算

$$\varphi_b = \beta_b \frac{4320}{\lambda_y^2} \cdot \frac{Ah}{W_x} \left[\sqrt{1 + \left(\frac{\lambda_y t_1}{4.4h} \right)^2} + \eta_b \right] \varepsilon_k \tag{2-27}$$

β_b——梁整体稳定的等效临界弯矩系数，按表 2-3 采用；

λ_y——梁在侧向支承点间对截面弱轴 $y-y$ 的长细比，$\lambda_y = l_1/i_y$；

l_1——梁受压翼缘侧向支承点之间的距离；

i_y——梁毛截面对 y 轴的回转半径；

A——梁的毛截面面积；

h、t_1——梁的截面全高和受压翼缘厚度；

η_b——截面不对称影响系数，应按下式计算

对双轴对称截面
$$\eta_b = 0 \tag{2-28a}$$

对单轴对称工字形截面

加强受压翼缘
$$\eta_b = 0.8(2\alpha_b - 1) \tag{2-28b}$$

加强受拉翼缘
$$\eta_b = 2\alpha_b - 1 \tag{2-28c}$$

$$\alpha_b = \frac{I_1}{I_1 + I_2} \tag{2-28d}$$

I_1、I_2——受压翼缘、受拉翼缘对 y 轴的惯性矩。

当按式（2-27）算得的 $\varphi_b > 0.6$ 时，应用下式计算的 φ_b' 值代替 φ_b 值：

$$\varphi_b' = 1.07 - \frac{0.282}{\varphi_b} \leqslant 1.0 \tag{2-29}$$

表 2-3　H 型钢和等截面工字形简支梁的系数 β_b

项次	侧向支承	荷载		$\xi \leqslant 2.0$	$\xi > 2.0$	适用范围
1	跨中无侧向支撑	均布荷载作用在	上翼缘	$0.69 + 0.13\xi$	0.95	双轴对称焊接工字形截面
2			下翼缘	$1.73 - 0.20\xi$	1.33	加强受压翼缘的单轴对称工字形截面
3		集中荷载作用在	上翼缘	$0.73 + 0.18\xi$	1.09	轧制 H 型钢截面
4			下翼缘	$2.23 - 0.28\xi$	1.67	
5	跨度中点有一个侧向支承	均布荷载作用在	上翼缘		1.15	双轴对称焊接工字形截面
6			下翼缘		1.40	加强受压翼缘的单轴对称工字形截面
7		集中荷载作用在截面高度上任意位置			1.75	加强受拉翼缘的单轴对称工字形截面
8	跨中有不少于两个等距离侧向支承点	任意荷载作用在	上翼缘		1.20	
9			下翼缘		1.40	轧制 H 型钢截面

注：1. ξ 为参数，$\xi = \dfrac{l_1 t_1}{b_1 h}$，其中 b_1、t_1 分别为受压翼缘的宽度、厚度；h 为梁截面高度；l_1 为受压翼缘侧向支承点间的距离（梁的支座处视为有侧向支承），对跨中无侧向支承点的梁，l_1 为其跨度。

2. 表中项次 3、4 和 7 的集中荷载是指一个或少数几个集中荷载位于跨中附近的情况，对其他情况的集中荷载，应按表中项次 1、2、5、6 内的数值采用。

3. 表中项次 8、9 的 β_b，当集中荷载作用在侧向支承点处时，取 $\beta_b = 1.2$。

4. 荷载作用在上翼缘是指荷载作用点在翼缘表面，方向指向截面形心；荷载作用在下翼缘是指荷载作用点在翼缘表面，方向背向截面形心。

5. 对 $\alpha_b > 0.8$ 的加强受压翼缘工字形截面，下列情况的 β_b 值应乘以相应的系数：
   项次 1　当 $\xi \leq 1.0$ 时，乘以 0.95；
   项次 3　当 $\xi \leq 0.5$ 时，乘以 0.90；当 $0.5 < \xi \leq 1.0$ 时，乘以 0.95。

（3）挠度验算　简支梁跨中最大挠度 δ 按下式计算：

$$\delta = \frac{5 p_k l^4}{384 E I_x} \leq [\delta] = l/250 \tag{2-30}$$

2. 组合梁使用阶段验算

（1）一般规定

1）混凝土翼板的有效宽度 b_e。组合梁由钢梁与钢筋混凝土板或压型钢板混凝土组合板组成，通过在钢梁翼缘处设置的抗剪连接件，使梁与板能成为整体共同工作。在进行组合梁计算时，混凝土翼板的有效宽度 b_e（图 2-10）按下式确定：

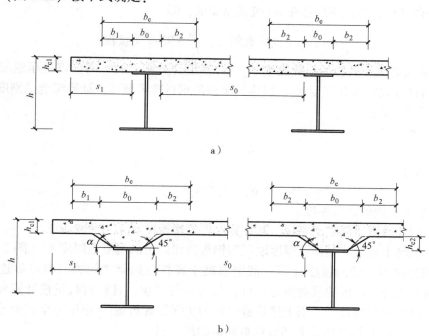

图 2-10　混凝土翼板的计算宽度
a）不设板托的组合梁　b）设板托的组合梁

边梁　　　　　　　　　　　　　$b_e = b_0 + b_1 + b_2$ 　　　　　　　　　　　　（2-31）
中间梁　　　　　　　　　　　　$b_e = b_0 + 2b_2$ 　　　　　　　　　　　　（2-32）

式中　b_0——托板顶部的宽度，当有托板时，取托板顶部的宽度，当托板倾角 <45° 时，应按 45° 计算托板顶部的宽度；当无托板时，则取钢梁上翼缘的宽度；当混凝土板与钢梁不直接接触（如之间由压型板分隔）时，取栓钉的横向间距，仅有一列栓钉时，取 0；

b_1——梁外侧的翼板计算宽度，当塑性中和轴位于混凝土板内时，取梁等效跨径 l_e 的 1/6，且 b_1 还不应超过翼板实际外伸宽度 s_1；

b_2——梁内侧的翼板计算宽度，当塑性中和轴位于混凝土板内时，取梁等效跨径 l_e 的 1/6，且

b_2 不应超过相邻钢梁上翼缘或板托间净距 s_0 的 $1/2$；

l_c——等效跨径，对于简支组合梁，取为简支组合梁的跨度。对于连续组合梁，中间跨正弯矩区取为 $0.6l$，边跨正弯矩区取为 $0.8l$，l 为组合梁跨度，支座负弯矩区取为相邻两跨跨度之和的 20%；

h_{c1}——混凝土翼板厚度，当采用压型钢板混凝土组合板时，等于组合板的总厚度减去压型钢板的肋高，当计算翼板的有效宽度时，可取有肋处的总厚度。

2）钢梁翼缘及腹板的板件宽厚比限值。为了避免因板件局部失稳而降低构件的承载力，以及保证组合梁的塑性中和轴通过钢梁截面，应限制钢梁翼缘及腹板的板件宽厚比。组合梁中钢梁截面的板件宽厚比可偏于安全地按以下塑性设计规定取用：

①形成塑性铰并发生塑性转动的截面，其截面板件宽厚比等级应采用 S1 级，即

$$\frac{b}{t} \leqslant 9\varepsilon_k \text{（受压翼缘）}; \quad \frac{h_0}{t_w} \leqslant 65\varepsilon_k \text{（腹板）} \tag{2-33a}$$

②最后形成塑性铰的截面，其截面板件宽厚比等级不应低于 S2 级截面要求，即

$$\frac{b}{t} \leqslant 11\varepsilon_k \text{（受压翼缘）}; \quad \frac{h_0}{t_w} \leqslant 72\varepsilon_k \text{（腹板）} \tag{2-33b}$$

③其他截面板件宽厚比等级不应低于 S3 级截面要求，即

$$\frac{b}{t} \leqslant 13\varepsilon_k \text{（受压翼缘）}; \quad \frac{h_0}{t_w} \leqslant 93\varepsilon_k \text{（腹板）} \tag{2-33c}$$

3）计算组合梁时混凝土翼板的换算宽度 b_{eq}。计算组合梁刚度时，需要将受压混凝土翼板的有效宽度 b_e 折算成与钢材等效的换算宽度 b_{eq}，以构成单质的钢材换算截面。计算组合梁刚度时混凝土翼板的换算宽度 b_{eq} 按下式计算：

荷载的标准组合

$$b_{eq} = b_e / \alpha_E \tag{2-34a}$$

荷载的准永久组合

$$b_{eq} = b_e / 2\alpha_E \tag{2-34b}$$

4）组合梁混凝土翼板的计算厚度。

①无压型钢板的普通钢筋混凝土翼板，其计算厚度取楼板厚度 h_0（图 2-10）。

②压型钢板—混凝土翼板，其计算厚度取压型钢板顶面以上的混凝土厚度 h_c（图 2-7）。

（2）部分抗剪连接组合梁的强度计算　假定混凝土翼板与钢梁之间为具有可靠连接的整体组合梁，同时在叠合面上剪跨区段内的纵向剪力完全由抗剪栓钉承担，且栓钉数量按计算要求设置，此时组合梁称为完全抗剪连接的组合梁。当上述抗剪栓钉的实际设置数量 n_r 小于完全抗剪连接的计算数量 n_f，但 $n_r / n_f > 50\%$ 时，此时组合梁称为部分抗剪连接的组合梁。

部分抗剪连接的组合梁可用于承受静荷载作用且集中荷载值不大，以及跨度不超过 20m 的等截面组合梁。

用压型钢板混凝土组合板作为翼板的组合梁，宜按部分抗剪连接组合梁设计。

1）正弯矩作用区段（图 2-11）的抗弯强度。

$$M_{u,r} \leqslant n_r N_v^c y_1 + 0.5(Af - n_r N_v^c) y_2 \tag{2-35a}$$

$$(A - A_c)f = A_c f + n_r N_v^c \tag{2-35b}$$

$$n_r N_v^c = f_c b_e x \tag{2-35c}$$

由式（2-35b）可得：

$$A_c = \frac{Af - n_r N_v^c}{2f}$$

由式（2-35c）可得：

$$x = \frac{n_r N_v^c}{b_e f_c}$$

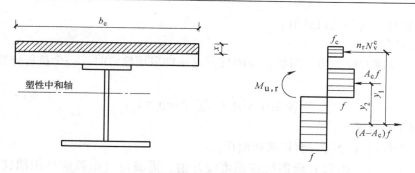

图 2-11 正弯矩作用下部分抗剪连接组合梁的计算简图

式中 $M_{u,r}$——正弯矩设计值;

  n_r——部分抗剪连接时,最大弯矩验算截面到最近零弯矩点之间的抗剪连接件数目;

  N_v^c——每个抗剪连接件的纵向抗剪承载力;

  A——钢梁的截面积;

  y_1——钢梁受拉区截面形心至混凝土翼板受压区截面形心的距离;

  y_2——钢梁受拉区截面形心至钢梁受压区截面形心的距离。

2)负弯矩作用区段(图 2-12)的抗弯强度。

$$M' \leqslant M_s + \min\{A_{st}f_{st}, n_r N_v^c\}(y_3 + y_4/2) \tag{2-36a}$$

式中 M'——负弯矩设计值;

  M_s——钢梁全塑性受弯承载力设计值,按下式计算

$$M_s = (S_1 + S_2)f \tag{2-36b}$$

  S_1、S_2——钢梁塑性中和轴(平分钢梁面积的轴)以上和以下截面对该轴的面积矩;

  f——按塑性设计值时,钢梁的抗拉、抗压强度设计值;

  A_{st}——负弯矩区混凝土翼板有效宽度范围内的纵向钢筋截面面积;

  f_{st}——钢筋抗拉强度设计值;

  y_3——纵向钢筋截面形心至组合梁塑性中和轴的距离;

  y_4——组合梁塑性中和轴至钢梁塑性中和轴的距离,当组合梁塑性中和轴在钢梁腹板内时,$y_4 = A_{st}f_{st}/(2t_w f)$;当该中和轴在钢梁翼缘内时,可取 y_4 等于钢梁塑性中和轴至腹板上边缘的距离。

n_r、N_v^c 意义同前。

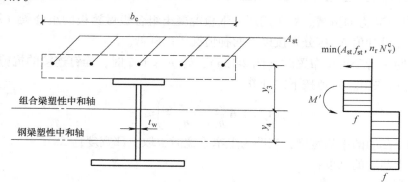

图 2-12 负弯矩作用下部分抗剪连接组合梁的计算简图

3)抗剪强度。组合梁截面上的全部剪力 V 假定仅由钢梁腹板承受,按下式计算:

$$V \leqslant h_w t_w f_v \tag{2-37}$$

式中 h_w、t_w——钢梁的腹板高度和厚度;

f_v——钢材抗剪强度设计值。

（3）抗剪连接件的计算

1）抗剪连接件承载力设计值。当组合梁的抗剪连接件采用栓钉时，一个抗剪连接件的承载力设计值由下式确定：

$$N_v^c = 0.43\beta_v A_s \sqrt{E_c f_c} \leq 0.7 A_s f_u \qquad (2\text{-}38)$$

式中　E_c——混凝土弹性模量；

　　　A_s——圆柱头焊钉（栓钉）钉杆截面面积；

　　　f_u——圆柱头焊钉（栓钉）极限抗拉强度设计值，需满足《电弧螺柱用圆柱头焊钉》（GB/T 10433—2002）的要求；

　　　f_c——混凝土抗压强度设计值；

当 $\beta_v = 1.0$，以及栓钉材料性能等级为 4.6 级（$f_u = 359 \text{N/mm}^2$）时，按式（2-38）算得的一个栓钉的受剪承载力设计值见表 2-4。由表 2-4 可见，一般楼板混凝土强度等级为 C30 或高于 C30 时，栓钉的受剪承载力取决于 $N_v^c = 0.7\beta_v A_s f_u$ 算得的数值。

表 2-4　$\beta_v = 1.0$ 时栓钉的抗剪承载力设计值

直径 d/mm	截面面积 A_s /mm²	混凝土强度等级	一个栓钉抗剪承载力设计值，$\beta_v = 1.0$ 时的 N_v^c/kN		在下列间距（mm）沿梁每 m 单排栓钉的抗剪承载力设计值 /kN									
			$0.7\beta_v A_s f_u$	$0.43\beta_v A_s \sqrt{E_c f_c}$	150	175	200	250	300	350	400	450	500	600
16	201.1	C20	50.54	42.78	285	244	214	171	143	122	107	95	86	71
		C30		56.64	336	288	252	201	168	144	126	112	100	84
		C40		68.13										
19	283.5	C20	71.25	60.32	402	345	302	241	201	172	151	134	121	101
		C30		79.85	475	407	356	285	238	204	178	158	143	119
		C40		96.05										
22	380.1	C20	95.53	80.87	539	462	404	323	269	231	202	180	162	135
		C30		107.05	624	535	468	374	312	267	234	208	187	156
		C40		128.77										

2）抗剪连接件承载力的折减。对于用压型钢板混凝土组合板做翼板的组合梁（图 2-13），其栓钉连接件的抗剪承载力设计值 N_v^c 应分别按以下两种情况予以降低。

①当压型钢板肋平行于钢梁布置时（图 2-13a），$b_w/h_e < 1.5$ 时，拴钉连接的抗剪承载力设计值 N_v^c 应乘以折减系数 β_v 后取用。β_v 值按下式计算：

$$\beta_v = 0.6 \frac{b_w}{h_e}\left(\frac{h_d - h_e}{h_e}\right) \leq 1 \qquad (2\text{-}39)$$

式中　b_w——混凝土凸肋的平均宽度，当肋为上窄下宽时，取上部宽度；

　　　h_e——混凝土凸肋的高度；

　　　h_d——拴钉高度。

②当压型钢板肋垂直于钢梁布置时（图 2-13b），栓钉连接的抗剪承载力设计值 N_v^c 应乘以折减系数 β_v 后取用。β_v 值按下式计算：

$$\beta_v = \frac{0.85}{\sqrt{n_0}} \frac{b_w}{h_e}\left(\frac{h_d - h_e}{h_e}\right) \leq 1 \qquad (2\text{-}40)$$

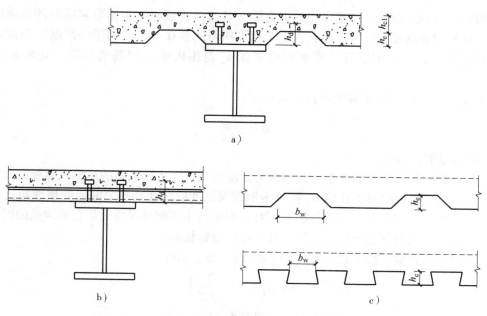

图 2-13　用压型钢板混凝土组合板做翼缘的组合梁

a）肋与钢梁平行的组合梁截面　b）肋与钢梁垂直的组合梁截面　c）压型钢板组合板的剖面

式中　n_0——在梁某截面处，一个肋中布置的拴钉数，当多于 3 个时，按 3 个计算。

位于负弯矩区段，抗剪连接件的抗剪承载力设计值 N_v^c 应乘以折减系数 β_v：

中间支座两侧　　　　　　　　　　　　$\beta_v = 0.9$

悬臂部分　　　　　　　　　　　　　　$\beta_v = 0.8$

3）抗剪连接件的设计。当采用柔性抗剪连接件时，其设计步骤如下：

①将梁划分为若干个区段，每个区段以弯矩绝对值最大点及支座为界限，如图 2-14 所示。

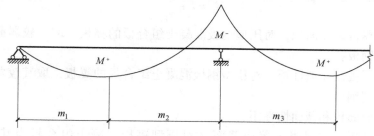

图 2-14　连续梁剪跨区划分

②计算每个剪跨区段内钢梁与混凝土翼板交界面上的纵向剪力 V_s：

正弯矩最大点到边支座区段，即 m_1 区段

$$V_s = \min |Af, \ b_e h_{c1} f_c| \tag{2-41a}$$

正弯矩最大点到中支座（负弯矩最大点）区段，即 m_2 和 m_3 区段

$$V_s = \min |Af, \ b_e h_{c1} f_c| + A_{st} f_{st} \tag{2-41b}$$

③计算每个剪跨区段内需要的连接件总数。当按完全抗剪连接件设计时，$n_f = V_s / N_v^c$；当按部分抗剪件设计时，连接件数 n_f 不得少于 $0.5 n_r$。

求得各剪跨区段的连接件总数后，可在对应的剪跨区内均匀布置。

（4）组合梁挠度计算　组合梁的挠度 δ 包括施工阶段产生的挠度 δ_1 和使用阶段产生的挠度 δ_2 两部分。使用阶段组合梁的挠度 δ_2 应分别按荷载的标准组合和准永久组合进行计算，以其中的较大值作为依据。挠度可按结构力学方法进行计算，并考虑混凝土板剪力滞后、混凝土开裂、混凝土收缩徐变、

温度效应等因素的影响。仅受正弯矩作用的组合梁，其抗弯刚度应取考虑滑移效应的折减刚度；对于连续组合梁应按变截面刚度梁进行计算，在距中间支座两侧各 $0.15l$（l 为梁的跨度）范围内，不计受拉区混凝土对刚度的影响，但宜计入翼板有效宽度 b_e 范围内纵向钢筋的作用，其余区段仍取折减刚度。

组合梁考虑滑移效应的折减刚度 B 按下式确定：

$$B = \frac{EI_{eq}}{1 + \xi} \tag{2-42}$$

式中　E——钢梁的弹性模量；

I_{eq}——组合梁的换算截面惯性矩：对荷载的标准组合，可将截面中的混凝土翼板有效宽度除以钢与混凝土弹性模量的比值 α_E 换算为钢截面宽度后，计算整个截面的惯性矩；对荷载的准永久组合，则除以 $2\alpha_E$ 进行换算；对于钢梁与压型钢板混凝土组合板构成的组合梁，取其较弱截面的换算截面进行计算，且不计压型钢板的作用。

ξ——刚度折减系数，按下式计算（当 $\xi \leqslant 0$ 时，取 $\xi = 0$）

$$\xi = \eta \left[0.4 - \frac{3}{(jl)^2} \right] \tag{2-43}$$

$$\eta = \frac{36Ed_c \, pA_0}{n_s N_v^c h l^2} \tag{2-44a}$$

$$j = 0.81 \sqrt{\frac{n_s N_v^c A_1}{EI_0 p}} \; (\text{mm}^{-1}) \tag{2-44b}$$

$$A_0 = \frac{A_{ef}A}{\alpha_E A + A_{ef}} \tag{2-44c}$$

$$A_1 = \frac{I_0 + A_0 d_c^2}{A_0} \tag{2-44d}$$

$$I_0 = I + \frac{I_{ef}}{\alpha_E} \tag{2-44e}$$

式中　A_{ef}——混凝土翼板截面面积，对压型钢板混凝土组合板的翼板，取其较弱截面的面积，且不考虑压型钢板；

I_{ef}——混凝土翼板截面惯性矩，对压型钢板混凝土组合板的翼板，取其较弱截面的面积，且不考虑压型钢板；

A、I——钢梁截面面积和截面惯性矩；

d_c——钢梁截面形心到混凝土翼板截面（对压型钢板混凝土组合板为其较弱截面）形心的距离；

h——组合梁截面高度；

l——组合梁的跨度（mm）；

N_v^c——抗剪连接件的承载力设计值；

p——抗剪连接件的纵向平均间距；

n_s——抗剪连接件在一根梁上的列数；

α_E——钢梁与混凝土弹性模量的比值，当按荷载的准永久值组合进行计算时，式（2-44c）和式（2-44e）中的 α_E 应乘以 2。

组合梁的挠度 δ 应符合下式要求：

$$\delta \leqslant [\delta] \tag{2-45}$$

式中　$[\delta]$——组合梁的挠度限值，取 $[\delta] = l/250$。

（5）组合梁负弯矩区段裂缝计算　组合梁负弯矩区段混凝土在正常使用极限状态下考虑长期作用

影响的最大裂缝宽度 w_{max} 应按《混凝土结构设计规范》（GB 50010—2010）第 7.1.2 条的规定按轴心受拉构件进行计算。

按荷载效应标准组合计算的开裂截面纵向受拉钢筋的应力 σ_{sk}：

$$\sigma_{sk} = \frac{M_k y_s}{I_{cr}} \tag{2-46}$$

式中　I_{cr}——由纵向普通钢筋与钢梁形成的组合截面的惯性矩；

　　　　y_s——钢筋截面重心至钢筋和钢梁形成的组合截面中和轴的距离；

　　　　M_k——钢与混凝土形成组合截面之后，考虑了弯矩调幅的标准荷载作用下支座截面负弯矩组合值，可按下式计算

$$M_k = M_c(1 - \alpha_s) \tag{2-47}$$

式中　M_c——钢与混凝土形成组合截面之后，标准荷载作用下按照未开裂模型进行弹性计算得到的连续组合梁中支座负弯矩值；

　　　　α_s——正常使用极限状态连续组合梁中支座负弯矩调幅系数，其取值不宜超过 15%。

3. 构造要求

（1）压型钢板—混凝土组合板的构造要求

1）连续组合板按简支板设计时，抗裂钢筋截面面积不应小于混凝土截面面积的 0.2%；连续钢筋长度，从支承边缘算起，不应小于跨度的 1/6，且必须与不少于 5 根分布钢筋相交。

2）组合楼板在钢梁上的支承长度不应小于 75mm，在混凝土梁上的支承长度不应小于 100mm（图 2-15）（图 2-15 中括号内数字适合于组合楼板支承在混凝土梁上）。当钢梁按组合梁设计时，组合楼板在钢梁上的最小支承长度应符合《钢结构设计标准》（GB 50017—2017）的构造规定。

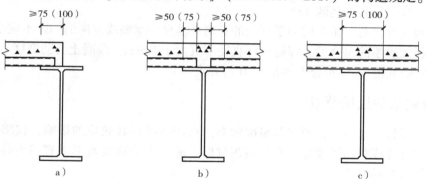

图 2-15　组合楼板的支承要求

a）边梁　b）中间梁，压型钢板不连续　c）中间梁，压型钢板连续

3）组合楼板与钢梁之间应设有抗剪连接件。一般可采用圆柱头焊钉连接，其设置构造要求应满足《钢结构设计标准》（GB 50017—2017）的相关规定。

（2）组合梁构造要求

1）组合梁的截面高度不宜超过钢梁截面高度的 2 倍；混凝土板托高度 h_{c2} 不宜超过翼板厚度 h_{c1} 的 1.5 倍。

2）组合梁边梁混凝土翼板的构造应满足如图 2-16 所示的要求。有托板时，伸出长度不宜小于 h_{c2}；无托板时，应同时满足伸出钢梁中心线不小于 150mm 且伸出钢梁翼缘边不小于 50mm 的要求。

3）抗剪连接件的构造要求。

①圆柱头焊钉连接件钉头下表面高出翼板底部钢筋顶面不宜小于 30mm。

②连接件沿梁跨度方向的最大间距不应大于混凝土翼板（包括板托）厚度的 3 倍，且不大于 300mm；当组合梁受压上翼缘不符合塑性调幅设计法要求的宽厚比限值，但连接件最大间距满足如下

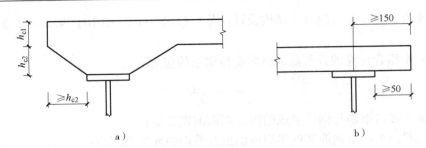

图 2-16　边梁构造图

要求时，仍能采用塑性方法进行设计：

    a. 当混凝土板沿全长和组合梁接触（如现浇楼板）：$22t_f\sqrt{235/f_{yk}}$。

    b. 当混凝土板与组合梁部分接触（如压型钢板横肋垂直于钢梁）：$15t_f\sqrt{235/f_{yk}}$。

    c. 同时连接件的外侧边缘与钢梁翼缘边缘之间的距离还不应大于 $9t_f\sqrt{235/f_{yk}}$（其中，t_f 为钢梁受压上翼缘宽度）。

    ③连接件的外侧边缘与钢梁翼缘边缘之间的距离不应小于 20mm。

    ④连接件的外侧边缘至混凝土翼板边缘之间的距离不应小于 100mm。

    ⑤连接件顶面的混凝土保护层厚度不应小于 15mm。

    4）圆柱头焊钉连接件除满足上述要求外，还应符合下列规定：

    ①当焊钉位置不正对钢梁腹板时，如钢梁上翼缘承受拉力，则焊钉钉杆直径不应大于钢梁上翼缘厚度的 1.5 倍；如钢梁上翼缘不承受拉力，则焊钉钉杆直径不应大于钢梁上翼缘厚度的 2.5 倍。

    ②焊钉长度不应小于其杆径的 4 倍。

    ③焊钉沿梁轴线方向的间距不应小于杆径的 6 倍；垂直于梁轴线方向的间距不应小于杆径的 4 倍。

    ④用压型钢板做底模的组合梁，焊钉钉杆直径不宜大于 19mm，混凝土凸肋宽度不应小于焊钉钉杆直径的 2.5 倍；焊钉高度 h_d 应符合 $h_d \leqslant h_e + 30$ 的要求。

2.1.4　次梁与刚架的连接节点

    设计次梁与主梁铰接连接时，通常忽略次梁对主梁产生的扭转效应的影响，仅将次梁的垂直剪力传递给主梁。但在计算连接高强度螺栓和连接焊缝时，除了考虑次梁端部垂直剪力外，还应考虑由于偏心所产生的附加弯矩的影响。

1. 确定支承加劲肋的尺寸

    连接次梁的支承加劲肋宜在腹板两侧成对配置，且其外伸宽度应满足：

$$b_s \geqslant \frac{h_0}{30} + 40 \text{（mm）} \tag{2-48}$$

式中　h_0——腹板的计算高度。

    加劲肋厚度应满足：

$$t_s \geqslant \frac{b_s}{15}\text{（承压加劲肋）}, \quad t_s \geqslant \frac{b_s}{19}\text{（不受力加劲肋）} \tag{2-49}$$

2. 支承加劲肋的稳定计算

    梁支承加劲肋应按承受次梁传来的支座反力的轴心受压构件计算其在腹板平面外的稳定性。此时，受压构件的截面应包括加劲肋和加劲肋每侧 $15t_{bw}\sqrt{\dfrac{235}{f_{yk}}}$ 范围内的腹板面积，计算长度取 h_0。如图 2-17 所示。

    支承加劲肋的稳定计算公式如下：

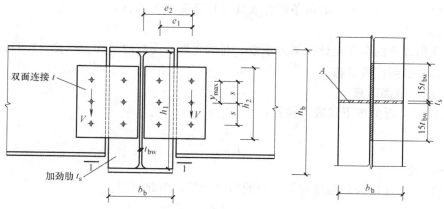

图 2-17 加劲肋稳定计算时的有效面积

$$\sigma = \frac{N}{\varphi A} \leqslant f \tag{2-50}$$

式中 N——次梁传给支承加劲肋的轴心压力，$N = 2V$；

φ——轴心受压构件的稳定系数，应根据构件长细比 $\lambda_z = \frac{h_0}{i_z}$（$i_z = \sqrt{\frac{I_z}{A}}$）、钢材屈服强度和截面分类（b 类）按《钢结构设计标准》（GB 50017—2017）附录 G 采用；

A——受压构件的毛截面面积，应包括加劲肋和加劲肋每侧 $15t_{bw}\sqrt{\dfrac{235}{f_{yk}}}$ 范围内的腹板面积。

3. 连接螺栓计算

在计算摩擦型连接高强度螺栓时，除了考虑次梁端部垂直剪力（V）外，还应考虑由于偏心所产生的附加弯矩（$M_e = Ve_1$）的影响。

在次梁端部垂直剪力 V 作用下，连接一侧的每个高强度螺栓受力：

$$N_v = \frac{V}{n} \tag{2-51}$$

由于偏心力矩 M_e 作用，单个高强度螺栓的最大受力：

$$N_M = \frac{M_e y_{max}}{\sum y_i^2} \tag{2-52}$$

在垂直剪力和偏心弯矩共同作用下，一个高强度螺栓受力：

$$N_s = \sqrt{N_v^2 + N_M^2} \leqslant N_v^b \tag{2-53}$$

式中 N_v^b——每个高强度螺栓的承载力设计值，$N_v^b = k_1 k_2 n_f \mu P$，其中，$k_1$ 为系数，对冷弯薄壁型钢结构（板厚 $\leqslant 6$mm）时取 0.8，其他情况取 0.9；k_2 为系数，标准孔取 1.0，大圆孔取 0.85，内力与槽孔长向垂直时取 0.7，内力与槽孔长向平行时取 0.6；n_f 为传力摩擦面数目；μ 为摩擦面的抗滑系数；P 为一个高强度螺栓的预拉力。

4. 加劲肋与主梁的连接焊缝计算

在计算加劲肋连接焊缝时，除了考虑次梁端部垂直剪力（V）外，还应考虑由于偏心所产生的附加弯矩（$M_e = Ve_2$）的影响。加劲肋与主梁采用角焊缝，焊缝计算长度 l_w 仅考虑与主梁腹板连接部分有效。

$$\sigma_{fs} = \sqrt{\tau_v^2 + \left(\frac{\sigma_M}{\beta_f}\right)^2} \leqslant f_f^w \tag{2-54a}$$

$$\tau_v = \frac{V}{2 \times 0.7 \times h_f \times l_w} \tag{2-54b}$$

$$\sigma_M = \frac{M_e}{W_w} \tag{2-54c}$$

式中　l_w——角焊缝的计算长度，对每条焊缝取其实际长度减去 $2h_f$；

　　　h_f——焊脚尺寸；

　　　β_f——正面角焊缝的强度设计值增大系数，对承受静力荷载的结构，取 $\beta_f = 1.22$；

　　　f_f^w——角焊缝的强度设计值。

5. 次梁腹板的净截面验算

不考虑孔前传力，近似按下式进行验算：

$$\tau = \frac{V}{t_w h_{wn}} \leqslant f_v \tag{2-55}$$

6. 连接板的厚度

按等强度设计，即连接板的强度与加劲肋的强度相等，由此可得：

$$t = \frac{t_s h_1}{2h_2} \tag{2-56}$$

式中　t_s——加劲肋厚度；

　　　h_1——加劲肋高度；

　　　h_2——连接板高度。

对于双板连接板，其连接板厚 t 不宜小于梁腹板厚度的 0.7 倍，且不应小于 $s/12$（s 为螺栓间距），也不宜小于 6mm。

2.2　设计实例

2.2.1　设计资料

1. 工程概况

某多层办公楼的标准层建筑平面如图 2-18 所示，房屋总长度 36.1m，总宽度 16.2m。结构设计使用年限 50 年，结构安全等级二级，环境类别一类，耐火等级二级，抗震设防烈度 6 度（0.05g）。

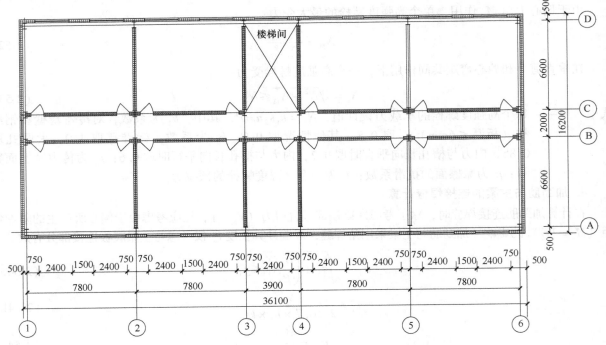

图 2-18　标准层平面图

2. 建筑做法

楼面做法：20mm 水泥砂浆找平，5mm 厚 1∶2 水泥砂浆加"108"胶水着色粉面层；板底为 V 形轻钢龙骨吊顶。

外墙做法：采用 240mm 加气混凝土砌块，双面粉刷。外粉刷 1∶3 水泥砂浆底，厚 20mm，外墙涂料，内粉刷为混合砂浆粉面，厚 20mm，内墙涂料。

内墙做法：采用 240mm 加气混凝土砌块，双面粉刷。内粉刷为混合砂浆粉面，厚 20mm，内墙涂料。

3. 可变荷载

办公楼楼面可变荷载标准值 2.0kN/m^2，组合值系数 $\psi_c = 0.7$，准永久值系数 $\psi_q = 0.4$；

走廊、楼梯可变荷载标准值 2.5kN/m^2，组合值系数 $\psi_c = 0.7$，准永久值系数 $\psi_q = 0.5$。

4. 设计内容

试对组合楼盖和组合梁进行设计。

2.2.2　结构布置

主体结构拟采用横向框架承重方案，横向刚接、纵向铰接；在③轴和④轴之间设置十字形交叉中心支撑，如图 2-19 所示，纵向形成框架—支撑体系。

框架梁、柱均采用 H 型钢，框架柱截面形心与纵横轴线重合。

楼板拟采用压型钢板—混凝土组合楼板，在Ⓐ与Ⓑ轴之间及Ⓒ与Ⓓ轴之间沿纵向布置一道次梁，压型钢板沿横向布置，最大跨度为 3.3m。

结构布置如图 2-19 所示。

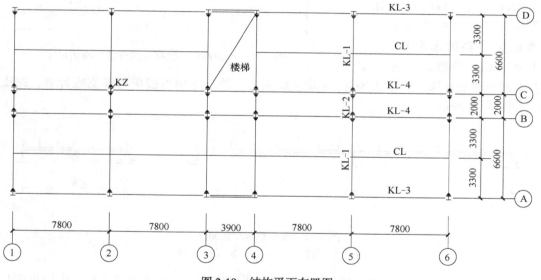

图 2-19　结构平面布置图

2.2.3　组合楼盖设计

组合楼盖设计包括组合板设计和组合梁设计，应考虑使用阶段和施工阶段的不同要求。

1. 组合板截面尺寸估选

（1）压型钢板　用于组合楼板的压型钢板基板净厚度（不包括涂层）不应小于 0.75mm，也不得超过 1.6mm，一般宜取 1mm。波槽平均宽度（对闭口型压型钢板为上口槽宽）不应小于 50mm；当在槽内设置栓钉时，压型钢板的总高度不宜大于 80mm。

根据上述构造要求，选用型号为 YX70—200—600 的压型钢板，厚度 1.2mm，展开宽度 1000mm。

重量 $g = 16.2 \text{kg/m}$，有效截面惯性矩 $I_{ef} = 1.28 \times 10^6 \text{mm}^4/\text{m}$，有效截面抵抗矩 $W_{ef} = 3.596 \times 10^4 \text{mm}^3/\text{m}$，压型钢板截面基本尺寸如图 2-20 所示。压型钢板基材采用 Q235 级钢，设计强度 $f = 205 \text{N/mm}^2$。

（2）混凝土厚度 h_c　组合板总厚度不应小于 90mm，压型钢板肋顶部以上的混凝土厚度不应小于 50mm。当压型钢板用作混凝土板底部受力钢筋时，还需进行防火保护，对于无防火保护层的开口压型钢板，肋顶部混凝土厚度不应小于 80mm。此外，对于简支组合板的跨高比不宜大于 25，连续组合板的跨高比不宜大于 35。

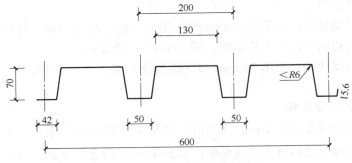

图 2-20　压型钢板截面基本尺寸

根据以上构造要求，压型钢板上混凝土厚度取 $h_c = 80 \text{mm}$（图 2-21），此时压型钢板底部无需设置防火保护层。

2. 压型钢板施工阶段的验算

（1）计算简图　计算单元取一个波宽，按强边（顺肋）方向的单向板计算正、负弯矩和挠度，对弱边（垂直肋）方向可以不进行计算。

施工阶段压型钢板的计算简图视实际支承跨数及跨度尺寸有关。但考虑到下料的不利情况，对Ⓐ ~Ⓑ轴、Ⓒ ~Ⓓ轴之间的压

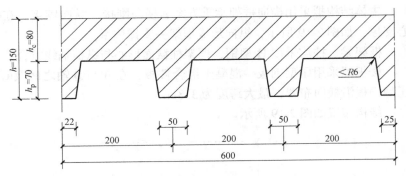

图 2-21　压型钢板—混凝土组合楼板断面尺寸

型钢板按两跨连续板计算，跨度 3.3m；对Ⓑ ~Ⓒ轴之间的压型钢板按单跨简支板计算，跨度 2.0m。计算简图如图 2-22 所示。

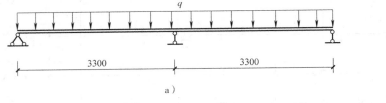

图 2-22　压型钢板计算简图
a）Ⓐ ~Ⓑ轴、Ⓒ ~Ⓓ轴　b）Ⓑ ~Ⓒ轴

（2）荷载计算　施工阶段压型钢板作为浇筑混凝土的底模，一般不设置支撑，由压型钢板承担组合楼板自重和施工荷载。施工阶段验算时应考虑下列荷载：

① 永久荷载标准值。

混凝土自重标准值

$$\left[\frac{(0.05 + 0.07)}{2}\text{m} \times 0.07\text{m} + 0.20\text{m} \times 0.08\text{m}\right] \times 25\text{kN/m}^3 = 0.505\text{kN/m}$$

1.0mm 压型钢板自重

$$16.2 \times 9.8 \times \frac{0.2}{0.6} \times 10^{-3} \text{kN/m} = 0.053\text{kN/m}$$

小计　　　　　　　　　　　　　　　　　$g_k = 0.558 \text{kN/m}$

②可变荷载标准值。

施工荷载　　　　　　　　　　$q_k = 1.0 \times 0.2 \text{kN/m} = 0.20 \text{kN/m}$

③荷载组合。

标准组合值

$$p_k = (0.558 + 0.20) \text{kN/m} = 0.758 \text{kN/m}$$

基本组合值

$$p = 1.3 g_k + 1.5 q_k = (1.3 \times 0.558 + 1.5 \times 0.20) \text{kN/m} = 1.025 \text{kN/m}$$

（3）内力计算

Ⓐ ~ Ⓑ轴、Ⓒ ~ Ⓓ轴间：

跨中最大正弯矩　　　$M_{max} = 0.125 pl^2 = 0.125 \times 1.025 \times 3.3^2 \text{kN·m} = 1.40 \text{kN·m}$

支座最大负弯矩　　　$M_{max} = -0.125 pl^2 = -0.125 \times 1.025 \times 3.3^2 \text{kN·m} = -1.40 \text{kN·m}$

Ⓑ ~ Ⓒ轴间：

$$M_{max} = \frac{1}{8} pl^2 = \frac{1}{8} \times 1.025 \times 2.0^2 \text{kN·m} = 0.51 \text{kN·m}$$

（4）抗弯强度验算

$$\sigma = \frac{M_{max}}{W_{ef}} = \frac{1.40 \times 10^6}{3.596 \times 10^4} \text{N/mm}^2 = 38.93 \text{N/mm}^2 < f = 205 \text{N/mm}^2 \text{（满足要求）}$$

（5）挠度验算

Ⓐ ~ Ⓑ轴、Ⓒ ~ Ⓓ轴间：

按两跨连续构件计算，均布荷载下的跨中最大挠度系数 0.521/100，挠度 δ：

$$\delta = \frac{0.521 p_k l^4}{100 EI_{ef}} = \frac{0.521 \times 0.758 \times 3300^4}{100 \times 206000 \times 1.28 \times 10^6 / 5} \text{mm}$$
$$= 8.88 \text{mm} < 20 \text{mm}$$
$$< l/180 = 18.33 \text{mm} \text{（满足要求）}$$

Ⓑ ~ Ⓒ轴间：

按简支梁计算，均布荷载在跨中最大挠度系数 5/384，挠度 δ：

$$\delta = \frac{5 p_k l^4}{384 EI_{ef}} = \frac{5 \times 0.758 \times 2000^4}{384 \times 206000 \times 1.28 \times 10^6 / 5} \text{mm}$$
$$= 2.99 \text{mm} < l/180 = 11.11 \text{mm} \text{（满足要求）}$$

3. 组合板使用阶段计算

（1）计算简图　使用阶段组合板的强度按破坏状态时的极限平衡计算。为了简化，当组合板的压型钢板顶面以上的混凝土厚度不大于 100mm 时，不考虑弱边方向的作用；不论其实际支承情况如何，强边方向的正弯矩均按简支构件考虑；强边方向的负弯矩按嵌固考虑。计算简图如图 2-23 所示。

（2）荷载计算　取一个波宽（$b = 200 \text{mm}$）计算荷载。

1）永久荷载标准值。

20mm 水泥砂浆找平层　　　　　　$0.02 \text{m} \times 20 \text{kN/m}^3 \times 0.2 \text{m} = 0.08 \text{kN/m}$

5mm 厚 1:2 水泥砂浆加 "108" 胶水着色粉面层

$$0.005 \text{m} \times 20 \text{kN/m}^3 \times 0.2 \text{m} = 0.02 \text{kN/m}$$

混凝土自重

$$\left[\frac{(0.05 + 0.07)}{2} \text{m} \times 0.07 \text{m} + 0.20 \text{m} \times 0.08 \text{m} \right] \times 25 \text{kN/m}^3 = 0.505 \text{kN/m}$$

1.0mm 压型钢板自重

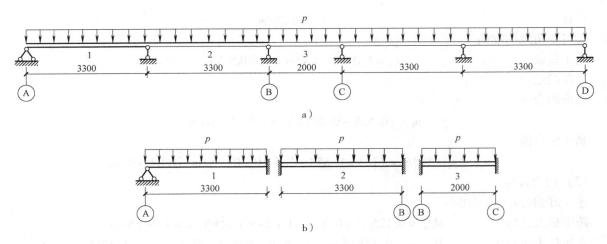

图 2-23　组合板计算简图

a) 用于计算跨中弯矩和挠度　　b) 用于计算支座弯矩

$$16.2 \times 9.8 \times \frac{0.2}{0.6} \times 10^{-3} \text{kN/m} = 0.053 \text{kN/m}$$

V 形轻钢龙骨吊顶（二层 9mm 纸面石膏板无保温层）

$$0.20 \text{kN/m}^2 \times 0.2 \text{m} = 0.04 \text{kN/m}$$

小计　　　　　　　　　　　　　$g_k = 0.698 \text{kN/m}$

2) 可变荷载标准值。

办公楼楼面可变荷载标准值

$$q_k = 2.0 \text{kN/m}^2 \times 0.2 \text{m} = 0.4 \text{kN/m}$$

走廊、楼梯可变荷载标准值

$$q_k = 2.5 \text{kN/m}^2 \times 0.2 \text{m} = 0.5 \text{kN/m}$$

3) 荷载组合。

荷载标准组合值　　　　　　　　$p_k = g_k + q_k$

荷载准永久荷载值　　　　　　　$p_q = g_k + \psi_q q_k$

由可变荷载效应控制的基本组合值　　$p = 1.3 g_k + 1.5 q_k$

计算过程见表 2-5。

表 2-5　组合板荷载组合值　　　　　　　　　　　　（单位：kN/m）

轴线位置	永久荷载标准值 g_k	可变荷载标准值 q_k	标准荷载组合值 p_k	基本荷载组合值 p	准永久组合值 p_q
	①	②	①+②	1.3①+1.5②	①+ψ_q②
Ⓐ~Ⓑ Ⓒ~Ⓓ	0.698	0.40	1.098	1.507	0.858
Ⓑ~Ⓒ	0.698	0.50	1.198	1.657	0.948

(3) 内力计算

1) 跨中正弯矩基本组合值。

第 1、2 跨（Ⓐ~Ⓑ）　$M_{max} = \frac{1}{8} \times 1.507 \times 3.3^2 \text{kN} \cdot \text{m} = 2.051 \text{kN} \cdot \text{m}$

第 3 跨（Ⓑ~Ⓒ）　$M_{max} = \frac{1}{8} \times 1.657 \times 2.0^2 \text{kN} \cdot \text{m} = 0.829 \text{kN} \cdot \text{m}$

2) 支座负弯矩基本组合值。

第 1 跨　　　　　　　　　　$M'_{max} = \dfrac{1}{8} \times 1.507 \times 3.3^2 \text{kN} \cdot \text{m} = 2.051 \text{kN} \cdot \text{m}$

第 2 跨　　　　　　　　　　$M'_{max} = \dfrac{1}{12} \times 1.507 \times 3.3^2 \text{kN} \cdot \text{m} = 1.368 \text{kN} \cdot \text{m}$

第 3 跨　　　　　　　　　　$M'_{max} = \dfrac{1}{12} \times 1.657 \times 2.0^2 \text{kN} \cdot \text{m} = 0.552 \text{kN} \cdot \text{m}$

3）剪力基本组合值。

第 1 跨　　　　　　　　　　$V_{max} = \dfrac{5}{8} \times 1.507 \times 3.3 \text{kN} = 3.108 \text{kN}$

第 2 跨　　　　　　　　　　$V_{max} = \dfrac{1}{2} \times 1.507 \times 3.3 \text{kN} = 2.487 \text{kN}$

第 3 跨　　　　　　　　　　$V_{max} = \dfrac{1}{2} \times 1.657 \times 2.0 \text{kN} = 1.657 \text{kN}$

4）支座负弯矩标准组合值。

第 1 跨　　　　　　　　　　$M'_{max} = \dfrac{1}{8} \times 1.098 \times 3.3^2 \text{kN} \cdot \text{m} = 1.495 \text{kN} \cdot \text{m}$

第 2 跨　　　　　　　　　　$M'_{max} = \dfrac{1}{12} \times 1.098 \times 3.3^2 \text{kN} \cdot \text{m} = 0.996 \text{kN} \cdot \text{m}$

第 3 跨　　　　　　　　　　$M'_{max} = \dfrac{1}{12} \times 1.198 \times 2.0^2 \text{kN} \cdot \text{m} = 0.399 \text{kN} \cdot \text{m}$

（4）承载力计算

1）跨中截面受弯承载力。一个波宽（$b = 200 \text{mm}$）压型钢板的截面面积 $A_p = 385.7 \text{mm}^2$，形心距顶面距离 $y_0 = 26.89 \text{mm}$，对自身形心轴的惯性矩 $I_p = 3.05 \times 10^5 \text{mm}^4$。

因所有跨的压型钢板和混凝土厚度均相同，抵抗正弯矩的能力相同，只需选择最大跨中弯矩（$M_{max} = 2.051 \text{kN} \cdot \text{m}$）进行计算。混凝土强度等级 C30（$f_c = 14.3 \text{N/mm}^2$，$f_t = 1.43 \text{N/mm}^2$，$E_c = 3.0 \times 10^4 \text{N/mm}^2$），Q235 级钢（$f = 205 \text{N/mm}^2$，$E_p = 2.06 \times 10^5 \text{N/mm}^2$）。

$$x = \frac{A_p f}{\alpha_1 f_c b} = \frac{385.7 \times 205}{1.0 \times 14.3 \times 200} \text{mm} = 27.65 \text{mm} < h_{c1} = 80 \text{mm}$$

说明中和轴位于压型钢板顶面以上的混凝土内。

压型钢板组合板的有效高度 $h_0 = h_{c1} + y_0 = (80 + 26.89) \text{mm} = 106.89 \text{mm}$

$$M = \alpha_1 f_c b x \left(h_0 - \frac{x}{2} \right) = 1.0 \times 14.3 \times 200 \times 27.65 \times (106.89 - 27.65/2) \text{N} \cdot \text{mm}$$

$$= 7.359 \times 10^6 \text{N} \cdot \text{mm} = 7.359 \text{kN} \cdot \text{m} > M_{max} = 2.051 \text{kN} \cdot \text{m} \text{（满足要求）}$$

2）支座截面受弯承载力。不考虑压型钢板的作用，按倒 T 形混凝土梁进行计算。压型钢板肋内的混凝土按其平均宽度 $b_0 = (50 + 70) \text{mm}/2 = 60 \text{mm}$ 考虑，截面有效高度 $h_0 = h_p + h_{c1} - a_s = (70 + 80 - 20) \text{mm} = 130 \text{mm}$。

$$\alpha_1 f_c b_0 h_p \left(h_0 - \frac{h_p}{2} \right) = 1.0 \times 14.3 \times 60 \times 70 \times (130 - 70/2) \text{N} \cdot \text{mm}$$

$$= 5.706 \times 10^6 \text{N} \cdot \text{mm} = 5.706 \text{kN} \cdot \text{m} > M'_{max} = 2.051 \text{kN} \cdot \text{m}$$

说明中和轴位于压型钢板肋，按宽度为 $b_0 = 60 \text{mm}$ 的矩形截面梁计算。

$$\alpha_s = \frac{M}{\alpha_1 f_c b_0 h_0^2} = \frac{2.051 \times 10^6}{1.0 \times 14.3 \times 60 \times 130^2} = 0.1415$$

$$\xi = 1 - \sqrt{1 - 2\alpha_s} = 1 - \sqrt{1 - 2 \times 0.1415} = 0.1532 < \xi_b = 0.614$$

$$A_s = \frac{\alpha_1 f_c b_0 h_0 \xi}{f_y} = \frac{1.0 \times 14.3 \times 60 \times 130 \times 0.1532}{270} \text{mm}^2 = 62.79 \text{mm}^2$$

另外，将受拉钢筋合力对压型钢板截面形心取矩，可得 $M = A_s f_y (h - a_s - a_p)$，即

$$A_s = \frac{M}{f_y(h - a_s - a_p)} = \frac{2.051 \times 10^6}{270 \times (150 - 20 - 43.11)} \text{mm}^2 = 87.42 \text{mm}^2$$

取两者较小值 $A_s = 62.79 \text{mm}^2 > A_{\text{smin}} = 0.238\% \times (60 \times 70 + 80 \times 200) \text{mm}^2 = 48.08 \text{mm}^2$，选用 $\Phi 8@150$（200mm 宽度范围内的钢筋面积 $A_s = 67.07 \text{mm}^2$）。

$$\rho_{\min} = \max\left(0.2\%, \ 45\frac{f_t}{f_y}\right) = 0.238\%。$$

3）斜截面受剪承载力。组合楼板一个波宽（$b = 200 \text{mm}$）内的受剪承载力：

$$0.7 f_t b h_0 = 0.7 \times 1.43 \times 200 \times (80 + 26.89) \text{N}$$
$$= 21.40 \times 10^3 \text{N} = 21.40 \text{kN} > V_{\max} = 3.108 \text{kN}（满足要求）$$

（5）挠度计算　组合楼板的挠度计算包括荷载效应标准组合下的挠度和荷载效应准永久组合下的挠度。前者采用短期刚度，后者采用长期刚度。

1）短期刚度。取一个波宽（$b = 200 \text{mm}$）范围作为计算单元，对于肋内的混凝土近似按平均肋宽 $b_0 = 60 \text{mm}$ 的矩形截面考虑，如图 2-24 所示。

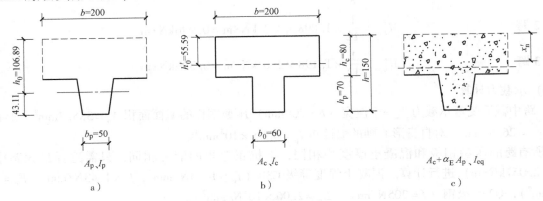

图 2-24　组合楼板截面特性
a）压型钢板部分　b）混凝土部分　c）换算截面

一个波宽压型钢板的截面面积 $A_p = 385.7 \text{mm}^2$，自身形心轴的惯性矩 $I_p = 3.05 \times 10^5 \text{mm}^4$，形心距顶面距离 $y_0 = 26.89 \text{mm}$。

混凝土部分的截面面积 $A_c = 20200 \text{mm}^2$，对自身形心的惯性矩 $I_c = 28.96 \times 10^6 \text{mm}^4$，形心距混凝土顶板距离为 $h'_c = 55.59 \text{mm}$。

钢材与混凝土的弹性模量之比　$\alpha_E = \dfrac{E_p}{E_c} = \dfrac{2.06 \times 10^5}{3.0 \times 10^4} = 6.87$

则等效截面形心距混凝土板顶的距离 x'_n：

$$x'_n = \frac{A_c h'_0 + \alpha_E A_p h_0}{A_c + \alpha_E A_p} = \frac{20200 \times 55.59 + 6.87 \times 385.7 \times 106.89}{20200 + 6.87 \times 385.7} \text{mm} = 61.54 \text{mm}$$

等效截面的惯性矩 I^s_{eq}：

$$I^s_{eq} = \frac{1}{\alpha_E}\left[I_c + A_c(x'_n - h'_0)^2\right] + I_p + A_p(h_0 - x'_n)^2$$
$$= \left\{\frac{1}{6.87} \times \left[28.96 \times 10^6 + 20200 \times (61.54 - 55.59)^2\right] + 3.05 \times 10^5 + 385.7 \times (106.89 - 61.54)^2\right\} \text{mm}^4$$
$$= 5.42 \times 10^6 \text{mm}^4$$

2）长期刚度。计算长期刚度时，将混凝土按 $2\alpha_E$ 换算为钢材，按单一等效截面计算截面惯性矩。

等效截面形心距混凝土板顶的距离 x'_n：

$$x'_n = \frac{A_c h'_0 + 2\alpha_E A_p h_0}{A_c + 2\alpha_E A_p} = \frac{20200 \times 55.59 + 2 \times 6.87 \times 385.7 \times 106.89}{20200 + 2 \times 6.87 \times 385.7} \text{mm} = 66.25\text{mm}$$

等效截面的惯性矩 I'_{eq}：

$$I^l_{eq} = \frac{1}{2\alpha_E}\left[I_c + A_c\left(x'_n - h'_0\right)^2\right] + I_p + A_p\left(h_0 - x'_n\right)^2$$

$$= \left\{\frac{1}{2 \times 6.87} \times \left[28.96 \times 10^6 + 20200 \times (66.25 - 55.59)^2\right] + 3.05 \times 10^5 + 385.7 \times (106.89 - 66.25)^2\right\}\text{mm}^4$$

$$= 3.22 \times 10^6\text{mm}^4$$

3）挠度计算。荷载的标准组合值 $p_k = 1.098\text{kN/m}$，采用短期刚度 $E_p I^s_{eq}$，简支单向板跨中最大挠度 δ：

$$\delta = \frac{5p_k l^4}{384 E_p I^s_{eq}} = \frac{5 \times 1.098 \times 3300^4}{384 \times 2.06 \times 10^5 \times 5.42 \times 10^6}\text{mm}$$

$$= 1.52\text{mm} < [\delta] = l/200 = 16.50\text{mm}（满足要求）$$

荷载的准永久组合值 $p_q = 0.858\text{kN/m}$，采用长期刚度 $E_p I^l_{eq}$，简支单向板跨中最大挠度 δ：

$$\delta = \frac{5p_q l^4}{384 E_p I^l_{eq}} = \frac{5 \times 0.858 \times 3300^4}{384 \times 2.06 \times 10^5 \times 3.22 \times 10^6}\text{mm}$$

$$= 2.0\text{mm} < [\delta] = l/200 = 16.50\text{mm}（满足要求）$$

（6）自振频率验算　永久荷载标准值（$g_k = 0.698\text{kN/m}$）作用下的挠度：

$$\delta = \frac{5g_k l^4}{384 E_p I^s_{eq}} = \frac{5 \times 0.698 \times 3300^4}{384 \times 2.06 \times 10^5 \times 5.42 \times 10^6}\text{mm} = 0.965\text{mm}$$

组合楼板的自振频率 f 可按下式进行估算：

$$f = \frac{1}{0.178\sqrt{\delta}} = \frac{1}{0.178 \times \sqrt{0.0965}}\text{Hz} = 18.09\text{Hz} > 15\text{Hz}（满足要求）$$

上式中 δ 单位为 cm。

（7）裂缝宽度验算　验算组合楼板负弯矩部位混凝土的裂缝宽度时，可近似地忽略压型钢板的作用，即按混凝土板及其负钢筋计算板的最大裂缝宽度。取一个波宽 $b = 200\text{mm}$ 作为计算单元。

$$\sigma_s = \frac{M_k}{0.87 h_0 A_s} = \frac{1.495 \times 10^6}{0.87 \times 130 \times 77.40}\text{N/mm}^2 = 170.78\text{N/mm}^2$$

$$\rho_{te} = \frac{A_s}{0.5bh + (b_f - b)h_f}$$

$$= \frac{77.40}{0.5 \times 60 \times 150 + (200 - 60) \times 80} = 0.0069 < 0.01，取 \rho_{te} = 0.01$$

$$\psi = 1.1 - \frac{0.65 f_{tk}}{\rho_{te}\sigma_{sk}} = 1.1 - \frac{0.65 \times 2.01}{0.01 \times 170.78} = 0.335 > 0.2$$

$$c_s = 15\text{mm}（一类环境，C30），d_{eq} = 8\text{mm}$$

$$w_{max} = \alpha_{cr}\psi\frac{\sigma_s}{E_s}\left(1.9c_s + 0.08\frac{d_{eq}}{\rho_{te}}\right)$$

$$= 1.9 \times 0.335 \times \frac{170.78}{206000} \times \left(1.9 \times 15 + 0.08 \times \frac{8}{0.01}\right)\text{mm}$$

$$= 0.049\text{mm} < w_{lim} = 0.3\text{mm}（满足要求）$$

图 2-25 给出了组合楼板的施工图。

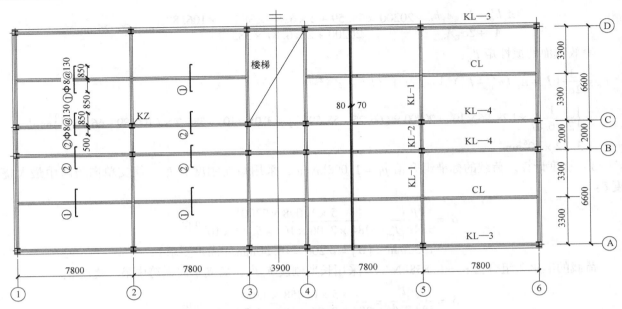

图 2-25　组合楼板布置及板面配筋图

2.2.4　纵向组合梁设计

1. 组合梁截面尺寸估选

纵向梁的跨度 $l = 7800mm$，根据刚度要求，组合梁的高跨比，一般 $h \geqslant \dfrac{l}{15} \sim \dfrac{l}{16} = \dfrac{7800}{15} \sim \dfrac{7800}{16} = 520 \sim 487.5mm$，取组合梁截面高度 $h = 500mm$，组合楼板的厚度 $h_c = 150mm$，则钢梁的截面高度 $h_s = 350mm$，初步选择钢梁的截面均为 HN350×175。组合梁截面高度 $h = 500mm < 2.0h_s = 2.0 \times 350mm = 700mm$，满足要求。

为了方便施工，对于③～④轴之间跨度为 3900mm 的组合梁也选用 HN350×175。

HN350×175，截面高度 $h_b = 350mm$，截面宽度 $b_b = 175mm$，腹板厚度 $t_{bw} = 7.0mm$，翼缘厚度 $t_{bf} = 11.0mm$，$A = 6366mm^2$，$I_x = 1.37 \times 10^8 mm^4$，$W_x = 7.82 \times 10^5 mm^3$，$i_x = 147.0mm$，$I_y = 0.985 \times 10^7 mm^4$，$W_y = 1.13 \times 10^5 mm^3$，$i_y = 39.3mm$，自重 50.0kg/m。

2. 组合梁施工阶段验算

施工阶段混凝土还未参与工作，所有荷载均由钢梁承受，包括混凝土重量、压型钢板重量、钢梁自重及施工可变荷载。因梁没有洞口削弱，抗剪强度可以不验算；由于采用轧制型钢，局部稳定无需验算，仅需进行抗弯强度、整体稳定及挠度验算。

（1）计算简图　纵向梁均为简支构件，Ⓐ、Ⓓ轴纵向梁（KL—3）负荷宽度为 (3.3/2 + 0.2)m = 1.85m（组合楼盖伸出梁轴线200mm）；Ⓑ、Ⓒ轴线纵向梁（KL—4）负荷宽度为 (3.3 + 2.0)m/2 = 2.65m；次梁（CL）负荷宽度3.3m。因此，施工阶段次梁的荷载最大。

（2）荷载计算

组合板自重 $0.558kN/m \times 5 \times 3.3 = 9.21kN/m$

钢梁自重 $50.0 \times 9.8 \times 10^{-3} kN/m = 0.49kN/m$

永久荷载标准值 $g_k = 9.70kN/m$

施工荷载标准值 $q_k = 1.0 \times 3.3 = 3.3kN/m$

荷载标准组合

$$p_k = g_k + q_k = 9.70kN/m + 3.3kN/m = 13.0kN/m$$

荷载基本组合值

$$p = 1.3g_k + 1.5q_k = 1.3 \times 9.70\text{kN/m} + 1.5 \times 3.3\text{kN/m} = 17.56\text{kN/m}$$

（3）内力计算

最大弯矩基本组合值

$$M_{max} = \frac{1}{8}pl^2 = \frac{1}{8} \times 17.56 \times 7.8^2 = 133.54\text{kN·m}$$

（4）抗弯强度验算

$$\sigma = \frac{M_{max}}{\gamma W_x} = \frac{133.54 \times 10^6}{1.05 \times 7.82 \times 10^5} = 162.64\text{N/mm}^2 < f = 215\text{N/mm}^2 \text{（满足要求）}$$

（5）整体稳定验算

Q235，跨中无侧向支撑，$l_1/b_1 = 7800/175 = 44.57 > 13$，需要验算整体稳定。

$\xi = \dfrac{l_1 t_1}{b_1 h} = \dfrac{7800 \times 11}{175 \times 350} = 1.401 < 2.0$，跨中无侧向支承，均布荷载作用在上翼缘，则整体稳定的等效临界弯矩系数 β_b：

$$\beta_b = 0.69 + 0.13\xi = 0.872$$

$\lambda_y = \dfrac{l_1}{i_y} = \dfrac{7800}{39.3} = 198.47$；双轴对称截面 $\eta_b = 0$；由《钢结构设计标准》（GB 50017—2017）附录 C.0.1 得简支梁的整体稳定系数：

$$\varphi_b = \beta_b \frac{4320}{\lambda_y^2} \frac{Ah}{W_x} \left[\sqrt{1 + \left(\frac{\lambda_y t_1}{4.4h} \right)^2} + \eta_b \right] \varepsilon_k$$

$$= 0.872 \times \frac{4320}{198.47^2} \times \frac{6366 \times 350}{7.82 \times 10^5} \times \left[\sqrt{1 + \left(\frac{198.47 \times 11}{4.4 \times 350} \right)^2} + 0 \right] \times \frac{235}{235}$$

$$= 0.473 < 0.6，无需修正。$$

$$\sigma = \frac{M_x}{\varphi_b W_x} = \frac{133.54 \times 10^6}{0.473 \times 7.82 \times 10^5}\text{N/mm}^2 = 361.03\text{N/mm}^2 > f = 215\text{N/mm}^2 \text{（不满足要求）}$$

施工时在跨中设置两个侧向支撑点，则 $l_1 = 7.8\text{m}/3 = 2.6\text{m}$，$l_1/b_1 = 2600/175 = 14.86 < 16$，满足稳定性要求。

（6）挠度验算

跨中最大挠度 δ：

$$\delta = \frac{5p_k l^4}{384EI_x} = \frac{5 \times 13.0 \times 7800^4}{384 \times 2.06 \times 10^5 \times 1.37 \times 10^8}\text{mm}$$

$$= 22.20\text{mm} < l/250 = 7800\text{mm}/250 = 31.2\text{mm} \text{（满足要求）}$$

3. 组合梁使用阶段验算

使用阶段所有荷载由组合梁承受，需对组合梁进行抗弯强度、抗剪强度及挠度验算，并进行抗剪连接件的设计。因压型板肋与钢梁垂直，所以混凝土翼板的纵向抗剪无需验算。考虑到钢梁需要作防火涂层，近似将其自重放大 1.1 倍考虑。

（1）荷载计算

1）永久荷载。

① CL。

楼板传来分布荷载　　　　　$(0.698/0.2) \times 3.3\text{kN/m} = 11.52\text{kN/m}$

钢梁自重　　　　　　　　　$50.0 \times 9.8 \times 10^{-3} \times 1.1\text{kN/m} = 0.54\text{kN/m}$

小计：　　　　　　　　　　$g_k = 12.06\text{kN/m}$

② KL—3。

楼板传来分布荷载 $(0.698/0.2) \times (3.3/2 + 0.2) \text{kN/m} = 6.46 \text{kN/m}$

钢梁自重 0.54kN/m

梁上墙重 $[(7.8 \times 3.6 - 2.4 \times 2.1) \times 2.54 + 2.4 \times 2.1 \times 0.45]/7.8 = 7.79 \text{kN/m}$

小计： $g_k = 14.79 \text{kN/m}$

240 加气混凝土砌块（双面粉刷）：

$0.24\text{m} \times 7.5 \text{kN/m}^3 + 0.02\text{m} \times 20 \text{kN/m}^3 + 0.02\text{m} \times 17 \text{kN/m}^3 = 2.54 \text{kN/m}^2$

钢窗自重： 0.45kN/m^2

③KL—4。

楼板传来分布荷载 $(0.698/0.2) \times (3.3/2 + 2.0/2) \text{kN/m} = 9.25 \text{kN/m}$

钢梁自重 0.54kN/m

梁上墙重 $2.48 \text{kN/m}^2 \times 3.1\text{m} = 7.69 \text{kN/m}$

小计： $g_k = 17.48 \text{kN/m}$

240mm 加气混凝土砌块（双面粉刷）

$0.24\text{m} \times 7.5 \text{kN/m}^3 + 0.02\text{m} \times 17 \text{kN/m}^3 \times 2 = 2.48 \text{kN/m}^2$

2）可变荷载。

CL： $q_k = 2.0 \text{kN/m}^2 \times 3.3\text{m} = 6.6 \text{kN/m}$

KL—3： $q_k = 2.0 \text{kN/m}^2 \times (3.3/2 + 0.2)\text{m} = 3.7 \text{kN/m}$

KL—4： $q_k = 2.0 \text{kN/m}^2 \times (3.3/2 + 2.0/2)\text{m} = 5.3 \text{kN/m}$

3）荷载组合。荷载组合值见表 2-6。

表 2-6　组合梁的荷载组合值

项　　目	CL	KL—3	KL—4
g_k／（kN/m）	12.06	14.79	17.48
q_k／（kN/m）	6.6	3.7	5.3
基本组合：$p = 1.3g_k + 1.5q_k$	25.58	24.78	30.67
标准组合：$p_k = g_k + q_k$	18.66	18.49	22.78
准永久组合：$p_q = g_k + \psi_q q_k$	14.70	16.27	19.60

注：$\psi_q = 0.4$。

（2）内力计算

1）CL。

最大弯矩基本组合值 $M = \frac{1}{8}pl^2 = \frac{1}{8} \times 25.58 \times 7.8^2 \text{kN} \cdot \text{m} = 194.54 \text{kN} \cdot \text{m}$

最大剪力基本组合值 $V = \frac{1}{2}pl = \frac{1}{2} \times 25.58 \times 7.8 \text{kN} = 99.76 \text{kN}$

2）KL—3。

最大弯矩基本组合值 $M = \frac{1}{8}pl^2 = \frac{1}{8} \times 24.78 \times 7.8^2 \text{kN} \cdot \text{m} = 188.45 \text{kN} \cdot \text{m}$

最大剪力基本组合值 $V = \frac{1}{2}pl = \frac{1}{2} \times 24.78 \times 7.8 \text{kN} = 96.64 \text{kN}$

3）KL—4。

最大弯矩基本组合值 $M = \frac{1}{8}pl^2 = \frac{1}{8} \times 30.67 \times 7.8^2 \text{kN} \cdot \text{m} = 233.25 \text{kN} \cdot \text{m}$

最大剪力基本组合值 $V = \frac{1}{2}pl = \frac{1}{2} \times 30.67 \times 7.8 \text{kN} = 119.61 \text{kN}$

（3）计算混凝土翼板的有效宽度 b_e

1）CL。

$b_0 = 175\text{mm}$，$b_2 = \min[l/6、6h_{c1}、s_0/2] = \min[7800/6、6\times150、(3300-175)/2] = 900\text{mm}$

混凝土翼板的有效宽度 b_e：

$$b_e = b_0 + 2b_2 = (175 + 2\times900)\text{mm} = 1975\text{mm}$$

2）KL—3。

$b_0 = 175\text{mm}$，$b_1 = \min[l/6、6h_{c1}、s_1/2] = \min[7800/6、6\times150、(200-175/2)/2] = 56.25\text{mm}$

$b_2 = \min[l/6、6h_{c1}、s_0/2] = \min[7800/6、6\times150、(3300-175)/2] = 900\text{mm}$

混凝土翼板的有效宽度 b_e：

$$b_e = b_0 + b_1 + b_2 = (175 + 56.25 + 900)\text{mm} = 1131.25\text{mm}$$

3）KL—4。

$$b_0 = 175\text{mm}$$

$b_2 = \min[l/6、6h_{c1}、s_0/2] = \min[7800/6、6\times150、(3300-175)/2 \text{ 或 }(2000-175)/2] = 900\text{mm}$

混凝土翼板的有效宽度 b_e：

$$b_e = b_0 + 2b_2 = (175 + 2\times900)\text{mm} = 1975\text{mm}$$

（4）抗剪连接件设计

用压型钢板做底模的组合梁，栓钉杆直径不宜大于 19mm，混凝土凸肋宽度不应小于栓钉杆直径的 2.5 倍；栓钉高度 h_d 应符合 $h_d \geqslant (h_e + 30) = 100\text{mm}$ 的要求。

采用 4.6 级 $\phi19$ 栓钉（面积 $A_s = 283.5\text{mm}^2$，$f = 215\text{N/mm}^2$、$f_u = 360\text{N/mm}^2$），栓钉高度 $h_d = 120\text{mm}$，每个板肋一个，间距 200mm。

压型钢板的肋垂直于钢梁布置，抗剪连接件承载力的折减 β_v：

$$\beta_v = \frac{0.85 b_w}{\sqrt{n_0}\,h_e}\left(\frac{h_d - h_e}{h_e}\right) = \frac{0.85}{\sqrt{1}} \times \frac{60}{70} \times \left(\frac{120-70}{70}\right) = 0.52 < 1$$

一个抗剪连接件的承载力设计值 N_v^c：

$$N_v^c = 0.43\beta_v A_s \sqrt{E_c f_c} = 0.43 \times 0.52 \times 283.5 \times \sqrt{3.0\times10^4 \times 14.3}\,\text{N}$$

$$= 41.52\times10^3\text{N} = 41.52\text{kN}$$

$$> 0.7\beta_v A_s f_u = 0.7\times0.52\times283.5\times360\text{N} = 37.15\times10^3\text{N} = 37.15\text{kN}$$

取 $N_v^c = 37.15\text{kN}$

计算每个剪跨区段内作用在钢梁与混凝土翼板交接面上的纵向剪力 V_s，位于正弯矩区段的剪跨 $V_s = \min|Af, b_e h_{c1} f_c|$。

对于 CL、KL—4

$$V_s = \min|Af, b_e h_{c1} f_c|$$

$$= \min|6366\times215, 1975\times80\times14.3| = 1368.69\times10^3\text{N} = 1368.69\text{kN}$$

一个剪跨段所需的栓钉数量：

$$n_f = V_s/N_v^c = 1368.69/37.15 = 36.84，\text{取 } n_f = 37$$

$n_r = 3900/200 = 19.5$，取 $n_r = 20 < n_f$，但 $n_r/n_f = 54.05\% > 50\%$，为部分抗剪连接。

对于 KL—3

$$V_s = \min|Af, b_e h_{c1} f_c|$$

$$= \min|6366\times215, 1131.25\times80\times14.3| = 1294.15\times10^3\text{N} = 1294.15\text{kN}$$

一个剪跨段所需的栓钉数量：

$$n_f = V_s/N_v^c = 1294.15/37.15 = 34.84，\text{取 } n_f = 35$$

$n_r = 3900/200 = 19.5$，取 $n_r = 20 < n_f$，但 $n_r/n_f = 57.14\% > 50\%$，为部分抗剪连接。

（5）受弯承载力计算

1）CL、KL—4。

混凝土翼板受压区高度（图 2-26a）：

$$x = \frac{n_r N_v^c}{b_e f_c} = \frac{20 \times 37.15 \times 10^3}{1975 \times 14.3} \text{mm} = 26.31 \text{mm}$$

钢梁受压面积：

$$A_c = \frac{Af - n_r N_v^c}{2f} = \frac{6366 \times 215 - 20 \times 37.15 \times 10^3}{2 \times 215} \text{mm}^2 = 1366.96 \text{mm}^2$$

组合梁塑性中和轴位置 $x_p = 1366.96 \text{mm}/175 = 7.81 \text{mm} < t_2 = 11 \text{mm}$，说明塑性中和轴在上翼缘内。

上翼缘板件的宽厚比 $\frac{b}{t} = \frac{(175-7)/2}{11} = 7.64 < 9\sqrt{\frac{235}{f_y}} = 9$，满足塑性设计的要求。

受压混凝土合力到钢梁受拉部分合力的距离（图 2-26b）：

$$y_1 = h_s - \frac{h_s - x_p}{2} + h_c - \frac{x}{2}$$
$$= \left(350 - \frac{350 - 7.81}{2} + 150 - \frac{26.31}{2}\right) \text{mm} = 315.75 \text{mm}$$

钢梁受压部分合力到受拉部分合力的距离：

$$y_2 = \frac{h_s}{2} = \frac{350}{2} \text{mm} = 175 \text{mm}$$

组合梁的受弯承载力按式（2-35）计算：

$$M_{u,r} = n_r N_v^c y_1 + 0.5(Af - n_r N_v^c) y_2$$
$$= [20 \times 37.15 \times 10^3 \times 315.75 + 0.5 \times (6366 \times 215 - 20 \times 37.15 \times 10^3) \times 175] \text{N} \cdot \text{mm}$$
$$= 289.35 \times 10^6 \text{N} \cdot \text{mm} = 289.35 \text{kN} \cdot \text{m} > M_{\max} = 233.25 \text{kN} \cdot \text{m} \text{（满足要求）}$$

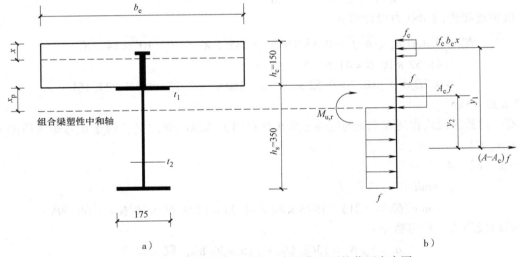

a）　　　　　　　　　　　　　　　　　　b）

图 2-26　部分抗剪连接组合梁正弯矩作用下的截面应力图

2）KL—3。

混凝土翼板受压区高度：

$$x = \frac{n_r N_v^c}{b_e f_c} = \frac{20 \times 37.15 \times 10^3}{1131.25 \times 14.3} \text{mm} = 45.93 \text{mm}$$

钢梁受压面积：

$$A_c = \frac{Af - n_r N_v^c}{2f} = \frac{6366 \times 215 - 20 \times 37.15 \times 10^3}{2 \times 215} \text{mm} = 1455.09 \text{mm}^2$$

组合梁塑性中和轴位置 $x_p = 1455.09\text{mm}/175 = 8.32\text{mm} < t_2 = 11\text{mm}$，说明塑性中和轴在上翼缘内。

上翼缘板件的宽厚比 $\dfrac{b}{t} = \dfrac{(175-7)/2}{11} = 7.64 < 9\sqrt{\dfrac{235}{f_y}} = 9$，满足塑性设计的要求。

受压混凝土合力到钢梁受拉部分合力的距离：

$$y_1 = h_s - \frac{h_s - x_p}{2} + h_c - \frac{x}{2}$$

$$= \left(350 - \frac{350 - 8.32}{2} + 150 - \frac{45.93}{2}\right)\text{mm} = 306.20\text{mm}$$

钢梁受压部分合力到受拉部分合力的距离：

$$y_2 = \frac{h_s}{2} = \frac{350}{2}\text{mm} = 175\text{mm}$$

组合梁的受弯承载力按式（2-35）计算：

$$M_{u,r} = n_r N_v^c y_1 + 0.5(Af - n_r N_v^c)y_2$$

$$= \left[20 \times 37.15 \times 10^3 \times 306.20 + 0.5 \times (6366 \times 215 - 20 \times 37.15 \times 10^3) \times 175\right]\text{N·mm}$$

$$= 282.26 \times 10^6\text{N·mm} = 282.26\text{kN·m} > M_{max} = 188.45\text{kN·m}\ （满足要求）$$

（6）受剪承载力计算

组合梁截面上的全部剪力 V 假定仅由钢梁腹板承受，按式（2-37）计算：

$$V_u = h_w t_w f_v = (350 - 2 \times 11) \times 7 \times 125\text{N} = 287 \times 10^3\text{N}$$

$$= 287.0\text{kN} > V_{max} = 119.61\text{kN}\ （满足要求）$$

（7）变形验算　组合梁的挠度分别按荷载的标准组合值和荷载的准永久组合值进行验算，分别取用不同的换算截面。对于压型钢板组合梁，混凝土翼板取不包括肋部的薄弱截面，且不考虑压型钢板的作用。抗弯刚度采用考虑滑移影响效应后的折减刚度。

1）计算换算截面惯性矩。混凝土翼板和钢梁的截面特征见表2-7，换算截面的惯性矩见表2-8。

表2-7　混凝土翼板和钢梁的截面特征

组合梁名称	混凝土翼缘			钢梁		
	截面面积 A_{cf}/mm^2	截面惯性矩 I_{cf}/mm^4	形心至组合梁顶的距离 y_c/mm	截面面积 A_s/mm^2	截面惯性矩 I_s/mm^4	形心至组合梁顶的距离 y_s/mm
CL、KL—4	158000	84.27×10^6	40	6366	1.37×10^8	325
KL—3	90500	48.27×10^6	40	6366	1.37×10^8	325

注：$A_{cf} = h_{c1}b_e$，$I_{cf} = b_e h_{c1}^3/12$，$y_c = h_{c1}/2$；$y_s = h_c + h_s/2$。

表2-8　换算截面的惯性矩

组合梁名称	计算短期刚度		计算长期刚度	
	形心到组合梁顶的距离 y/mm	换算截面的惯性矩 I_{eq}/mm^4	形心到组合梁顶的距离 y/mm	换算截面的惯性矩 I_{eq}/mm^4
CL、KL—4	101.79	554.25×10^6	141.56	475.96×10^6
KL—3	132.85	497.88×10^6	180.07	406.08×10^6

当按荷载的标准组合计算时，形心到组合梁顶的距离 $y = \dfrac{A_{cf}/\alpha_E \times y_c + A_s \times y_s}{A_{cf}/\alpha_E + A_s}$，换算截面的惯性矩 $I_{eq} = [I_{cf} + A_{cf}(y - y_c)^2]/\alpha_E + I_s + A_s \times (y - y_s)^2$。

当按荷载的准永久组合计算时，形心到组合梁顶的距离 $y = \dfrac{A_{cf}/(2\alpha_E) \times y_c + A_s \times y_s}{A_{cf}/(2\alpha_E) + A_s}$，换算截面的

惯性矩 $I_{eq} = [I_{cf} + A_{cf}(y - y_c)^2]/(2\alpha_E) + I_s + A_s \times (y - y_s)^2$。

2）刚度计算。抗剪连接件列数 $n_s = 1$；连接件刚度系数 $N_v^c = 37150N/mm$；连接件的纵向平均间距 $p = 200mm$；组合梁截面高度 $h = 500mm$；钢梁截面形心到混凝土翼板截面形心 $d_c = y_s - y_c = (325 - 40)mm = 285mm$。

组合梁刚度的计算过程见表 2-9。

表 2-9　组合梁刚度计算过程

计算项目	CL 及 KL—4		KL—3	
	标准组合计算	准永久组合计算	标准组合计算	准永久组合计算
混凝土翼板面积 A_{cf}/mm^2	158000	158000	90500	90500
钢梁面积 A_s/mm^2	6366	6366	6366	6366
标准组合时 $A_0 = \dfrac{A_{ef}A}{\alpha_E A + A_{ef}}$	4985.9	—	4291.9	—
准永久组合时 $A_0 = \dfrac{A_{ef}A}{2\alpha_E A + A_{ef}}$	—	4097.6	—	3237.2
混凝土翼板惯性矩 I_{cf}/mm^4	84.27×10^6	84.27×10^6	48.27×10^6	48.27×10^6
钢梁惯性矩 I_s/mm^4	1.37×10^8	1.37×10^8	1.37×10^8	1.37×10^8
标准组合时 $I_0 = I_s + \dfrac{I_{ef}}{\alpha_E}$	1.493×10^8	—	1.440×10^8	—
准永久组合时 $I_0 = I_s + \dfrac{I_{ef}}{2\alpha_E}$	—	1.431×10^8	—	1.405×10^8
$A_1 = \dfrac{I_0 + A_0 d_c^2}{A_0}$	111.17×10^3	116.15×10^3	114.78×10^3	124.63×10^3
$j = 0.81\sqrt{\dfrac{n_s N_v^c A_1}{EI_0 p}}$ $= 0.0243\sqrt{\dfrac{A_1}{I_0}}/mm^{-1}$	6.63×10^{-4}	6.92×10^{-4}	6.86×10^{-4}	7.24×10^{-4}
$\eta = \dfrac{36Ed_c pA_0}{n_s N_v^c hl^2} = 3.75 \times 10^{-4} A_0$	1.87	1.54	1.61	1.21
刚度折减系数 $\xi = \eta\left[0.4 - \dfrac{3}{(jl)^2}\right]$	0.538	0.457	0.475	0.370
换算截面惯性矩 I_{eq}/mm^4	554.25×10^6	475.96×10^6	497.88×10^6	406.08×10^6
刚度 $B = \dfrac{EI_{eq}}{1+\xi}/(N \cdot mm^2)$	74.24×10^{12}	67.29×10^{12}	69.53×10^{12}	61.06×10^{12}

3）挠度计算

由于施工阶段未在钢梁下设置临时支撑，故挠度由两部分组成：第一部分为钢梁在组合板及钢梁自重（对应施工阶段验算时的永久荷载部分）下的挠度；第二部分为组合梁在后加荷载作用下的挠度。计算过程见表 2-10。

组合梁的允许挠度 $[\delta] = l/250 = 7800mm/250 = 31.2mm$。

组合梁的施工图如图 2-27 所示。

表 2-10　挠度计算过程

计算项目	CL	KL—4	KL—3
施工阶段荷载标准值 $g_k/(\text{N/mm})$	9.70	$9.70 \times 2.65/3.3 = 7.79$	$9.70 \times 1.85/3.3 = 5.44$
钢梁刚度 $EI/(\text{N} \cdot \text{mm}^2)$	2.82×10^{13}	2.82×10^{13}	2.82×10^{13}
施工阶段挠度 $\delta_1 = \dfrac{5g_k l^4}{384EI}$/mm	16.58	13.31	9.30
分布荷载标准组合值增量 $p'_k = p_k - g_k/(\text{N/mm})$	$18.66 - 9.70 = 8.96$	$22.78 - 7.79 = 14.99$	$18.49 - 5.44 = 13.05$
短期刚度 $B_s/(\text{N} \cdot \text{mm}^2)$	74.24×10^{12}	74.24×10^{12}	69.53×10^{12}
使用阶段新增短期挠度 $\delta_{s2} = \dfrac{5p'_k l^4}{384B_s}$/mm	5.82	9.73	9.05
短期总挠度 $\delta_s = \delta_1 + \delta_{s2}$/mm	$22.4 < 31.2$	$23.04 < 31.2$	$18.35 < 31.2$
分布荷载准永久组合值增量 $p'_q = p_q - g_k/(\text{N/mm})$	$14.70 - 9.70 = 5.0$	$19.60 - 7.79 = 11.81$	$16.27 - 5.44 = 10.83$
长期刚度 $B_l/(\text{N} \cdot \text{mm}^2)$	67.29×10^{12}	67.29×10^{12}	61.06×10^{12}
使用阶段新增长期挠度 $\delta_{l2} = \dfrac{5p'_q l^4}{384B_l}$/mm	3.58	8.46	8.55
长期总挠度 $\delta_l = \delta_1 + \delta_{l2}$/mm	$20.16 < 31.2$	$21.77 < 31.2$	$17.85 < 31.2$

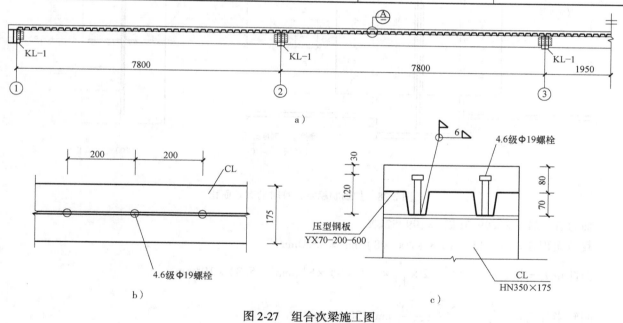

图 2-27　组合次梁施工图
a）CL 梁　b）栓钉布置　c）大样Ⓐ

2.2.5　节点设计

1. 次梁与刚架梁的连接节点

设计次梁与主梁铰接连接时，通常是忽略次梁对主梁产生的扭转效应的影响，仅将次梁的垂直剪力传递给主梁。但在计算连接高强度螺栓和连接焊缝时，除了考虑次梁端部垂直剪力外，还应考虑由于偏心所产生的附加弯矩的影响。

假定框架梁截面选用 HN400×200×8×13（截面高度 $h_b = 400\text{mm}$，截面宽度 $b_b = 200\text{mm}$，翼缘厚度 $t_{bf} = 13\text{mm}$，腹板厚度 $t_{bw} = 8\text{mm}$）。

次梁的最大端剪力 $V_{max} = 99.76\text{kN}$。

（1）确定支撑加劲肋的尺寸　连接次梁的支承加劲肋外伸宽度应满足：

$$b_s \geq \frac{h_0}{30} + 40 = \left(\frac{400 - 2 \times 13}{30} + 40\right)\text{mm} = 52.47\text{mm}$$

取加劲肋与主梁翼缘边平齐，即

$$b_s = \frac{b_b - t_{bw}}{2} = \frac{200 - 8}{2}\text{mm} = 96\text{mm} > 52.47\text{mm}（满足要求）$$

加劲肋厚度应满足：

$$t_s \geq \frac{b_s}{15} = \frac{96}{15}\text{mm} = 6.4\text{mm}，\text{取 } t_s = 8\text{mm}$$

（2）支承加劲肋的稳定计算　支承加劲肋进行腹板平面外的稳定计算时，考虑每侧 $15t_{bw}\sqrt{\dfrac{235}{f_y}}$ 范围的腹板面积，如图 2-28 所示。

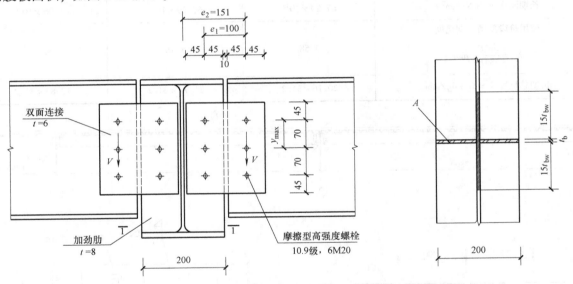

图 2-28　加劲肋稳定计算时的有效面积

轴力 $N = 2V = 2 \times 99.76\text{kN} = 199.52\text{kN}$

截面面积 $A = (2 \times 15 \times 8 \times 8 + 200 \times 8)\text{mm}^2 = 3520\text{mm}^2$

惯性矩 $I_z = \left[\dfrac{1}{12} \times 8 \times 200^3 + 2 \times \dfrac{1}{12} \times (15 \times 8) \times 8^3\right]\text{mm}^4 = 5.34 \times 10^6\text{mm}^4$

回转半径 $i_z = \sqrt{\dfrac{I_z}{A}} = \sqrt{\dfrac{5.34 \times 10^6}{3520}}\text{mm} = 38.95\text{mm}$

构件长细比 $\lambda_z = \dfrac{h_0}{i_z} = \dfrac{400 - 2 \times 13}{38.95} = 9.6$，按 b 类截面，查《钢结构设计标准》（GB 50017—2017）附表 G-2，得到稳定系数 $\varphi = 0.993$。

$$\sigma = \frac{N}{\varphi A} = \frac{199.52 \times 10^3}{0.993 \times 3520}\text{N/mm}^2 = 57.08\text{N/mm}^2 < f = 215\text{N/mm}^2（满足要求）$$

（3）连接螺栓计算　每侧采用摩擦型高强度螺栓 10.9 级，6M20，一个高强度螺栓的预拉力 $P =$

155kN。在连接构件接触面采用喷砂丸处理，摩擦面的抗滑移系数 $\mu = 0.45$，传递摩擦面的数目 $n_f = 2$。

每个高强度螺栓承载力设计值：

$$N_v^b = 0.9 n_f \mu P = 0.9 \times 2 \times 0.45 \times 155\text{kN} = 125.55\text{kN}$$

在次梁端部垂直剪力作用下，连接一侧的每个高强度螺栓受力：

$$N_v = \frac{V}{n} = \frac{99.76}{3}\text{kN} = 33.25\text{kN}$$

由于偏心力矩 $M_e = Ve_1 = 99.76 \times 0.1\text{kN·m} = 9.976\text{kN·m}$ 作用，单个高强度螺栓的最大受力：

$$N_M = \frac{M_e y_{max}}{\sum y_i^2} = \frac{9.976 \times 10^6 \times 70}{2 \times 70^2}\text{N} = 71.26 \times 10^3\text{N} = 71.26\text{kN}$$

在垂直剪力和偏心弯矩共同作用下，一个高强度螺栓受力：

$$N_s = \sqrt{N_v^2 + N_M^2} = \sqrt{33.25^2 + 71.26^2}\text{kN} = 78.64\text{kN} < N_v^b = 125.55\text{kN} \text{（满足要求）}$$

（4）加劲肋与主梁的连接焊缝计算　加劲肋承受剪力 $V = 99.76\text{kN}$，偏心力矩 $M_e = Ve_2 = 99.76\text{kN} \times 0.151\text{m} = 15.06\text{kN·m}$。采用焊缝尺寸 $h_f = 6\text{mm}$，焊缝计算长度仅考虑与主梁腹板连接部分有效，$l_w = (400 - 2 \times 13 - 2 \times 16)\text{mm} = 342\text{mm}$，则

$$\tau_v = \frac{V}{2 \times 0.7 \times h_f \times l_w} = \frac{99.76 \times 10^3}{2 \times 0.7 \times 6 \times 342}\text{N/mm}^2 = 34.73\text{N/mm}^2$$

$$\sigma_M = \frac{M_e}{W_w} = \frac{15.06 \times 10^6}{(2 \times 0.7 \times 6) \times 342^2/6}\text{N/mm}^2 = 91.97\text{N/mm}^2$$

$$\sigma_{fs} = \sqrt{\tau_v^2 + \left(\frac{\sigma_M}{\beta_f}\right)^2} = \sqrt{34.73^2 + \left(\frac{91.97}{1.22}\right)^2}$$

$$= 83.00\text{N/mm}^2 < f_f^w = 160\text{N/mm}^2 \text{（满足要求）}$$

（5）次梁腹板的净截面验算　不考虑孔前传力，近似按下式进行验算：

$$\tau = \frac{V}{t_w h_{wn}} = \frac{99.76 \times 10^3}{7 \times (350 - 2 \times 11 - 2 \times 16 - 3 \times 22)}\text{N/mm}^2$$

$$= 61.96\text{N/mm}^2 < f_v = 215\text{N/mm}^2 \text{（满足要求）}$$

（6）连接板的厚度　按等强度设计。对于双板连接板，其连接板板厚不宜小于梁腹板板厚的 0.7 倍，且不应小于 $S/12$（S 为螺栓间距），也不宜小于 6mm。

$$t = \frac{t_w h_1}{2h_2} = \frac{7 \times (350 - 2 \times 11)}{2 \times 230}\text{mm} = 4.99\text{mm}$$

$$0.7t_w = 0.7 \times 7\text{mm} = 4.9\text{mm}$$

$$S/12 = 70\text{mm}/12 = 5.83\text{mm}$$

综上所述，取连接板厚度 $t = 6\text{mm}$。

次梁与框架梁的连接节点如图 2-29 所示。

2. 纵向框架梁与柱的连接节点

KL—3、KL—4 与柱的连接采用铰接。取最不利的剪力设计值 $V = 119.61\text{kN}$ 进行计算。螺栓与连接板布置与次梁和横向框架梁节点处相同。

梁端部垂直剪力作用下，连接一侧的每个高强度螺栓受力：

$$N_v = \frac{V}{n} = \frac{119.61}{3}\text{kN} = 39.87\text{kN}$$

由于偏心力矩 $M_e = Ve_1 = 119.61 \times 0.1\text{kN·m} = 11.961\text{kN·m}$ 作用，单个高强度螺栓的最大受力：

$$N_M = \frac{M_e y_{max}}{\sum y_i^2} = \frac{11.961 \times 10^6 \times 70}{2 \times 70^2}\text{N} = 85.44 \times 10^3\text{N} = 85.44\text{kN}$$

在垂直剪力和偏心弯矩共同作用下，一个高强度螺栓受力：

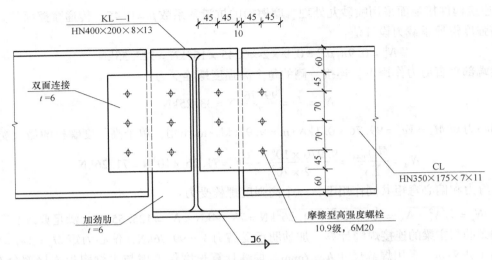

图 2-29　次梁与框架梁的连接节点

$$N_s = \sqrt{N_v^2 + N_M^2} = \sqrt{39.87^2 + 85.44^2}\,\text{kN} = 94.29\,\text{kN} < N_v^b = 125.55\,\text{kN}（满足要求）$$

腹板的净截面验算：

$$\tau = \frac{V}{t_w h_{wn}} = \frac{119.61 \times 10^3}{7 \times (350 - 2 \times 11 - 2 \times 16 - 3 \times 22)}\,\text{N/mm}^2$$
$$= 74.29\,\text{N/mm}^2 < f_v = 215\,\text{N/mm}^2（满足要求）$$

连接板的厚度采用与次梁和框架梁节点处连接板相同，厚度 $t = 6\,\text{mm}$。

纵向框架梁与柱的连接如图 2-30 所示。

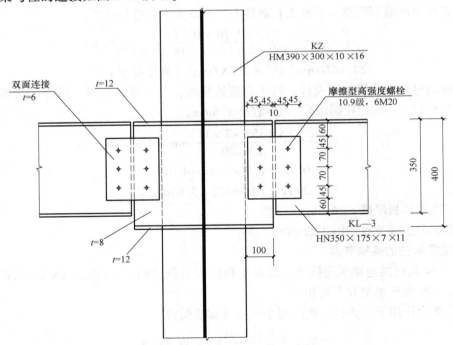

图 2-30　纵向框架梁与柱的连接节点

思 考 题

[2-1] 压型钢板—混凝土组合楼盖中，压型钢板和混凝土的厚度是如何确定？

[2-2] 为什么设计压型钢板—混凝土组合板时要考虑施工阶段和使用阶段的计算？

[2-3] 组合板的单向板、双向板是如何划分的？

[2-4] 施工阶段验算时，如何确定压型钢板的计算简图？

[2-5] 施工阶段，作用于压型钢板上的荷载有哪些？

[2-6] 使用阶段验算时，如何确定压型钢板—混凝土组合板的计算简图？

[2-7] 试说明压型钢板—混凝土组合板支座截面受弯承载力的计算方法。

[2-8] 如何计算压型钢板—混凝土组合板等效截面惯性矩 I_{eq}？

[2-9] 为什么组合楼板还要验算其自振频率和峰值加速度？

[2-10] 为什么组合梁设计时要考虑施工阶段和使用阶段的计算？

[2-11] 如何确定组合梁混凝土翼板的有效宽度 b_e？

[2-12] 钢梁翼缘及腹板的板件宽厚比应满足哪些要求？

[2-13] 为什么要限制钢梁翼缘及腹板的板件宽厚比？

[2-14] 计算组合梁刚度时，如何确定混凝土翼板的换算宽度 b_{eq}？

[2-15] 如何确定组合梁混凝土翼缘的计算宽度？

[2-16] 如何区分完全抗剪连接组合梁还是部分抗剪连接组合梁？

[2-17] 部分抗剪连接组合梁的适用范围是什么？

[2-18] 抗剪连接件设计时，如何划分简支组合梁的剪跨区？

[2-19] 抗剪连接件设计时，如何确定组合梁混凝土翼板与钢梁叠合面上的纵向剪力？

[2-20] 组合梁使用阶段挠度计算时，如何考虑混凝土翼板与钢梁之间的滑移效应？

[2-21] 栓钉连接件有哪些构造要求？

[2-22] 次梁与主梁铰接连接时，如何进行支承加劲肋设计？

[2-23] 次梁与主梁铰接连接时，连接板厚度的确定原则是什么？

第3章　普通钢屋架设计

【知识与技能点】

◉ 掌握钢屋架形式的选择和主要尺寸的确定。
◉ 掌握钢屋架支撑系统体系的布置原则。
◉ 掌握钢屋架荷载计算与荷载组合、屋架内力计算方法。
◉ 掌握钢屋架杆件设计、节点设计方法。
◉ 掌握钢屋架施工图的绘制方法及材料用量计算方法。

3.1　设计解析

"钢结构课程设计"（1 周）内容可选择钢屋架设计、平台钢结构设计、门式刚架结构设计等。本章主要对普通钢屋架设计进行了分析及计算说明，并给出一个完整的设计实例。

3.1.1　屋架的形式和尺寸

1. 屋架的形式

常用的钢屋架有三角形、梯形、平行弦和拱形屋架等形式，见表3-1。

表3-1　常用钢屋架的形式和尺寸

屋架形式	屋架示意图	适用范围	受力特点	屋面尺寸
三角形屋架		适用于中小跨度（$L \leqslant 24\text{m}$），且屋面排水较陡（一般排水坡度为 $1:3 \sim 1:2$）的有檩体系屋面结构	芬克式屋架压杆短，拉杆长，受力合理，且可适当控制上弦节间距离	跨中高度（取决于屋面坡度）：$H = (1/6 \sim 1/4)L$
			字形屋架受压腹杆较长，不经济，一般只适用于小跨度（$L \leqslant 18\text{m}$）的屋架，但其抗震性能优于芬克式屋架，所以在强震区常采用人字形腹杆的屋架	
			单斜腹杆的屋架，其节点和腹杆数目均较少，虽长杆受拉，但一般夹角过小，一般情况下很少采用	
梯形屋架		适用于缓坡的无檩屋盖和采用压型钢板的有檩体系屋盖	梯形屋架的外形与相应荷载作用下梁的弯矩图的外形相近，其弦杆内力较均匀	一般跨度为 $18 \sim 36\text{m}$，柱距为 $6 \sim 12\text{m}$ 跨中高度（由经济高度确定）：$H = (1/8 \sim 1/10)L$ 端部高度：$H_0 = (1/10 \sim 1/16)L$（与柱刚接）或 $H_0 > 1/18 L$（与柱铰接），且 H_0 宜取 $1.8 \sim 2.4\text{m}$ 等较为整齐的数值

（续）

屋架形式	屋架示意图	适用范围	受力特点	屋面尺寸
平行弦屋架		一般适用于单坡或双坡屋面，也可用于托架和支撑体系	平行弦杆屋架腹杆长度和节点构造基本统一，施工制作较方便，符合标准化、工厂化制造	
拱形屋架	圆弧形屋架　折线形屋架	适用于有檩体系屋盖，由于制造较费工，应用较少	屋架外形与弯矩图接近，弦杆内力较均匀，受力合理	

　　角钢屋架由于其构造简单、施工方便、易于与支撑杆件连接、取材容易等特点，在工业厂房中得到了广泛应用，双角钢截面是当前梯形屋架杆件的主要截面形式。因双角钢杆件与杆件之间需要用节点板和填板相连，故存在着用钢量大、角背之间抗腐蚀能力较差等缺陷。

　　在确定屋架外形时，应注意以下几方面内容：

　　1）应考虑房屋用途、建筑造型和屋面材料的排水情况。

　　2）从受力角度出发，屋架的外形应尽量与弯矩图相近，以使弦杆受力均匀，腹杆受力较小。

　　3）腹杆的布置应使弦杆受力合理，节点构造易于处理，尽量使长杆受拉，短杆受压，腹杆的数量少而总长度短，弦杆不产生局部弯矩。腹杆与弦杆的交角为 35° ~ 45°。

2. 屋架的主要尺寸

（1）屋架的跨度　屋架的跨度由使用或工艺要求确定。

　　屋架的标志跨度是指柱网纵向定位轴线之间的距离。无檩屋盖中钢屋架的跨度与大型屋面板的宽度相配合，应为 3M 的模数，即 12m、15m、18m、21m、24m、27m、30m、36m 等几种。有檩屋盖中的屋架跨度可不受 3M 模数的限制，比较灵活。

　　屋架的计算跨度是指屋架支座反力之间的距离。当屋架支撑在钢筋混凝土柱网上，采用封闭结合时，计算跨度 $L_0 = L - 2 \times (150 \sim 200 \text{mm})$（图 3-1a）；采用非封闭结合时，计算跨度 $L_0 = L$（图 3-1b）。

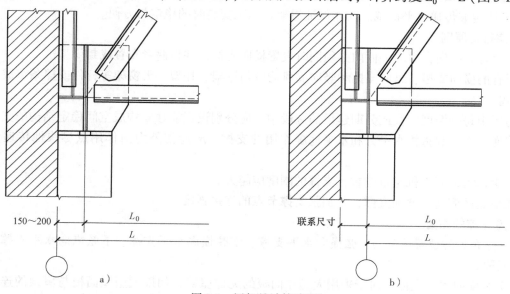

图 3-1　屋架的计算跨度

（2）屋架的高度　屋架的高度由经济、刚度（屋面的挠度限值）、运输界限及屋面坡度等因素确定。

当上弦坡度为 $1/12 \sim 1/8$ 时，梯形屋架的中部经济高度 $H = (1/6 \sim 1/10) L$。

梯形屋架的端部高度（H_0）与中部高度及屋面坡度相关联，当屋架与柱铰接时，$H_0 > 1/18L$，H_0 宜取 $1.6 \sim 2.2m$；当屋架与柱刚接时，$H_0 = (1/10 \sim 1/16) L$，H_0 宜取 $1.8 \sim 2.4m$。在等高多跨房屋中，各跨屋架的端部高度应尽可能相同。

当钢屋架采用铁路运输时，屋架的界限高度为 $3.85m$。

（3）屋架的节间尺寸　屋架的节间划分主要根据屋面材料而定，应尽可能使屋面荷载直接作用于屋架节点，上弦不产生局部弯矩。

屋架上弦杆节间尺寸：当采用 $1.5m \times 6.0m$ 大型屋面板的无檩屋盖时，宜使屋架上弦杆的节间长度等于屋面板的宽度，即上弦杆节距为 $1.5m$。从制造角度来看，上弦杆采用 $3m$ 节距可减少腹杆和节点数量，但对用于 $3m$ 节间的角钢截面的压杆不能充分作用。因此，上弦杆一般以采用节距 $1.5m$ 为宜。

屋架下弦杆节间尺寸：主要根据选用的屋架形式、上弦杆节间划分和腹杆布置确定。

3. 屋架的起拱

对两端铰支且跨度大于或等于 $24m$ 的梯形屋架，在制作时需要起拱。起拱方式一般是使下弦直线弯折或将整个屋架抬高，即上、下弦同时起拱，起拱值（拱度）为跨度的 $1/500$。由于起拱对制造并不带来较大不利影响，故建议对所有屋架均起拱。

起拱值注在施工图左上角的屋架轴线简图上，屋架详图上不必表示。

4. 屋架各杆的几何尺寸

屋架的跨度、高度和节间尺寸确定之后，屋架各杆几何尺寸的计算可利用正弦定理或余弦定理进行计算。

3.1.2　屋面系统的支撑布置

屋架支撑是屋架结构中不可缺少的组成部分，其作用为：①通过合理设置支撑可以将屋盖变成几何不变体系。②保证了屋盖的刚度和空间的整体性，以减少屋盖在水平力作用下的变形。③为屋架提供了侧向支点，以减少屋架杆件的计算长度，以保证受压弦杆侧向的稳定，使受拉弦杆具有足够的刚度。④支撑还能够传递水平荷载。⑤能保证屋架在施工安装时的稳定与方便。

1. 支撑布置原则

1）在设置有纵向支撑的平面内必须同时设置横向支撑，并将两者布置成封闭型。

2）所有的横向支撑、纵向支撑和竖向支撑均应与屋架、托架、天窗架等杆件或檩条组成几何不变的桁架形式。

3）房屋中每一温度区段或分期建设的区段中，应分别设置能独立构成空间稳定结构的支撑系统。

4）传递风力、起重机水平力和水平地震作用的支撑，应能使外力由作用点尽快地传递到结构的支座。

5）柱距越大或起重机重量越重，支撑的刚度应越大。

6）在地震区应适当增加支撑，并加强支撑节点的连接强度。

2. 屋盖支撑的布置

根据支撑布置的位置可分为上弦横向水平支撑、下弦横向水平支撑、下弦纵向水平支撑、垂直支撑和系杆五种。

（1）上弦横向水平支撑　对于采用大型屋面板的无檩屋盖，如果大型屋面板与屋架的连接满足每块板有三点支承处焊接等构造要求时，可考虑大型屋面板起到一定的支撑作用。但由于受施工条件的限制,焊接的质量不易保证,一般还要设置上弦横向水平支撑,但大型屋面板可以起系杆作用。

上弦横向水平支撑一般布置在房屋两端或温度区段的第一开间或第二开间,沿屋架上弦平面在跨度方向全长布置,其间距不宜超过 60m,当房屋两端距离大于 60m 时,还应在中间柱间增设上弦横向水平支撑。

当屋架间距大于 12m 时,上弦水平支撑还应予以加强,以保证屋盖的刚度。

(2)下弦横向水平支撑 下弦横向水平支撑应布置在有上弦横向水平支撑的同一开间内,使这一开间形成稳定的空间体系,沿屋架下弦在屋架跨度方向全长布置。凡属于下列情况之一者,宜设置屋架下弦横向水平支撑:

1)屋架跨度大于或等于 18m 时。

2)屋架下弦设有悬挂起重机、厂房内有吨位较大的桥式起重机或有振动设备时。

3)端墙抗风柱支撑于屋架下弦时。

4)屋架下弦设有通长的纵向支撑时。

(3)下弦纵向水平支撑 下弦纵向水平支撑设在屋架下弦平面屋架端部的一到两个节间内,沿房屋纵向全长布置。一般情况下,下弦纵向水平支撑可不设,只有在下列情况下才考虑设置:

1)厂房内设有重级工作制起重机或起重量较大的中、轻级工作制起重机或设有较大振动设备,以及跨度较大、高度较高而空间刚度要求高的房屋。

2)当厂房内设有托架时,为保证托架的稳定性,应在托架及其两侧各延伸一个开间的范围内设有下弦纵向水平支撑。

(4)垂直支撑 垂直支撑的作用是使相邻屋架和上、下弦横向水平支撑所组成的四面体形成空间几何不变体系,以保证屋架在使用和安装时的整体稳定。

垂直支撑应设在上、下弦横向水平支撑同一开间内的两榀屋架或天窗架的垂直腹杆或斜腹杆之间,且所有房屋均应设置,以确保屋盖结构体系的空间几何不变性。

屋架垂直支撑沿跨度方向设置的位置和数量与屋架形式和跨度有关,且垂直支撑的位置应和上、下弦横向水平支撑的节点相对应。当梯形屋架跨度 $L \leqslant 30m$ 时,可仅在跨中和梁端各设置一道,共三道,如图 3-2a 所示。当屋架跨度 $L > 30m$ 时,宜在跨中约 $L/3$ 处或天窗架的端部侧柱各增设一道,共五道,如图 3-2b 所示。设有天窗时,天窗架的垂直支撑一般在天窗架端部侧柱处各设一道,当天窗架跨度 $>12m$ 时,应在天窗架中央增设一道。

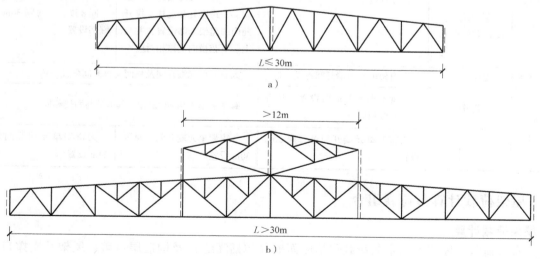

图 3-2 梯形屋架垂直支撑的布置

(5)系杆 系杆的作用是保证无支撑开间处屋架的侧向稳定、减少弦杆的计算长度以及传递水平荷载。系杆分为刚性系杆（压杆）和柔性系杆（拉杆）。刚性系杆一般由两个角钢组成十字形截面，柔性系杆一般采用单角钢。系杆在上、下弦杆平面内按下列原则布置：

1）在一般情况下，垂直支撑平面内的屋架上、下弦节点处应设置通长的系杆。

2）在屋架支座节点处和上弦屋脊节点处应设置通长的刚性系杆。

3）当屋架横向支撑设在厂房两端的或温度缝区段的第二开间时，则在支撑节点与第一榀屋架之间应设置刚性系杆，其余可采用柔性或刚性系杆。

上弦系杆：对无檩体系屋架，如能保证每块屋面板与屋架三点焊接时，则屋面板可以代替上弦刚性系杆的作用，但仍需在上弦屋脊节点处设刚性系杆，在天窗架两侧设柔性系杆。

下弦系杆：当屋架间距为 6m 时，应在屋架端部处、下弦杆有弯折处、与柱刚接的屋架下弦端节点受压但未设纵向水平支撑的节点处设置系杆。一般应在屋架中部设一到两道柔性系杆（具体道数视下弦杆平面外容许长细比要求确定），在支座节点处各设一道刚性系杆（当设有纵向连系钢梁或钢筋混凝土圈梁时，可以不设置）。

抗震设计时，厂房无檩屋盖的支撑布置宜符合表 3-2 的要求。

表 3-2　无檩屋盖的支承系统设置

支撑名称			烈度		
			6、7	8	9
屋架支撑	上、下弦横向支撑		屋架跨度小于 18m 时同非抗震设计；屋架跨度不小于 18m 时，在厂房单元端开间各设一道	厂房单元端开间及上柱支撑开间各设一道；天窗开洞范围的两端各增设局部上弦支撑一道；当屋架端部支撑在屋架上弦时，其下弦横向支撑同非抗震设计	
	上弦通长水平系杆			在屋脊处、天窗架竖向支撑处、横向支撑节点处和屋架两端处设置	
	下弦通长水平系杆			在屋架竖向支撑节点处设置；当屋架与柱刚接时，在屋架端节点处按控制下弦平面外长细比不大于 150 设置	
	竖向支撑	屋架跨度小于 30m	同非抗震设计	厂房单元两端开间及上柱支撑各开间屋架端部各设一道	同 8 度，且每隔 42m 在屋架端部设置
		屋架跨度大于或等于 30m		在厂房单元的端开间、屋架 1/3 跨度处和上柱支撑开间内的屋架端部设置，并与上、下弦横向支撑相对应	同 8 度，且每隔 36m 在屋架端部设置
纵向天窗架支撑	上弦横向支撑		天窗架单元两端开间各设一道	天窗架单元端开间及柱间支撑开间各设一道	
	竖向支撑	跨中	跨度不小于 12m 时设置，其道数与两侧相同	跨度不小于 9m 时设置，其道数与两侧相同	
		两侧	天窗架单元端开间及每隔 36m 设置	天窗架单元端开间及每隔 30m 设置	天窗架单元端开间及每隔 24m 设置

3.1.3　屋架荷载计算与荷载组合

1. 屋架荷载计算

（1）永久荷载　屋架上的永久荷载包括屋面板（包括灌缝）及构造层自重、屋架及支撑自重、悬挂管道自重等。屋架和支撑的自重 g_k（kN/m^2）可按下列经验公式估算，通常假定屋架自重的一半作用于上弦平面内，另一半作用于下弦平面。但当屋架下弦无其他荷载时，为了简化可假定全部作用于上弦平面。

$$g_k = 0.12 + 0.011L \tag{3-1}$$

式中　L——屋架的跨度（m）。

（2）屋面可变荷载　包括屋面均布活荷载、雪荷载、积灰荷载、风荷载以及悬挂起重机荷载等。

屋面均布活荷载按《建筑结构荷载规范》（GB 50009—2012）规定取值：上人屋面取 $2.0kN/m^2$，不上人屋面取 $0.5kN/m^2$。

屋面雪荷载按《建筑结构荷载规范》（GB 50009—2012）规定取值，但应考虑雪荷载的不均匀性，所以设计屋架时通常应考虑全跨、仅左（或右）半跨屋面均匀积雪的情况。

对于有大量积灰的车间及其附近房屋，除了要考虑雪荷载或屋面活荷载的较大值外，还应同时考虑屋面积灰荷载，其值按《建筑结构荷载规范》（GB 50009—2012）的规定取值（$0.3 \sim 1.0kN/m^2$），另乘以积灰荷载分项系数。积灰荷载分项系数取值：屋面坡度≤25°时，取 1.0；屋面坡度≥45°时，取 0；其间按直线插入。

屋面可变荷载取屋面活荷载和雪荷载的较大值，还应同时考虑屋面积灰荷载。

（3）风荷载　风荷载垂直作用于房屋的屋盖或表面上，按《建筑结构荷载规范》（GB 50009—2012）规定计算。当屋面坡度小于或等于30°时，通常是屋盖各面都受风吸力，故一般可不考虑，只在屋面坡度大于30°或有天窗时，个别迎风面受风压力。

对于屋面永久荷载较大的屋盖结构，风荷载的影响很小，一般可不考虑。

（4）竖向地震作用　跨度大于24m 的屋架、屋盖横梁及托架的竖向地震作用标准值宜取重力荷载代表值和竖向地震作用系数（表3-3）的乘积。

表3-3　竖向地震作用系数

结构类型	烈度	场地类别		
		I	II	III、IV
钢屋架	8	可不计算（0.10）	0.08（0.12）	0.10（0.15）
	9	0.15	0.15	0.20
钢筋混凝土屋架	8	0.10（0.15）	0.13（0.19）	0.13（0.19）
	9	0.20	0.25	0.25

注：括号中数值用于设计基本地震加速度为 $0.30g$ 的地区。

2. 荷载组合

屋架设计时，应根据使用和施工过程中可能出现而又最不利的荷载情况来计算内力。一般情况下，常用的荷载组合如下：

①全跨永久荷载 + 全跨屋面活荷载或雪荷载（取两者较大值）+ 全跨积灰荷载 + 悬挂起重机荷载。

②全跨永久荷载 + 半跨屋面活荷载或雪荷载（取两者较大值）+ 半跨积灰荷载 + 悬挂起重机荷载。

③全跨屋架、支撑和天窗架自重 + 半跨屋面板自重 + 半跨屋面可变荷载。

上述①、②两种组合为使用时可能出现的组合，③为施工时可能出现的组合。梯形屋架中，屋架上、下弦杆和靠近支座的腹杆常按①组合计算，跨中附近的腹杆在②、③组合下可能内力为最大而且可能变号。若在截面选择时，对内力可能变号的腹杆，不论在全跨荷载作用下是拉杆还是压杆均按压杆控制其长细比（不大于150），不必再考虑半跨荷载组合。

3.1.4　内力计算与内力组合

1. 计算简图

屋架的计算简图（图3-3）采用如下基本假定：

1）屋架各节点均为理想铰接。

2）屋架所有的杆件轴线均在同一平面内且汇交于节点中心。

3）屋架上的荷载作用在屋架平面内且将荷载集中于节点中心。

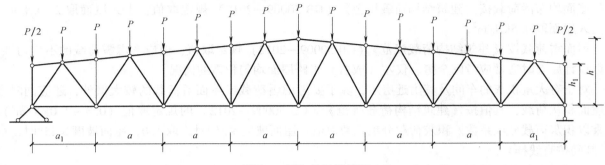

图 3-3　屋架的计算简图

满足上述假定后，杆件内力将是轴心拉力或轴心压力。上述假定是理想的情况，实际上由于节点实际具有的刚性会引起次应力以及由于制作偏差等原因产生的附加应力，其值都比较小，设计时一般不考虑。

2. 内力计算

（1）轴向拉压力　屋架杆件的内力计算可根据计算简图，采用数解法（节点法和截面法）、图解法求得，也可通过计算机分析求出。对一些常用的屋架形式可利用《建筑结构静力计算手册》，查得单位节点力作用下的内力系数，杆件的内力即为该杆件的内力系数乘以节点荷载的设计值。

在计算屋架杆件内力时，也可先计算出半跨单位力作用下的内力系数，则某种全跨荷载作用下杆件内力即为半跨荷载作用下的节点荷载设计值乘以半跨单位力作用下的内力系数的值与相应对称杆件的内力系数的值之和。某种半跨荷载作用下杆件的内力为半跨荷载作用下的节点荷载设计值乘以半跨单位力作用下的内力系数的值。

屋架在①荷载组合下，屋架的弦杆、竖杆和靠近两端的斜腹杆的内力均达到最大，在②或③荷载组合下，靠近跨中的斜腹杆的内力可能达到最大或发生变号。

（2）上弦局部弯矩　如果上弦有节间荷载，应先将节间荷载按简支传力原则换算成节点荷载，才能计算各杆件的内力。在设计上弦时，还应考虑节间荷载在上弦引起的局部弯矩，上弦按压弯杆件计算。

在节间荷载作用下，屋架弦杆应按支承于节点上的弹性连续梁计算，但计算过程较繁琐。一般采用简化计算，近似地按简支梁计算

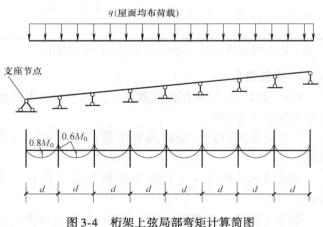

图 3-4　桁架上弦局部弯矩计算简图

出跨间最大弯矩 M_0，然后再乘以调整系数。端节间正弯矩 $M_1 = 0.8M_0$，其他节间和节点弯矩 $M_2 = \pm 0.6M_0$，其中 M_0 为相应节间按简支梁计算的跨中最大弯矩，如图 3-4 所示。

3.1.5　屋架杆件的计算长度和容许长细比

1. 屋架平面内的计算长度

在理想铰接的屋架中，杆件在屋架平面内的计算长度 l_{0x} 应等于节点中心间的距离，但实际屋架是用焊接将杆件端部和节点板相连的，故节点本身具有一定的刚度，杆件两端为弹性嵌固。当某一压杆

因失稳绕节点转动时，节点上汇集的其他杆件将对其起约束作用，且其中以拉杆的作用最大。因此，若节点上汇集的拉杆数目多，线刚度大，则产生的约束作用也大，压杆在节点处的嵌固程度也大，其计算长度就小。弦杆、支座斜杆和支座竖杆的自身刚度均较大，而两端节点上的拉杆却很少，嵌固程度很小，与两端铰接的情况比较接近，因此其计算长度取 $l_{0x} = l$。其他中间腹杆，上端相连的拉杆少，嵌固程度小，可视为铰接，但其下端相连的拉杆较多，且下弦的线刚度大，嵌固程度大，因此其计算长度可取 $l_{0x} = 0.8l$。

2. 屋架平面外的计算长度

弦杆在屋架平面外的计算长度 l_{0y} 应取弦杆侧向支撑点之间的距离 l_1，即 $l_{0y} = l_1$。对上弦杆，一般取横向水平支撑的节间长度，如图 3-5 所示。在无檩体系屋盖中，当考虑大型屋面板起一定的支撑作用时，一般可取两块屋面板的宽度但不应大于 3m。对于下弦杆，应取纵向水平支撑节点与系杆和系杆间的距离。

当受压弦杆侧向支撑点之间的 l_1 为节间长度的 2 倍，且两节间弦杆的内力 N_1 和 N_2 不等

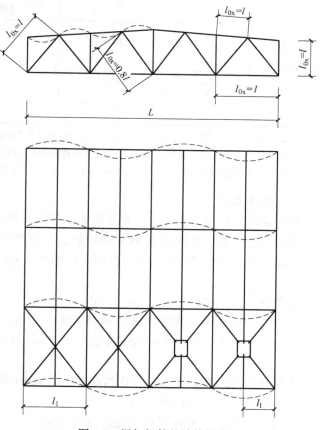

图 3-5 屋架杆件的计算长度

（图 3-6）时，若 $N_1 > N_2$，显然在 N_1 作为弦杆在屋架平面外稳定性的计算内力时，取 l_1 作为计算长度偏于保守，因此可按下式将其适当折减：

$$l_{0y} = l_1 \left(0.75 + 0.25 \frac{N_2}{N_1} \right) \geq 0.5 l_1 \tag{3-2}$$

式中　N_1——较大的压力，计算时取正值；

　　　N_2——较小的压力或拉力，计算时压力取正值，拉力取负值。

腹杆在屋架平面外失稳时，因为节点板在此方向的刚度很小，对杆件没有什么嵌固作用，相当于铰接，因此所有腹杆均可取 $l_{0y} = l$。

3. 斜平面的计算长度

单面连接的单角钢腹杆及双角钢十字形截面腹杆，其截面的两个主轴均不在屋架平面内。当杆件绕最小主轴受压失稳时称为斜平面失稳，此时杆件两端节点对其均有一定的嵌固作用。其程度介于屋架平面内和平面外之间，因此取一般腹杆平面计算长度 $l_0 = 0.9l$（支座斜杆、支座竖杆仍取 $l_0 = l$）。

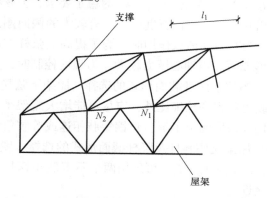

图 3-6 弦杆轴压力在侧向支撑之间有变化的桁架简图

确定屋架腹杆的长细比时，其计算长度 l_0 应按表 3-4 的规定采用。

表 3-4　桁架弦杆和单腹杆的计算长度 l_0

项次	弯曲方向	弦杆	腹杆	
			支座斜杆、支座竖杆	其他腹杆
1	桁架平面内	l	l	$0.8l$
2	桁架平面外	l_1	l	l
3	斜平面	—	l	$0.9l$

注：1. l 为构件的几何长度（节点间距离），l_1 为弦杆侧向支承点间的距离。

　　2. 斜平面是指屋架平面斜交的平面，适用于构件的两主轴均不在屋架平面内的单角钢腹杆和十字形截面腹杆。

　　3. 无节点板的腹杆计算长度在任意平面内均取其等于几何长度。

4. 容许长细比

钢屋架的杆件截面较小，长细比较大，在自重作用下会产生挠度，在运输和安装过程中容易因刚度不足而产生弯曲，在动力荷载下振幅较大，这些问题都不利于杆件的工作。因此《钢结构设计标准》（GB 50017—2017）对桁架杆件容许长细比［λ］作出如下规定：

（1）压杆

桁架和天窗架中的压杆：［λ］＝150；

内力等于或小于承载能力 50% 的受压腹杆：［λ］＝200；

跨度等于或大于 60m 的桁架的受压弦杆和端压杆：［λ］＝100。

（2）拉杆

直接承载动力荷载或重级工作制起重机厂房中的桁架杆件：［λ］＝250；

其他情况下的桁架杆件：［λ］＝350；

跨度等于或大于 60m 的桁架受拉弦杆和腹杆：［λ］＝300。

3.1.6　屋架杆件的截面

1. 截面形式

普通钢屋架的杆件一般采用两个等肢或不等肢角钢组成的 T 形截面或十字形截面。这些截面能使两个主轴的回转半径与杆件在屋架平面内和平面外的计算长度相配合，使两个方向的长细比接近，以达到用料经济、连接方便的目的，且具有较大的承载力和抗弯刚度。

（1）屋架上弦杆截面形式的选择　屋架上弦杆平面外计算长度往往是屋架平面内计算长度的两倍，即 $l_{0y} = 2l_{0x}$，为达到 $\lambda_x \approx \lambda_y$ 的稳定要求，上弦杆宜采用两个不等肢角钢短肢相并而成的 T 形截面。两短肢相并的弦杆截面宽度较大，有较大的侧向刚度，对运输及吊装十分有利，且便于上弦杆上放置屋面板。当有节间荷载作用时，为了提高上弦杆在屋架平面内的抗弯能力，宜采用不等肢角钢长肢相并的 T 形截面。当轴心压力较大，为强度控制时，宜采用两等肢角钢组成的 T 形截面。

（2）屋架下弦杆截面形式的选择　屋架下弦受拉杆平面外的 l_{0y} 远大于其平面内的 l_{0x}，所选截面除满足承载力和容许长细比外，应尽可能增大屋架平面外的刚度，以利于运输和吊装。虽然拉杆为强度控制，仍宜采取两个不等肢角钢短肢相连或等肢角钢组成的 T 形截面。

（3）屋架支座斜杆及竖杆截面形式的选择　屋架支座斜杆及竖杆在屋架平面内和平面外的计算长度相等，即 $l_{0y} = l_{0x} = l_0$，可采用两个不等肢角钢长肢相并而成的 T 形截面，其特点是两个方向的长细比比较接近。

（4）屋架其他腹杆截面形式的选择　因为其他腹杆的 $l_{0x} = 0.8l$，$l_{0y} = l$，即 $l_{0y} = 1.25l_{0x}$，所以宜采用两个等肢角钢组成的 T 形截面，这样可使两个方向的长细比较接近。

（5）屋架中部竖杆截面形式的选择　屋架中部竖杆宜采用两个等肢角钢组成的十字形截面，它具有刚度大，便于与支撑或系杆连接，传力无偏心，吊装不分正反，施工方便等特点。十字形截面具有较大的回转半径，可减小角钢尺寸。

（6）受力特别小的腹杆截面形式的选择　单角钢截面的斜平面最小回转半径较小，刚度较差，连接于节点板一侧时对节点和杆件都有较大的偏心，对受力不利，只适用于受力较小的拉杆和短压杆。对于受力特别小的腹杆，也可采用单角钢截面，角钢最小不能小于∟45×4 或∟56×36×4。

综上分析，屋架杆件截面形式可参考表 3-5 选用。

表 3-5　屋架杆件截面形式

项次	杆件截面组合方式	截面形式	回转半径的比值	用途
1	两不等边角钢（短肢相并）	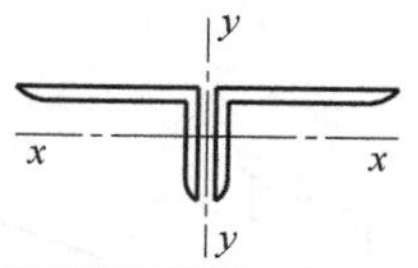	$\dfrac{i_y}{i_x} = 2.6 \sim 2.9$	计算长度 l_{0y} 较大的上、下弦杆
2	两不等边角钢（长肢相并）	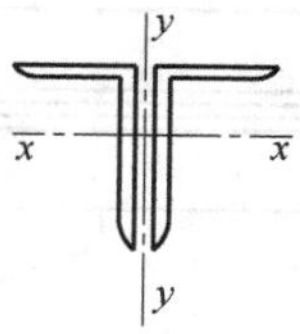	$\dfrac{i_y}{i_x} = 0.75 \sim 1.0$	端斜杆、竖斜杆、受较大弯矩作用的弦杆
3	两等边角钢相并	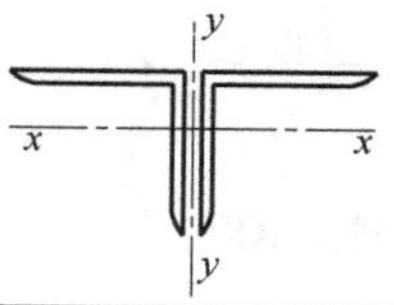	$\dfrac{i_y}{i_x} = 1.3 \sim 1.5$	其余腹杆、下弦杆
4	两等边角钢组成的十字形截面	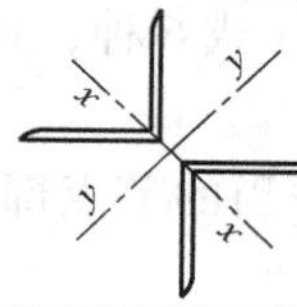	$\dfrac{i_y}{i_x} = 1.0$	与竖向支撑相连的屋架竖杆
5	单角钢	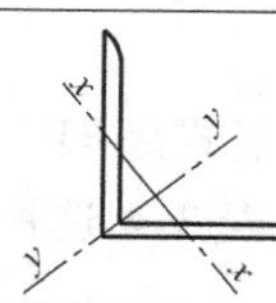		内力较小的杆件

2. 双角钢杆件的填板

双角钢 T 形或十字形截面是组合截面，应每隔一定间距在两角钢间放置填板（图 3-7），以保证两个角钢能共同受力。

填板宽度一般取 50～80mm，厚度与节点板相同；其长度对双角钢 T 形截面可伸出角钢肢背和角钢肢尖各 10～15mm，对十字形截面则从角钢肢尖缩进 10～15mm，以便于与角钢焊接；角钢与填板通常用 5mm 侧焊或围焊的角焊缝连接。

填板间距 L_d：在受压杆件中不大于 $40i$，在受拉杆件中不大于 $80i$（i 为截面的回转半径），对双角钢 T 形截面取一个角钢与填板平行的形心轴的回转半径，对十字形截面取一个角钢的最小回转半径。

如果只在杆件中设置一块填板，则由于填板处剪力为零而不起作用。因此，在杆件的计算范围内至少应设置两块填板（T 形截面）和 3 块填板（十字形截面），在节间一横一竖交替使用。

按上述要求设置填板时，双角钢杆件可按整体实腹式截面考虑。

3. 杆件的截面选择

（1）截面选择的一般原则

1）优先选用肢宽壁薄的角钢，以增加截面的回转半径。角钢规格不宜小于∟45×4 或∟56×36×4。放置屋面板时，上弦角钢水平肢宽不宜小于 80mm。

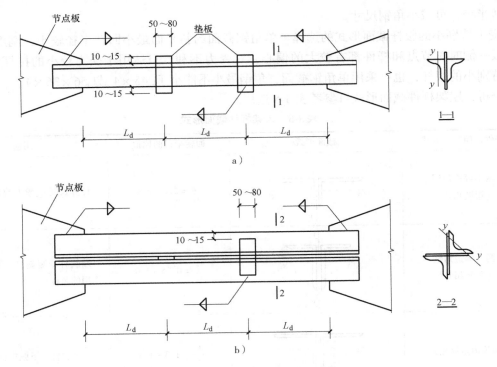

图 3-7　双角钢截面填板

2）同一屋架的角钢规格应尽量统一，一般宜调整到 5 或 6 种，且不应使用肢宽相同而厚度相差不大的规格，以便配料并避免制造时混料。

3）跨度大于 24m 的屋架，弦杆可根据内力变化从适当的节点部位处改变截面，但半跨内一般只改变一次。

4）单角钢杆件应考虑偏心的影响。

5）屋架节点板（或 T 形弦杆的腹板）的厚度，对单壁式屋架，可根据腹杆的最大内力（对梯形和人字形屋架）或弦杆端间内力（对三角形屋架），按表 3-4 选用；对双壁式节点，则可按上述内力的一半，按表 3-6 采用。

表 3-6　单壁式屋架节点板厚度选用

梯形、人字形屋架腹杆最大内力或三角形屋架弦杆端节间内力/kN	≤180	181～300	301～500	501～700	701～950	951～1200	1201～1550	1551～2000
中间节点板厚/mm	6～8	8	10	12	14	16	18	20
支座节点板厚/mm	10	10	12	14	16	18	20	22

注：节点板钢材为 Q345 或 Q390、Q420 时，节点板厚度可按表中数值适当减小。

（2）截面计算

1）轴心拉杆。

轴心受拉构件截面强度应符合下列规定：

毛截面屈服
$$\sigma = \frac{N}{A} \leqslant f \qquad\qquad (3\text{-}3a)$$

净截面屈服
$$\sigma = \frac{N}{A_n} \leqslant 0.7 f_u \qquad\qquad (3\text{-}3b)$$

式中　N——计算截面的拉力设计值；

　　　　A——构件的毛截面面积；

A_n——构件的净截面面积；

f——钢材抗拉强度的设计值；

f_u——钢材极限抗拉强度最小值。

轴心拉杆的毛截面面积 A、净截面面积 A_n 按强度条件确定：

$$A = \frac{N}{f} \text{ 或 } A_n = \frac{N}{0.7f_u}$$ (3-4)

应注意以下几点：

①根据杆件毛截面面积 A 或净截面面积 A_n 由角钢规格表中选用回转半径较大而截面面积相对较小且能满足需要的角钢，然后进行强度和刚度验算。

②当螺栓孔位于节点板内且离节点板边缘的距离大于或等于 100mm 时，由于焊缝已传递部分内力给节点板，内力减小，且节点板 $\lambda = 80 \sim 120$，可不考虑螺栓孔对强度的削弱。

2）轴心压杆。先假定压杆的长细比 λ（一般弦杆取 $\lambda = 50 \sim 100$，腹杆取 $\lambda = 80 \sim 120$），根据压弯构件的稳定公式求出截面面积 A、回转半径 i，然后从角钢规格表中选择合适的角钢，根据实际所用的 A、i 进行稳定验算。若不合适，则还需重新选择角钢，直至满足要求为止。

计算稳定时，对于双角钢组成的 T 形截面，计算绕对称轴（设为 y 轴）应考虑扭转的影响，其长细比采用换算长细比 λ_{yz}。对角钢截面和双角钢组成的 T 形截面，绕对称轴的换算长细比 λ_{yz} 可按下列简化公式计算：

①等边单角钢截面（图 3-8a）。

计算分析和试验研究表明，等边单角钢轴压构件，当两端铰支且没有中间支点时，绕强轴弯扭屈曲的承载力总是高于绕弱轴弯扭屈曲的承载力。因此，单角钢轴压构件当绕两主轴弯曲的计算长度相等时，可不计算弯扭屈曲。

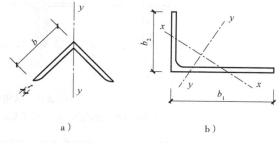

a)　　　　　　　　　b)

图 3-8　单角钢截面

a) 等边角钢

b) 不等边角钢（x 轴为角钢的弱轴，b_1 为角钢长肢宽度）

② 不等边单角钢截面（图 3-8b）。

不等边角钢轴压构件的换算长细比可用下列简化公式确定：

当 $\lambda_x > \lambda_z$ 时

$$\lambda_{xyz} = \lambda_x \left[1 + 0.25 \left(\frac{\lambda_z}{\lambda_x} \right)^2 \right]$$ (3-5)

当 $\lambda_x < \lambda_z$ 时

$$\lambda_{xyz} = \lambda_z \left[1 + 0.25 \left(\frac{\lambda_x}{\lambda_z} \right)^2 \right]$$ (3-6)

$$\lambda_z = 4.21 \frac{b_1}{t}$$ (3-7)

③等边双角钢截面（图 3-9a）。

当 $\lambda_y > \lambda_z$ 时

$$\lambda_{yz} = \lambda_y \left[1 + 0.16 \left(\frac{\lambda_z}{\lambda_y} \right)^2 \right]$$ (3-8)

当 $\lambda_y < \lambda_z$ 时

$$\lambda_{yz} = \lambda_z \left[1 + 0.16 \left(\frac{\lambda_y}{\lambda_z} \right)^2 \right]$$ (3-9)

$$\lambda_z = 3.9 \frac{b}{t}$$ (3-10)

④ 长肢相并的不等边双角钢截面（图 3-9b）。

当 $\lambda_y > \lambda_z$ 时

$$\lambda_{yz} = \lambda_y \left[1 + 0.25 \left(\frac{\lambda_z}{\lambda_y} \right)^2 \right]$$ (3-11)

$\lambda_y < \lambda_z$ 当时

$$\lambda_{yz} = \lambda_z \left[1 + 0.25 \left(\frac{\lambda_y}{\lambda_z} \right)^2 \right] \tag{3-12}$$

$$\lambda_z = 5.1 \frac{b_2}{t} \tag{3-13}$$

⑤ 短肢相并的不等边角钢截面（图3-9c）。

当 $\lambda_y > \lambda_z$ 时

$$\lambda_{yz} = \lambda_y \left[1 + 0.06 \left(\frac{\lambda_z}{\lambda_y} \right)^2 \right] \tag{3-14}$$

当 $\lambda_y < \lambda_z$ 时

$$\lambda_{yz} = \lambda_z \left[1 + 0.06 \left(\frac{\lambda_y}{\lambda_z} \right)^2 \right] \tag{3-15}$$

$$\lambda_z = 3.7 \frac{b_1}{t} \tag{3-16}$$

对于屋架中内力很小的腹杆和构造需要设置的杆件，可按容许长细比来选择截面面积，无须验算。

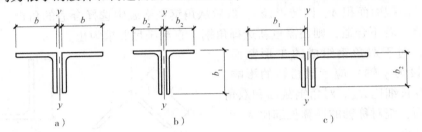

图 3-9　双角钢组合 T 形截面

b—等边角钢肢宽度　b_1—不等边角钢长肢宽度　b_2—不等边角钢短肢宽度

3）压弯或拉弯杆件。上弦和下弦有节间荷载时，可根据轴向力和局部弯矩按压弯或拉弯杆件进行计算。承受静力荷载或间接承受动力荷载的压弯或拉弯的弦杆，其承载力计算公式为

$$\frac{N}{A_n} + \frac{M_x}{\gamma_x W_{nx}} \leqslant f \tag{3-17}$$

式中　γ_x——截面塑性系数，取 $\gamma_x = 1.05$；当压弯构件受压翼缘的自由外伸宽度与其厚度之比大于 $13\sqrt{235/f_{yk}}$ 而不超过 $15\sqrt{235/f_{yk}}$ 时应取 $\gamma_x = 1.0$；需要计算疲劳强度的拉弯、压弯构件宜取 $\gamma_x = 1.0$；

M_x——考虑节间上、下弦杆的跨中正弯矩或支座负弯矩；

W_{nx}——弯矩作用平面内受压或受拉最大纤维的净截面模量。

压弯弦杆稳定计算需考虑弯矩作用平面内和弯矩作用平面外的稳定，其在弯矩作用平面内的稳定计算公式为

$$\frac{N}{\varphi_x A} + \frac{\beta_{mx} M_x}{\gamma_x W_{1x} \left(1 - 0.8 \frac{N}{N'_{Ex}} \right)} \leqslant f \tag{3-18}$$

式中　φ_x——弯矩作用平面内的轴心受压构件稳定系数；

N'_{Ex}——考虑抗力分项系数的欧拉临界力，$N'_{Ex} = \pi^2 EA / (1.1\lambda_x^2)$；

W_{1x}——弯矩作用平面内受压最大纤维的毛截面模量；

β_{mx}——等效弯矩系数。

对两端支承的构件，β_{mx} 应按下列规定采用：

①无横向荷载作用时，取 $\beta_{mx} = 0.6 + 0.4 M_2 / M_1$。其中，$M_1$ 和 M_2 为端弯矩，使构件产生同向曲率（无反弯点）时取同号，使构件产生反向曲率（有反弯点）时取异号，$|M_1| \geqslant |M_2|$。

②无端弯矩但有横向荷载作用时，

跨中单个集中荷载　　　　　　　$\beta_{mqx} = 1 - 0.36N/N_{cr}$　　　　　　　（3-19）

全跨均布荷载　　　　　　　　　$\beta_{mqx} = 1 - 0.18N/N_{cr}$　　　　　　　（3-20）

式中　N_{cr}——弹性临界力，$N_{cr} = \dfrac{\pi^2 EI}{(\mu l)^2}$（$\mu$ 为构件的计算长度系数）。

③有端弯矩和横向荷载同时作用时，将式（3-18）中的 $\beta_{mx} M_x$ 取为 $\beta_{mqx} M_{qx} + \beta_{m1x} M_1$，即工况①和工况②等效弯矩的代数和。其中，$M_{qx}$ 为横向荷载产生的弯矩最大值。

弯矩作用平面外的稳定计算公式为

$$\frac{N}{\varphi_y A} + \eta \frac{\beta_{tx} M_x}{\varphi_b W_{1x}} \leqslant f \qquad (3-21)$$

式中　φ_y——弯矩作用平面外的轴心受压构件稳定系数（按换算长细比求得）；

　　　η——截面影响系数，闭口截面 $\eta = 0.7$，其他截面 $\eta = 1.0$；

　　　φ_b——考虑弯矩变化和荷载位置影响的受弯构件整体稳定系数；

　　　β_{tx}——等效弯矩系数。

在弯矩作用平面外有支承的构件，β_{tx} 应根据两相邻支承间构件段内的荷载和内力情况确定，具体如下：

无横向荷载时，

$$\beta_{tx} = 0.65 + 0.35 \frac{M_2}{M_1} \qquad (3-22)$$

端弯矩和横向荷载同时作用时，β_{tx} 应按下列规定取值：

使构件产生同向曲率时，$\beta_{tx} = 1.0$；使构件产生反向曲率时，$\beta_{tx} = 0.85$；

无端弯矩有横向荷载作用时，$\beta_{tx} = 1.0$。

《钢结构设计标准》（GB 50017—2017）对压弯构件整体稳定系数 φ_b 采用了近似计算公式，这些公式已经考虑了构件的弹塑性失稳问题，因此，当 $\varphi_b > 0.6$ 时不必验算。

① 工字形截面。

双轴对称时

$$\varphi_b = 1.07 - \frac{\lambda_y^2}{44000 \varepsilon_k^2} \leqslant 1.0 \qquad (3-23)$$

单轴对称时

$$\varphi_b = 1.07 - \frac{W_x}{(2\alpha_b + 0.1)Ah} \cdot \frac{\lambda_y^2}{14000 \varepsilon_k^2} \leqslant 1.0 \qquad (3-24)$$

式中　$\alpha_b = I_1/(I_1 + I_2)$，$I_1$、$I_2$ 分别为受压翼缘、受拉翼缘对 y 轴的惯性矩；ε_k 为钢号调整系数。

② T 形截面。

弯矩作用在对称轴平面，绕 x 轴的 T 形截面：

弯矩使翼缘受压时

双角钢 T 形截面

$$\varphi_b = 1 - 0.0017 \frac{\lambda_y}{\varepsilon_k} \qquad (3-25)$$

部分 T 形钢和两板组合的 T 形截面

$$\varphi_b = 1 - 0.0022 \frac{\lambda_y}{\varepsilon_k} \qquad (3-26)$$

弯矩使翼缘受拉且腹板宽厚比不大于 $18\varepsilon_k$ 时

$$\varphi_b = 1 - 0.0005 \frac{\lambda_y}{\varepsilon_k} \tag{3-27}$$

（3）桁架杆件刚度计算

$$\lambda_x \leqslant [\lambda] \tag{3-28a}$$

$$\lambda_y \leqslant [\lambda] \tag{3-28b}$$

式中　λ_x、λ_y——对 x 轴、y 轴（对称轴）的长细比，计算稳定时，对于双角钢组成的 T 形截面，计算绕对称轴（y 轴）应考虑扭转的影响，其长细比采用换算长细比 λ_{yz}；

　　　　[λ]——桁架杆件的容许长细比，对于一般桁架杆件，轴心受压或压弯构件 [λ] = 150，轴心受拉或拉弯构件 [λ] = 350。

3.1.7　钢屋架节点设计

1. 节点设计的一般要求

节点设计应做到构造合理、承载力可靠，以及制造、安装简便。节点设计时应注意以下几点要求：

1）角钢屋架节点一般采用节点板，各汇交杆件都与节点板相连接，杆件的轴线应汇交于节点中心。

杆件的形心线理论上应与杆件的轴线重合，以免产生偏心受力而引起附加弯矩。但为了制造方便，通常将角钢肢背至形心线的距离取为 5mm 的倍数，以作为角钢的定位尺寸。当弦杆截面有改变时，为方便拼接和安装屋面构件，应使角钢的肢背平齐。此时，应取两形心线的中线作为弦杆共同轴线，以减少因两个角钢形心线错开而产生的偏心影响（图 3-10）。当两侧形心线偏移的距离 e 不超过最大弦杆截面高度的 5% 时，可不考虑此偏心的影响，否则应根据交汇处各杆件的线刚度分配由于偏移所引起的附加弯矩。

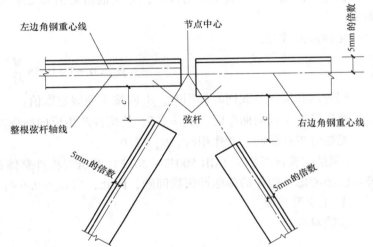

图 3-10　节点处各杆件的轴线

2）弦杆与腹杆或腹杆与腹杆之间的间隙 c 不宜小于 15mm，以便施焊和避免焊缝过于密集而使钢材过热变脆。

3）角钢的切断面一般应与其轴线垂直（图 3-11a），但为了使节点紧凑，角钢端部斜切时，应按图 3-11b 所示切肢尖，不应采用如图 3-11c 所示的切肢背。

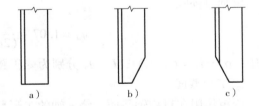

图 3-11　角钢端部切割形式

4）节点板的形状应简单而规则，宜至少有两边平行，一般采用矩形、平行四边形和直角梯形等，以防止有凹角等产生应力集中。节点板边缘与杆件轴线的夹角不应小于 15°，腹杆与弦杆的连接应尽量使焊缝中心受力，使之不出现连接的偏心弯矩。

节点板的平面尺寸一般应根据杆件截面尺寸和腹杆端部焊缝长度画出大样来确定，但考虑施工误差，平面尺寸可适当放大。长度和宽度宜为 5mm 的倍数，在满足传力要求的焊缝布置的前提下，节点板尺寸应尽量紧凑。

5）节点板将腹杆的内力传给弦杆，节点板的厚度由支座斜腹杆的最大内力确定。Q235 钢节点板厚度可参照表 3-7 选用。屋架支座节点板厚度宜比中间节点板增加 2mm。

表 3-7　钢屋架节点板厚度选择

端斜杆最大内力设计值/kN	≤160	161 ~ 300	301 ~ 500	501 ~ 700	701 ~ 950
中间节点板厚度/mm	6	8	10	12	14
支座节点板厚度/mm	8	10	12	14	16

6）大型屋面板的上弦杆，当支承处的集中荷载设计值超过表 3-8 中的数值时，弦杆的伸出肢容易弯曲，应对其采用图 3-12 所示的做法予以加强。

表 3-8　弦杆不加强的最大节点荷载

角钢（或 T 形钢翼缘板）厚度/mm	Q235 钢	8	10	12	14	16
	Q345 钢、Q390 钢	7	8	10	12	14
支承处总集中荷载设计值/kN		25	40	55	75	100

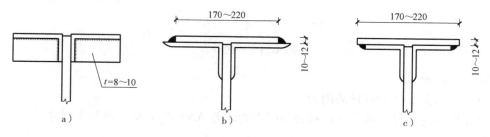

图 3-12　上弦杆角钢的加强

2. 角钢屋架的节点设计

节点设计宜结合绘制屋架施工图进行，其步骤如下：

①按正确角度绘出交汇于该点的各杆轴线。

②按比例绘出与各轴线相应的角钢轮廓线，并依据杆件间距离 c 要求确定杆端位置。

③根据已计算出的各杆件与节点板的连接焊缝尺寸，布置焊缝，并绘于图上。

④确定节点板的合理形状和尺寸。节点板应框进所有焊缝，并在沿焊缝长度方向多留 $2h_f$ 以考虑施焊时的焊口，垂直于焊缝长度方向留出 15 ~ 20mm 的焊缝位置。

（1）一般节点的设计　一般节点是指无集中荷载和无弦杆拼接的节点。图 3-13 所示为无悬挂荷载的屋架下弦的中间节点的构造形式。腹杆与弦杆或腹杆与腹杆边缘间的距离 c 在焊接屋架中不宜小于 20mm，相邻角焊缝焊趾净距不小于 5mm，各杆件端部位置按此要求确定。节点板应伸出弦杆肢背 $c_1 = 10 ~ 15mm$，以便施焊。

先绘出节点处几个杆件的轴线和外形；再根据各腹杆的内力按式（3-29）计算各腹杆所需的焊缝长度，并按作图比例确定节点的形状和尺寸。

腹杆与节点板的连接焊缝为

肢背焊缝：
$$l_{w1} = \frac{\alpha_1 N}{2 \times 0.7 h_{f1} f_f^w} \tag{3-29a}$$

肢尖焊缝：
$$l_{w2} = \frac{\alpha_2 N}{2 \times 0.7 h_{f2} f_f^w} \tag{3-29b}$$

式中　l_{w1}、l_{w2}——所需焊缝计算长度，实际长度 $l_w' = l_w + 2h_f$；

　　　α_1、α_2——肢背、肢尖焊缝的内力系数，对长肢相并的不等边双角钢分别取 0.65 和 0.35；对短肢相并的不等边双角钢分别取 0.75 和 0.25；对等肢角钢分别取 0.7 和 0.3；

　　　f_f^w——角焊缝强度设计值；

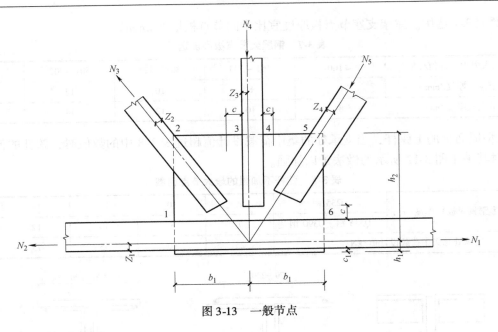

图 3-13　一般节点

h_{f1}、h_{f2}——焊脚尺寸；

　　　N——节点处切断杆件的内力。

弦杆与节点板的连接焊缝承受弦杆相邻节间内力之差 $\Delta N = N_2 - N_1$，其焊脚尺寸为

肢背焊缝：

$$h_{f1} \geqslant \frac{\alpha_1 \Delta N}{2 \times 0.7 l_w f_f^w} \tag{3-30a}$$

肢尖焊缝：

$$h_{f2} \geqslant \frac{\alpha_2 \Delta N}{2 \times 0.7 l_w f_f^w} \tag{3-30b}$$

　　由于弦杆角钢一般连续，故弦杆与节点板的连接焊缝只承受弦杆相邻节间内力之差 $\Delta N = N_2 - N_1$。通常 ΔN 很小，实际的焊脚尺寸可由构造要求确定，并沿节点板全长满焊。

　　屋架节点板在斜腹杆压力作用下的稳定计算如下：

1）基本假定。图 3-14 中 B-A-C-D 为节点板失稳时的曲折线，其中 $\overline{BA}$ 平行于弦杆，$\overline{CD} \perp \overline{BA}$。

　　在斜腹杆轴向压力 N 的作用下，$\overline{BA}$ 区（FBGHA 板件）、$\overline{AC}$ 区（AUC 板件）和 $\overline{CD}$ 区（CKMP 板件）同时受压，当其中某一区先失稳后，其他区即相继失稳，为此要分别计算各区的稳定。

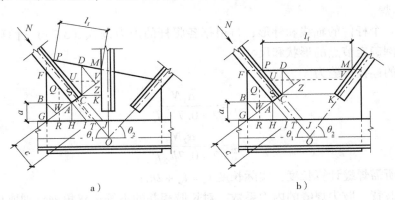

图 3-14　节点板稳定计算简图

a）有竖杆时　b）无竖杆时

2）计算方法。

$\overline{BA}$区：
$$\frac{b_1}{b_1 + b_2 + b_3}N\sin\theta_1 \leqslant l_1 t\varphi_1 f \tag{3-31a}$$

$\overline{AC}$区：
$$\frac{b_2}{b_1 + b_2 + b_3}N \leqslant l_2 t\varphi_2 f \tag{3-31b}$$

$\overline{CD}$区：
$$\frac{b_3}{b_1 + b_2 + b_3}N\cos\theta_1 \leqslant l_3 t\varphi_3 f \tag{3-31c}$$

式中　N——受压斜腹杆的轴向力；

　　　l_1、l_2、l_3——曲折线$\overline{BA}$、$\overline{AC}$、$\overline{CD}$的长度；

　　　φ_1、φ_2、φ_3——各受压区板件的轴心受压稳定系数，可按 b 类截面查取；其相应的长细比分别为 $\lambda_1 =$ $2.77\dfrac{\overline{QR}}{t}$、$\lambda_2 = 2.77\dfrac{\overline{ST}}{t}$、$\lambda_3 = 2.77\dfrac{\overline{UV}}{t}$；式中$\overline{QR}$、$\overline{ST}$、$\overline{UV}$分别为$\overline{BA}$、$\overline{AC}$、$\overline{CD}$三区受压板件的中线长度（其中$\overline{ST} = c$）；$b_1$（$\overline{WA}$）、$b_2$（$\overline{AC}$）、$b_3$（$\overline{CZ}$）为各曲折线在有效长度线上的投影长度。

对$\dfrac{l_f}{t} > 60\sqrt{\dfrac{235}{f_y}}$且沿自由边加劲的无竖腹杆节点板（$l_f$为节点板自由边的长度），也可用上述方法进行计算，只是仅需验算$\overline{BA}$区和$\overline{AC}$区，而不必验算$\overline{CD}$区。

（2）有集中荷载作用的节点　为放置集中荷载下的水平板，可采用节点板不向上伸出或部分向上伸出两种做法。

图 3-15a 所示为节点板不向上伸出的方案，此时节点板在上弦角钢肢背凹进，采用槽焊缝焊接，于是节点板与上弦之间就由槽焊缝"K"和角焊缝"A"两种不同的焊缝传力。节点板的凹进上弦肢背深度应在（$t/2 + 2$）mm 与 t 之间（t 为节点板的厚度）。

图 3-15b 所示为节点板部分伸出的方案。当角焊缝"A"的强度不足时采用部分伸出方案，此时，形成肢尖的"A"与肢背的"B"两种焊缝，由此来传递弦杆与节点板之间的力。

1）当节点板缩进角钢肢背（图 3-15a）时，角钢肢背的槽焊缝假定只承受屋面集中荷载，槽焊缝强度计算公式为

$$\sigma_f = \frac{P}{2 \times 0.7h_{f1}l_w} \leqslant 0.8f_f^w \tag{3-32}$$

式中　P——节点集中荷载（可取垂直于屋面的分力）；

　　　h_{f1}——焊脚尺寸（即缩进尺寸），槽焊缝可视为两条 $h_{f1} = 0.5t$ 的角焊缝（t 为节点板厚度）；

　　　0.8——考虑槽焊缝质量变异性大的强度折减系数。

弦杆相邻节点的内力之差由角钢肢尖焊缝承受，计算时应考虑偏心引起的弯矩 $M = \Delta N \times e$（e 为角钢肢尖至弦杆轴线距离），按下式计算：

$$\sigma_f = \frac{6M}{2 \times 0.7h_{f2}l_w^2} \tag{3-33}$$

$$\tau_f = \frac{\Delta N}{2 \times 0.7h_{f2}l_w} \tag{3-34}$$

$$\sqrt{\left(\frac{\sigma_f}{\beta_f}\right)^2 + (\tau_f)^2} \leqslant f_f^w \tag{3-35}$$

2）当节点板部分向上伸出时，弦杆与节点板的连接焊缝计算。当节点板部分向上伸出（图 3-15b）时，此时肢背、肢尖焊缝共同承受弦杆相邻节间的内力差$\Delta N = N_2 - N_1$和集中力 P 的作用，且不计屋架坡度的影响，则焊缝强度应满足下列公式：

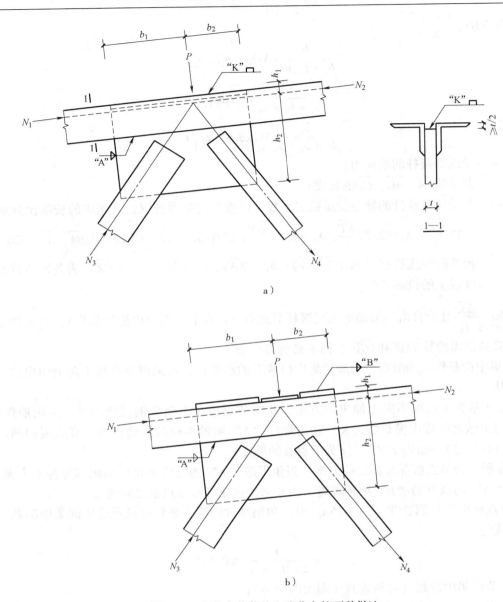

图 3-15　有集中荷载的上弦节点的两种做法

肢背焊缝

$$\sqrt{\left(\frac{P/2}{\beta_f \times 2 \times 0.7h_{f1}l_{w1}}\right)^2 + \left(\frac{\alpha_1 \Delta N}{2 \times 0.7h_{f1}l_{w1}}\right)^2} \leqslant f_f^w \qquad (3-36)$$

肢尖焊缝

$$\sqrt{\left(\frac{p/2}{\beta_f \times 2 \times 0.7h_{f2}l_{w2}}\right)^2 + \left(\frac{\alpha_2 \Delta N}{2 \times 0.7h_{f2}l_{w2}}\right)^2} \leqslant f_f^w \qquad (3-37)$$

式中　h_{f1}、l_{w1}——伸出肢背的焊缝焊脚尺寸和计算长度；

　　　h_{f2}、l_{w2}——肢尖的焊缝焊脚尺寸和计算长度。

（3）弦杆拼接节点　当角钢长度不足或弦杆截面有改变以及屋架分单元运输时，弦杆常需要拼接。前两者为工厂拼接，拼接点通常在节点范围以外；后者为工地拼接，拼接点通常在节点上。为保证拼接处具有足够的强度和在桁架平面外的刚度，弦杆的拼接应采用拼接角钢。

拼接角钢截面规格取与弦杆相同的截面规格（弦杆截面改变时，与较小截面弦杆相同），并切去垂直肢及角背直角边棱（图 3-16b），以便与弦杆角钢贴紧。此外，为了施焊还应将角钢竖肢切去 $\Delta = t + h_{\mathrm{f}} + 5\mathrm{mm}$（$t$ 为角钢厚度，h_{f} 为焊缝的焊脚尺寸，5mm 为避开弦杆角钢肢尖圆角的余量）。切棱切肢引起的截面削弱一般不超过原截面的 15%，故节点板可以补偿。

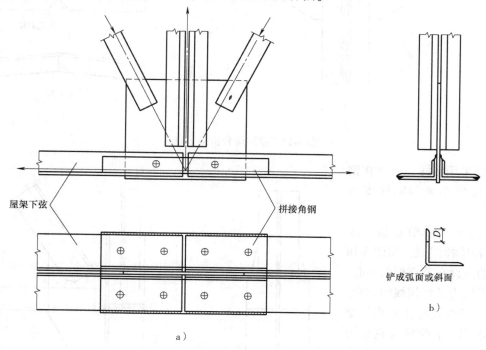

图 3-16　下弦拼接节点

1）角钢长度不够或弦杆截面有改变时弦杆采用与杆件相同截面或与较小杆件截面相同的拼接角钢拼接。

拼接角钢的长度应根据拼接角钢与弦杆之间焊缝的长度确定，一般可按被拼接处弦杆的最大内力或偏于安全地取与弦杆等强（宜用于拉杆）计算，并假定 4 条拼接焊缝均匀受力。按等强计算时，接头一侧需要的焊缝计算长度为

$$l'_{\mathrm{w}} = \frac{N}{4 \times 0.7 h_{\mathrm{f}} f_{\mathrm{f}}^{\mathrm{w}}} + 2 h_{\mathrm{f}} \tag{3-38}$$

拼接角钢的长度为

$$l = 2 l'_{\mathrm{w}} + (10 \sim 20) \ \mathrm{mm} \tag{3-39}$$

2）屋架的工地拼接节点以拼接角钢传递弦杆内力，不利用节点板作为拼接材料。弦杆与拼接角钢焊缝用式（3-38）计算，式中 N 为节点两侧弦杆内力的较大值，所需拼接角钢长度 $l = 2 l'_{\mathrm{w}} + a$（$a$ 为弦杆端头的距离），下弦节点取 $a = (10 \sim 20)$ mm，屋脊节点中当角钢端部垂直于其截面切断时所需的间距较大，故常用垂直于地面直切，取 $a = (30 \sim 50)$ mm。

弦杆与节点板的连接焊缝按节点两侧弦杆的内力 ΔN 和较大一侧弦杆内力的 15% 两者中的较大值计算。当节点处有集中荷载时按式（3-36）和式（3-37）计算。

为了拼接节点能正确定位和便于工地焊接，应设置安装螺栓。屋架屋脊拼接节点（图 3-17a）的构造与下弦中央拼接节点基本相同。拼接角钢的弯折角较小时一般采用热弯成型；当屋面坡度和弯折角较大时，可先在角钢竖肢上钻小圆孔再切割，然后冷弯成形并将切口处对焊（图 3-17b）。也可将上弦切断直接焊于钢板上。两侧上弦杆端部的切割可为直切或斜切，其连接的计算方法同一般的弦杆拼接。

（4）支座节点　屋架与柱的连接有刚接和铰接两种形式。屋架支撑在钢筋混凝土柱上时，屋架与

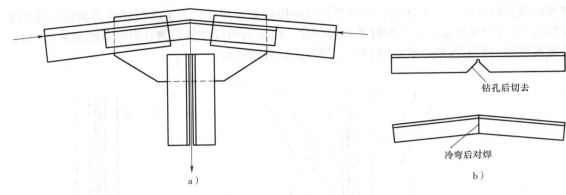

图 3-17　屋架屋脊拼接节点

柱的连接只能采用铰接，支撑在钢柱上的梯形屋架多采用刚接支座节点。

　　铰接支座节点由节点板、底板、加劲肋和锚栓组成，如图 3-18 所示。加劲肋应设在节点板的中心，其轴线与支座反力的作用线应重合，且相交于支座节点处各杆轴线的交点。为便于施焊，下弦杆与底板间的净距 d 一般应不小于下弦角钢水平肢的宽度，且不小于 150mm。锚栓预埋于钢筋混凝土柱顶，以固定底板。锚栓的直径一般为 20 ～ 25mm。为了便于安装时调整位置，使锚栓孔易于对准，底板上的锚栓孔宜为锚栓直径的 2 ～ 2.5 倍，通常采用 40 ～ 60mm。当屋架安装完毕后，需用垫圈在锚栓上与底板焊牢以固定屋架的位置。垫圈的孔径比锚栓直径大 1 ～ 2mm，厚度与底板相同。锚栓埋入柱内的锚固长度为 450 ～ 600mm，并应加弯钩。

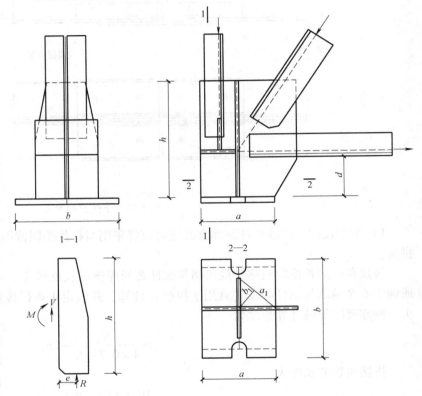

图 3-18　屋架支座节点

　　铰接支座的传力路径：屋架支座各杆件的轴力通过焊缝作用于节点板上，节点板通过与肋板的焊缝将合力的一部分传给肋板，节点板与肋板通过与底板的水平焊缝将合力传给底板。因此，支座节点的计算包括底板面积及厚度、节点板与加劲肋的竖焊缝、肋板与底板的水平焊缝三部分。

　　1）底板面积及厚度。底板面积按下式计算：

$$A = \frac{R}{\beta_c f_c} + A_0 \tag{3-40}$$

式中　R——屋架支座反力设计值；

　　　β_c——混凝土局部承压时的强度提高系数，通常取 1.0；

　　　f_c——混凝土轴心抗压强度设计值；

　　　A_0——锚栓孔或缺口面积。

按计算需要的底板面积一般较小,主要是通过构造要求(锚杆直径、位置以及支撑的稳定性等)确定底板的平面尺寸,见表3-9。考虑到开栓孔的构造需要,通常底板的短边尺寸不得小于200mm。

表3-9 屋架支座底板和锚栓尺寸选用

支座反力/kN		130	260	390	520	650
底板的平面尺寸/mm²	C20 及以上	250×(220~250)	300×(220~300)	300×(220~300)	350×(220~350)	350×(250~350)
底板的厚度/mm	Q235	16	20	20	20	24
	Q345	16	16	20	20	20
焊缝的焊脚尺寸/mm		6	6	7	8	8
锚栓直径/mm		20	20	20	24	24
底板上的锚栓孔径 d/mm		50	50	50	60	60

2)底板厚度。底板可视为支撑于节点板和加劲肋上的受均布反力作用的板件,为使柱顶反力均布,底板不宜太薄,一般情况下底板厚度应大于16mm(屋架标志跨度 $L \leqslant 18$m)或20mm(屋架标志跨度 $L > 18$m),以保证底板有足够刚度。底板的厚度还应满足以下抗弯强度要求:

$$t \geqslant \sqrt{\frac{6M_{max}}{f}} \qquad (3-41)$$

式中 M_{max}——底板各个区格中的最大弯矩,四边支承区格 $M = \alpha q a^2$,三边支承区格、相邻边支承区格 $M = \beta q a_1^2$,一边支承区格 $M = q c^2/2$,c 为悬臂板的悬臂长度;

  α——系数,根据长边 b 与短边 a 之比 b/a 按表3-10选用;

  β——系数,根据 b_1/a_1 按表3-11选用,表3-11中没有列出 $b_1/a_1 < 0.3$ 的数据,可偏于安全地取为 0.025;

  q——底板下反力的平均值,$q = R/(A - A_0)$;

  f——钢材抗拉强度设计值。

表3-10 四边支承板的系数 α

b/a	1.0	1.2	1.4	1.6	1.8	2.0	3.0	≥4.0
α	0.048	0.063	0.075	0.086	0.091	0.102	0.110	0.125

表3-11 三边支承板一边自由或相邻两边支承板的系数 β

b_1/a_1	0.3	0.4	0.5	0.6	0.7	0.8	0.9	1.0	1.2	≥1.4
β	0.0273	0.0439	0.0602	0.0747	0.0871	0.0972	0.1053	0.1117	0.1205	0.1258

注:对三边支承区格,b_1 为垂直于自由边的宽度;对相邻边支承区格,b_1 为内角顶点到对角线的垂直距离(图3-18)。

3)加劲肋与节点板的连接焊缝。梯形屋架加劲肋的高度可取与节点板等高,其厚度可略小于节点板厚度。加劲肋可视为支撑于节点板上的伸臂梁,每块加劲肋按承受1/4倍的支座反力计算,则加劲肋与节点板的连接焊缝承受剪力 $V = R/4$ 和弯矩 $M = Ve = (R/4) \times (l_w/2) = Rl_w/8$($l_w$ 为加劲肋与底板连接焊缝的计算长度)作用,则焊缝强度应满足下式要求:

$$\sqrt{\left(\frac{6M}{\beta_f \times 2 \times 0.7 h_f l_w^2}\right)^2 + \left(\frac{V}{2 \times 0.7 h_f l_w}\right)^2} \leqslant f_f^w \qquad (3-42)$$

式中 l_w——加劲肋与底板连接焊缝的计算长度;

  h_f——加劲肋与节点板连接焊缝的焊脚尺寸;

  β_f——正面角焊缝的强度设计值增大系数,对承受静力荷载和间接承受动力荷载的结构,$\beta_f = 1.22$;对直接承受动力荷载的结构,$\beta_f = 1.0$;

$f_{\mathrm{f}}^{\mathrm{w}}$——角焊缝的强度设计值。

4）加劲肋、节点板与底板的连接焊缝。加劲肋、节点板与底板的水平裂缝按全部在支座反力作用下计算，并假定其均匀受力，焊缝强度应满足下式要求：

$$\sigma_{\mathrm{f}} = \frac{R}{\beta_{\mathrm{f}} \times 0.7 h_{\mathrm{f}} \sum l_{\mathrm{w}}} \leqslant f_{\mathrm{f}}^{\mathrm{w}} \tag{3-43}$$

式中　$\sum l_{\mathrm{w}}$——加劲肋、节点板与底板连接水平焊缝的计算长度总和（共 6 条焊缝）。

3.1.8　钢屋架施工图绘制

钢屋架施工图是制造厂加工制造构件和工地结构安装的主要依据，一般包括结构安装图和构件图两种类型的图纸，必要时还应有关于设计、材料、制造和安装等的总说明。

1. 屋架简图

通常在图纸左上角绘一屋架简图，比例视图纸空隙大小而定，图中一半注上几何长度（单位为mm），另一半注上杆件的计算内力（单位为 kN）。

当梯形钢屋架跨度大于 24m 时，挠度较大，影响使用和外观，制作时应考虑起拱，拱度约为 $L/500$，起拱值可标注在简图中，也可在说明中写明，如图 3-19 所示。

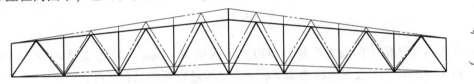

图 3-19　钢屋架起拱

2. 构件详图

构件详图包括桁架的正视图，上、下弦平面图，端部和中央剖面图，以及其他有支撑连接或特殊零件处的剖面图等。

对称屋架可只绘左半部分，但需要将上、下弦中央拼接节点画完整，以便表示右半部分因工地拼接引起的少量差异，如安装螺栓、某些工地焊缝以及相应的零件不同编号等。

钢屋架的特点是杆件长而细，若按同一比例绘制则很难将节点细部表达清楚。为了用较小图幅画出较大节点细部，通常按两种比例尺画图：先用同一种比例画出屋架轴线图（对普通钢屋架常用1/20），再在每个节点中心处用放大 1 倍的比例尺（即 1/10）画出节点细部。这种图中每个节点图均为 1/10 比例尺，但相邻节点已经靠近，其间连接杆件的角度方向正确，而长度已被缩短一半，缩短杆件一般仍画成直通而不用折断线隔开，并将其间小垫板按大致均匀间距画出。杆件实际长度不得用1/20或 1/10 比例尺直接量得，而应取节点中心距离（按 1/20 比例尺或计算控制值）减去两端的端距（节点中心至杆端的距离按 1/10 比例尺）。

施工图中应注明各构件的型号和尺寸。只有在两个构件的所有零件的形状、尺寸、数量和装配位置等完全相同时才给予相同编号。不同类型的构件（如屋架、天窗架、支撑等），还应在其编号前冠以不同的字母代号（如屋架用 W、天窗架用 TJ、支撑用 C 等）。此外，连支撑、系杆的屋架和不连支撑、系杆的屋架应在连接孔和连接零件上有所区别，一般给予不同的编号（如 W1、W2、W3 等），但可以只绘制一张施工图。但不同支撑、连接或螺孔等要分别用各自的编号标明。

构件图中应注明全部零件（角钢、钢板等）的编号、规格和尺寸，包括加工尺寸和拼装定位尺寸、孔洞位置等，以及车间加工和工地安装的所有要求。定位尺寸主要有弦杆节点间的距离，轴线到角钢背的距离（不等边角钢应同时注明图面上的角钢边宽），节点中心到杆端的距离，节点中心到节点板上、下、左、右边缘的距离等；螺栓孔位置尺寸应从节点中心、轴线或角钢背开始注明；钢板和角钢斜切应按坐标尺寸注明；孔洞和螺栓直径、焊缝尺寸及所有要求都应注明，工地螺栓或焊缝也应用符号表明。

3. 零件或节点大样图

某些形状特殊、开孔或连接较复杂的零件或节点在整体图中不便表达清楚时，可移出另画大样图。大样图可用相同或适当放大的比例尺。

4. 材料表

材料表按构件（并列出构件数量）分别汇列其全部组成零件的编号、截面规格、长度、数量、重量和特殊加工注明，用以配合详图进一步明确各零件的规格和尺寸，并为材料准备、零件加工和保管以及构件技术指标统计等提供资料和方便。

5. 说明

说明包括不易用图表达以及为简化图而宜用文字集中说明的内容，例如钢材（构件、螺栓）的牌号和要求，焊条型号，图中未注明的焊缝尺寸和螺栓类型、规格、孔径，以及加工、拼装、连接、涂漆、运输等工序的方式、注意事项、操作和质量要求等。

3.2　设计实例

3.2.1　设计资料

某单层单跨机械加工车间厂房，车间平面尺寸为 $24m \times 78m$，跨度 $24m$，柱距 $6m$。屋架支撑在钢筋混凝土柱上，上柱截面尺寸 $400mm \times 400mm$，混凝土强度等级 C25。

起重机：设有两台 $Q = 200/50kN$ 的 A5 工作制（中级工作制）桥式起重机，轨顶标高 $12m$。

建设地点：江苏省苏州市

地震设防烈度：7 度（$0.10g$）

屋面坡度：$i = 1/10 \sim 1/12$

屋面构造做法：二毡三油防水层；$20mm$ 厚水泥砂浆找平层；$80mm$ 厚泡沫混凝土保温层；$1.5m \times 6m$ 预应力混凝土大型屋面板

制造运送方案：焊接；铁路运输

试设计该钢屋架。

3.2.2　钢材和焊条选择

根据本工程所在地区的冬季温度、屋架所受的荷载特性（静力荷载）和连接方式（焊接），钢材选用 Q235—B.F，要求具有抗拉强度、伸长率、屈服强度、冷弯性能等力学性能指标及硫、磷、碳含量的合格保证。

焊条选用 E4303 型，手工焊。

C 级螺栓和铆栓采用 Q235—B.F。

3.2.3　屋架形式和几何尺寸

屋面采用无檩体系，且建筑物要求的屋面坡度较小（$i = 1/10 \sim 1/12$），故选用平坡梯形屋架。

屋架的计算跨度 L_0 是指屋架支座反力之间的距离，当屋架支撑在钢筋混凝土柱网上采用封闭结合时，可取 $L_0 = L - 2 \times 0.15 = (24.0 - 2 \times 0.15)m = 23.7m$。

屋架与钢筋混凝土柱铰接，端部高度 $H_0 > 1/18L = 1333.3mm$，且 H_0 宜取 $1.8 \sim 2.4m$，取屋架端部高度 $H_0 = 1990mm$，则屋架中部高度 $H = [1990 + (24000/2) \times 0.1]mm = 3190mm$，满足刚度要求 $[H = (1/8 \sim 1/10)L = 3000 \sim 2400mm]$。

跨度24m的梯形屋架，跨中可以起拱，拱度 $f = l/500 = 24000\text{mm}/500 = 48\text{mm}$，取50mm。

每块屋面板宽度1500mm，为尽量使屋架受节点荷载，将上弦划分为8个节间，基本上可以保证节点受力，屋架各杆件的几何尺寸如图3-20所示。

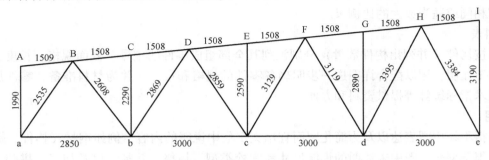

图3-20   屋架杆件几何尺寸

3.2.4 屋盖支撑布置

1. 上弦横向水平支撑

采用大型屋面板的无檩屋盖，一般只考虑大型屋面板起系杆作用。通常情况下，在屋架上弦应设置横向水平支撑。

上弦横向水平支撑布置在房屋两端的第二开间，沿屋架上弦平面在跨度方向全长布置。考虑到上弦横向水平支撑的间距大于60m，应在中间柱间增设横向水平支撑。

2. 下弦横向水平支撑

屋架跨度大于18m，应位于上弦横向水平支撑同一开间设置下弦横向水平支撑，且沿屋架下弦在屋架跨度方向全长布置。

3. 下弦纵向水平支撑

本厂房设有两台 $Q = 200/50\text{kN}$ 的 A5 工作制（中级工作制）桥式起重机，且未设置托架。因此，可不设下弦纵向水平支撑。

4. 垂直支撑

垂直支撑应设在上、下弦横向水平支撑同一开间内的两榀屋架之间。梯形屋架跨度 $L = 24\text{m}$ 时，可仅在跨中和两端各设置一道，共三道。

5. 系杆

屋脊节点以及屋架支座处沿厂房设置通长的刚性系杆，屋架下弦跨中通常设置一道柔性系杆。

屋架支撑的布置如图3-21所示。

图3-21中所有屋架采用同一规格，但因支撑孔和支撑连接板的不同，有以下三种类型：GWJ-1：中部仅与系杆相连的屋架（共6榀）；GWJ-2：与水平支撑相连的屋架（共6榀）；GWJ-3：端部屋架除与刚性系杆相连外，还与抗风柱等有关构件连接（共2榀）。

3.2.5 荷载和内力计算

1. 荷载计算

（1）屋面永久荷载标准值

二毡三油防水层 0.40kN/m^2

20mm厚水泥砂浆找平层 $0.02\text{m} \times 20\text{kN/m}^3 = 0.40\text{kN/m}^2$

80mm厚泡沫混凝土保温层 $0.08\text{m} \times 5.0\text{kN/m}^3 = 0.40\text{kN/m}^2$

1.5m×6m预应力混凝土大型屋面板（含灌缝） 1.5kN/m^2

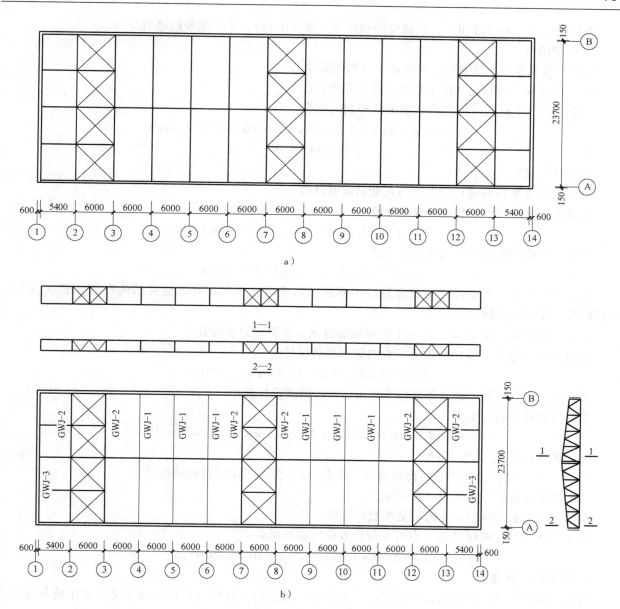

图 3-21 屋架支撑的布置

a) 上弦横向水平支撑　b) 下弦横向水平支撑

悬挂管道 $\qquad$ 0.1kN/m^2

屋架及支撑自重 $\quad 0.12 + 0.011L = (0.12 + 0.011 \times 24)\text{kN/m}^2 = 0.384\text{kN/m}^2$（沿水平面分布）

小计 $\qquad g_k = 2.8/\cos\alpha + 0.384 = 3.20\text{kN/m}^2$（沿水平面分布）

注：$\tan\alpha = 1/10$，$\cos\alpha = \sqrt{1/(1 + \tan^2\alpha)} = 0.995$

（2）屋面可变荷载标准值

屋面活荷载标准值 $\qquad$ 0.5kN/m^2

屋面雪荷载标准值 $\qquad \mu_r S_0 = 1.0 \times 0.4\text{kN/m}^2 = 0.4\text{kN/m}^2$

屋面积灰荷载标准值 $\qquad$ 0.75kN/m^2

$\quad q_k =$（屋面活荷载、屋面雪荷载）$_{\max}$ + 屋面积灰荷载 $= 1.25\text{kN/m}^2$（沿水平面分布）

风荷载对屋面为吸力，此屋盖为非轻钢屋盖且坡度（$i = 1/10 \sim 1/12$）很小，可以不考虑风荷载的影响。

本厂房位于江苏省苏州市，地震设防烈度为 7 度（0.1g），不考虑竖向地震作用。

2. 荷载组合

屋架强度和稳定性计算时，考虑以下 3 种荷载组合：

（1）全跨永久荷载设计值 + 全跨可变荷载设计值

屋架上弦节点荷载（由可变荷载效应控制的组合）

$$F = (1.3 \times 3.20 + 1.5 \times 1.25) \times 1.5 \times 6.0 \text{kN} = 54.32 \text{kN}$$

取

$$F_1 = 54.32 \text{kN}$$

端节点荷载取半（下同）

（2）全跨永久荷载设计值 + 半跨可变荷载设计值

全跨永久荷载作用下节点荷载设计值

$$F_2 = 1.0 \times 3.20 \times 1.5 \times 6.0 \text{kN} = 28.80 \text{kN}$$

半跨可变荷载作用下节点荷载设计值

$$F_3 = 1.5 \times 1.25 \times 1.5 \times 6.0 \text{kN} = 16.88 \text{kN}$$

注：这种组合的主要目的是验算靠近中部腹杆的变力，永久荷载效应对结构有利，取 $\gamma_G = 1.0$，并且取按可变荷载控制的组合。

（3）全跨屋架（包括支撑）+ 半跨屋面板自重 + 半跨屋面活荷载

全跨屋架（包括支撑）作用下节点的集中荷载设计值

$$F_4 = 1.0 \times 0.384 \times 1.5 \times 6.0 \text{kN} = 3.46 \text{kN}$$

半跨屋面板自重及半跨屋面活荷载作用下节点荷载设计值

由可变荷载控制的组合

$$F = (1.3 \times 1.5 + 1.5 \times 0.5) \times 1.5 \times 6.0 \text{kN} = 24.30 \text{kN}$$

综上所述，取 $F_5 = 24.30 \text{kN}$

组合（1）、（2）为使用阶段荷载情况，组合（3）为施工阶段荷载情况。

屋架挠度计算时，考虑以下荷载组合：

全跨永久荷载标准值 + 全跨可变荷载标准值

屋架上弦节点荷载标准值（由可变荷载效应控制的组合）：

$$F_{6k} = (3.20 + 1.25) \times 1.5 \times 6.0 \text{kN} = 40.05 \text{kN}$$

3. 杆件内力计算

假定屋架杆件的连接均为铰接，则屋架为静定结构，内力计算与杆件截面无关。在半跨单元节点力作用下，各杆件内力系数如图 3-22 所示。

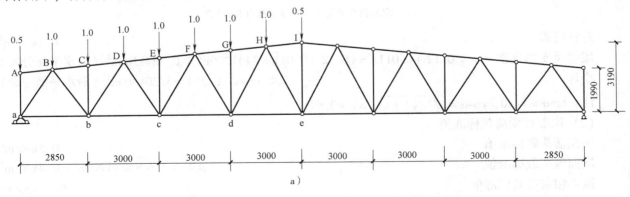

图 3-22　半跨单位荷载作用下的杆件内力系数

a）计算简图

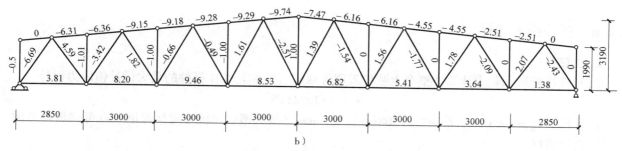

图 3-22 半跨单位荷载作用下的杆件内力系数（续）

b）半跨单位荷载作用下的杆件内力

4. 杆件的内力组合

杆件的内力组合见表 3-12。

表 3-12 杆件的内力组合

杆件名称		杆件内力系数 $P=1$			组合（1） $F_1=54.32kN$	组合（2） $F_2=28.8kN$、$F_3=16.88kN$		组合（3） $F_4=3.46kN$、$F_5=24.3kN$		计算内力 /kN
		在左半跨	在右半跨	全跨		可变荷载在左半跨	可变荷载在右半跨	可变荷载在左半跨	可变荷载在右半跨	
		①	②	③	$F_1×③$	$F_2×③+F_3×①$	$F_2×③+F_3×②$	$F_4×③+F_5×①$	$F_4×③+F_5×②$	
上弦杆	AB	0	0	0	0	0	0	0	0	0
	BD	−0.636	−2.51	−8.87	−481.82	−266.19	−297.83	−46.15	−91.68	−481.82
	DF	−9.18	−4.55	−13.73	−745.81	−550.38	−472.23	−270.58	−158.07	−745.81
	FH	−9.29	−6.16	−15.45	−839.24	−601.78	−548.94	−279.20	−203.15	−839.24
	HI	−7.47	−7.47	−14.94	−811.54	−556.37	−556.37	−233.21	−233.21	−811.54 （−233.21）
下弦杆	ab	3.81	1.38	5.19	281.92	213.79	172.77	110.54	51.49	281.92
	bc	8.20	3.64	11.84	643.15	479.41	402.44	240.23	129.42	643.15
	cd	9.46	5.41	14.87	807.74	587.94	519.58	281.33	182.91	807.74
	de	8.53	6.82	15.35	833.81	586.07	557.20	260.39	218.84	833.81
斜腹杆	aB	−6.69	−2.43	−9.12	−495.40	−375.58	−303.67	−194.12	−90.60	−495.40
	bB	4.59	2.07	6.66	361.77	269.29	226.75	134.58	73.35	361.77
	bD	−3.42	−2.09	−5.51	−299.30	−216.42	−193.97	−102.17	−69.85	−299.30
	cD	1.82	1.78	3.6	195.55	134.40	133.73	56.68	55.71	195.55
	cF	−0.66	−1.77	−2.43	−132.00	−81.13	−99.86	−24.45	−51.42	−132.00
	dF	−0.49	1.56	1.07	58.12	22.55	57.15	−8.21	41.61	58.12 （−8.21）
	dH	1.61	−1.54	0.07	3.80	29.19	−23.98	39.37	−37.18	39.37 （−37.18）
	eH	−2.51	1.39	−1.12	−60.84	−74.63	−8.79	−64.87	29.90	29.90 （−60.84）
竖腹杆	aA	−0.5	0	−0.5	−27.16	−22.84	−14.4	−13.88	−1.73	−27.16
	bC	−1.01	0	−1.01	−54.86	−46.05	−29.09	−28.04	−3.50	−54.86
	cE	−1.0	0	−1.0	−54.32	−45.68	−28.8	−27.76	−3.46	−54.32
	dG	−1.0	0	−1.0	−54.32	−45.68	−28.8	−27.76	−3.46	−54.32
	eI	1.0	1.00	2.0	108.64	74.48	74.48	31.22	31.22	108.64

3.2.6 杆件截面选择

1. 上弦杆

（1）使用阶段承载力计算　整个上弦杆采用等截面，按 FG、GH 杆件的最大设计值内力设计

$$N = -839.24\text{kN}$$

计算长度 $l_{0x} = 1508\text{mm}$，$l_{0y} = 2 \times 1508\text{mm} = 3016\text{mm}$（按大型屋面板与屋架保证三点可靠焊接考虑，取两屋面板的宽度）。

最大腹杆压力为 -495.40kN（aB 腹杆），取中间节点板厚度 $t = 10\text{mm}$，支座节点板厚度 $t = 12\text{mm}$。

设 $\lambda = 60$，采用双角钢截面为 B 类截面（因 $l_{0x} = 2l_{0y}$，截面宜采用两个不等肢角钢，短肢相并），查表得 $\varphi = 0.807$，所需的截面面积为

$$A = \frac{N}{\varphi f} = \frac{839.24 \times 10^3}{0.807 \times 215}\text{mm} = 4836.98\text{mm}^2$$

所需的回转半径为

$$i_x = \frac{l_{0x}}{\lambda} = \frac{1508}{60}\text{mm} = 25.13\text{mm} = 2.513\text{cm}$$

$$i_y = \frac{l_{0y}}{\lambda} = \frac{2 \times 1508}{60}\text{mm} = 50.27\text{mm} = 5.027\text{cm}$$

根据所需的 i_x、i_y、A 查角钢规格，选用 2L140×90×12（短肢相距 10mm）

$$A = 52.8\text{cm}^2, \quad i_x = 2.54\text{cm}, \quad i_y = 6.81\text{cm}$$

$$\lambda_x = \frac{l_{0x}}{i_x} = \frac{1508}{25.4} = 59.37 < [\lambda] = 150$$

$$\lambda_y = \frac{l_{0y}}{i_y} = \frac{2 \times 1508}{68.1} = 44.29$$

短肢相并的角钢，$\lambda_z = 3.7\dfrac{b_1}{t} = 3.7 \times \dfrac{140}{12} = 43.17 < \lambda_y = 44.29$

$$\lambda_{yz} = \lambda_y \left[1 + 0.06 \left(\frac{\lambda_z}{\lambda_y} \right)^2 \right] = 44.29 \times \left[1 + 0.06 \times \left(\frac{43.17}{44.29} \right)^2 \right] = 46.82$$

$$\lambda_{yz} = 46.82 < [\lambda] = 150$$

由 $\lambda_x = 59.37$，查得 $\varphi = 0.807 + \dfrac{60 - 59.37}{60 - 59} \times (0.812 - 0.807) = 0.810$（b 类），则

$$\sigma = \frac{N}{\varphi A} = \frac{839.24 \times 10^3}{0.810 \times 5280}\text{N/mm}^2 = 196.23\text{N/mm}^2 < 215\text{N/mm}^2 \quad （满足要求）$$

因此，所选截面合适。

（2）施工阶段上弦稳定性验算　当吊装右半跨屋面板时，$N_1 = 233.21\text{kN}$（压力），$N_2 = 0$；

左半跨屋架的平面外计算长度 $l_{0y} = l_1 \left(0.75 + 0.25 \dfrac{N_2}{N_1} \right) = 0.75 l_1 = 0.75 \times 12060\text{mm} = 9045\text{mm}$，其中 l_1 为半跨上弦的长度。

$$\lambda_y = \frac{l_{0y}}{i_y} = \frac{9045}{68.1} = 132.82 > \lambda_z = 3.7\frac{b_1}{t} = 3.7 \times \frac{140}{12} = 43.17$$

$$\lambda_{yz} = \lambda_y \left[1 + 0.06 \left(\frac{\lambda_z}{\lambda_y} \right)^2 \right] = 132.82 \times \left[1 + 0.06 \times \left(\frac{43.17}{132.82} \right)^2 \right] = 133.66 < [\lambda] = 150$$

查得 $\varphi = 0.365 + \dfrac{135 - 134.5}{135 - 134} \times (0.369 - 0.365) = 0.367$（b 类），则

$$\sigma = \frac{N}{\varphi A} = \frac{233.21 \times 10^3}{0.367 \times 5280} \text{N/mm}^2 = 120.35 \text{N/mm}^2 < 215 \text{N/mm}^2 \text{（满足要求）}$$

因此，允许半跨吊装。

2. 下弦杆

整个下弦杆采用同一截面，最大内力在 de 杆 $N_{\max} = 833.81 \text{kN}$，计算长度 $l_{0x} = 3000 \text{mm}$，$l_{0y} = 12000 \text{mm}$。

$$A = \frac{N}{f} = \frac{833.81 \times 10^3}{215} \text{mm}^2 = 3878.19 \text{mm}^2$$

选用 2∟125×80×10（短肢相距 10mm），$A = 39.4 \text{cm}^2$，$i_x = 2.26 \text{cm}$，$i_y = 6.11 \text{cm}$

$$\lambda_x = \frac{l_{0x}}{i_x} = \frac{3000}{22.6} = 132.74 < [\lambda] = 350$$

$$\lambda_y = \frac{l_{0y}}{i_y} = \frac{12000}{61.1} = 196.40 < [\lambda] = 350$$

$$\sigma = \frac{N}{A} = \frac{833.81 \times 10^3}{3940} \text{N/mm}^2 = 211.63 \text{N/mm}^2 < 215 \text{N/mm}^2 \text{（满足要求）}$$

cd 杆内的内力为 807.74kN，接近于 de 杆的最大内力，cd 杆内有螺栓孔削弱，应使得螺栓孔的位置至节点板边缘的距离 $a \geqslant 100 \text{mm}$。

3. 端斜杆 aB

杆端轴力为 $N = -495.40 \text{kN}$，计算长度为 $l_{0x} = l_{0y} = 2535 \text{mm}$。

由于 $l_{0x} = l_{0y}$，故采用不等肢角钢，长肢相并，即使 $i_x \approx i_y$。

选用 2∟100×80×10（长肢相距 10mm），$A = 34.4 \text{cm}^2$，$i_x = 3.12 \text{cm}$，$i_y = 3.53 \text{cm}$

$$\lambda_x = \frac{l_{0x}}{i_x} = \frac{2535}{31.2} = 81.25 < [\lambda] = 150$$

$$\lambda_y = \frac{l_{0y}}{i_y} = \frac{2535}{35.3} = 71.8 < [\lambda] = 150$$

对于 y 轴要考虑扭转效应的影响，采用换算长细比。

对于长边相连的不等边双角钢，$\lambda_y = 71.8 > \lambda_z = 5.1 \frac{b_2}{t} = 5.1 \times \frac{80}{10} = 40.8$

$$\lambda_{yz} = \lambda_y \left[1 + 0.25 \left(\frac{\lambda_z}{\lambda_y} \right)^2 \right] = 71.8 \times \left[1 + 0.25 \left(\frac{40.8}{71.8} \right)^2 \right] = 77.60$$

$$\lambda_{yz} = 77.60 < [\lambda] = 150$$

由 $\lambda_x = 81.25$，查得 $\varphi = 0.680$（b 类），则

$$\sigma = \frac{N}{\varphi A} = \frac{495.40 \times 10^3}{0.68 \times 3440} \text{N/mm}^2 = 211.78 \text{N/mm}^2 < 215 \text{N/mm}^2 \text{（满足要求）}$$

4. 斜腹杆

（1）bB 杆　$N = 361.77 \text{kN}$，$l_{0x} = 0.8 l = 0.8 \times 2608 \text{mm} = 2086.4 \text{mm}$，$l_{0y} = l = 2608 \text{mm}$，所需的净截面面积：

$$A = \frac{N}{f} = \frac{361.77 \times 10^3}{215} \text{mm}^2 = 1682.65 \text{mm}^2$$

选用 2∟63×8 等边角钢（肢相距 10mm），$A = 19.02 \text{cm}^2$，$i_x = 1.90 \text{cm}$，$i_y = 3.02 \text{cm}$

$$\lambda_x = \frac{l_{0x}}{i_x} = \frac{2086.4}{19.0} = 109.8 < [\lambda] = 350$$

$$\lambda_y = \frac{l_{0y}}{i_y} = \frac{2608}{30.2} = 86.36 < [\lambda] = 350$$

$$\sigma = \frac{N}{A} = \frac{361.77 \times 10^3}{1902} \text{N/mm}^2 = 190.21 \text{N/mm}^2 < 215 \text{N/mm}^2 \text{（满足要求）}$$

（2）bD 杆　$N = -299.30 \text{kN}$，$l_{0x} = 0.8l = 0.8 \times 2869 \text{mm} = 2295.2 \text{mm}$，$l_{0y} = l = 2869 \text{mm}$

选用 2L80×8 等边角钢（肢相距 10mm），$A = 24.606 \text{cm}^2$，$i_x = 2.44 \text{cm}$，$i_y = 3.69 \text{cm}$

$$\lambda_x = \frac{l_{0x}}{i_x} = \frac{2295.2}{24.4} = 94.07 < [\lambda] = 150$$

$$\lambda_y = \frac{l_{0y}}{i_y} = \frac{2869}{36.9} = 77.75$$

对于 y 轴要考虑扭转效应的影响，采用换算长细比。

对于两肢相连的等边双角钢，$\lambda_z = 3.9 \frac{b}{t} = 3.9 \times \frac{80}{8} = 39.00 < \lambda_y = 78.17$

$$\lambda_{yz} = \lambda_y \left[1 + 0.16 \left(\frac{\lambda_z}{\lambda_y} \right)^2 \right] = 77.75 \times \left[1 + 0.16 \times \left(\frac{39.00}{77.75} \right)^2 \right]$$
$$= 80.88 < [\lambda] = 150$$

由 $\lambda_x = 94.07$，查得 $\varphi = 0.581 + \frac{95 - 94.07}{95 - 94} \times (0.594 - 0.581) = 0.593$（b 类），则

$$\sigma = \frac{N}{\varphi A} = \frac{299.30 \times 10^3}{0.593 \times 2460.6} \text{N/mm}^2 = 205.12 \text{N/mm}^2 < 215 \text{N/mm}^2 \text{（满足要求）}$$

（3）cD 杆　$N = 195.55 \text{kN}$，$l_{0x} = 0.8l = 0.8 \times 2859 \text{mm} = 2287.2 \text{mm}$，$l_{0y} = l = 2859 \text{mm}$

选用 2L50×5 等边角钢（肢相距 10mm），$A = 9.6 \text{cm}^2$，$i_x = 1.92 \text{cm}$，$i_y = 2.45 \text{cm}$

$$\lambda_x = \frac{l_{0x}}{i_x} = \frac{2287.2}{19.2} = 119.13 < [\lambda] = 350$$

$$\lambda_y = \frac{l_{0y}}{i_y} = \frac{2859}{24.5} = 116.70 < [\lambda] = 350$$

$$\sigma = \frac{N}{A} = \frac{195.55 \times 10^3}{960} \text{N/mm}^2 = 203.70 \text{N/mm}^2 < 215 \text{N/mm}^2 \text{（满足要求）}$$

（4）cF 杆　$N = -132.00 \text{kN}$，$l_{0x} = 0.8l = 0.8 \times 3129 \text{mm} = 2503.2 \text{mm}$，$l_{0y} = l = 3129 \text{mm}$

选用 2L63×8 等边角钢（肢相距 10mm），$A = 19.02 \text{cm}^2$，$i_x = 1.90 \text{cm}$，$i_y = 3.02 \text{cm}$

$$\lambda_x = \frac{l_{0x}}{i_x} = \frac{2503.2}{19.0} = 131.75 < [\lambda] = 150$$

$$\lambda_y = \frac{l_{0y}}{i_y} = \frac{3129}{30.2} = 105.7$$

对于 y 轴要考虑扭转效应的影响，采用换算长细比。

对于两肢相连的等边双角钢，$\lambda_z = 3.9 \frac{b}{t} = 3.9 \times \frac{63}{8} = 30.71 < \lambda_y = 105.7$

$$\lambda_{yz} = \lambda_y \left[1 + 0.16 \left(\frac{\lambda_z}{\lambda_y} \right)^2 \right] = 105.7 \times \left[1 + 0.16 \times \left(\frac{30.71}{105.7} \right)^2 \right]$$
$$= 107.13 < [\lambda] = 150$$

由 $\lambda_x = 131.75$，查得 $\varphi = 0.379$（b 类），则

$$\sigma = \frac{N}{\varphi A} = \frac{132.00 \times 10^3}{0.379 \times 1902} \text{N/mm}^2 = 183.12 \text{N/mm}^2 < 215 \text{N/mm}^2 \text{（满足要求）}$$

（5）dF 杆　根据不利组合，拉力 $N = 58.12 \text{kN}$，压力 $N = -8.21 \text{kN}$，为了减少杆件类别同上选用 2L63×8 的等边角钢相连组成 T 形截面。在杆件长度和 cF 杆基本接近的情况下，其内力远小于 cF 杆，所以选用该截面是满足受力要求的。

同理，对于 dH、eH 杆选用 2L63×8 的等边角钢相连组成 T 形截面也是满足设计要求的。

5. 竖杆

（1）bC、cE、dG 杆 dG 杆最长，$N = -54.86$kN，$l_{0x} = 0.8l = 0.8 \times 2890$mm $= 2312$mm，$l_{0y} = l = 2890$mm

选用 2L56×5 等边角钢（肢相距 10mm），$A = 10.82$cm^2，$i_x = 1.72$cm，$i_y = 2.69$cm

$$\lambda_x = \frac{l_{0x}}{i_x} = \frac{2312}{17.2} = 134.42 < [\lambda] = 150$$

$$\lambda_y = \frac{l_{0y}}{i_y} = \frac{2890}{26.9} = 107.44$$

对于 y 轴要考虑扭转效应的影响，采用换算长细比。

对于两肢相连的等边双角钢，$\lambda_z = 3.9 \frac{b}{t} = 3.9 \times \frac{56}{5} = 43.68 < \lambda_y = 107.44$

$$\lambda_{yz} = \lambda_y \left[1 + 0.16 \left(\frac{\lambda_z}{\lambda_y} \right)^2 \right] = 107.44 \times \left[1 + 0.16 \times \left(\frac{43.68}{107.44} \right)^2 \right]$$
$$= 110.28 < [\lambda] = 150$$

由 $\lambda_x = 134.42$，查得 $\varphi = 0.368$（b 类），则

$$\sigma = \frac{N}{\varphi A} = \frac{54.86 \times 10^3}{0.368 \times 1082} \text{N/mm}^2 = 137.78 \text{N/mm}^2 < 215 \text{N/mm}^2 \text{（满足要求）}$$

（2）aA 杆 为了便于连接支撑，选用 2L63×8 等边角钢组成的 T 形截面。

（3）eI 杆 $N = 108.64$kN，$l_0 = 0.9l = 0.9 \times 3190$mm $= 2871$mm。选用 2L63×8 等边角钢组成的十字形斜截面（肢相距 10mm），$A = 19.02$cm^2，$i_{min} = 2.43$cm，则

$$\lambda_{min} = \frac{l_0}{i_{min}} = \frac{2871}{24.3} = 118.15 < [\lambda] = 350 \text{（满足要求）}$$

$$\sigma = \frac{N}{A} = \frac{108.64 \times 10^3}{1902} \text{N/mm}^2 = 57.12 \text{N/mm}^2 < 215 \text{N/mm}^2 \text{（满足要求）}$$

综上所述，屋架各杆件的截面汇总见表 3-13。

表 3-13 屋架各杆件的截面汇总

杆件名称		几何长度/mm	截面形式	规格	回转半径 i_1/cm	垫板数量
弦杆	上弦	1508		2L140×90×12	4.44	1
	下弦	3000		2L125×80×10	3.98	1
斜腹杆	aB	2535		2L100×80×10	3.12	2
	bB	2608		2L63×8	1.90	2
	bD	2869		2L80×8	2.44	2
	cD	2859		2L50×5	1.53	2
	cF	3129		2L63×8	1.90	3

（续）

杆件名称		几何长度/mm	截面形式	规格	回转半径 i_1/cm	垫板数量
斜腹杆	dF	3119		2L63×8	1.90	3
	dH	3395		2L63×8	1.90	3
	eH	3384		2L63×8	1.90	3
竖腹杆	aA	1990		2L63×8	1.90	2
	bC	2290		2L56×5	1.72	2
	cE	2590		2L56×5	1.72	3
	dG	2890		2L56×5	1.72	3
	eI	3190		2L63×8	1.90	2

3.2.7　节点设计

1. 腹杆杆端所需连接焊缝计算

aB 杆：$N = -495.40\text{kN}$，按构造要求，取肢背焊缝的焊脚尺寸 $h_{f1} = 8\text{mm}$，肢尖焊缝的焊脚尺寸 $h_{f2} = 6\text{mm}$。

肢背：

$$l_1 = l_{w1} + 10 = \frac{\alpha_1 \Delta N}{2 \times 0.7 h_{f1} f_f^w} + 10 = \left(\frac{0.65 \times 495.40 \times 10^3}{2 \times 0.7 \times 8 \times 160} + 10\right)\text{mm} = 189.69\text{mm}，\text{取 } 190\text{mm}$$

肢尖：

$$l_2 = l_{w2} + 10 = \frac{\alpha_2 \Delta N}{2 \times 0.7 h_{f2} f_f^w} + 10 = \left(\frac{0.35 \times 495.40 \times 10^3}{2 \times 0.7 \times 6 \times 160} + 10\right)\text{mm} = 139.01\text{mm}，\text{取 } 140\text{mm}$$

l_{w1}、l_{w2} 均满足大于 $8h_f$，小于 $60h_f$，满足构造要求。

其余腹杆杆端所需的焊缝长度见表 3-14。

表 3-14　其余腹杆杆端所需的焊缝长度

杆件名称	设计内力/kN	肢背焊缝/mm		肢尖焊缝/mm	
		焊缝长度	焊脚尺寸	焊缝长度	焊脚尺寸
aB	−495.40	190	8	140	6
bB	361.77	190	6	105	6
bD	−299.30	160	6	90	6
cD	195.55	105	6	70	6

（续）

杆件名称	设计内力/kN	肢背焊缝/mm		肢尖焊缝/mm	
		焊缝长度	焊脚尺寸	焊缝长度	焊脚尺寸
cF	−132.00	80	6	60	6
dF	58.12	60	6	60	6
eI	108.64	65	6	60	6

注：未列入表中的其他腹杆内力很小，皆按构造要求，$h_f = 6mm$，$l = 8h_f + 10 = 58mm$，取 $60mm$。

2. 节点焊缝验算

下面以本算例的 5 个典型节点的设计说明节点焊缝的验算方法。

（1）下弦节点 b（图 3-23）　下弦与节点板的连接焊缝承受两节间的杆力差 $\Delta N = (643.15 - 281.92)kN = 361.23kN$，假设焊脚尺寸 $h_f = 6mm > 1.5\sqrt{t} = 1.5 \times \sqrt{10}mm = 4.74mm$，满足构造要求。

一个角钢与节点板之间的焊缝长度为

肢背：

$$l_1 = l_{w1} + 10 = \frac{\alpha_1 \Delta N}{2 \times 0.7 h_{f1} f_f^w} + 10 = \left(\frac{0.75 \times 361.23 \times 10^3}{2 \times 0.7 \times 6 \times 160} + 10 \right) mm = 211.58mm < 60h_f$$

肢尖：

$$l_2 = l_{w2} + 10 = \frac{\alpha_2 \Delta N}{2 \times 0.7 h_{f2} f_f^w} + 10 = \left(\frac{0.25 \times 361.23 \times 10^3}{2 \times 0.7 \times 6 \times 160} + 10 \right) mm = 77.19mm > 8h_f$$

下弦杆与节点板满焊，其实际长度 $l = 420mm$，大于所需长度，满足要求。

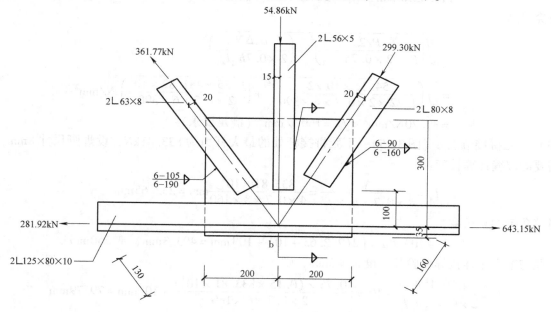

图 3-23　节点 b 详图

（2）上弦节点 B（图 3-24）　上弦与节点板的连接焊缝承受的荷载及杆件内力为 $P = 54.32kN$，$\Delta N = (481.82 - 0)kN = 481.82kN$。上弦杆焊脚尺寸 6mm。因采用大型屋面板，因此节点板可以伸出屋架上弦，按实际焊缝长度（节点板满焊）$l_{w1} = (400 - 10)mm = 390mm$，并按下列公式验算：

肢背焊缝

$$\sqrt{\left(\frac{P/2}{\beta_f \times 2 \times 0.7 h_{f1} l_{w1}} \right)^2 + \left(\frac{\alpha_1 \Delta N}{2 \times 0.7 h_{f1} l_{w1}} \right)^2}$$

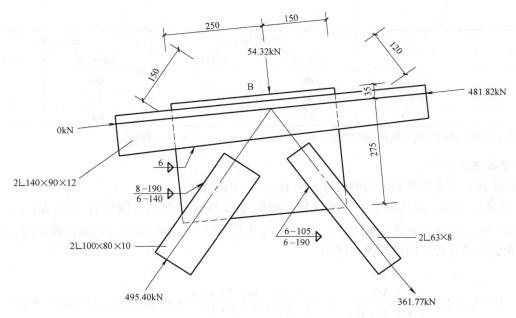

图 3-24　节点 B 详图

$$= \sqrt{\left(\frac{54.32 \times 10^3/2}{1.22 \times 2 \times 0.7 \times 6 \times 390}\right)^2 + \left(\frac{0.75 \times 481.82 \times 10^3}{2 \times 0.7 \times 6 \times 390}\right)^2} \text{N/mm}^2$$

$$= 118.82 \text{N/mm}^2 < f_f^w = 160 \text{N/mm}^2 \quad (\text{满足要求})$$

肢尖焊缝

$$\sqrt{\left(\frac{P/2}{\beta_f \times 2 \times 0.7 h_{f2} l_{w2}}\right)^2 + \left(\frac{\alpha_2 \Delta N}{2 \times 0.7 h_{f2} l_{w2}}\right)^2}$$

$$= \sqrt{\left(\frac{54.32 \times 10^3/2}{1.22 \times 2 \times 0.7 \times 6 \times 390}\right)^2 + \left(\frac{0.25 \times 481.82 \times 10^3}{2 \times 0.7 \times 6 \times 390}\right)^2} \text{N/mm}^2$$

$$= 39.20 \text{N/mm}^2 < f_f^w = 160 \text{N/mm}^2 \quad (\text{满足要求})$$

（3）下弦拼接节点 e（图 3-25）　下弦拼接杆处的最大杆力为 833.81kN，设焊脚尺寸 8mm，接头一侧需要的焊缝计算长度：

$$l_w = \frac{N}{4 \times 0.7 \times h_f \times f_f^w} = \frac{833.81 \times 10^3}{4 \times 0.7 \times 8 \times 160} \text{mm} = 232.65 \text{mm}$$

拼接角钢的总长度：

$$l = 2(l_w + 10) + a = [2(232.65 + 10) + 10] \text{mm} = 495.3 \text{mm}, \quad \text{取} 550 \text{mm}$$

下弦与节点板连接焊缝验算，设 $h_f = 6$mm，则

$$l_1 = \frac{\alpha_1(0.15N)}{2 \times 0.7 \times h_f f_f^w} + 10 = \left(\frac{0.75 \times (0.15 \times 833.81 \times 10^3)}{2 \times 0.7 \times 6 \times 160} + 10\right) \text{mm} = 79.79 \text{mm}$$

实际焊缝尺寸 200mm，满足设计要求。

下弦拼接节点 e 详图如图 3-25 所示。

（4）上弦拼接节点 I　上弦拼接处最大杆力 $N = 811.54$kN，上弦一侧所需焊缝长度 l，假设 $h_f = 8$mm，每一侧拼接角钢与上弦所需的焊缝长度：

$$l_1 = l_{w1} + 10 = \frac{N}{4 \times 0.7 \times h_f \times f_f^w} + 10 = \left(\frac{811.54 \times 10^3}{4 \times 0.7 \times 8 \times 160} + 10\right) \text{mm} = 236.43 \text{mm}$$

拼接角钢长度为

$$l = 2l_1 + b = (2 \times 236.43 + 50) \text{mm} = 522.86 \text{mm}, \quad \text{取} 530 \text{mm}$$

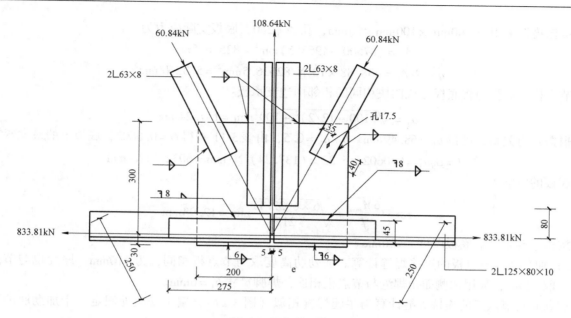

图 3-25　节点 e 详图

上弦与节点板的连接焊缝较长，且屋脊节点的杆件内力差较小，其焊缝可按构造满焊。

上弦拼接节点 I 详图如图 3-26 所示。

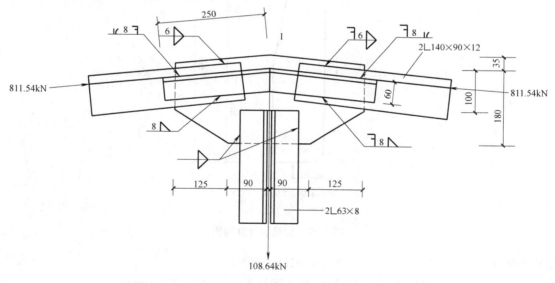

图 3-26　节点 I 详图

（5）支座节点 a

1）支座底板计算。支座处屋架反力：$R = 8F_1 = 8 \times 54.86\text{kN} = 438.88\text{kN}$，C25 混凝土，$f_c = 11.9\text{N/mm}^2$。

锚杆直径取 $d = 25\text{mm}$，孔径 $\phi 50$，则 $A_0 = (2 \times 30 \times 50 + \dfrac{\pi}{4} \times 50^2)\text{mm}^2 = 4963.5\text{mm}^2$，支座底板需要面积：

$$A = \frac{R}{f_c} + A_0 = \left(\frac{438.88 \times 10^3}{11.9} + 4963.5\right)\text{mm}^2 = 41844.17\text{mm}^2$$

底板尺寸取 $250\text{mm} \times 350\text{mm} = 87500\text{mm}^2 > A = 41844.17\text{mm}^2$。

锚栓垫板采用 $-100\text{mm} \times 100\text{mm} \times 20\text{mm}$，孔径 $\phi 260$，底板实际应力为

$$A_n = (87500 - 4963.5)\text{mm}^2 = 82536.5\text{mm}^2$$

$$q = R/A_n = 438.88 \times 10^3 \text{N}/82536.5\text{mm}^2 = 5.32\text{N}/\text{mm}^2$$

节点板、加劲肋将底板分成四块相同的相邻两边支承板：

$$a_1 = \sqrt{(100 - 12/2)^2 + 100^2}\text{mm} = 137.24\text{mm}$$

根据几何关系，可得 $b_1 = 68.49\text{mm}$。$b_1/a_1 = 0.5$，由表 3-11 查得 $\beta = 0.0602$，底板上的最大弯矩为

$$M = \beta q a_1^2 = 0.0602 \times 5.32 \times (137.24)^2 \text{N} \cdot \text{mm} = 6032.11\text{N} \cdot \text{mm}$$

底板的厚度为

$$t \geq \sqrt{\frac{6M_{\max}}{f}} = \sqrt{\frac{6 \times 6032.11}{215}}\text{mm} = 12.98\text{mm}$$

按构造要求，取底板厚度 $t = 20\text{mm}$。

2）加劲肋与节点板的连接焊缝计算。加劲肋高度取与节点板相同，为 410mm，厚度也与节点板相同，取 12mm，采用两侧面角焊缝与节点板相连，焊脚尺寸 $h_f = 6\text{mm}$。

加劲肋与节点板的连接焊缝计算与牛腿焊缝相似（图 3-27），偏于安全地假定一个加劲肋的受力为屋架反力的 $1/4$，即 $R/4 = 438.88\text{kN}/4 = 109.72\text{kN}$。

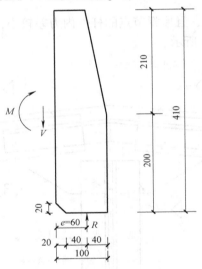

图 3-27 加劲肋计算简图

则焊缝内力：

$$V = 109.72\text{kN}$$

$$M = Ve = 109.72 \times (40 + 20)\text{kN} \cdot \text{m} = 6583.2\text{kN} \cdot \text{mm}$$

焊缝应力：

$$\tau_f = \frac{V}{2 \times 0.7 h_f l_w} = \frac{109.72 \times 10^3}{2 \times 0.7 \times 6 \times (410 - 20)}\text{N}/\text{mm}^2 = 33.49\text{N}/\text{mm}^2$$

$$\sigma_f = \frac{6M}{2 \times 0.7 h_f l_w^2} = \frac{6 \times 6583.2 \times 10^3}{2 \times 0.7 \times 6 \times (410 - 20)^2}\text{N}/\text{mm}^2 = 30.92\text{N}/\text{mm}^2$$

$$\sqrt{\left(\frac{\sigma_f}{\beta_f}\right)^2 + (\tau_f)^2} = \sqrt{\left(\frac{33.49}{1.22}\right)^2 + (30.92)^2}\text{N}/\text{mm}^2$$

$$= 41.35\text{N}/\text{mm}^2 < f_f^w = 160\text{N}/\text{mm}^2 \text{（满足要求）}$$

3）加劲肋、节点板和底板的连接焊缝计算。因为加劲肋、节点板与底板之间的接触很难保证平整，一般采用角焊缝传力。设焊缝传递全部支座反力 $R = 438.88\text{kN}$，其中每块加劲肋各传递 $R/4 =$

109.72kN，节点板传递 $R/2 = 219.44$kN。

节点板与底板的连接焊缝长度 $\sum l_w = 2 \times (250 - 2 \times 8)$mm $= 468$mm，取焊脚尺寸 $h_f = 8$mm $> 1.5\sqrt{t} = 1.5$ $\sqrt{20}$mm $= 6.7$mm，则

$$\sigma_f = \frac{R/2}{0.7 h_f \sum l_w} = \frac{219.44 \times 10^3}{0.7 \times 8 \times 468} \text{N/mm}^2$$

$$= 83.73 \text{N/mm}^2 < \beta_f f_f^w = 1.22 \times 160 \text{N/mm}^2 = 195.2 \text{N/mm}^2 \text{（满足要求）}$$

加劲肋与底板的焊缝长度 $\sum l_w = 2 \times (100 - 20 - 2 \times 8)$mm $= 128$mm，设焊脚尺寸 $h_f = 8$mm，则

$$\sigma_f = \frac{R/4}{0.7 h_f \sum l_w} = \frac{109.72 \times 10^3}{0.7 \times 8 \times 128} \text{N/mm}^2$$

$$= 153.07 \text{N/mm}^2 < \beta_f f_f^w = 1.22 \times 160 \text{N/mm}^2 = 195.2 \text{N/mm}^2 \text{（满足要求）}$$

支座节点详图如图 3-28 所示。

钢屋架施工图如图 3-29 所示，构件材料表见表 3-15。

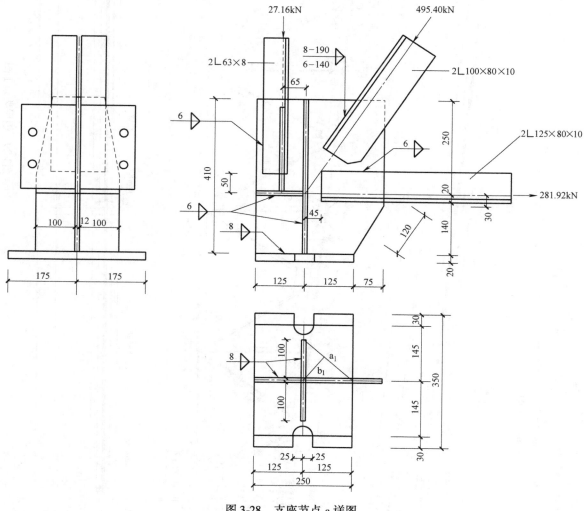

图 3-28　支座节点 a 详图

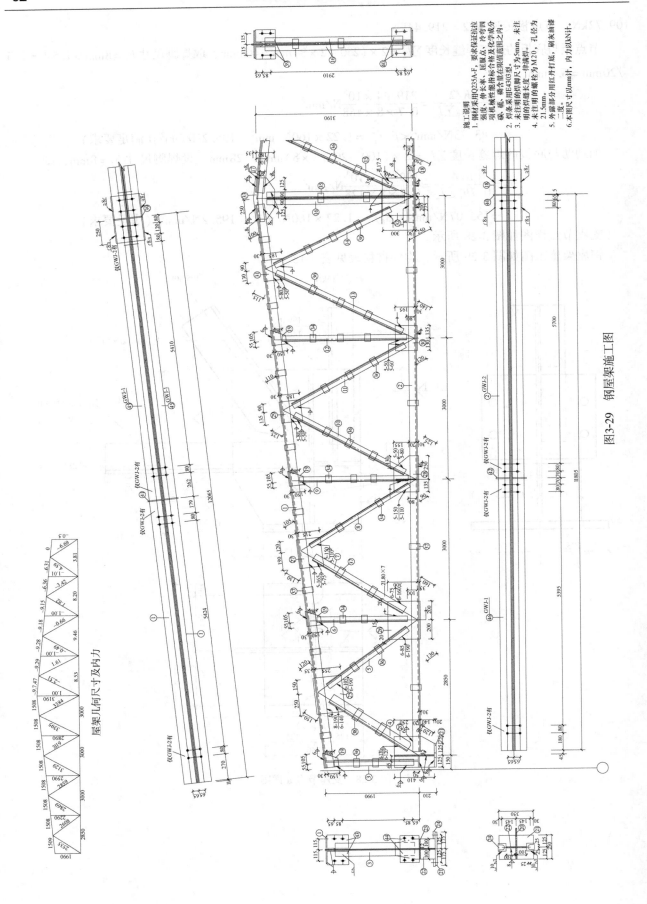

图3-29　钢屋架施工图

施工说明
1. 钢材采用Q235A-F，要求保证抗拉强度、伸长率、屈服点、冷弯四项机械性能指标合格及化学成分硫、磷含量在限值范围之内。
2. 焊条采用E4303型。
3. 未注明的焊脚尺寸为5mm，未注明的焊缝长度一律满焊。
4. 未注明的螺栓为M20，孔径为21.5mm。
5. 外露部分用红丹打底，刷灰油漆二度。
6. 本图尺寸以mm计，内力以kN计。

屋架几何尺寸及内力

表 3-15　构件材料表

构件编号	零件编号	截面尺寸	长度/mm	数量		质量/kg		
				正	反	单个	小计	合计
GWJ-2	1	L140×90×12	12065	2	2	250.0	1000.0	3088.3
	2	L125×80×10	11805	2	2	182.7	730.7	
	3	L63×8	1860	4		13.9	55.6	
	4	L100×80×10	2265	2	2	30.5	122.1	
	5	L63×8	2358	4		17.6	70.5	
	6	L56×5	2110	4		9.0	35.9	
	7	L80×8	2579	4		24.9	99.6	
	8	L50×5	2664	4		10.0	40.2	
	9	L56×5	2430	4		10.3	41.3	
	10	L63×8	2879	4		21.5	86.0	
	11	L63×8	2889	4		21.6	86.3	
	12	L56×5	2730	4		11.6	46.4	
	13	L63×8	3140	4		23.5	93.8	
	14	L63×8	3040	2		22.7	45.4	
	15	L63×8	3040	1	1	22.7	45.4	
	16	L63×8	3010	2		22.5	45.0	
	17	L140×90×10	500	2		8.7	17.5	
	18	L125×80×10	550	2		8.5	17.0	
	19	−160×10	180	8		2.2	18.0	
	20	−325×12	410	2		12.5	24.9	
	21	−250×20	350	2		13.7	27.3	
	22	−210×12	410	4		8.1	32.2	
	23	−100×12	120	4		1.1	4.5	
	24	−80×20	80	4		1.0	4.0	
	25	−290×10	380	2		8.6	17.2	
	26	−335×10	400	2		10.5	20.9	
	27	−245×10	310	2		5.9	11.9	
	28	−255×10	385	2		7.7	15.3	
	29	−215×10	225	2		3.8	7.6	
	30	−225×10	265	2		4.7	9.3	
	31	−215×10	220	2		3.7	7.4	
	32	−330×10	400	1		10.3	10.3	
	33	−215×10	430	1		7.2	7.2	
	34	−60×10	80	20		0.4	7.5	
	35	−60×10	100	4		0.5	1.9	
	36	−60×10	90	32		0.4	13.5	
	37	−60×10	110	28		0.5	14.4	
	38	−60×10	130	4		0.6	2.4	
	39	−130×10	200	2		2.0	4.1	
	40	−130×10	195	2		2.0	4.0	
	41	−140×8	210	2		18.3	36.7	
	42	−140×8	205	2		17.9	35.8	
	43	−140×8	220	2		19.2	38.4	
	44	−135×8	195	2		16.4	32.9	
GWJ-1	45	L140×90×12	12065	2	2	250.0	1000.0	3088.3
	46	L125×80×10	11805	2	2	182.7	730.7	
			3~44 与 GWJ-2 相同					

思 考 题

[3-1] 梯形屋架的跨度、高度以及节间长度等主要尺寸是如何确定的？

[3-2] 什么情况下钢屋架需要起拱？设计和施工时如何实现钢屋架的起拱？

[3-3] 结合你所完成的钢屋架课程设计，说明屋盖支撑系统中各支撑的布置原则。

[3-4] 屋架设计时，应考虑哪几种荷载组合？

[3-5] 为什么钢屋架计算简图可简化为理想桁架？

[3-6] 当上弦有节间荷载时，如何计算屋架的内力？

[3-7] 全跨可变荷载和半跨可变荷载在屋架中引起的杆件内力有什么不同？

[3-8] 钢屋架各杆件的计算长度是如何确定的？

[3-9] 试说明屋架杆件截面形式的选择方法。

[3-10] 双向杆件两角钢之间为什么要设置填板？设置填板有哪些构造要求？

[3-11] 节点设计的步骤是什么？节点设计有哪些要求和特点？

[3-12] 绘制施工图时，节点板的大小确定原则是什么？

[3-13] 试简要说明梯形屋架支座的传力途径。

[3-14] 在杆件详图中，为什么绘制屋架轴线和杆件（节点）要选用不同的比例？

第4章　平台钢结构设计

【知识与技能点】

- 掌握平台钢的结构布置和构件截面尺寸估算方法。
- 掌握平台钢结构分析方法和内力组合。
- 掌握平台钢各构件的强度、稳定性计算，梁柱节点和柱脚设计方法和构造要求。
- 掌握平台钢结构施工图的绘制方法。

4.1　设计解析

"钢结构课程设计"（1周）内容可选择钢屋架设计、平台钢结构设计、门式刚架结构设计等。本章针对平台钢结构设计进行详细的分析说明，并给出一个完整的设计实例。

4.1.1　结构布置

1. 梁格布置

平台钢结构也称钢结构夹层，简称钢平台。平台钢结构主要由铺板、梁、柱、柱间支撑、栏杆及钢梯等组成。

平台钢结构的布置应注意：①满足工艺生产操作要求。②保证通行操作安全。③充分利用铺板的允许跨距合理布置梁格。

柱距较小或负荷较小的平台结构，可以采用简单梁系（图4-1a），即每一支承铺板的梁都直接连接在柱上；对柱距较大或负荷较大的平台结构，则需采用主次梁体系（图4-1b），即铺板搁置在次梁上，次梁连接在主梁上，竖向荷载传递途径为铺板→次梁→主梁→柱子→基础。

钢结构平台柱一般宜设计成等截面柱，其常用的有热轧普通型钢、用板加强翼缘的工字钢或钢管的实腹柱形式。必要时，也可设计成用两个槽钢组成的组合式柱形式。

当平台柱的两端都采用铰接时，必须设置柱间支撑，以保证结构几何不变。

平台需设置楼梯，周边一般还需设置栏杆。

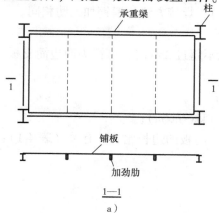
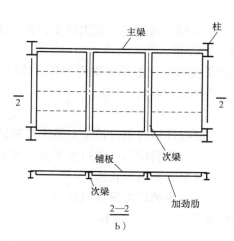

图 4-1　平台梁系

a）简单梁系　b）主次梁系

2. 支撑布置

独立钢结构平台结构的稳定一般由柱间支撑保证，支撑宜布置在柱列的中部。

刚性支撑与地面的交角宜控制在 30°～60°。采用型钢的刚性支撑一般不存在局部失稳问题，所以支撑计算内容包括净截面强度、整体稳定、满足刚度要求，以及支撑连接节点部位的焊缝、螺栓、节点板的强度和稳定性。无吊车梁时，受压支撑的长细比不宜大于 200，受拉支撑长细比不宜大于 400，但对张紧的圆钢支撑不作长细比的限制。

4.1.2　铺板设计

铺板可采用钢板、现浇或预制钢筋混凝土板、压型钢板和混凝土组成的组合楼板。除某些走道和有特殊轻型要求的平台外，一般采用钢筋混凝土板或组合楼板。钢筋混凝土楼盖设计参见《混凝土结构课程设计解析与实例》中有关内容，组合楼盖设计可参见本书第 2 章"组合楼盖设计"中有关内容。这里仅介绍钢铺板设计。

钢铺板有平板、花纹钢板和算条式钢板等类型。人行走道平台和经常操作的平台需要防滑，宜采用花纹钢板。花纹钢板的基本厚度 2.5～8.0mm。需要防止积灰的平台、室外平台等可以考虑采用算条式钢板。当采用普通平钢板时，钢板的表面宜电焊花纹或加冲刨防滑。

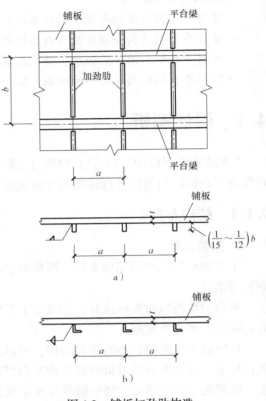

图 4-2　铺板加劲肋构造

a) 采用扁钢或钢板加劲肋的铺板
b) 采用角钢加劲肋的铺板

1. 平板厚度

钢平板厚度不小于其跨度（a）的 1/150～1/120。

钢板抗弯刚度和承载力都较小，仅靠梁的支承往往很不经济，一般需要设置加劲肋。加劲肋常采用扁钢或小角钢。根据工程经验，扁钢加劲肋的高度取其跨度（b）的 1/15～1/12，厚度不小于 $1/15\sqrt{235/f_{yk}}$（图 4-2a）。扁钢与钢板可采用间断焊的角焊缝，焊缝间距不应超过 $15t$（t 为较薄板件的厚度）。加劲肋之间的距离，应根据铺板计算确定。铺板与梁的连接一般也采用间断角焊缝。

加劲肋采用角钢，通常将一肢尖焊于钢板（图 4-2b），焊接方法与扁钢加劲肋相同。

2. 铺板计算简图

（1）四边简支板　当矩形区格两相邻的长短边之比不超过 2.0 时，可视为四边简支板（图 4-3）。

铺板的内力按式（4-1）计算：

$$M_{max} = \alpha q a^2 \tag{4-1}$$

式中　M_{max}——铺板区格内单位长度上最大弯矩设计值（kN·m/m）；

　　　α——均布荷载作用下四边支承板的弯矩系数，与板的边长比 b/a 有关（表 4-1）；

　　a、b——区格的短边与长边；

　　　q——区格内的均布荷载设计值。

铺板的挠度按式（4-2）计算：

$$f = \beta \frac{q_k a^4}{E t^3} \tag{4-2}$$

式中　β——均布荷载作用下四边简支板的挠度系数，与板的边长比 b/a 有关（表 4-1）；

q_k——区格内的均布荷载标准值。

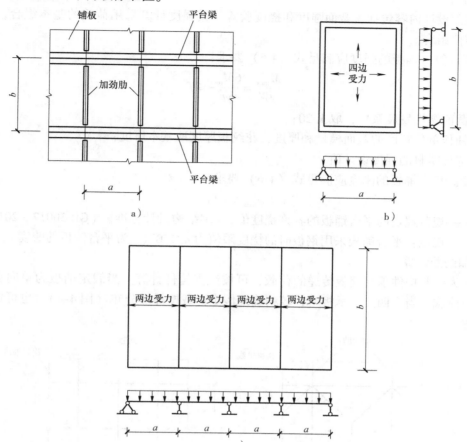

图 4-3　铺板的区格和计算模型

a）铺板区格　b）$b/a \leqslant 2$ 时的四边简支板模型

c）$b/a > 2$ 时的两边传力模型，单跨简支梁或多跨连续梁模型

表 4-1　四边简支板的计算系数 α、β

b/a	1.0	1.1	1.2	1.3	1.4	1.5	1.6	1.7	1.8	1.9	2.0
α	0.048	0.055	0.063	0.069	0.075	0.081	0.086	0.091	0.091	0.095	0.102
β	0.043	0.053	0.062	0.070	0.077	0.084	0.091	0.097	0.102	0.106	0.111

（2）单向受弯板　当矩形区格两相邻边的长短边之比（b/a）大于 2.0 时，可将板视为两边支承的单向受弯板（图 4-3c）。当跨度数多于 5 跨的连续板按 5 跨连续板计算，当跨数小于 5 跨的连续板按实际跨数连续板计算。

单跨简支梁或双跨连续梁模型时

$$M_{max} = 0.125qa^2 \tag{4-3a}$$

$$f_{max} = 0.140 \frac{q_k a^3}{Et^3} \tag{4-3b}$$

三跨及三跨以上连续梁模型时

$$M_{max} = 0.100qa^2 \tag{4-4a}$$

$$f_{max} = 0.110 \frac{q_k a^3}{Et^3} \tag{4-4b}$$

3. 截面设计

铺板的截面设计内容包括正截面强度和挠度验算，其强度计算采用荷载的基本组合，挠度验算采用荷载的标准值组合。

（1）强度计算 铺板的强度应满足式（4-5）要求：

$$\frac{M_{max}}{\gamma W} = \frac{6M_{max}}{\gamma t^2} \leqslant f \tag{4-5}$$

式中 γ——截面塑性发展系数，取 1.20；

W、t——铺板单位长度的截面模量和厚度，花纹板厚度取基本厚度；

f——铺板钢材的强度设计值。

（2）刚度验算 铺板的刚度应满足式（4-6）要求：

$$f_{max} \leqslant [f] \tag{4-6}$$

式中 $[f]$——规范规定的平台铺板的容许挠度值，《钢结构设计标准》（GB 50017—2017）表 B.1.1 规定：平台铺板采用钢板时的挠度限值为 $a/150$（a 为平台铺板的跨度）。

4. 铺板加劲肋计算

加劲肋作为受弯构件承受铺板传递的荷载，可按简支构件计算。当假定铺板为单向受弯板时，加劲肋承受均布荷载；当为四边支承板时，较精确地假定荷载按梯形分布（图 4-4），也可偏于安全地按均布荷载考虑。

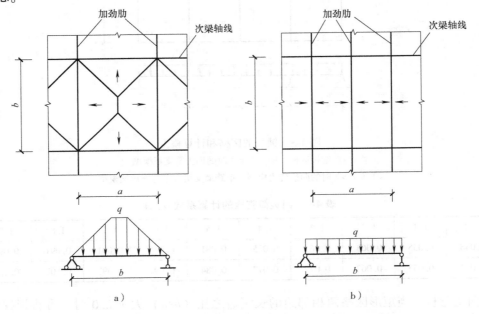

图 4-4 加劲肋计算简图

a）加劲肋计算简图（一） b）加劲肋计算简图（二）

当铺板和加劲肋之间的间断焊接间距不超过 $15t$ 时，加劲肋跨中受弯计算时可取图 4-5 中斜线部分作为加劲肋的计算截面，按此面积计算加劲肋的截面模量和抗弯刚度。支座受剪计算时，取斜线部分计算面积。

加劲肋按受弯构件计算强度和挠度。由于铺板可阻止加劲肋受压凸出平面变形，故不另计算整体稳定。

加劲肋的强度：

正应力

$$\sigma = \frac{M}{\gamma_x W_{nx}} \leqslant f \tag{4-7}$$

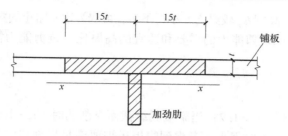

图 4-5　加劲肋的计算截面

剪应力　　　　　　　　　　　　$\tau = \dfrac{VS}{It} \leqslant f_v$　　　　　　　　　　　　　　(4-8)

加劲肋的挠度　　　　　　　　　$f = \dfrac{5q_k l^4}{384EI_x} \leqslant [f]$　　　　　　　　　　　　(4-9)

式中　W_{nx}——加劲肋净截面的截面模量；

　　　γ_x——截面塑性发展系数，截面的下边缘取 1.20，上边缘取 1.05；

　　　I——加劲肋支座处截面的惯性矩；

　　　I_x——加劲肋 截面对 x 轴的惯性矩；

　　$[f]$——加劲肋的容许挠度值，《钢结构设计标准》（GB 50017—2017）表 B. 1. 1 中对平台铺板
　　　　　采用钢板时的挠度限值为 $b/150$（b 为加劲肋的跨度）；

　　　　其余符号同前。

4.1.3　平台梁设计

平台梁构件首选工字形、槽形型钢和热轧或冷轧成形的矩形钢管，以减少制作成本。

1. 型钢梁截面初选

（1）选择型钢梁截面高度　梁的截面高度 h 一般应满足下列条件：

$$h_{min} \leqslant h \leqslant h_{max} \text{ 及 } h \approx h_e \qquad (4\text{-}10)$$

式中　h_{max}——允许最大高度；

　　　h_{min}——允许最小高度；

　　　h_e——经济高度。

1）允许最大高度 h_{max}。梁的截面高度必须满足净空要求，即不能超过建筑设计或工艺设备需要的净空要求。依此条件所确定的高度为允许最大高度 h_{max}。

2）允许最小高度 h_{min}。梁的最小高度按刚度条件确定，即应使梁的挠度满足正常使用的要求。均布荷载作用下简支梁的最小高度 h_{min} 按表 4-2 确定。

表 4-2　均布荷载作用下简支梁的最小高度 h_{min}

允许挠度		$l/1000$	$l/750$	$l/600$	$l/500$	$l/400$	$l/300$	$l/250$	$l/200$
h_{min}	Q235 钢	$l/6$	$l/8$	$l/10$	$l/12$	$l/15$	$l/20$	$l/24$	$l/30$
	Q345 钢	$l/4.1$	$l/5.5$	$l/6.8$	$l/8.2$	$l/10.2$	$l/13.7$	$l/16.4$	$l/20.5$
	Q390 钢	$l/3.7$	$l/4.9$	$l/6.1$	$l/7.4$	$l/9.2$	$l/12.3$	$l/14.7$	$l/18.4$

注：表中数据是依均布荷载情况算得的，对于其他荷载作用下的简支梁，初选截面时同样可以参考。

3）经济高度 h_e。最经济的截面高度应使梁的总用钢量为最小，设计时可按下列经验公式初选截面高度：

$$h_e = 7\sqrt[3]{W_x} - 30 \text{ （cm）} \qquad (4\text{-}11)$$

式中　W_x——梁所需要的截面抵抗矩，以 cm³ 计。

（2）选择腹板厚度　腹板高度 h_w 较梁高 h 小得不多，可取为比 h 略小的数值，最好为50mm的倍数。

确定腹板厚度 t_w 需要考虑抗剪能力的需要和适宜的高厚比。抗剪能力需要的厚度可根据梁端最大剪力式（4-12）计算：

$$t_w = \frac{\alpha V}{h_w f_v} \tag{4-12}$$

当梁端翼缘截面无削弱时，$\alpha = 1.2$；当梁端翼缘截面有削弱时，$\alpha = 1.5$。

依据最大剪力所算得的 t_w 一般很小。考虑到腹板还需要满足局部稳定要求，其厚度可用下列经验公式估算：

$$t_w = \frac{\sqrt{h_w}}{11} \tag{4-13}$$

式中，h_w 和 t_w 均以 cm 计。

（3）翼缘尺寸　选用的腹板厚度应符合钢板现有规格，并不小于6mm，已知腹板尺寸后，可依据需要的截面抵抗矩得出翼缘板尺寸，根据图4-6a可得截面模量：

$$W_x = \frac{2I_x}{h} = \frac{1}{6} t_w \frac{h_w^3}{h} + bt \frac{h_1^2}{h} \tag{4-14}$$

初选截面时，可取 $h \approx h_1$（$= h - t$）$\approx h_w$，则上式可以表示为

$$W_x = \frac{t_w h_w^2}{6} + bt h_w \quad \text{或} \quad bt = \frac{W_x}{h_w} - \frac{t_w h_w}{6} \tag{4-15}$$

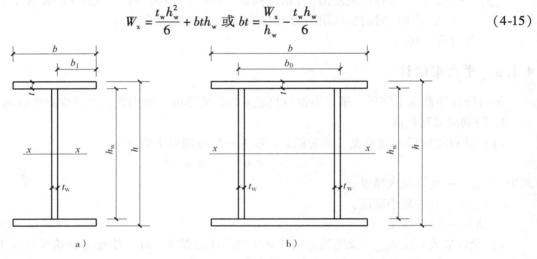

图 4-6　焊接梁截面
a）H 形截面　b）箱形截面

已知腹板尺寸后，即可由式（4-15）计算所需的翼缘截面 bt。翼缘尺寸首先应满足局部稳定的要求。当利用部分塑性，即 $\gamma_x = 1.05$ 时，悬伸宽厚比（b_1/t）应不超过 $13\sqrt{235/f_{yk}}$；而当 $\gamma_x = 1.0$ 时，悬伸宽厚比（b_1/t）应不超过 $15\sqrt{235/f_{yk}}$。通常可取 $b = 25t$ 选择 b 和 t，一般翼缘宽度 b 常在下述范围内：

$$\frac{h}{2.5} > b > \frac{h}{6} \tag{4-16}$$

2. 梁的强度计算

（1）抗弯强度

$$\frac{M_x}{\gamma_x W_{nx}} \leq f \tag{4-17}$$

式中　M_x——绕梁强轴（x 轴）的弯矩设计值；

　　　γ_x——截面塑性发展系数，当截面板件宽厚比等级为 S1、S2 和 S3 时，工字形截面和箱形截面取 1.05；

W_{nx}——对 x 轴的净截面模量；

f——钢材的抗弯强度设计值。

（2）抗剪强度

$$\tau = \frac{VS}{I_x t_w} \leqslant f_v \tag{4-18}$$

式中　V——计算截面沿腹板平面作用的剪力设计值；

S——计算剪应力处以上毛截面对中和轴的面积矩；

I_x——对 x 轴的毛截面惯性矩；

t_w——腹板厚度；

f_v——钢材的抗剪强度设计值。

（3）局部承压强度　当梁上翼缘受有沿腹板平面作用的集中荷载且该荷载处又未设置支承加劲肋时，腹板计算高度上边缘的局部承压强度 σ_c：

$$\sigma_c = \frac{\psi F}{t_w l_z} \leqslant f \tag{4-19}$$

$$l_z = 3.25 \sqrt[3]{\frac{I_R + I_f}{t_w}} \tag{4-20}$$

或

$$l_z = a + 5h_y + 2h_R \tag{4-21}$$

式中　F——集中荷载设计值，对动力荷载应考虑动力系数；

ψ——集中荷载增大系数，对重级工作制吊车梁，$\psi = 1.35$，对其他梁，$\psi = 1.0$；

l_z——集中荷载在腹板计算高度上边缘的假定分布长度，宜按式（4-20）计算，也可简化采用式（4-21）计算；

I_R——轨道绕自身形心轴的惯性矩；

I_f——梁上翼缘绕翼缘中面的惯性矩；

a——集中荷载沿梁跨度方向的支承长度，对钢轨上的轮压可取 50mm；

h_y——自梁顶面至腹板计算高度上边缘的距离，对焊接梁为上翼缘厚度，对轧制工字形截面梁，是梁顶面到腹板过渡完成点的距离（图 4-7）；

h_R——轨道的高度，对梁顶无轨道的梁取值为 0；

f——钢材的抗压强度设计值。

在梁的支座处，当不设置支承加劲肋时，也应按式（4-19）计算腹板计算高度下边缘的局部压应力，但 ψ 取 1.0。支座集中反力的假定分布长度，应根据支座具体尺寸按式（4-21）计算。

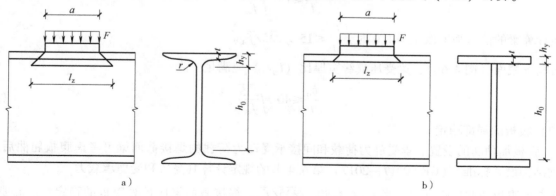

图 4-7　计算局部承压面积时的几何尺寸

a）热轧型钢　b）焊接组合截面

（4）折算应力　当梁的腹板计算高度边缘处，同时受有较大正应力、剪应力和局部压应力时，或

同时承受较大的正应力和剪应力时，还应计算折算应力

$$\sqrt{\sigma^2 + \sigma_c^2 - \sigma\sigma_c + 3\tau^2} \leqslant \beta_1 f \tag{4-22}$$

$$\sigma = \frac{M_x y_1}{I_{nx}} \tag{4-23}$$

式中　σ、τ、σ_c——腹板计算高度边缘同一点上同时产生的正应力、剪应力和局部压应力，τ 和 σ_c 应按式（4-18）和式（4-19）计算，σ 按式（4-23）计算，σ 和 σ_c 以拉应力为正值，压应力为负值；

　　　　I_{nx}——对 x 轴的净截面惯性矩；

　　　　y_1——所计算的点至梁中和轴的距离；

　　　　β_1——强度增大系数，当 σ 与 σ_c 异号时，取 $\beta_1 = 1.2$，当 σ 与 σ_c 同号或 $\sigma_c = 0$ 时，取 $\beta_1 = 1.1$。

3. 整体稳定性验算

当铺板密铺在梁的受压翼缘上并与其牢固相连，能阻止梁受压翼缘的侧向位移时，可不计算梁的稳定性。

对不符合上述条件的梁，则应进行梁的整体稳定性计算。

在最大刚度主平面内受弯的构件，应按式（4-24）验算整体稳定性：

$$\frac{M_x}{\varphi_b W_x} \leqslant f \tag{4-24}$$

式中　M_x——绕强轴作用的最大弯矩设计值；

　　　　W_x——按受压最大纤维确定的梁毛截面模量，当截面板件宽厚比等级为 S1 ~ S4 级时，应取全截面模量；当截面板件宽厚比为 S5 级时，应取有效模量，均匀受压翼缘有效外伸宽度可取 $15\sqrt{235/f_{yk}}$，腹板的有效截面按《钢结构设计标准》（GB 50017—2017）第 8.4.2 条规定采用；

　　　　φ_b——梁的整体稳定系数，按《钢结构设计标准》（GB 50017—2017）附录 C 确定。

4. 翼缘板、腹板的局部稳定

（1）翼缘板的局部稳定　常采用限制翼缘宽厚比的办法，即保证必要的厚度的办法，来防止其局部失稳。

H 形梁的受压翼缘的自由外伸宽度与其厚度之比（b_1/t）（图 4-6a）应满足：

$$\frac{b_1}{t} \leqslant 13\sqrt{\frac{235}{f_{yk}}} \tag{4-25}$$

当计算梁的抗弯强度取 $\gamma_x = 1.0$ 时，$\dfrac{b_1}{t} \leqslant 15\sqrt{235/f_{yk}}$。

对箱形截面（图 4-6b），梁受压翼缘宽厚比（b_0/t）应满足：

$$\frac{b_0}{t} \leqslant 40\sqrt{\frac{235}{f_{yk}}} \tag{4-26}$$

（2）腹板的局部稳定

1）腹板加劲肋的设置。承受静力荷载和间接承受动力荷载的焊接截面梁可考虑腹板屈曲后强度，按《钢结构设计标准》（GB 50017—2017）第 6.4 节的规定计算其受弯和受剪承载力。

不考虑腹板屈曲后强度时，当 $h_0/t_w > 80\sqrt{235/f_{yk}}$，焊接截面梁应计算腹板的稳定性。$h_0$ 腹板的计算高度，对轧制型钢梁，为腹板与上下翼缘相接处梁内弧起点间的距离；对焊接截面梁，为腹板高度。t_w 为腹板的厚度。

焊接截面梁腹板配置加劲肋应符合下列规定：

①当 $h_0/t_w \leqslant 80 \sqrt{235/f_{yk}}$ 时，对有局部压应力（$\sigma_c \neq 0$）的梁，宜按构造配置横向加劲肋；当局部压应力较小（$\sigma_c \approx 0$）时，可不配置加劲肋。

②直接承受动力荷载的吊车梁及类似构件，应按下列规定配置加劲肋：

a. 当 $h_0/t_w > 80 \sqrt{235/f_{yk}}$ 时，应配置横向加劲肋（图4-8）。

b. 当受压翼缘扭转受到约束且 $h_0/t_w > 170 \sqrt{235/f_{yk}}$、受压翼缘扭转未受到约束且 $h_0/t_w > 150 \sqrt{235/f_{yk}}$，或按计算需要时，应在弯曲应力较大区域增加配置纵向加劲肋。局部压应力很大的梁，必要时还宜在受压区配置短加劲肋（图4-8c）。

③不考虑腹板屈曲后强度时，当 $h_0/t_w > 80 \sqrt{235/f_{yk}}$ 时，宜配置横向加劲肋。

④h_0/t_w 不宜超过250。

⑤梁的上翼缘受有较大固定集中荷载处，宜配置支承加劲肋。

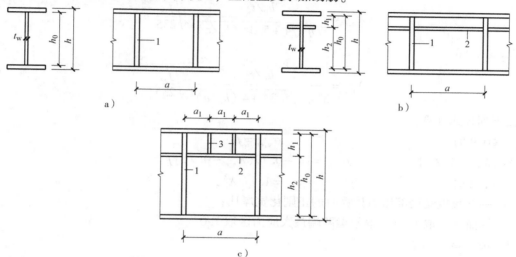

图4-8　腹板加劲肋布置
1—横向加劲肋　2—纵向加劲肋　3—短加劲肋

2）配置横向加劲肋腹板的局部稳定验算。仅配置横向加劲肋的腹板（图4-8a），其各区段的局部稳定应满足下列条件：

$$\left(\frac{\sigma}{\sigma_{cr}}\right)^2 + \frac{\sigma_c}{\sigma_{c,cr}} + \left(\frac{\tau}{\tau_{cr}}\right)^2 \leqslant 1 \tag{4-27}$$

式中　　　　σ——所计算腹板区格内，由平均弯矩产生的腹板计算高度边缘的弯曲压应力；

τ——所计算腹板区格内，由平均剪力产生的腹板平均剪应力，$\tau = V/(h_w t_w)$；

σ_c——腹板计算高度边缘的局部压应力，$\sigma_c = F/(t_w l_z)$；

h_w——腹板高度；

σ_{cr}、τ_{cr} 和 $\sigma_{c,cr}$——各种应力单独作用下的临界应力，按下列方法计算：

σ_{cr} 按下列公式计算

当 $\lambda_{n,b} \leqslant 0.85$ 时 　　　　　　$\sigma_{cr} = f$ 　　　　　　　　　　　　　　(4-28a)

当 $0.85 < \lambda_{n,b} \leqslant 1.25$ 时 　　$\sigma_{cr} = [1 - 0.75(\lambda_{n,b} - 0.85)]f$ 　　　　(4-28b)

当 $\lambda_{n,b} > 1.25$ 时 　　　　　　$\sigma_{cr} = 1.1f/\lambda_{n,b}^2$ 　　　　　　　　　　(4-28c)

式中　$\lambda_{n,b}$——梁腹板受弯计算的正则化宽厚比：

当梁受压翼缘扭转受到约束时

$$\lambda_{n,b} = \frac{2h_c/t_w}{177} \sqrt{\frac{f_{yk}}{235}} \tag{4-28d}$$

当梁受压翼缘未受到约束时

$$\lambda_{n,b} = \frac{2h_c/t_w}{138}\sqrt{\frac{f_{yk}}{235}} \tag{4-28e}$$

式中 h_c——梁腹板弯曲受压区高度，对双轴对称截面 $2h_c = h_0$。

τ_{cr} 按下列公式计算：

当 $\lambda_{n,s} \leqslant 0.8$ 时 $\qquad \tau_{cr} = f_v \tag{4-29a}$

当 $0.8 < \lambda_{n,s} \leqslant 1.2$ 时 $\qquad \tau_{cr} = [1 - 0.59(\lambda_{n,s} - 0.8)]f_v \tag{4-29b}$

当 $\lambda_{n,s} > 1.2$ 时 $\qquad \tau_{cr} = 1.1f_v/\lambda_{n,s}^2 \tag{4-29c}$

式中 $\lambda_{n,s}$——梁腹板受剪计算的正则化宽厚比：

当 $a/h_0 \leqslant 1.0$ 时

$$\lambda_{n,s} = \frac{h_0/t_w}{37\eta\sqrt{4 + 5.34\,(h_0/a)^2}}\sqrt{\frac{f_{yk}}{235}} \tag{4-29d}$$

当 $a/h_0 > 1.0$ 时

$$\lambda_{n,s} = \frac{h_0/t_w}{37\eta\sqrt{5.34 + 4\,(h_0/a)^2}}\sqrt{\frac{f_{yk}}{235}} \tag{4-29e}$$

$\sigma_{c,cr}$ 按下列公式计算：

当 $\lambda_{n,c} \leqslant 0.9$ 时 $\qquad \sigma_{c,cr} = f \tag{4-30a}$

当 $0.9 < \lambda_{n,c} \leqslant 1.2$ 时 $\qquad \sigma_{c,cr} = [1 - 0.79(\lambda_{n,c} - 0.9)]f \tag{4-30b}$

当 $\lambda_{n,c} > 1.2$ 时 $\qquad \sigma_{cr} = 1.1f/\lambda_{n,c}^2 \tag{4-30c}$

式中 $\lambda_{n,c}$——梁腹板受局部压力计算时的正则化宽厚比；

η——简支梁取 1.11，框架梁两端最大应力区取 1.0。

当 $0.5 \leqslant a/h_0 \leqslant 1.5$ 时

$$\lambda_{n,c} = \frac{h_0/t_w}{28\sqrt{10.9 + 13.4\,(1.83 - a/h_0)^3}}\sqrt{\frac{f_{yk}}{235}} \tag{4-30d}$$

当 $1.5 < a/h_0 \leqslant 2.0$ 时

$$\lambda_{n,c} = \frac{h_0/t_w}{28\sqrt{18.9 - 5a/h_0}}\sqrt{\frac{f_{yk}}{235}} \tag{4-30e}$$

3）梁的挠度计算。梁的挠度应满足式（4-31）要求：

$$f \leqslant [f] \tag{4-31}$$

式中 f——采用荷载标准值按弹性方法进行计算的梁的最大挠度；

$[f]$——梁的挠度相对容许值，按表 4-3 确定。

表4-3 梁的挠度相对容许值 $[f]/l$

梁的类型	永久荷载和可变荷载标准值作用	仅可变荷载标准值作用
主梁	1/400	1/500
次梁	1/250	1/300

4）腹板加劲肋设计。加劲肋的配置应符合下列规定：

① 加劲肋宜在腹板两侧成对配置，也可单侧配置，但支承加劲肋、重级工作制吊车梁的加劲肋不应单侧配置。

② 横向加劲肋的间距 a：最小间距为 $0.5h_0$，除无局部压应力的梁，当 $h_0/t_w \leqslant 100$ 时，最大间距可采用 $2.5h_0$ 外，最大间距应为 $2.0h_0$。

纵向加劲肋至腹板计算高度受压边缘的距离 h_1 为 $h_c/2.5 \sim h_c/2$。

③ 在腹板两侧成对配置的钢板横向加劲肋，其截面尺寸应符合下式要求：

外伸宽度 b_s

$$b_s = \frac{h_0}{30} + 40 \quad (\text{mm}) \tag{4-32a}$$

厚度 t_w 　　承压加劲肋 $t_w \geq \dfrac{b_s}{15}$ 　　不受力加劲肋 $t_w \geq \dfrac{b_s}{19}$ (4-32b)

④ 在腹板一侧配置的横向加劲肋，其外伸宽度 $b_s \geq 1.2\left(\dfrac{h_0}{30} + 40\right)$ （mm），承压加劲肋厚度 $t_w \geq \dfrac{b_s}{15}$，不受力加劲肋厚度 $t_w \geq \dfrac{b_s}{19}$。

⑤ 在同时采用横向加劲肋和纵向加劲肋加强的腹板中，横向加劲肋的截面尺寸除符合上述①～④的规定外，其截面惯性矩 I_z 还应满足下式要求：

$$I_z \geq 3h_0 t_w^3 \tag{4-33}$$

纵向加劲肋的截面惯性矩 I_y 应符合下式要求：

当 $a/h_0 \leq 0.85$ 时

$$I_y \geq 1.5 h_0 t_w^3 \tag{4-34a}$$

当 $a/h_0 > 0.85$ 时

$$I_y \geq \left(2.5 - 0.45\frac{a}{h_0}\right)\left(\frac{a}{h_0}\right)^2 h_0 t_w^3 \tag{4-34b}$$

⑥短加劲肋的间距 a_1：最小间距为 $0.75 h_1$。短加劲肋外伸宽度应取横向加劲肋外伸宽度的 0.7～1.0 倍，厚度不应小于短加劲肋外伸宽度的 1/15。

4.1.4 平台柱设计

1. 截面形式

室内钢结构平台柱以承受轴压力为主，其截面形式可以是实腹式构件或格构式构件。实腹式构件可以采用型钢、钢管或焊接组合截面构件。

柱上、下两端一般均设计为铰接，对于承受较大荷载的平台柱，应设计成上端为铰接，下端为刚接。以两端铰接柱子截面尺寸初选为例，说明平台柱截面设计步骤：

1）假定拟用柱子钢材强度等级。

2）假定柱子的长细比 λ （可假定在 80～120 范围内），柱子长度较大、平台负荷较小时，选较大长细比，反之选较小长细比。

3）根据假设的长细比 λ，按《钢结构设计标准》（GB 50017—2017）附录 D 查出对应的轴心受压稳定系数 φ。初步设计时，可先按 b 类截面查 φ 值。

4）根据平台布置方案由已知柱子轴力 N，按下式估算柱子所需截面面积 A：

$$A \geq \frac{N}{\varphi f} \tag{4-35}$$

5）按下式求截面两个主轴方向的回转半径 i_x、i_y，式中 l_{0x}、l_{0y} 为柱子计算长度：

$$i_x = \frac{l_{0x}}{\lambda} \qquad i_y = \frac{l_{0y}}{\lambda} \tag{4-36}$$

6）初设柱子截面形式，据此按下式求得柱子截面的轮廓尺寸，即截面高度和宽度：

$$h = \frac{i_x}{\alpha_1} \qquad b = \frac{i_y}{\alpha_2} \tag{4-37}$$

式中　α_1、α_2——柱截面回转半径近似值系数，由相关表格确定。

7）根据构造要求、局部稳定要求和钢材规格等条件，利用上述求得的 A、h、b 确定截面其余尺寸。

以上初选的截面尺寸是否安全、适用，还需经过强度计算、稳定计算和刚度计算确认。

平台结构中，中柱、边柱和角柱的受力不同，从节省钢材出发，可以设计成不同的柱子截面。但实际工程设计时，从钢材订货、构件加工和现场安装的便利角度考虑，也可采用相同的截面，有时其综合造价不一定高于采用多种截面的形式。

2. 轴心受压实腹柱计算

（1）强度计算　实腹柱强度按下式计算：

$$\sigma = \frac{N}{A_n} \leqslant f \tag{4-38}$$

式中　N——柱子承受的轴向压力设计值；

　　　A_n——净截面面积。

（2）整体稳定　实腹柱的整体稳定性按下式计算：

$$\frac{N}{\varphi A} \leqslant f \tag{4-39}$$

式中　φ——轴心受压构件的稳定系数，取截面两主轴稳定系数中的较小值；

　　　A——毛截面面积。

（3）局部稳定计算

1）工字形截面轴心受压柱。

翼缘外伸宽度与其厚度的比值：

$$\frac{b_1}{t} \leqslant (10 + 0.1\lambda) \sqrt{\frac{235}{f_{yk}}} \tag{4-40a}$$

腹板高度与其厚度的比值：

$$\frac{h_w}{t_w} \leqslant (25 + 0.5\lambda) \sqrt{\frac{235}{f_{yk}}} \tag{4-40b}$$

式中　λ——柱子两主轴方向较大长细比，当 $\lambda < 30$ 时取 $\lambda = 30$，当 $\lambda > 100$ 时取 $\lambda = 100$；

　　　f_{yk}——钢材牌号中屈服点数值。

2）箱形截面轴心受压柱。

翼缘

$$\frac{h_0}{t} \leqslant 40 \sqrt{\frac{235}{f_{yk}}} \tag{8-41a}$$

腹板

$$\frac{h_w}{t_w} \leqslant 40 \sqrt{\frac{235}{f_{yk}}} \tag{8-41b}$$

当工字形截面或箱形截面的腹板板件宽厚比超过上述规定的限值时，可采用纵向加劲肋加强，使得加劲肋间的腹板宽厚比满足上述要求；当可考虑屈曲后强度时，轴心受压杆件的强度和稳定性可按下式计算：

强度计算

$$\frac{N}{A_{ne}} \leqslant f \tag{4-42a}$$

$$A_{ne} = \sum \rho_i A_{ni} \tag{4-42b}$$

稳定性计算

$$\frac{N}{\varphi A_e} \leqslant f \tag{4-42c}$$

$$A_e = \sum \rho_i A_i \tag{4-42d}$$

式中　A_{ne}、A_e——有效净截面面积和有效毛截面面积；

　　　A_{ni}、A_i——各板件净截面面积和毛截面面积；

　　　　　φ——稳定系数，可按毛截面计算；

　　　　　ρ_i——各板件有效截面系数，可按下列规定计算：

对于箱形截面的壁板、H 形或工字形的腹板

当 $b/t \leqslant 42 \sqrt{235/f_{yk}}$ 时　　　　　　　　　　　　$\rho = 1$　　　　　　　　　　　　　　　(4-43a)

当 $b/t > 42 \sqrt{235/f_{yk}}$ 时　　　　　　　$\rho = \dfrac{1}{\lambda_{n,p}}\left(1 - \dfrac{0.19}{\lambda_{n,p}}\right)$　　　　　　　(4-43b)

$$\lambda_{n,p} = \frac{b/t}{56.2 \sqrt{235/f_{yk}}}$$　　　　　　　(4-43c)

当 $\lambda > 52 \sqrt{235/f_{yk}}$ 时　　　　　　$\rho \geqslant \left(29\sqrt{\dfrac{235}{f_{yk}}} + 0.25\lambda\right)\dfrac{t}{b}$　　　　　(4-43d)

式中　b、t——壁板的净宽度和厚度。

　　H 形、工字形和箱形截面轴心受压构件的腹板，当用纵向加劲肋加强以满足宽厚比限值时，加劲肋宜在腹板两侧成对配置，其一侧外伸宽度不应小于 $10t_w$，厚度不应小于 $0.75t_w$。

　　（4）刚度验算　轴心受压柱的刚度应满足式（4-44）要求：

$$\lambda \leqslant [\lambda]$$　　　　　　　　　　　(4-44)

式中　λ——柱子两主轴方向长细比的较大值；

　　　$[\lambda]$——容许长细比，平台柱的允许长细比 $[\lambda] = 150$，但当杆件内力设计值不大于承载力的 50% 时，容许长细比值可取 200。

4.1.5　节点设计

1. 次梁与主梁节点

（1）次梁与主梁的连接构造　主、次梁的连接有铰接和刚接两种，前者多用于钢平台中的平台梁系，后者则多用于多层钢框架结构。

1）次梁为简支梁。当次梁为简支梁时，可采用叠接和侧面连接两种方式。图 4-9a 是直接将次梁搁置在主梁顶面，次梁下翼缘用焊缝或螺栓与主梁上翼缘连接。这种构造安装简单，但主、次梁叠接所占净空大，不宜用于楼层梁系。

侧面连接只连接次梁的腹板，不连接翼缘。图 4-9b 中，次梁通过角钢与主梁腹板相连，角钢预先焊接在主梁上，工地现场采用螺栓将次梁连接到角钢上。图 4-9c 中，次梁直接连接到主梁的横向加劲肋上，为避免与加劲肋相碰，次梁的下翼缘需要切去一侧。图 4-9d 中，主梁设置台式承托，次梁搁置在承托上用螺栓连接，次梁竖向反力通过承压方式传递。

2）次梁为连续梁。当次梁为连续梁时，可采用叠接和侧面连接两种方式。连续连接的要领是将次梁支座压力传给主梁，而次梁弯矩则传给相邻跨次梁。图 4-10 为次梁与主梁刚接的一种形式，为了承受次梁端部的弯矩 M，在次梁上翼缘处设置连续盖板，盖板与次梁上翼缘用焊缝连接，次梁下翼缘与承托顶板也用焊缝连接，这两种焊缝均承受轴力 $N = M/h$（h 为次梁截面高度）。为了避免仰焊，盖板的宽度应比上翼缘宽度小 20～30mm，承托顶板的宽度应比次梁下翼缘宽度大 20～30mm。次梁的竖向反力 R 由承托顶板承受。

（2）连接计算　铰接连接节点需要传递次梁端部反力。图 4-9b、c 中，次梁端部局部切割后的腹板截面、连接角钢以及螺栓或焊缝应能满足此抗剪要求。由于这类节点并非完全铰接，计算时除了考虑次梁端部垂直剪力外，还应考虑由于偏心所产生的附加弯矩的影响。附加弯矩取次梁反力乘以螺栓中心线或焊缝形心线至主梁腹板中心线之间的距离。

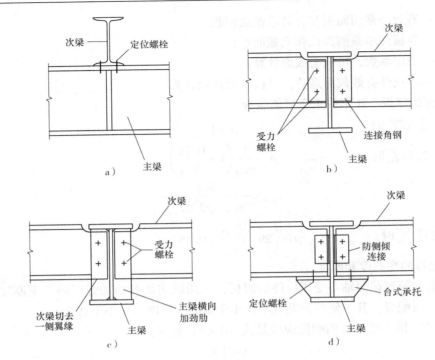

图4-9　主次梁铰接链接节点

a）叠接　b）~d）侧面连接

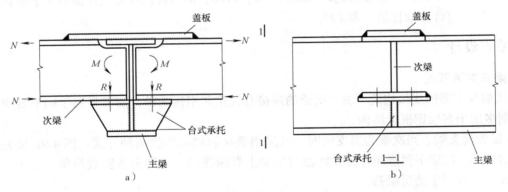

图4-10　次梁与主梁的刚接连接节点

1）螺栓连接计算。螺栓群承受垂直剪力 V 和偏心弯矩 $M=Ve$（e 为剪力 V 对加劲肋螺栓中心线的偏心距）的作用（图4-11），应满足下式要求：

$$\sqrt{N_v^2+N_t^2}\leqslant N_v^b \tag{4-45}$$

式中　N_v^b——一个螺栓的抗剪、抗拉承载力设计值；

　　　N_v——一个螺栓所承受的剪力，且 $N_v=V/n$（↓）；

　　　N_t——一个螺栓所承受的拉力，按下式计算：

$$N_t=N_M=\frac{My_1}{m\sum y_i^2}（\rightarrow） \tag{4-46}$$

式中　m——螺栓排列的纵列数。

满足式（4-45）时，说明螺栓不会因受拉和受剪破坏，但当板较薄时，可能承压破坏，故还需满足下式要求：

$$N_v\leqslant N_c^b \tag{4-47}$$

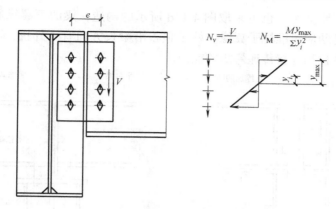

图 4-11　螺栓群同时承受弯矩 M 和剪力 V

式中　N_c^b——一个螺栓的抗压承载力设计值。

2）角焊缝计算。加劲肋与主梁的连接角焊缝承受剪力 V 和偏心力矩 $M_e = Ve$（e 为剪力 V 对角焊缝的偏心距）。按焊缝有效截面计算，沿焊缝长度方向的剪应力：

$$\tau_f = \frac{V}{h_e \sum l_w} = \frac{V}{h_e \sum l_w} \leqslant f_f^w \tag{4-48}$$

式中　h_e——角焊缝的计算厚度，对直角角焊缝取 $h_e = 0.7h_f$，h_f 为焊脚尺寸；

　　　l_w——角焊缝的计算长度，对每条焊缝取其实际长度减去 $2h_f$；

　　　f_f^w——角焊缝的强度设计值。

按焊缝有效截面计算，垂直于焊缝长度方向的应力：

$$\sigma_f = \frac{M_e}{W_w} \leqslant \beta_f f_f^w \tag{4-49}$$

式中　W_w——角焊缝有效截面的截面模量；

　　　β_f——正面角焊缝的强度设计值增大系数：对承受静力荷载和间接承受动力荷载的结构，$\beta_f = 1.22$；对直接承受动力荷载的结构，$\beta_f = 1.0$。

在 σ_f 和 τ_f 共同作用处：

$$\sqrt{\left(\frac{\sigma_f}{\beta_f}\right)^2 + \tau_f^2} \leqslant f_f^w \tag{4-50}$$

2. 主梁与柱的连接节点

平台结构柱如果采用热轧工字形钢、宽翼缘工字形钢等截面，其主轴有强弱之分，在结构设计时就需要考虑强轴与弱轴分别布置在结构的哪个方向，以及与主梁的关系。这里仅考虑主梁与柱子的强轴都垂直于同一平面的情况。

（1）主梁支承于柱顶的连接构造（图 4-12）　图 4-12a 中，梁支撑加劲肋对准柱子翼缘，将梁端反力直接传给柱子翼缘。设计时，注意梁构件的制作长度略小于柱子轴线之间的间距（一般可短 5～10mm），以便调整构件支座的偏差。安装定位后，用夹板通过螺栓或焊接把相邻梁连接起来，以防止梁侧倾。

图 4-12b 中，梁端反力通过突缘式端板传递，两相邻梁的端板都贴近柱子轴线。突缘式端板的底面应刨平，使其能顶紧柱顶板。为了保持与柱顶面的接触传力，可在柱子顶板上设一块同样刨平的垫板，该垫板可预先焊接在柱顶板上。柱子腹板上需要设置一对纵向短加劲肋将梁端板传递的反力经一定距离均匀扩散到柱身。

图 4-12c 是主梁连续而梁柱仍为铰接的构造，在柱子腹板中心对应的梁腹板上设置支撑加劲肋，梁下翼缘焊接垫板，将梁的反力通过接触传力传递到柱顶，其余构造与图 4-12b 相仿。当平台结构需

要通过梁柱体系提供水平刚度时，也可采取图 4-12d 所示的构造，梁的下翼缘通过螺栓或角焊缝连接在柱顶上，梁的支撑加劲肋应对准柱子翼缘。柱子顶板沿梁长方向有一外挑，下部设加劲板，便于布置传力螺栓或焊缝，保证柱顶连接传递弯矩的能力。

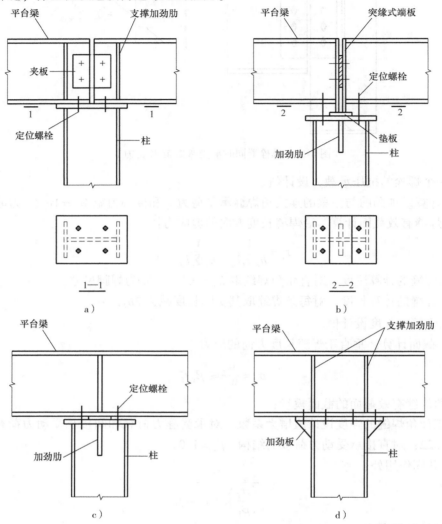

图 4-12　主梁与柱的连接构造（主梁支承于柱顶）

（2）主梁连接于柱侧的构造（图 4-13）　图 4-13a 用于梁端反力较小的情况，此时梁端可不设支撑加劲肋，直接搁置在柱子外伸的小牛腿上，用普通螺栓或角焊缝连接。梁端与柱翼缘之间注意预留安装间隙，定位后用角钢和螺栓连接。

当梁端支座反力较大时可以采用图 4-13b 所示突缘式端板，支托采用厚钢板或加劲的角钢。端板与柱翼缘之间用螺栓连接，两者间的安装间隙用填板填满。当柱顶在垂直主梁方向有一次梁时，如果次梁顶面与主梁顶面平齐，则图 4-12a、b 的连接方式就难以处理。此时可采用图 4-13a、b 的连接构造，而把次梁端部连接到柱子的腹板上。

图 4-13c 是刚性连接的构造，梁下翼缘焊接在小牛腿上，梁的上翼缘通过一块盖板与柱顶及另一侧的梁上翼缘相互连接。此外，主梁腹板通过角钢或连接钢板与柱翼缘焊接连接。

图 14-3c 所示节点中，柱翼缘在小牛腿翼缘拉应力作用下是否需要设置横向加劲肋，可参照《钢结构设计标准》（GB 50017—2017）第 12.3.4 条的规定确定。

梁柱刚性节点中，当工字形梁翼缘采用焊透的 T 形对接焊缝而腹板采用摩擦型高强度螺栓或焊缝

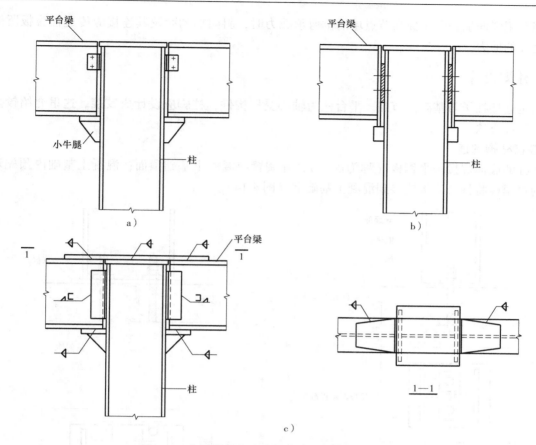

图 4-13　主梁与柱的连接构造（主梁连接于柱侧）

与 H 形柱的翼缘相连，满足下列要求时，柱的腹板可不设置水平加劲肋：

1）在梁的受压翼缘处，柱腹板厚度 t_w 应同时满足：

$$t_w \geqslant \frac{A_{fc} f_b}{b_c f_c}$$
(4-51a)

$$t_w \geqslant \frac{h_c}{30} \sqrt{\frac{f_{yk}}{235}}$$
(4-51b)

式中　A_{fc}——受压翼缘的截面面积；

f_c——柱钢材抗拉、抗压强度设计值；

f_b——梁钢材抗拉、抗压强度设计值；

b_c——在垂直于柱翼缘的集中压力作用下，柱腹板计算高度边缘处压应力的假定分布长度；

h_c——柱腹板的宽度；

f_{yk}——柱钢材屈服点。

2）在梁的受拉翼缘处，柱翼缘板的厚度 t_c 应满足：

$$t_c \geqslant 0.4 \sqrt{A_{ft} f_b / f_c}$$
(4-52)

式中　A_{ft}——梁受拉翼缘的截面面积。

梁柱连接节点处柱腹板设置横向加劲肋时应满足下列要求：

①横向加劲肋应能传递梁翼缘传来的集中力，其厚度应为梁翼缘厚度的 0.5～1.0 倍；其宽度应符合传力、构造和板件宽厚比限值的要求。

②横向加劲肋的上翼缘宜与梁翼缘的上翼缘对齐，并用焊透的 T 形对接焊缝与柱翼缘连接。当梁与 H 形截面柱的腹板垂直相连形成刚接时，横向加劲肋与柱腹板的连接也宜采用焊透对接焊缝。

③当采用斜向加劲肋来提高节点域的抗剪承载力时，斜向加劲肋及其连接应传递柱腹板所能承担的剪力之外的剪力。

4.1.6　柱脚设计

柱脚是连接柱子与基础的节点。平台柱为轴心受压构件，柱脚应设计成铰接。这里介绍铰接柱脚的构造和设计方法。

1. 铰接柱脚构造

平台柱的底面焊接一平钢板（称为底板），并搁置在混凝土基础顶面；混凝土基础内预先埋置钢锚栓，通过锚栓将柱脚底板连接到混凝土基础上（图4-14）。

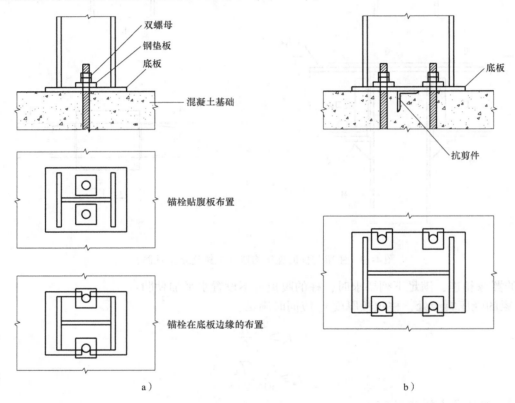

图4-14　铰接柱的构造

钢平台无水平荷载，柱底剪力可通过底板与混凝土基础之间的摩擦力来抵抗。

锚栓用于固定柱子。锚栓在混凝土中的长度应满足钢筋的锚固长度要求，锚栓底部要设置弯钩或焊接一块钢板以增强锚固作用。锚栓可以布置一对，当柱底截面高度大于400mm时宜布置两对。锚栓布置应靠近腹板处，底板上的锚栓孔直径应比螺栓直径大20~30mm，工程上也常将螺栓孔设在底板边缘处。螺栓孔开得较大时螺母下面一定要设置垫块（厚度10mm以上的钢板，上面钻一直径大于螺栓直径2mm的圆孔）。锚栓安装后，垫板应用电焊与底板焊住。

2. 铰接柱脚计算

（1）底板面积　底板面积可先按柱底轮廓线给出初值，其宽度 $B = b + (30 \sim 40) \mathrm{mm}$，长度 $H = h + (30 \sim 40) \mathrm{mm}$，$b$、$h$ 分别为柱底翼缘宽度和截面高度。底板面积按下式确定：

$$B \times H \geqslant \frac{N}{f_c} + A_0 \qquad (4\text{-}53)$$

式中　N——柱底最大轴心压力设计值；

f_c——基础混凝土轴心抗压强度设计值；

A_0——底板锚栓孔的面积。

当不满足式（4-53）要求时，应放大底板，但根据工程经验，按上述方法初设的底板面积一般是能够满足要求的。

（2）底板厚度 基础底板厚度由底板在基础反力作用下产生的弯矩计算决定。底板可划分为悬臂板（柱子翼缘尺寸外部的部分）和三边支承板（柱子翼缘和腹板所围部分）区格（图4-15）。各区格底板的弯矩效应为

悬臂板区格：

$$M = 0.5\sigma_c c^2 (\text{N} \cdot \text{m/m}) \qquad (4\text{-}54a)$$

三边支承区格板：

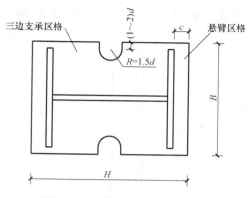

图4-15 柱脚底板的区格划分

$$M = \alpha\sigma_c a_1^2 (\text{N} \cdot \text{m/m}) \qquad (4\text{-}54b)$$

式中 σ_c——作用在底板单位面积上的压力，$\sigma_c = N/(B \times H - A_0)$；

c——悬臂板的悬臂长度；

a_1——三边支承板区格中自由边的长度，一般为腹板高度，或两相邻边支承板中对角线的长度；

α——均布荷载作用下三边支承板的弯矩系数，按表4-4确定。

表4-4 三边支承板及两相邻边支承板均布荷载作用下的弯矩系数

b_1/a_1	0.3	0.4	0.5	0.6	0.7	0.8	0.9	1.0	1.2	≥1.4
α	0.0273	0.0439	0.0602	0.0747	0.0871	0.0972	0.1053	0.1117	0.1205	0.1258

注：1. b_1 为垂直于自由边的支承边长度，一般为翼缘板的半宽。在两相邻支承板中，为两支承边的相交点到对角线的垂直距离。

2. 当 $b_1/a_1 < 0.3$ 时，可安全地取 $\alpha = 0.025$。

根据板的弯矩，可以求得所需的板厚：

$$t \geq \sqrt{6M/f} \qquad (4\text{-}55)$$

式中 f——底板钢材的抗拉强度设计值。

根据计算选取相应标准规格的钢板，且底板的厚度不宜小于16mm。

（3）锚栓直径 平台柱在所有工作条件下都始终受压，则按《门式刚架轻型房屋钢结构技术规范》（GB 51022—2015）规定，选用的锚栓直径不应小于24mm。其原因之一是实际铰接柱脚具有一定嵌固作用，即按铰接计算的柱脚实际上有一定程度的弯矩存在，不能完全排除锚栓受拉的可能。

4.1.7 钢平台结构栏杆的设计

钢平台周边，斜梯侧边以及因工艺生产要求不准通行的地区均应设置防护栏杆。栏杆高度一般为1000mm，对高空及安全要求较高的区域，宜用1200mm。栏杆由立杆、顶部扶手、中部纵条以及踢脚板等组成，其主要部件（立杆和顶部扶手）宜用角钢做成。栏杆各部件之间宜采用焊缝连接。在有通行或操作特殊需要时，可局部设计成活动的栏杆。

4.1.8 钢平台结构钢梯的设计

1. 平台钢梯的形式和构造

适合于平台结构的钢梯主要有斜梯和直梯。斜梯是常用的形式，直梯通常在不经常上下或因场地限制不能设置斜梯时采用。

直梯宽度一般为 600～700mm，立柱可采用角钢，规格为∟75×50×6，踏步采用 $d = 16$mm 的圆钢，两端焊在角钢的肢上。圆钢间距一般为 200～250mm。当直梯高度大于3m后，在距底部2m上方应设

保护圈，保护圈可采用 $d=16\text{mm}$ 的圆钢，其立杆可采用 4mm 厚的扁钢。直梯构造如图 4-16 所示。

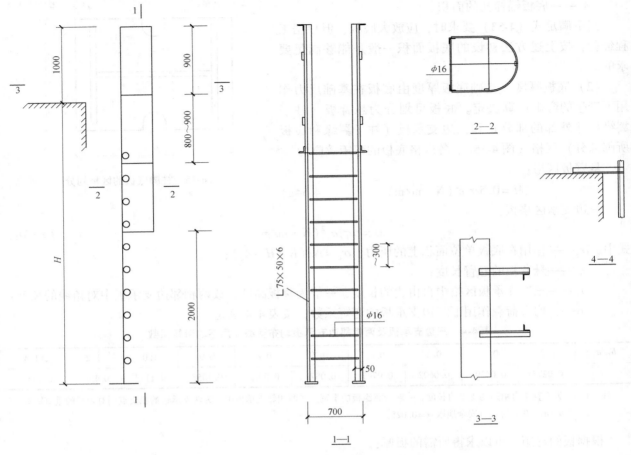

图 4-16　直梯构造

斜梯的宽度一般为 700mm，特殊情况可加宽至 800~1200mm。其与地面的倾角设置为 45°~60°，尽可能接近 45°。当无特殊荷载要求时，梯段梁常采用 160mm×6mm 的钢板或匚16 槽钢，踏步间斜长距离为 300mm 左右（图 4-17），踏步板常采用 5~6mm 厚花纹钢板、4mm 厚弯折钢板或带边框的算条式钢板。梯段梁与平台钢构件的连接如图 4-18 所示，与地面的连接如图 4-19 所示。

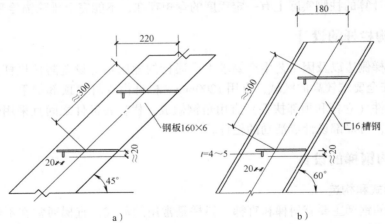

图 4-17　斜梯梁与踏步板

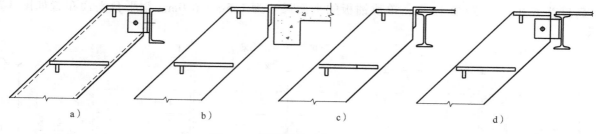

图 4-18　斜梯梁与平台构件的连接

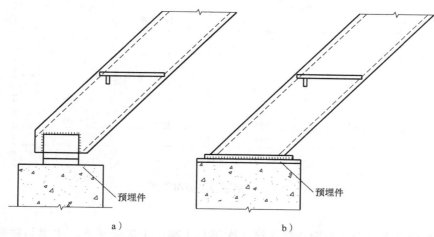

图 4-19　斜梯梁与地面的连接

2. 斜梯计算

斜梯梁段可作为简支构件计算，斜梯活荷载应按实际情况采用，在一般情况下其竖向荷载标准值应取不小于 $3.5kN/m^2$（按水平面投影）。斜梯需计算其强度和变形。强度设计值按《钢结构设计标准》（GB 50017—2017）取值，梁的跨中挠度不大于 $l/250$，l 为梁斜向跨度。

斜梯梁的整体稳定一般不起控制作用。

4.2　设计实例

4.2.1　设计资料

某机加工厂房位于江苏省苏州市，厂房跨度 24m，长度 96m。设计对象为厂房内的钢操作平台，其平面尺寸为 30.0m×12.0m，楼面标高 4.0m；设计使用年限 50 年，结构安全等级二级，拟采用钢平台。

1）钢平台楼面做法：采用花纹钢板或防滑带肋钢板。

2）楼面活荷载标准值：根据工艺要求取为 $6.0kN/m^2$。

3）钢平台结构连接方法：平台板与梁采用焊接（角焊缝）；次梁与主梁采用高强度螺栓连接；主梁与柱的连接采用高强度螺栓或焊接连接；柱与基础采用铰接连接。

4）材料选用：型钢、钢板采用 Q235—AF；焊条采用 E43×× 型，粗制螺栓采用 Q235 钢材。

5）平台柱基础混凝土强度等级 C25。

试对铺板、次梁、主梁、钢柱以及次梁与主梁、主梁与柱上端、柱脚及钢梯进行设计。

4.2.2　结构布置

1. 梁格布置

采用单向板布置方案，柱网尺寸为 6.0m×6.0m；主梁沿横向布置，跨度为 6.0m；次梁沿纵向布置，跨度为 6.0m，间距为 1.5m；单块铺板的平面尺寸为 1.5m × 6.0m。钢平台平面布置如图 4-20 所示。

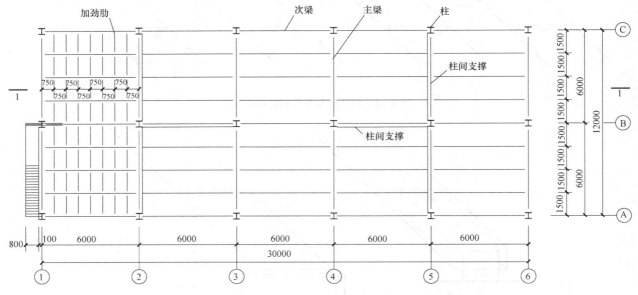

图 4-20　钢平台平面布置图

2. 连接方案

次梁与主梁采用高强度螺栓侧面铰接连接，次梁与主梁的上翼缘平齐；主梁与柱采用侧向铰接连接；柱与基础采用铰接连接；平台板与主（次）梁采用焊接（角焊缝）连接。

3. 支撑布置

钢平台柱的两端均采用铰接连接，并设置柱间支撑，以保证结构几何不变。在轴线②、⑤和轴线⑧处分别布置纵、横向支撑，采用双角钢，如图 4-21 所示。

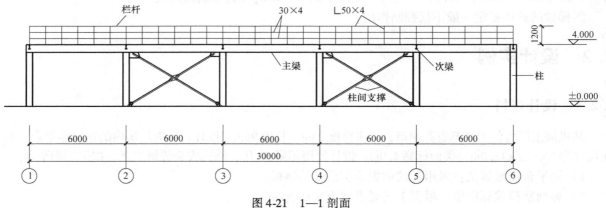

图 4-21　1—1 剖面

因无水平荷载，支撑可按构造要求选择角钢型号。

受压支撑的最大计算长度 $l_0 = \sqrt{(4000-280)^2 + (6000-200)^2}\,\mathrm{mm} = 6830\mathrm{mm}$，受压支撑的允许长细比 $[\lambda] = 200$，要求回转半径 $i \geq l_0 / [\lambda] = 6830\mathrm{mm}/200 = 34.15\mathrm{mm}$，选用 2L90 × 8（节点板厚度 6mm，$i_y = 39.5\mathrm{mm}$，$y$ 为对称轴）。

4.2.3　铺板设计

1. 初选铺板截面

在铺板的短跨方向设置 7 道加劲肋，间距 $l_1 = 750\mathrm{mm}$。平板厚度 $t \geq l_1/150 \sim l_1/120 = 5.0 \sim$

6.25mm，取 $t = 6$mm。

2. 计算简图

因铺板区格长边与短边之比 $b/a = 1.5/0.75 = 2.0$，可作为多跨连续的双向板计算，加劲肋和次梁作为其支承边。

3. 内力计算

（1）荷载计算

6mm 厚花纹钢板：　　　　　　　　　$78.5 \times 0.006 \text{kN/m}^2 = 0.47 \text{kN/m}^2$

平台板永久荷载标准值：　　　　　　　$g_k = 0.47 \text{kN/m}^2$

平台板可变荷载标准值：　　　　　　　$q_k = 6.0 \text{kN/m}^2$

平台板的荷载基本组合值：

$$p = \gamma_G g_k + \gamma_Q q_k = (1.3 \times 0.47 + 1.5 \times 6.0) \text{kN/m}^2 = 9.61 \text{kN/m}^2$$

平台板的荷载标准组合值：

$$p_k = g_k + q_k = (0.47 + 6.0) \text{kN/m}^2 = 6.47 \text{kN/m}^2$$

（2）内力计算

平台板单位宽度最大弯矩：

$$M_{max} = \alpha p a^2 = 0.102 \times 9.61 \times 0.75^2 \text{kN·m/m} = 0.55 \text{kN·m/m}$$

注：根据 $b/a = 2.0$，查表 4-1 可得，均布荷载作用下四边简支板的弯矩系数 $\alpha = 0.102$。

平台板的最大挠度：

$$f_{max} = \beta \frac{p_k a^2}{E t^3} = 0.110 \times \frac{6.47 \times 10^{-3} \times 750^4}{2.06 \times 10^5 \times 6^3} \text{mm} = 0.782 \text{mm}$$

注：根据 $b/a = 2.0$，查表 4-1 可得，均布荷载作用下四边简支板的挠度系数 $\beta = 0.111$；$E = 2.06 \times 10^5 \text{N/mm}^2$。

4. 截面设计

（1）强度计算　铺板的强度按式（4-5）计算：

$$\frac{M_{max}}{\gamma W} = \frac{6 M_{max}}{\gamma t^2}$$

$$= \frac{6 \times 0.55 \times 10^3}{1.2 \times 6^2} \text{N/mm}^2 = 76.39 \text{N/mm}^2 < f = 215 \text{N/mm}^2 \text{（满足要求）}$$

（2）挠度计算

$$\frac{f}{a} = \frac{0.782}{750} = \frac{1}{959} < \frac{1}{150} \text{（满足要求）}$$

5. 加劲肋设计

（1）计算简图　加劲肋与铺板采用单面角焊缝，焊脚尺寸 6mm，每焊 150mm 后跳开 50mm 间隙（图 4-22b）。此连续构造满足铺板与加劲肋作为整体计算的条件。

加劲肋高度取 $h = 80$mm，厚度 6mm，考虑有 $30t = 180$mm 宽度的铺板作为翼缘，按 T 形截面计算，如图 4-22c 所示。加劲肋的跨度为 1.5m，计算简图如图 4-22a 所示。

（2）荷载计算　铺板为四边支承板，较精确的计算可假定荷载按梯形分布，为简化计算，可安全地按均布荷载考虑，即取加劲肋的负荷宽度 750mm。

永久荷载标准值：

平台板传来永久荷载　　　　$0.47 \times 0.75 \text{kN/m} = 0.3525 \text{kN/m}$

加劲肋自重　　　　　　　　$78.5 \times 0.08 \times 0.006 \text{kN/m} = 0.03768 \text{kN/m}$

$$g_k = 0.39 \text{kN/m}$$

可变荷载标准值：　　　　　$q_k = 6.0 \times 0.75 \text{kN/m} = 4.5 \text{kN/m}$

荷载的基本组合值

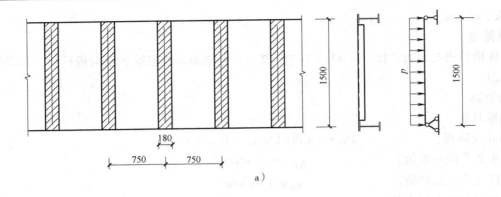

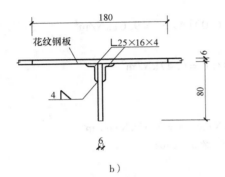

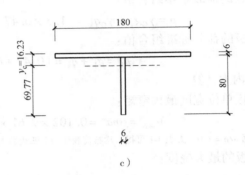

图 4-22 加劲肋计算简图

$$p = \gamma_G g_k + \gamma_Q q_k = (1.3 \times 0.39 + 1.5 \times 4.5)\,\text{kN/m} = 7.26\,\text{kN/m}$$

荷载的标准组合值

$$p_k = g_k + q_k = (0.39 + 4.5)\,\text{kN/m} = 4.89\,\text{kN/m}$$

（3）内力计算

跨中最大弯矩设计值

$$M_{max} = \frac{1}{8} p l^2 = \frac{1}{8} \times 7.26 \times 1.5^2\,\text{kN·m} = 2.04\,\text{kN·m}$$

支座处最大剪力设计值

$$V_{max} = \frac{1}{2} p l = \frac{1}{2} \times 7.26 \times 1.5\,\text{kN} = 5.45\,\text{kN}$$

（4）截面特性计算

截面形心位置

$$y_c = \frac{180 \times 6 \times 3 + 80 \times 6 \times (40 + 6)}{180 \times 6 + 80 \times 6}\,\text{mm} = 16.23\,\text{mm}$$

截面惯性矩

$$I = \left[\frac{1}{12} \times 180 \times 6^3 + 180 \times 6 \times (16.23 - 3)^2 + \frac{1}{12} \times 6 \times 80^3 + 80 \times 6 \times (46 - 16.23)^2 \right]\,\text{mm}^4$$

$$= 873677\,\text{mm}^4$$

支座处抗剪面积只计铺板部分，偏于安全地仍取 180mm 范围，则

$$A_v = 180 \times 6\,\text{mm}^2 = 1080\,\text{mm}^2$$

（5）强度计算 受弯强度按式（4-7）计算，受拉侧应力最大截面塑性发展系数取 1.20。

$$\sigma = \frac{M_{max}}{\gamma_x W_{nx}}$$

$$= \frac{2.04 \times 10^6}{1.2 \times 873677/(86-16.23)} \text{N/mm}^2 = 135.76 \text{N/mm}^2 < f = 215 \text{N/mm}^2 \quad （满足要求）$$

受剪强度按式（4-8）计算：

$$\tau = \frac{V_{\max} S}{It} = 1.5 \frac{V_{\max}}{A_v}$$

$$= 1.5 \times \frac{5.45 \times 10^3}{1080} \text{N/mm}^2 = 7.57 \text{N/mm}^2 < f_v = 125 \text{N/mm}^2 \quad （满足要求）$$

（6）变形计算　加劲肋的挠度按式（4-9）计算：

$$\frac{f}{l} = \frac{5q_k l^3}{384EI_x} = \frac{5 \times 4.89 \times 1500^3}{384 \times 2.06 \times 10^5 \times 873677} = \frac{1}{837.5} < \frac{1}{150} \quad （满足要求）$$

4.2.4　次梁设计

1. 计算简图

次梁与主梁铰接，按简支梁计算，跨度 $l_0 = 6.0\text{m}$，如图4-23所示。

2. 初选次梁截面

次梁的荷载主要由铺板—加劲肋传来相隔750mm分布集中荷载，每个加劲肋传到次梁上的集中荷载设计值

$$q_{BS} = 7.26 \times 1.5 \text{kN}/0.75 \text{m} = 14.52 \text{kN/m}$$

$$q_{BSk} = 4.89 \times 1.5 \text{kN}/0.75 \text{m} = 9.78 \text{kN/m}$$

次梁采用轧制普通工字钢，假定铺板不起刚性楼板作用。跨中无侧向支撑，上翼缘受均布荷载，自由长度为6.0m。

假定钢号为22～40，查《钢结构设计标准》（GB 50017—2017）附表 C.0.2，$\varphi_b = 0.6$。

次梁跨中弯矩设计值

$$M_{\max} = \frac{1}{8}q_{BS}l^2 = \frac{1}{8} \times 14.52 \times 6.0^2 \text{kN·m} = 65.34 \text{kN·m}$$

所需的截面抵抗矩

$$W_x \geqslant \frac{1.02 M_{x,\max}}{\varphi_b f} = \frac{1.02 \times 65.34 \times 10^6}{0.6 \times 215} \text{mm}^3 = 516641.86 \text{mm}^3 = 516.64 \text{cm}^3$$

选用 I28b，$h = 280\text{mm}$，$b = 124\text{mm}$，$t = 13.7\text{mm}$，$t_w = 10.5\text{mm}$，$W_x = 534.4\text{cm}^3$，$I_x = 7481\text{cm}^4$，自重为47.86kg/m = 0.4786kN/m。

3. 内力计算

包含自重在内的次梁均布荷载基本组合值

$$q_{BS} = (14.52 + 1.3 \times 0.4786) \text{kN/m} = 15.14 \text{kN/m}$$

均布荷载标准组合值

$$q_{BSk} = (9.78 + 0.4786) \text{kN/m} = 10.26 \text{kN/m}$$

最大弯矩基本组合值

$$M_{\max} = \frac{1}{8}q_{BS}l^2 = \frac{1}{8} \times 15.14 \times 6.0^2 \text{kN·m} = 68.13 \text{kN·m}$$

最大剪力基本组合值

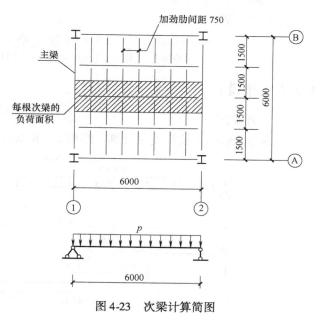

图4-23　次梁计算简图

$$V_{max} = \frac{1}{2}q_{BS}l = \frac{1}{2} \times 15.14 \times 6.0 kN = 45.42 kN$$

4. 截面设计

轧制型钢梁不需要验算局部稳定;正截面强度不起控制作用;连接处净截面抗剪强度见连接节点计算。截面计算内容包括承载力极限状态的整体稳定性计算和使用阶段极限状态的挠度验算。

(1)整体稳定性计算

$$\sigma = \frac{M_{max}}{\varphi_b W_x}$$

$$= \frac{68.13 \times 10^6}{0.6 \times 534.4 \times 10^3} = 212.48 N/mm^2 \leqslant f = 215 N/mm^2 \quad (满足要求)$$

注:由《钢结构设计标准》(GB 50017—2017)附录 C 表 C.0.2 可得,均布荷载作用下轧制工字钢简支梁,自由长度 $l_1 = 6m$,上翼缘的整体稳定系数 $\varphi_b = 0.6$。

(2)挠度验算

$$\frac{f}{l} = \frac{5q_{BSk}l^3}{384EI_x} = \frac{5 \times 10.26 \times 6000^3}{384 \times 2.06 \times 10^5 \times 7481 \times 10^4} = \frac{1}{534.06} < \frac{1}{250} \quad (满足要求)$$

4.2.5 主梁设计

1. 计算简图

主梁与柱铰接,按简支梁计算,跨度 $l_0 = 6.0m$,计算简图如图 4-24a 所示。

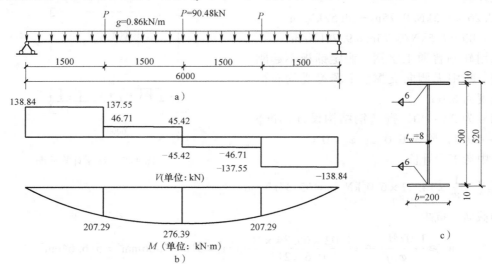

图 4-24   主梁计算简图
a)计算简图   b)内力图   c)截面尺寸

2. 初选主梁截面尺寸

(1)梁腹板高度 h_w 主梁承受次梁传来的集中荷载,主梁的负荷宽度为 6.0m。

次梁传来集中荷载设计组合值:$P = 15.14 kN/m \times 6.0m = 90.84 kN$

次梁传来集中荷载标准组合值:$P_k = 10.26 kN/m \times 6.0m = 61.56 kN$

主梁的弯矩设计值近似按次梁端部反力计算

$$M_x \approx 1.1 \times \left(\frac{3P}{2} \times \frac{l}{2} - P \times \frac{l}{4}\right) = 1.1 \times \frac{1}{2}Pl = 1.1 \times \frac{1}{2} \times 90.84 \times 6.0 kN \cdot m$$

$$= 272.52 kN \cdot m$$

注:系数 1.1 为考虑主梁自重后的附加系数。

则所需的截面抵抗矩为

$$W_{nx} \geqslant M_x/f = 272.52 \times 10^6/215 \, \text{mm}^3 = 1267534.88 \, \text{mm}^3 = 1267.54 \, \text{cm}^3$$

按下式确定梁的经济高度:

$$h_e = 7 \sqrt[3]{W_{nx}} - 30 \, \text{cm} = \left(7 \times \sqrt[3]{1267.54} - 30 \right) \text{cm} = 45.76 \, \text{cm}$$

或

$$h_e = 3 W_{nx}^{\frac{2}{5}} = 3 \times 1267.54^{\frac{2}{5}} \, \text{cm} = 52.43 \, \text{cm}$$

主梁的最小高度按刚度条件确定,由表 4-2 可见,梁的允许挠度为 $l_0/400$,其最小高度 h_{min} 必须满足:

$$h_{min} \geqslant l_0/15 = 6000 \, \text{mm}/15 = 400 \, \text{mm}$$

取梁的腹板高度 $h_w = 500 \, \text{mm}$,满足最小高度要求,且接近经济高度。

（2）梁腹板厚度 t_w　梁腹板厚度可按式（4-13）估算:

$$t_w = \frac{\sqrt{h_w}}{11} = \frac{\sqrt{50}}{11} = 0.6428 \, \text{cm} = 6.428 \, \text{mm}$$

取 $t_w = 8 \, \text{mm}$,大于 6mm 的最小要求。

（3）梁翼缘尺寸 $b \times t$　取上、下翼缘相同,截面模量按式（4-15）计算:

$$W_x = \frac{t_w h_w^2}{6} + b t h_w$$

可得到所需的上（下）翼缘面积:

$$b t = \frac{W_x}{h_w} - \frac{t_w h_w}{6} = \left(\frac{1267.54}{50} - \frac{0.8 \times 50}{6} \right) \text{cm}^2 = 18.68 \, \text{cm}^2$$

翼缘宽度 $b = (1/2.5 \sim 1/3)h = 200 \sim 166.7 \, \text{mm}$,取 $b = 200 \, \text{mm}$,翼缘厚度取 $t = 10 \, \text{mm}$,满足 $\geqslant 8 \, \text{mm}$ 的要求。单个翼缘面积 $A_1 = 20 \times 1.0 \, \text{cm}^2 = 20 \, \text{cm}^2 > 18.68 \, \text{cm}^2$,满足要求。

主梁截面尺寸如图 4-24c 所示。

（4）几何特征

主梁截面面积:

$$A = (2 \times 200 \times 10 + 500 \times 8) \, \text{mm}^2 = 8000 \, \text{mm}^2$$

主梁截面惯性矩:

$$I_{nx} = (200 \times 529^3/12 - 192 \times 500^3/12) \, \text{mm}^4 = 467.27 \times 10^6 \, \text{mm}^4$$

$$I_y = (2 \times 10 \times 200^3/12 + 500 \times 8^3/12) \, \text{mm}^4 = 13.36 \times 10^6 \, \text{mm}^4$$

抗弯截面模量:

$$W_{nx} = I_{nx}/(h/2) = 467.27 \times 10^6/(520/2) \, \text{mm}^3 = 1.80 \times 10^6 \, \text{mm}^3$$

中和轴以上部分的面积矩:

$$S = (200 \times 10 \times 260 + 250 \times 8 \times 125) \, \text{mm}^3 = 770 \times 10^3 \, \text{mm}^3$$

翼缘对截面中和轴的面积矩:

$$S_1 = 200 \times 10 \times 260 \, \text{mm}^3 = 520 \times 10^3 \, \text{mm}^3$$

3. 内力计算

取加劲肋的构造系数为 1.05,主梁自重标准值

$$g_k = 1.05 \times 8000 \times 10^{-6} \times 78.5 \, \text{kN/m} = 0.66 \, \text{kN/m}$$

主梁自重设计值

$$g = 1.3 g_k = 1.3 \times 0.66 \, \text{kN/m} = 0.86 \, \text{kN/m}$$

截面最大弯矩的基本组合值

$$M_{max} = (90.84 \times 6/2 + 0.86 \times 6^2/8) \, \text{kN} \cdot \text{m} = 276.39 \, \text{kN} \cdot \text{m}$$

截面最大剪力的基本组合值

$$V_{max} = 1.5P + 3g = (1.5 \times 90.84 + 3 \times 0.86)\,kN = 138.84\,kN$$

主梁内力图如图 4-24b 所示。

4. 截面设计

（1）强度计算

抗弯强度：

$$\sigma = \frac{M_{max}}{\gamma_x W_{nx}}$$

$$= \frac{276.39 \times 10^6}{1.05 \times 1.8 \times 10^6}\,N/mm^2 = 146.24\,N/mm^2 < f = 215\,N/mm^2\ （满足要求）$$

抗剪强度：

$$\tau = \frac{V_{max} S}{I_{nx} t_w}$$

$$= \frac{138.84 \times 10^3 \times 770 \times 10^3}{467.27 \times 10^6 \times 8}\,N/mm^2 = 28.60\,N/mm^2 < f_v = 125\,N/mm^2\ （满足要求）$$

（2）整体稳定计算　次梁可以作为主梁的侧向支撑。主梁受压翼缘的自由长度 $l_1 = 1.5\,m$，受压翼缘宽度 $b_1 = 200\,mm$。$l_1/b_1 = 1500/200 = 7.5 < 16$，因此可不计算主梁的整体稳定性。

（3）翼缘局部稳定计算　梁受压翼缘自由外伸宽度 $b_1 = (200 - 8)\,mm/2 = 96\,mm$，厚度 $t = 10\,mm$。

$$\frac{b_1}{t} = \frac{96}{10} = 9.6 \leqslant 13\sqrt{\frac{235}{f_{yk}}} = 13$$

故受压翼缘局部稳定满足要求。

（4）腹板局部稳定验算和腹板加劲肋设计　$h_0 = h_w = 500\,mm$，$t_w = 8\,mm$，所以 $h_0/t_w = 500/8 = 62.5 < 80\sqrt{235/f_{yk}} = 80$，且无局部压应力（$\sigma_c = 0$），仅需按构造配置横向加劲肋。

根据连接需要，在次梁位置设置横向加劲肋，间距 $a = 1.5\,m$，腹板两侧成对布置。其外伸宽度 b_s 要求满足：

$$b_s \geqslant \frac{h_0}{30} + 40 = \left(\frac{500}{30} + 40\right)mm = 56.67\,mm，取 b_s = (200 - 8)\,mm/2 = 96\,mm$$

加劲肋的厚度 t_s 应满足：

$$t_s \geqslant \frac{b_s}{15} = \frac{96}{15}\,mm = 6.4\,mm，取 t_s = 8\,mm$$

因梁受压翼缘上有密布铺板约束其扭转，腹板受弯计算时的正则化宽厚比 $\lambda_{n,b}$：

$$\lambda_{n,b} = \frac{2h_c/t_w}{177}\sqrt{\frac{f_{yk}}{235}} = \frac{500/8}{177} \times 1 = 0.353 < 0.85$$

因此，临界应力 $\sigma_{cr} = f = 215\,N/mm^2$。

$a/h_0 = 1500/500 = 3.0 > 1$，腹板受剪计算的正则化宽厚比 $\lambda_{n,s}$：

$$\lambda_{n,s} = \frac{h_0/t_w}{37\eta\sqrt{5.34 + 4(h_0/a)^2}}\sqrt{\frac{f_{yk}}{235}}$$

$$= \frac{500/8}{37 \times 1.11 \times \sqrt{5.34 + 4 \times (500/1500)^2}} \times 1 = 0.634 < 0.80$$

因此，临界应力 $\tau_{cr} = f_v = 125\,N/mm^2$。

注：简支梁取 $\eta = 1.11$。

根据主梁的剪力和弯矩分布（图 4-24b），需对各区段分别进行局部稳定性验算。

区段 I：平均弯矩 $M_1 = 207.29\,kN \cdot m/2 = 103.65\,kN \cdot m$，平均剪力 $V_1 = (138.84 + 137.55)\,kN/2 =$

138.20kN，则弯曲应力和平均剪应力分别为

$$\sigma = \frac{M_1 h}{I_x} = \frac{103.65 \times 10^6 \times 250}{467.27 \times 10^6} \text{N/mm}^2 = 55.46 \text{N/mm}^2$$

$$\tau = \frac{V_1}{h_w t_w} = \frac{138.20 \times 10^3}{500 \times 8} \text{N/mm}^2 = 34.55 \text{N/mm}^2$$

因局部压应力为0，区段 I 的局部稳定：

$$\left(\frac{\sigma}{\sigma_{cr}}\right)^2 + \left(\frac{\tau}{\tau_{cr}}\right)^2 = \left(\frac{55.46}{215}\right)^2 + \left(\frac{34.55}{125}\right)^2 = 0.143 < 1.0 \text{（满足要求）}$$

区段 II：平均弯矩 $M_2 = （207.29 + 276.39）$ kN·m/2 = 241.84kN·m，平均剪力 $V_2 = （46.71 + 45.42）$ kN/2 = 46.07kN，则弯曲应力和平均剪应力分别为

$$\sigma = \frac{M_2 h}{I_x} = \frac{241.84 \times 10^6 \times 250}{467.27 \times 10^6} \text{N/mm}^2 = 129.39 \text{N/mm}^2$$

$$\tau = \frac{V_2}{h_w t_w} = \frac{46.07 \times 10^3}{500 \times 8} \text{N/mm}^2 = 11.52 \text{N/mm}^2$$

因局部压应力为0，区段 II 的局部稳定：

$$\left(\frac{\sigma}{\sigma_{cr}}\right)^2 + \left(\frac{\tau}{\tau_{cr}}\right)^2 = \left(\frac{129.39}{215}\right)^2 + \left(\frac{11.52}{125}\right)^2 = 0.371 < 1.0 \text{（满足要求）}$$

5. 挠度验算

简支梁在对称集中荷载（次梁传来）和均布荷载（主梁自重）作用下的跨中挠度系数分别为19/384 和 5/384，则

$$f = \frac{19 P_k l^3}{384 E I_x} + \frac{5 g_k l^4}{384 E I_x} = \frac{19 \times 61.56 \times 10^3 \times 6000^3 + 5 \times 0.66 \times 6000^4}{384 \times 2.06 \times 10^5 \times 467.27 \times 10^6} \text{mm}$$

$$= 6.94 \text{mm} < l_0/400 = 6000\text{mm}/400 = 15\text{mm} \text{（满足要求）}$$

6. 翼缘与腹板的连接强度

采用连续直角焊缝，所需焊缝的焊脚尺寸为

$$h_f \geq \frac{V_{max} S_1}{I_x \times 2 \times 0.7 f_f^w} = \frac{138.84 \times 10^3 \times 520 \times 10^3}{467.27 \times 10^6 \times 2 \times 0.7 \times 160} \text{mm} = 0.69 \text{mm}$$

按构造要求 $h_{fmin} \geq 1.5 \sqrt{t_{max}} = 1.5 \times \sqrt{10}\text{mm} = 4.74\text{mm}$

$$h_{fmax} \leq 1.2 t_{min} = 1.2 \times 8\text{mm} = 9.6\text{mm}$$

取 $h_f = 6\text{mm}$，如图 4-24c 所示。

4.2.6 次梁与主梁的连接节点

次梁与主梁平接，如图 4-25 所示，连接螺栓采用 8.8 级 M16 摩擦型高强度螺栓。计算连接螺栓和连接焊缝时，除了次梁端部垂直剪力外，还应考虑由于偏心所产生的附加弯矩的影响。

1. 支承加劲肋的稳定计算

一侧加劲肋宽 $b_s = 96\text{mm}$，厚度 $t = 8\text{mm}$，按轴心受压杆件验算腹板平面外稳定。验算时考虑与加劲肋相邻的 $15 t_w = 15 \times 8\text{mm} = 120\text{mm}$ 范围内的腹板参与工作。

加劲肋总的有效截面特性：

$$A = （200 \times 8 + 2 \times 120 \times 8）\text{mm}^2 = 3520\text{mm}^2$$

$$I = （8 \times 200^3/12 + 2 \times 120 \times 8^3/12）\text{mm}^4 = 5.34 \times 10^6 \text{mm}^4$$

$$i = \sqrt{I/A} = \sqrt{5.34 \times 10^6/3520}\text{mm} = 38.95\text{mm}$$

$$\lambda = l_0/i = 500/38.95 = 12.84$$

根据 $\lambda = 12.84$，b 类截面，查《钢结构设计标准》（GB 50017—2017）附录 D 表 D.0.2，可得受

压稳定系数 $\varphi = 0.987 + \dfrac{13 - 12.84}{13 - 12} \times (0.989 - 0.987) = 0.987$

加劲肋承受两侧次梁的梁端剪力，$N = 2V = 2 \times 45.42\text{kN} = 90.84\text{kN}$

$$\sigma = \frac{N}{\varphi A} = \frac{90.84 \times 10^3}{0.987 \times 3520}\text{N/mm}^2 = 26.15\text{N/mm}^2 < f = 215\text{N/mm}^2 \quad （满足要求）$$

2. 连接螺栓计算

在次梁端部剪力作用下，连接一侧的每个高强度螺栓承受的剪力：

$$N_v = V/n = 45.42\text{kN}/2 = 22.71\text{kN} \quad （↓）$$

剪力 $V = 45.42\text{kN}$，偏心距 $e = (40 + 10 + 40)\text{mm} = 90\text{mm}$，偏心力矩 $M_e = Ve = 45.42 \times 90\text{kN·mm} = 4087.8\text{kN·mm}$ 作用，单个高强度螺栓的最大拉力：

$$N_t = N_1^M = \frac{My_1}{m\sum y_i^2} = \frac{4087.8 \times 50}{2 \times 50^2}\text{kN} = 40.88\text{kN} \quad （→）$$

单个 8.8 级 M16 摩擦型高强度螺栓的抗剪承载力为

$$N_v^b = \alpha_R n_f \mu P = 0.9 \times 2 \times 0.45 \times 80\text{kN} = 64.8\text{kN}$$

在垂直剪力和偏心弯矩共同作用下，一个高强度螺栓受力为

$$\begin{aligned} N_s &= \sqrt{(N_v)^2 + (N_t)^2} \\ &= \sqrt{(22.71)^2 + (40.88)^2}\text{kN} = 46.77\text{kN} < N_v^b = 64.8\text{kN} \quad （满足要求）\end{aligned}$$

3. 加劲肋与主梁的角焊缝

剪力 $V = 45.42\text{kN}$，偏心距 $e = (96 + 40 + 10)\text{mm} = 146\text{mm}$，偏心力矩 $M_e = Ve = 45.42 \times 146\text{kN·mm} = 6631.32\text{kN·mm}$，采用 $h_f = 6\text{mm}$，焊缝计算长度仅考虑与主梁腹板连接部分有效，即 $l_w = (500 - 20 \times 2)\text{mm} = 460\text{mm}$，则

$$\tau_v = \frac{V}{2 \times 0.7 \times h_f \times l_w} = \frac{45.42 \times 10^3}{2 \times 0.7 \times 6 \times 460}\text{N/mm}^2 = 11.76\text{N/mm}^2$$

$$\sigma_M = \frac{M_e}{W_w} = \frac{6631.32 \times 10^3}{2 \times 0.7 \times 6 \times 460^2/6}\text{N/mm}^2 = 26.86\text{N/mm}^2$$

$$\begin{aligned}\sqrt{\tau_v^2 + (\sigma_M/\beta_1)^2} &= \sqrt{11.76^2 + (26.86/1.22)^2}\text{N/mm}^2 \\ &= 24.96\text{N/mm}^2 < f_f^w = 160\text{N/mm}^2 \quad （满足要求）\end{aligned}$$

4. 连接板的厚度

连接板的厚度按等强度设计。对于双板连接板，其连接板厚不宜小于梁腹板厚度的 0.7 倍，且不应小于 $S/12$（S 为螺栓间距），也不宜小于 6mm：

$$t = t_w h_w / 2h_s = 8.5 \times (280 - 2 \times 13.7)/2 \times 180\text{mm} = 5.96\text{mm}$$

$$0.7t_w = 0.7 \times 8.5\text{mm} = 5.95\text{mm}$$

$$S/12 = 100\text{mm}/12 = 8.33\text{mm}$$

综上，取连接板的厚度 $t = 7\text{mm}$。

5. 次梁腹板的净截面验算

不考虑孔前传力，近似按下式进行验算：

$$\begin{aligned}\tau = \frac{V}{t_w h_{wn}} &= \frac{45.42 \times 10^3}{10.5 \times (280 - 2 \times 13.7 - 2 \times 10.5)}\text{N/mm}^2 \\ &= 18.68\text{N/mm}^2 < f_v = 125\text{N/mm}^2 \quad （满足要求）\end{aligned}$$

次梁与主梁跨内的连接节点大样图如图 4-25 所示。

4.2.7 钢柱设计

平台结构中，中柱、边柱和角柱的受力显然不同，从节约钢材出发，可以设计成不同的柱子截面。

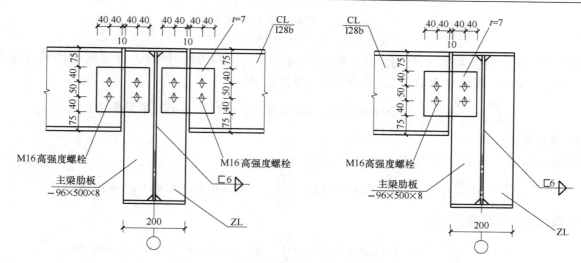

图 4-25　次梁与主梁跨内的连接节点大样图

但从方便钢材订货、构件加工和现场安装的便利角度考虑，实际工程设计时，采用相同的截面。

以最不利的中柱为依据，选择柱子截面并计算。

1. 截面尺寸初选

一根主梁传递的竖向反力设计值　　　　$N_1 = 138.84\text{kN}$

一根次梁传递的竖向反力设计值　　　　$N_2 = 45.42\text{kN}$

所以，中柱的轴力设计值 N：

$$N = 2(N_1 + N_2) = 2 \times (138.84 + 45.42)\text{kN} = 368.52\text{kN}$$

柱子的计算简图如图 4-26b 所示，因有柱间支撑，将其视为两端不动的铰支承，柱子高度为钢平台楼面标高（标高为 4.000m）减去主梁高度的一半，即 $H = (4000 - 520/2)\text{mm} = 3740\text{mm}$。

因柱子高度不大，初步假定弱轴方向（y 轴）的计算长度为 $\lambda_y = 70$，b 类截面，由《钢结构设计标准》（GB 50017—2017）附录 D 表 D.0.2，可查得轴心受压构件的稳定系数 $\varphi = 0.751$，则所需的面积 A：

$$A \geqslant \frac{N}{\varphi f} = \frac{368.52 \times 10^3}{0.751 \times 215}\text{mm}^2$$

$$= 2282.35\text{mm}^2 = 22.82\text{cm}^2$$

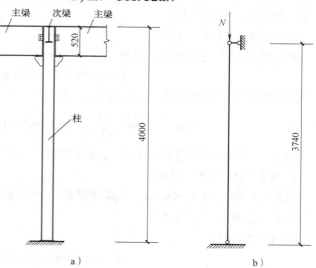

图 4-26　平台柱计算简图
a）平台柱梁建筑高度　b）计算简图

柱的计算长度 $l_{0x} = l_{0y} = 3740\text{mm}$，截面的回转半径 $i_y = 3740\text{mm}/70 = 53.43\text{mm}$，经查相关表格，选择柱子截面 HW200 × 200，其基本几何系数：

翼缘厚 $t = 12\text{mm}$，腹板厚 $t_w = 8\text{mm}$，回转半径 $i_x = 8.61\text{cm}$，$i_y = 4.99\text{cm}$，面积 $A = 64.28\text{cm}^2$，理论重量 50.5kg/m。

2. 整体稳定计算

考虑一半柱子重量集中到中柱顶，则柱顶轴力设计值：

$$N = (368.52 + 1.3 \times 0.505 \times 4.0/2)\text{kN} = 369.83\text{kN}$$

$$\lambda_x = l_{0x}/i_x = 3740/86.1 = 43.44$$

$$\lambda_y = l_{0y}/i_y = 3740/49.9 = 74.95$$

绕两主轴截面分类均属于 b 类，故按较大长细比（$\lambda_y = 74.95$）计算，由《钢结构设计标准》（GB 50017—2017）附录 D 表 D.0.2，可查得 $\varphi_y = 0.72$，则

$$\frac{N}{\varphi_y A} = \frac{369.83 \times 10^3}{0.72 \times 6428} \text{N/mm}^2 = 79.91 \text{N/mm}^2 < f = 215 \text{N/mm}^2 \text{（满足要求）}$$

3. 局部稳定计算

翼缘外伸宽度与其厚度的比值：

$$\frac{b_1}{t} = \frac{(200-8)/2}{12} = 8 < (10+0.1\lambda)\sqrt{\frac{235}{f_{yk}}} = (10+0.1 \times 74.95) \times 1 = 17.5$$

腹板高度与其厚度的比值：

$$\frac{h_w}{t_w} = \frac{200-2 \times 12}{8} = 22 < (25+0.5\lambda)\sqrt{\frac{235}{f_{yk}}} = (25+0.5 \times 74.95) \times 1 = 62.48$$

满足稳定性要求。

4. 刚度计算

$$\lambda_{max} = 74.95 < [\lambda] = 150\text{（满足要求）}$$

4.2.8 主梁与柱的连接节点

1. 主梁与柱侧的连接设计

主梁搁置在小牛腿上，小牛腿为 T 形截面，尺寸如图 4-27d 所示。小牛腿与柱翼用角焊缝连接，主梁支座反力通过支撑面接触传递。小牛腿 2M12 普通螺栓起安装定位作用，与连接角钢连接的 2M12 普通螺栓起防止侧倾作用。

主梁梁端局部承压计算：

腹板翼缘交界处局部承压长度

$$l_z = (135-10+2.5 \times 10)\text{mm} = 150\text{mm}$$

梁端集中反力设计值 $V_1 = 138.84\text{kN}$，则

$$\sigma_c = \frac{V_1}{l_z t_w} = \frac{138.84 \times 10^3}{150 \times 8}\text{N/mm}^2 = 115.70\text{N/mm}^2 < f = 215\text{N/mm}^2$$

因此，主梁端部的连接可不设支承加劲肋。

2. 牛腿与柱的连接设计

角焊缝柱脚高度 $h_f = 8\text{mm}$，扣除焊缝起始处各 10mm 厚的焊缝截面，如图 4-27e 所示。

焊缝截面几何特性计算：

抗剪计算面积

$$A_{wf} = 2 \times 160 \times 8 \times 0.7\text{mm}^2 = 1792\text{mm}^2$$

截面形心位置

$$y_c = \frac{(180-12) \times 12 + 2 \times 160 \times (80+12)}{2 \times 180-12+2 \times 160}\text{mm} = 47.0\text{mm}$$

焊缝群惯性矩

$$I_{wx} = [180 \times 47^2 + 168 \times 35^2 + 2 \times 160^3/12 + 2 \times 160 \times (125-80^2)] \times 8 \times 0.7\text{mm}^4 = 10830885\text{mm}^4$$

最下端截面模量 $\quad W_{wx} = I_{wx}/125 = 10830885/125\text{mm}^3 = 86647.1\text{mm}^3$

焊缝内力设计值：

剪力 $\qquad\qquad\qquad\qquad V = 138.84\text{kN}$

弯矩 $\qquad\qquad\qquad M = 138.84 \times (0.125/2+0.01)\text{kN} \cdot \text{m} = 10.07\text{kN} \cdot \text{m}$

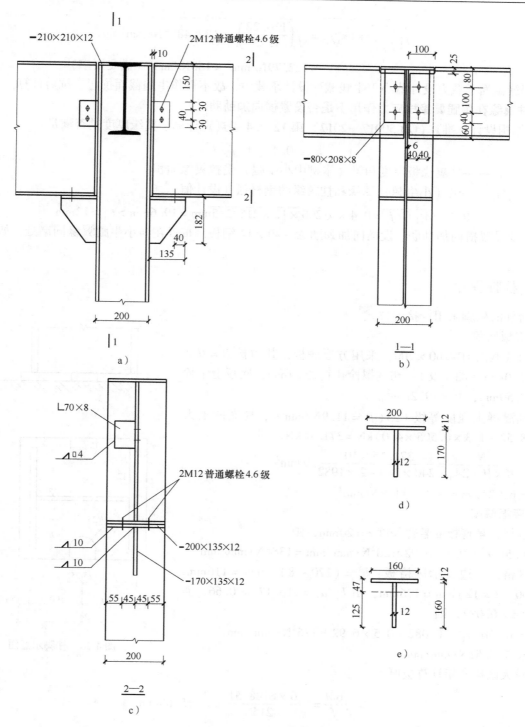

图 4-27　平台梁与柱的连接构造
a)平台梁与柱的连接　b)1—1 剖面图　c)2—2 剖面图　d)小牛腿截面图　e)小牛腿焊缝截面图

焊缝截面强度计算：

$$\tau_f = \frac{138.84 \times 10^3}{1792} N/mm^2 = 77.48 N/mm^2$$

$$\sigma_f = \frac{10.07 \times 10^6}{86647.1} N/mm^2 = 116.22 N/mm^2$$

$$\sqrt{\left(\frac{\sigma_f}{\beta_f}\right)^2 + (\tau_f)^2} = \sqrt{\left(\frac{116.22}{1.22}\right)^2 + (77.48)^2}\,\text{N/mm}^2$$

$$= 122.79\,\text{N/mm}^2 < 160\,\text{N/mm}^2 \text{（满足要求）}$$

因焊缝截面承载力设计值小于牛腿截面设计承载力，故不再作牛腿截面抗弯、抗剪计算。

3. 柱翼缘在牛腿翼缘拉应力作用下是否设置横向加劲肋

《钢结构设计标准》（GB 50017—2017）第 12.3.4 条规定计算柱翼缘厚度是否满足：

$$t_{cf} \geq 0.4\sqrt{A_{cf}f_b/f_c}$$

式中　t_{cf}、A_{cf}——柱翼缘板厚度和梁（本例中小牛腿）受拉翼缘面积；

　　　f_b、f_c——梁（小牛腿）翼缘和柱翼缘的钢材强度设计值。

$$0.4\sqrt{A_{cf}f_b/f_c} = 0.4 \times \sqrt{200 \times 12 \times 215/215}\,\text{mm} = 19.6\,\text{mm} > t_{cf} = 12\,\text{mm}$$

故需要设置横向加劲肋。设横向加劲肋为 -80×12 钢板，布置在与小牛腿翼缘同高处，如图 4-27a 所示。

4.2.9　柱脚设计

平台柱的柱脚采用铰接的方式。

1. 底板面积

平台柱截面 HW200×200，采用方形底板，其边长 $B = H = b + 40 = 240\,\text{mm}$（图 4-28）。初选螺栓孔直径 24mm，底板上锚栓孔洞直径 50mm，$A_0 = 1982\,\text{mm}^2$。

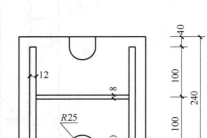

基础混凝土强度等级 C25（$f_c = 11.9\,\text{N/mm}^2$），柱底的轴力 $N = (368.52 + 1.3 \times 0.505 \times 4.0)\,\text{kN} = 371.15\,\text{kN}$，则

$$\sigma_c = \frac{N}{B \times H - 2A_0} = \frac{371.15 \times 10^3}{240 \times 240 - 2 \times 1982}\,\text{N/mm}^2$$

$$= 6.92\,\text{N/mm}^2 < f_c = 11.9\,\text{N/mm}^2$$

2. 底板厚度

A 区格，悬臂板的悬臂长度 $c = 20\,\text{mm}$，则

$$M = 0.5\sigma_c c^2 = 0.5 \times 6.92 \times 20^2\,\text{N·mm/mm} = 1384\,\text{N·mm/mm}$$

B 区格，三边支承区格板，$b_1 = (120 - 8)/2\,\text{mm} = 116\,\text{mm}$，$a_1 = (200 - 2 \times 12)\,\text{mm} = 176\,\text{mm}$，由 $b_1/a_1 = 116/176 = 0.66$，查表 4-4，$\alpha = 0.082$，则

$$M = \alpha 0.5\sigma_c a_1^2 = 0.082 \times 0.5 \times 6.92 \times 176^2\,\text{N·mm/mm}$$

$$= 8788.51\,\text{N·mm/mm}$$

取较大区格弯矩计算板厚 t

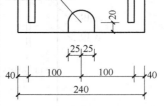

图 4-28　柱脚示意图

$$t \geq \sqrt{\frac{6M}{f}} = \sqrt{\frac{6 \times 8788.51}{215}}\,\text{mm} = 15.66\,\text{mm}$$

取底板厚度 $t = 16\,\text{mm}$。

3. 锚栓直径

平台柱在所有工作条件下都始终受压，则按《门式刚架轻型房屋钢结构技术规范》（GB 51022—2015）规定，选用的锚栓直径不应小于 24mm。本设计取锚栓直径 24mm。

4.2.10　楼梯设计

1. 楼梯布置

采用折梁楼梯，折梁一端支撑于Ⓑ轴主梁，另一端支撑在地面基础。每个踏步高度取 210mm，共

$4000/210 = 19$ 步，踏步宽度取 175mm，则斜梁的水平投影长度 19×175mm $= 3325$mm，斜梁的倾角 $\alpha = $ arctan（$4000/3325$）$= 50.3°$。平台宽度取 2675mm，梯段宽度取 800mm。

踏步板采用 6mm 厚花纹钢板，折梁采用匚16a，$W_x = 108.3 \times 10^3$mm^3，$I_x = 8.662 \times 10^6$mm^4，$g = 17.23$kg/m。

2. 踏步板计算

（1）构造　踏步板下设 30mm $\times$ 6mm 加劲肋，加劲肋与踏步板采用 $h_f = 6$mm 双面角焊缝连接（图 4-29）。

踏步板两端与斜梁焊接，按简支构件，跨中作用 1kN 集中荷载设计。

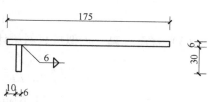

图 4-29　踏步板截面

（2）挠度计算　简化计算仅考虑加劲肋的惯性矩，并假定截面形心位于加劲肋顶部。

截面的惯性矩：

$$I = [6 \times 30^3/12 + 6 \times 30 \times (30/2)^2]\text{mm}^4 = 54000\text{mm}^4$$

挠度：

$$f = \frac{Fl^3}{48EI} = \frac{1000 \times 800^3}{48 \times 2.06 \times 10^5 \times 54000}\text{mm}$$
$$= 0.96\text{mm} < l/250 = 800\text{mm}/250 = 3.2\text{mm}（满足要求）$$

（3）连接计算　踏步板与梯段梁匚16a 采用单面角焊缝连接。承受的剪力 $V = F/2 = 500$N 所需焊缝高度：

$$h_f = \frac{V}{0.7 \times f_f^w \times \sum l_w} = \frac{500}{0.7 \times 160 \times 170}\text{mm} = 0.026\text{mm}$$

按构造要求，$h_f = 6$mm $\geqslant 1.5\sqrt{t_{max}} = 1.5\sqrt{6}$mm $= 3.67$mm，取 $h_f = 6$mm。

3. 梯段梁设计

因两根梯段梁之间有踏步板连接，故梯段板的整体稳定性不必计算。梯段梁的计算内容包括承载能力极限状态的强度计算、连接计算和正常使用极限状态的挠度计算。

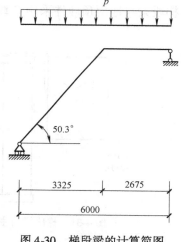

图 4-30　梯段梁的计算简图

（1）计算简图　梯段梁为折梁，水平段长度 1275mm，斜段的水平投影长度 3325mm，计算简图如图 4-30 所示，近似取水平段部分的荷载与斜段相同。

倾斜部分沿梁轴线的永久荷载标准值：

梯段梁自重　　　　　　$2 \times 172.3 \times 10^{-3}$kN/m $= 0.345$kN/m

踏步板自重　　　$78.5 \times (0.175 + 0.03) \times 0.006 \times 0.8$kN/$(0.21/\sin 50.3°)$m $= 0.283$kN/m

小计　　　　　　　　　$g_k' = 0.628$kN/m

折算成沿水平分布：

$$g_k = g_k'/\cos 50.3° = 0.628\text{kN/m}/\cos 50.3° = 0.983\text{kN/m}$$

可变荷载标准值：

$$q_k = 0.8 \times 3.5 = 2.8\text{kN/m}$$

荷载的基本组合值：

$$p = \gamma_G g_k + \gamma_Q q_k = (1.3 \times 0.983 + 1.5 \times 2.8)\text{kN/m} = 5.48\text{kN/m}$$

沿斜向垂直于梁轴线方向的荷载标准组合值：

$$p_k = (g_k + q_k)\cos^2 50.3° = (0.983 + 2.8)\cos^2 50.3°\text{kN/m} = 1.54\text{kN/m}$$

（2）强度计算　跨中弯矩设计值：

$$M_{max} = pl^2/8 = 5.48 \times 6.0^2/8 \text{kN} \cdot \text{m} = 24.66 \text{kN} \cdot \text{m}$$

$$\sigma = \frac{M_{max}}{\gamma_x W_x} = \frac{24.66 \times 10^6}{1.05 \times 2 \times 108.3 \times 10^3} \text{N/mm}^2$$

$$= 108.43 \text{N/mm}^2 < f = 215 \text{N/mm}^2 \text{（满足要求）}$$

（3）挠度计算　近似按直斜梁计算，梯段梁总长度 $l = (3325/\cos 50.3° + 2675) \text{mm} = 7880.3 \text{mm}$

$$f = \frac{5 p_k l^4}{384 EI} = \frac{5 \times 1.54 \times 7880.3^4}{384 \times 2.06 \times 10^5 \times 2 \times 8.66 \times 10^6} \text{mm}$$

$$= 21.67 \text{mm} < l/250 = 6480 \text{mm}/150 = 25.92 \text{mm} \text{（满足要求）}$$

（4）梯段梁连接计算　梯段梁与平台主梁通过连接角钢连接，连接角钢选用∟80×6，如图 4-31 所示。

梯段梁的梁端剪力：

$$V_{max} = (0.5p)l/2 = 0.5 \times 5.48 \times 6.0 \text{kN}/2 = 8.22 \text{kN}$$

所需焊缝高度：

$$h_f = \frac{V_{max}}{0.7 \times f_f^w \times \sum l_w} = \frac{8220}{0.7 \times 160 \times 80} \text{mm} = 0.92 \text{mm}$$

按构造要求，$h_f = 6\text{mm} \geqslant 1.5 \sqrt{t_{max}} = 1.5\sqrt{8} \text{mm} = 4.24 \text{mm}$，取 $h_f = 6\text{mm}$。

梯段梁与地面预埋件采用 C 级 M16 普通螺栓连接，如图 4-32 所示。

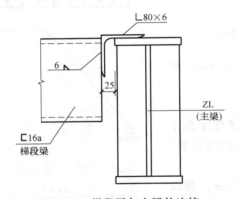

图 4-31　梯段梁与主梁的连接

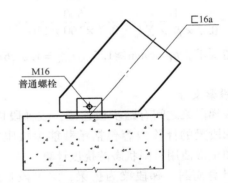

图 4-32　梯段梁与地面的连接

单个螺栓的受剪承载力：

$$N_v^b = f_v^b \pi d^2/4 = 140 \times \pi \times 16^2 \text{kN}/4 = 28.15 \text{kN} > V_{max} = 8.22 \text{kN} \text{（满足要求）}$$

思 考 题

[4-1] 钢结构平台梁格布置时应注意哪些问题？

[4-2] 为什么钢铺板需要设置加劲肋？为什么铺板与加劲肋之间可采用间断焊缝的方式？

[4-3] 为什么铺板区格一般视为周边简支而非周边固支？

[4-4] 如何确定钢铺板的计算简图？

[4-5] 如何选择平台梁的截面尺寸？

[4-6] 型钢梁的截面高度应满足什么条件？

[4-7] 什么情况下腹板可不配置加劲肋？

[4-8] 焊接截面梁腹板配置加劲肋应满足哪些构造要求？

[4-9] 平台结构中，中柱、边柱和角柱受力是不同的，为什么实际工程设计时各平台柱可采用相同的截面？

［4-10］结合你的设计，说明次梁与主梁的连接构造方式。

［4-11］结合你的设计，说明主梁与柱的连接构造方式。

［4-12］试说明铰接柱脚的设计方法。

［4-13］结合你的设计，绘制出钢梯梯段梁的计算简图，并作必要说明。

第5章 轻型门式刚架结构设计

【知识与技能点】

● 掌握门式刚架的结构布置和构件截面尺寸估算方法。
● 掌握门式刚架内力分析方法和内力组合。
● 掌握门式刚架各构件的强度、稳定性计算，梁柱节点和柱脚设计方法和构造。
● 掌握门式刚架施工图的绘制方法。

5.1 设计解析

"钢结构课程设计"（1周）内容可选择钢屋架设计、平台钢结构设计、门式刚架结构设计等。本章针对门式刚架结构设计进行了详细的分析说明，并给出了一个完整的设计实例。

5.1.1 结构布置

在门式刚架轻型房屋钢结构体系中，屋盖宜采用压型钢板屋面板和冷弯薄壁型钢檩条，主刚架可采用变截面实腹刚架，外墙宜采用压型钢板墙面板和冷弯薄壁型钢墙梁。主刚架斜梁下翼缘和刚架柱内翼缘出平面的稳定性，由与檩条或墙梁相连接的隅撑来保证。主刚架间的交叉支撑可采用张紧的圆钢、钢索或型钢等。这种轻型刚架结构主要适用于轻型厂房、仓库、建材等交易市场、大型超市等要求大空间的建筑。

1. 门式刚架的基本尺寸

门式刚架的基本尺寸包括温度区段长度，门式刚架的跨度、高度、间距和坡度等，见表5-1。

表5-1 门式刚架的基本尺寸

温度区段长度	门式刚架轻型房屋的屋面和外墙均采用压型钢板时，其温度区段长度可较《钢结构设计标准》（GB 50017—2017）相关规定放宽。纵向温度区段不宜大于300m；横向温度区段不宜大于150m，当横向温度区段大于150m时，应考虑温度的影响
门式刚架的跨度	取横向刚架柱轴线［柱的轴线可取通过柱下端（较小端）中心的竖向轴线］间的距离。门式刚架的单跨跨度宜为12~48m，以3M为模数，必要时也可采用非模数跨度。当有根据时，可采用更大跨度。当边柱宽度不等时，其外侧应对齐 挑檐长度可根据使用要求确定，宜为0.5~1.2m
门式刚架的高度	取地坪至柱轴线与横梁轴线（斜梁的轴线可取通过变截面梁段最小端中心与斜梁上表面平行的轴线）交点的高度。无起重机的房屋门式刚架应根据使用要求的室内净高确定其高度，一般为4.5~9m。有起重机的厂房应根据轨顶标高和起重机净空要求确定，一般宜为9~12m
门式刚架的间距	即柱网轴线在纵向的距离宜为6~9m，最大可以采用12m，门式刚架跨度较小时，也可采用4.5m。多跨刚架局部抽掉中柱处，可布置托架梁
门式刚架的坡度	屋面坡度宜取1/8~1/20，在雨水较多地区可取其中较大值。挑檐的上翼缘坡度宜与斜梁坡度相同

2. 门式刚架的布置

（1）门式刚架合理跨度的确定　门式刚架一般单跨跨度为12~48m。设计时，应在满足业主的生产工艺和使用功能的基础上，确定合理的跨度以取得优良的经济指标。通常是根据房屋的高度确定较为合理的跨度（图 5-1）。

一般情况下，当柱高、荷载一定时，适当加大刚架的跨度，刚架的用钢量增加不太显著，但能节省空间，基础造价低，综合效益较为可观。

（2）门式刚架间距的确定　刚架的间距（柱距）与刚架的跨度、屋面荷载、檩条形式等因素有关。随着柱距的增大，刚架用钢量比例逐渐下降，但当柱距增大到一定数值后，刚架用钢量随着柱距的增大其下降的幅度变得较为平缓。而其他如檩条、吊车梁和墙梁的用钢量随着柱距的增大而增加，就房屋的总用钢量而言，随柱距的增大先下降而后上升。综合各项用钢量，对一定条件下的轻钢房屋而言存在一个最优柱距。表 5-2 为柱高 6m 各种跨度对应的刚架最优间距。

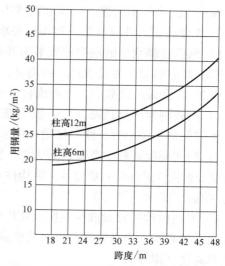

图 5-1　柱高及跨度与刚架钢材用量的关系

表 5-2　相同条件下各种跨度对应的最优刚架间距

（单位：m）

刚架跨度	刚架最优间距	刚架跨度	刚架最优间距
9 ~ 12	5.5 左右	36 ~ 45	1/5 ~ 1/6 跨度
12 ~ 18	6 左右	45 以上	8 ~ 9
18 ~ 36	6 ~ 7.5		

一般情况下，门式刚架的最优间距应在 6 ~ 9m，柱距不宜超过 9m。超过 9m 时，屋面檩条与墙架体系的用钢量增加太多，综合造价并不经济。有时为布置支撑方便，也可在大柱距中插入个别小柱距，如 12m + 6m 的混合柱距。

（3）合理确定门式刚架的结构形式　门式刚架分为单跨刚架（图 5-2a）、双跨刚架（图 5-2b）、多跨刚架（图 5-2c）以及带挑檐的刚架（图 5-2d）和带毗屋的刚架（图 5-2e）等形式。多跨刚架中间柱与斜梁的连接可采用铰接。多跨刚架宜采用双坡或单坡屋盖（图 5-2f），也可采用由多个双坡屋盖组成的多跨刚架形式。

当设置夹层时，夹层可沿纵向设置（图 5-2g）或在横向端跨设置（图 5-2h）。夹层与柱的连接可采用刚性连接或铰接。

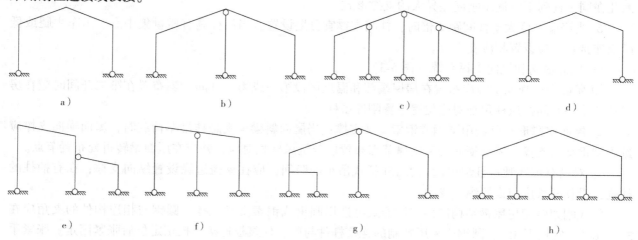

a)　　　　　　　　b)　　　　　　　　c)　　　　　　　　d)

e)　　　　　　　　f)　　　　　　　　g)　　　　　　　　h)

图 5-2　门式刚架形式

a）单跨刚架　b）双跨刚架　c）多跨框架　d）带挑檐刚架　e）带毗屋刚架　f）单坡刚架　g）纵向带夹层刚架　h）端跨带夹层刚架

根据门式刚架的跨度、高度和荷载不同，梁、柱截面可采用变截面或等截面实腹焊接工字形截面或轧制 H 形截面，并应满足下列构造要求：

1）刚接柱脚刚架的刚架柱宜采用等截面柱或阶形柱。设有桥式吊车时，柱宜采用等截面构件。铰接柱脚刚架的刚架柱为美观及节约用材，宜采用渐变截面楔形柱，楔形柱的最大截面高度取最小截面高度的 2~3 倍为最优截面，变截面柱下端的宽度不宜小于 200mm。

2）门式刚架横梁截面高度一般可按跨度的 1/30~1/45（实腹式）或 1/15~1/25（格构式）确定，当刚架跨度较小时，刚架横梁也可采用变截面构造。刚架柱截面高度一般可按与梁相同采用。

3）门式刚架腹板主要以抗剪为主，翼缘以抗弯为主。在无振动荷载作用下，可充分利用腹板屈曲后强度分析构件的强度和稳定性，将构件设计成为高而窄的截面形式。最小截面高度宜取跨度的 1/45~1/6，截面高宽比一般为 3~5。

4）变截面构件宜做成改变腹板高度的楔形；必要时也可改变腹板厚度。结构构件在制作单元内不宜改变翼缘截面，当必要时，仅可改变翼缘厚度；邻接的制作单元可采用不同的翼缘截面，两单元相邻截面高度宜相等。

（4）其他布置

1）一般规定。

① 每个温度区段、结构单元或分期建设的区段、结构单元应设置独立的支撑系统，与刚架结构一同构成独立的空间稳定体系。

② 柱间支撑与屋盖横向支撑宜设置在同一开间，以构成几何不变体系。

2）柱间支撑系统。

① 柱间支撑宜采用门式框架、圆钢或钢索交叉支撑、型钢交叉支撑、方管或圆管人字支撑等形式。当有吊车时，吊车牛腿以下交叉支撑应选用型钢交叉支撑。

② 柱间支撑应设在侧墙柱列，当房屋宽度大于 60m 时，在内柱列宜设置柱间支撑。当有吊车时，每个吊车跨两侧柱列均应设置吊车柱间支撑。

③ 柱间支撑的设置应根据房屋纵向柱距、受力情况和温度区段等条件确定。当无吊车时，柱间支撑间距宜取 30~45m，端部柱间支撑宜设置在房屋端部第一或第二开间。当有吊车时，吊车牛腿下部支撑宜设置在温度区段中部，当温度区段较长时，宜设置在三分点内，且支撑间距不应大于 50m。牛腿上部支撑设置原则与无吊车时的柱间支撑设置相同。

④ 在同一柱列设置的柱间支撑共同承担该柱列的水平荷载，水平荷载按各支撑的刚度进行分配，因此在同一柱列不宜混用刚度差异大的支撑形式。

⑤ 当房屋高度大于柱间距 2 倍时，柱间支撑宜分层设置。当沿柱高有质量集中点、吊车牛腿或低屋面连接点处应设置相应支撑点。

3）屋面横向和纵向支撑系统（图 5-3）。

① 屋面端部横向支撑应布置在房屋端部和温度区段第一或第二开间，当布置在第二开间时应在房屋端部第一开间抗风柱顶部对应位置布置刚性系杆。

② 屋面支撑形式可选用圆钢或钢索交叉支撑；当屋面斜梁承受悬挂吊车荷载时，屋面横向支撑应选用型钢交叉支撑。屋面横向交叉支撑节点布置应与抗风柱相对应，并应在屋面梁转折处布置节点。

③ 对设有带驾驶室且起重量大于 15t 桥式吊车的跨间，应在屋盖边缘设置纵向支撑；在有抽柱的柱列，沿托架长度应设置纵向支撑。

门式刚架轻型房屋钢结构屋面支撑形式可选用圆钢或钢索交叉支撑，圆钢与相连构件的夹角应在 30°~60°，宜接近 45°。圆钢应采用特制的连接杆件与梁、柱腹板连接，校正定位后张紧固定。张紧手段最好用花篮螺栓。

4）檩条的布置。屋面檩条一般应等间距布置，但在屋脊处，应沿屋脊两侧各布置一道檩条，使得

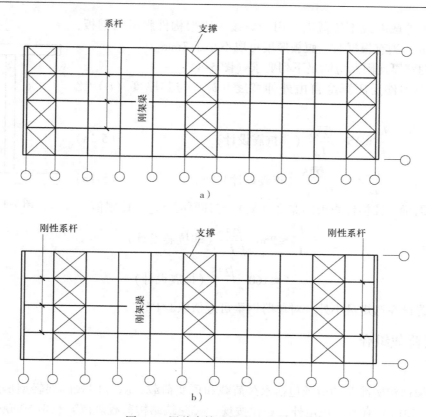

图5-3 屋盖支撑系统布置示意图

a）端支撑布置在第一个开间　b）端支撑布置在第二个开间

屋面板的外伸宽度不要太大（一般小于200mm），在天沟板附近应布置一道檩条，以便于天沟的固定。确定檩条的间距时，应综合考虑天窗、通风屋脊、采光带、屋面材料、檩条规格等因素按计算确定。

5）墙梁的布置。侧墙墙梁的布置，应考虑设置门窗、挑檐、遮雨篷等构件和围护材料的要求。当采用压型钢板作围护面时，墙梁宜布置在刚架柱的外侧，其间距由墙板板型和规格确定，且不大于由计算确定的数值。

门式刚架轻型房屋的外墙，当抗震设防烈度在8度及以下时，宜采用轻型金属墙板或非嵌砌砌体；当抗震设防烈度为9度时，应采用轻型金属墙板或与柱柔性连接的轻质墙板。

门式刚架建筑物的侧墙采用压型钢板墙面时，下部宜设置一道高1m的砖（砌块）墙或高约0.2m的混凝土踢脚，以防雨水浸渗。

在建筑物山墙平面内一般不设刚架，可采用带有抗风柱的砖墙或墙架。门式刚架建筑物的山墙和侧墙的门洞高度通常为2.2m。

6）屋面板及墙面板材料和类型。屋面及墙面板可选用镀层或涂层钢板、不锈钢板、铝镁锰合金板、钛锌板、铜板等金属板材或其他轻质材料板材。

屋面及墙面外板的基板厚度不应小于0.45mm，屋面及墙面内板的基板厚度不应小于0.35mm。

对房屋内部有自然采光要求时，可在金属板屋面设置点状或带状采光板。当采用带状采光板时，应采取释放温度变形的措施。

屋面板沿板长方向的搭接位置宜在屋面檩条上，搭接长度不应小于150mm，在搭接处应做防水处理；墙面板搭接长度不应小于120mm。

5.1.2 构件截面尺寸估选

实腹式钢梁截面高度 $h = l/30 \sim l/45$（l 为门式刚架梁的跨度）；刚架柱的截面高度可参照钢梁截面

高度选用,可与梁等截面或不等截面。用于焊接主刚架构件腹板的钢板,厚度不宜小于4mm;当有根据时,腹板厚度可取不小于3mm。

梁、柱板件的宽厚比限制应满足下列要求(图5-4):

(1)H形截面构件受压翼缘自由外伸宽度(b_1)与其厚度(t_f)比限值

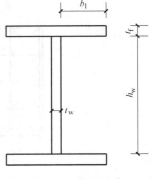

$$\frac{b_1}{t_f} \leqslant 15\sqrt{\frac{235}{f_{yk}}} \quad (\text{非抗震设计}) \tag{5-1a}$$

$$\frac{b_1}{t_f} \leqslant 13\sqrt{\frac{235}{f_{yk}}} \quad (\text{抗震设计}) \tag{5-1b}$$

(2)H形截面梁、柱构件腹板的宽度(h_w)与其厚度(t_w)比限值

图5-4　截面尺寸

$$\frac{h_w}{t_w} \leqslant 250\sqrt{\frac{235}{f_{yk}}} \quad (\text{非抗震设计}) \tag{5-2a}$$

$$\frac{h_w}{t_w} \leqslant 160\sqrt{\frac{235}{f_{yk}}} \quad (\text{抗震设计}) \tag{5-2b}$$

梁变截面位置设在弯矩最小处,对单跨钢梁可近似取1/4处。

5.1.3　荷载及荷载组合

1. 荷载

设计门式刚架结构所涉及的荷载包括永久荷载和可变荷载,除《门式刚架轻型房屋钢结构技术规范》(GB 51022—2015)有专门规定外,一律按现行《建筑结构荷载规范》(GB 50009—2012)采用。

(1)永久荷载　永久荷载包括结构构件自重和悬挂在结构上的非偶见的重力荷载,如屋面、檩条、支撑、吊顶、墙面构件和刚架自重等。

(2)可变荷载

1)屋面活荷载。当采用压型钢板轻型屋面时,屋面竖向均布活荷载标准值(按水平投影面积计算)应取0.5kN/m²;对受荷水平投影面积超过60m²的刚架结构,计算时采用的竖向均布活荷载标准值可取0.3kN/m²。

设计屋面板和檩条时,还应考虑施工和检修集中荷载(人和工具的重力),其标准值应取1.0kN且作用在结构最不利位置上。

2)屋面雪荷载。门式刚架轻型房屋钢结构屋面水平投影面上的雪荷载标准值,应按下式计算:

$$S_k = \mu_r S_0 \tag{5-3}$$

式中　S_k——雪荷载标准值(kN/m²);

　　　μ_r——屋面积雪分布系数;

　　　S_0——基本雪压(kN/m²),按《建筑结构荷载规范》(GB 50009—2012)规定的100年重现期的雪压采用。

设计时,屋面板和檩条按积雪不均匀分布的最不利情况采用;刚架斜梁按全跨积雪的均匀分布、不均匀分布和半跨积雪的均匀分布,按最不利情况采用;刚架柱可按全跨积雪的均匀分布情况采用。

当高低屋面及相邻房屋屋面高低满足$(h_r - h_b)/h_b > 0.2$时,应按下列规定考虑雪堆漂移的影响。

积雪堆积高度(h_d)应按下式计算,取两式计算高度的较大值:

$$h_d = 0.416\sqrt[3]{W_{b1}}\sqrt[4]{S_0 + 0.479} - 0.457 \leqslant h_r - h_b \tag{5-4a}$$

$$h_d = 0.208\sqrt[3]{W_{b1}}\sqrt[4]{S_0 + 0.479} - 0.457 \leqslant h_r - h_b \tag{5-4b}$$

式中　h_r——高低屋面的高差(m);

h_b——按屋面基本雪压确定的雪荷载高度（m），$100S_0/\rho$，ρ 为积雪平均密度（kg/m³）；

w_{b1}、w_{b2}——屋面长度和宽度（m），最小取 7.5m。

积雪堆积长度（w_d）应按下列规定确定：

当 $h_d \leqslant h_r - h_b$ 时， $\qquad w_d = 4h_d \qquad$ (5-5a)

当 $h_d > h_r - h_b$ 时， $\qquad w_d = 4h_d^2/(h_r - h_b) \leqslant 8(h_r - h_b) \qquad$ (5-5b)

堆积雪荷载的最高点荷载值（S_{max}）应按下式计算：

$$S_{max} = h_d\rho \qquad (5-6)$$

式中 ρ——积雪平均密度（kg/m³）；东北及新疆北部地区取 180kg/m³；华北及西北地区取 160kg/m³，其中青海取 150kg/m³；淮河、秦岭以南地区一般取 180kg/m³，其中江西、浙江取 230kg/m³。

① 高低屋面应考虑低跨屋面雪堆积分布（图 5-5）。

② 当相邻房屋的间距 $s < 6$m 时，应考虑屋面雪堆积分布（图 5-6）。

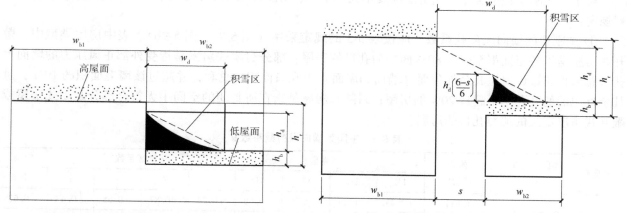

图 5-5　高低屋面低跨屋面雪堆积分布示意　　　　图 5-6　相邻房屋低屋面雪堆积分布示意

③ 当高屋面坡度 $\theta > 10°$ 且未采取防止雪下滑的措施时，应考虑高屋面的雪漂移，积雪高度应增加 40%，但最大取 $h_r - h_b$；当相邻房屋的间距大于 h_r 或 6m 时，不考虑高屋面的雪漂移（图 5-7）。

④ 当屋面凸出物的水平长度大于 4.5m 时，应考虑屋面雪堆积分布（图 5-8）。

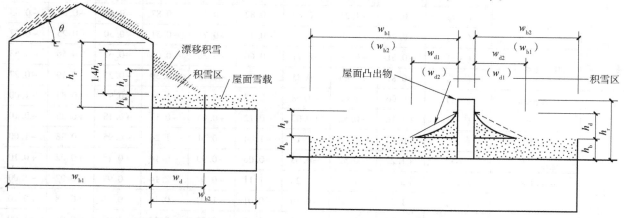

图 5-7　高屋面雪漂移低屋面雪堆积分布示意　　　　图 5-8　屋面有凸出物雪堆积分布示意

3）起重机荷载。起重机荷载包括竖向荷载和纵向及横向水平荷载，按照《建筑结构荷载规范》（GB 50009—2012）的规定采用。

4）地震作用。按照《建筑抗震设计规范》（GB 50011—2010）（2016 年版）的规定采用。抗震设防烈度为 8 度、9 度时，应计算竖向地震作用，可分别取该结构重力荷载代表值的 10% 和 20%，设计基本地震加速度为 0.30g 时，可取该结构重力荷载代表值的 15%。

5）风荷载。门式刚架轻型房屋钢结构计算时，风荷载作用面积应取垂直于风向的最大投影面积，垂直于建筑物表面的单位面积风荷载标准值 w_k 应按下式计算：

$$w_k = \beta \mu_w \mu_z w_0 \left(kN/m^2 \right) \tag{5-7}$$

式中　　w_0——基本风压，按《建筑结构荷载规范》（GB 50009—2012）的规定采用；

μ_z——风压高度变化系数，按《建筑结构荷载规范》（GB 50009—2012）的规定采用；当高度小于 10m 时，应按 10m 高度处的数值采用；

μ_w——风荷载系数，考虑内、外风压最大值的组合，按《门式刚架轻型房屋钢结构技术规范》（GB 51022—2015）第 4.2.2 条的规定采用；

β——系数，计算主刚架时取 $\beta = 1.1$；计算檩条、屋面板和墙面板及其连接时，取 $\beta = 1.5$。

对于门式刚架轻型房屋，当房屋高度不大于 18m、房屋高宽比小于 1 时，风荷载系数 μ_w 应符合下列规定：

① 主刚架的横向风荷载系数，应按表 5-3 的规定采用（图 5-9a、图 5-9b）。表中房屋类型中，敞开式房屋是指各墙面都至少有 80% 面积为孔口的房屋；部分封闭式房屋是指受外部正风压力的墙面上孔口总面积超过该房屋其余外包面（墙面和屋面）上孔口面积的总和，并超过该墙毛面积的 10%，且其余外包面的开孔率不超过 20% 的房屋；封闭式房屋是指在所封闭的空间中无符合部分封闭式房屋或敞开式房屋定义的那类孔口的房屋。

表 5-3　主刚架横向风荷载系数 μ_w

房屋类型	屋面坡度角 θ	荷载工况	端区系数				中间区系数				山墙
			1E	2E	3E	4E	1	2	3	4	5 和 6
封闭式	$0° \leq \theta \leq 5°$	$(+i)$	+0.43	−1.25	−0.71	−0.60	+0.22	−0.87	−0.55	−0.47	−0.63
		$(-i)$	+0.79	−0.89	−0.35	−0.25	+0.58	−0.51	−0.19	−0.11	−0.27
	$\theta = 10.5°$	$(+i)$	+0.40	−2.15	−0.76	−0.67	+0.26	−0.87	−0.58	−0.51	−0.63
		$(-i)$	+0.85	−0.89	=0.40	−0.31	+0.62	−0.51	−0.22	−0.15	−0.27
	$\theta = 15.6°$	$(+i)$	+0.54	−1.25	−0.81	−0.74	+0.30	−0.87	−0.62	−0.55	−0.63
		$(-i)$	+0.90	−0.89	−0.45	−0.38	+0.66	−0.51	−0.25	−0.19	−0.27
	$\theta = 20°$	$(+i)$	+0.62	−1.25	−0.87	−0.82	+0.35	−0.87	−0.66	−0.61	−0.63
		$(-i)$	+0.98	−0.89	−0.51	−0.46	+0.71	−0.51	−0.30	−0.25	−0.27
	$30° \leq \theta \leq 45°$	$(+i)$	+0.51	+0.09	−0.71	−0.66	+0.38	+0.03	−0.61	−0.56	−0.63
		$(-i)$	+0.87	+0.45	−0.35	−0.30	+0.74	+0.39	−0.25	−0.19	−0.27
部分封闭式	$0° \leq \theta \leq 5°$	$(+i)$	+0.06	−1.62	−1.68	−0.98	−0.15	−1.24	−0.92	−0.84	−1.00
		$(-i)$	+1.16	−0.52	+0.02	+0.12	+0.95	−0.14	+0.18	+0.25	+0.10
	$\theta = 10.5°$	$(+i)$	+0.12	−1.62	−1.13	−1.04	−0.11	−1.24	−0.95	−0.88	−1.00
		$(-i)$	+1.22	−0.52	−0.03	+0.06	+0.99	−0.14	+0.15	+0.22	+0.10
	$\theta = 15.6°$	$(+i)$	+0.17	−1.62	−1.20	−1.11	+0.07	−2.14	−0.99	−0.92	−1.00
		$(-i)$	+1.27	−0.52	−0.10	−0.01	+1.03	−0.14	+0.11	+0.18	+0.10
	$\theta = 20°$	$(+i)$	+0.25	−1.62	−1.24	−1.10	−0.02	−0.24	−1.03	−0.98	−1.00
		$(-i)$	+1.35	−0.52	−0.14	−0.09	+1.08	−0.14	+0.07	+0.12	+0.10
	$30° \leq \theta \leq 45°$	$(+i)$	+0.14	−0.28	−1.08	−1.03	+0.01	−0.34	−0.98	−0.92	−1.00
		$(-i)$	+1.24	+0.82	+0.02	+0.07	+1.11	+0.75	+0.12	+0.18	+0.10

（续）

房屋类型	屋面坡度角 θ	荷载工况	端区系数				中间区系数				山墙
			1E	2E	3E	4E	1	2	3	4	5和6
敞开式	0°≤θ≤10°	平衡	+0.75	−0.50	−0.50	−0.75	+0.75	−0.50	−0.50	−0.75	−0.75
		不平衡	+0.75	−0.20	−0.60	−0.75	+0.75	−0.20	−0.60	−0.75	−0.75
	10°<θ≤25°	平衡	+0.75	−0.50	−0.50	−0.75	+0.75	−0.50	−0.50	−0.75	−0.75
		不平衡	+0.75	+0.50	−0.50	−0.75	+0.75	+0.50	−0.50	−0.75	−0.75
		不平衡	+0.75	+0.15	−0.65	−0.75	+0.75	+0.15	−0.65	−0.75	−0.75
	25°<θ≤45°	平衡	+0.75	−0.50	−0.50	−0.75	+0.75	−0.50	−0.50	−0.75	−0.75
		不平衡	+0.75	+1.40	+0.20	−0.75	+0.75	+1.40	−0.20	−0.75	−0.75

注：1. 封闭式和部分封闭式房屋荷载工况的（+i）表示内压为压力，（−i）表示内压为吸力。敞开式房屋工况中的平衡表示2和3区、2E和3E区风荷载情况相同，不平衡表示不同。

2. 表中正号和负号分别表示分力朝向板面和离开板面。

3. 未给出的θ值系数可用线性插值。

4. 当2区的屋面压力系数为负时，该值适用于2区从屋面边缘算起垂直于檐口方向延伸宽度为房屋最小水平尺寸0.5倍或2.5倍的范围，取两者中的较小值。2区的其余面积，直到屋脊线，应采用3区的系数。

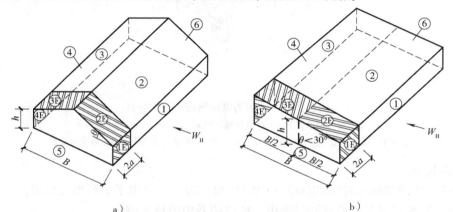

图 5-9 主刚架的横向风荷载系数分区

a）双坡屋面横向 b）单坡屋面横向

θ—屋面坡度角，为屋面与水平的夹角；B—房屋宽度；h—屋顶至室外地面的平均高度；双坡屋面可近似取檐口高度，单坡屋面可取跨中高度；a—计算围护结构构件时的房屋边缘带宽度，取房屋最小水平尺寸的10%或0.4h之中较小值，但不得小于房屋最小尺寸的4%或1m。图中①、②、③、④、⑤、⑥、1E、2E、3E、4E为分区编号；W_H 为横向来风。

② 主刚架的纵向风荷载系数，应按表5-4的规定采用（图5-10a～图5-10c）。

表 5-4 主刚架纵向风荷载系数（各种坡度角θ）

房屋类型	荷载工况	端区系数				中间区系数				山墙
		1E	2E	3E	4E	1	2	3	4	5和6
封闭式	（+i）	+0.43	−1.25	−0.71	−0.61	+0.22	−0.87	−0.55	−0.47	−0.63
	（−i）	+0.79	−0.89	−0.35	−0.25	+0.58	−0.51	−0.10	−0.11	−0.27
部分封闭式	（+i）	+0.06	−1.62	−1.08	−0.98	−0.15	−1.24	−0.92	−0.84	−1.00
	（−i）	+1.16	−0.52	+0.02	−0.12	+0.95	−0.14	+0.18	+0.26	+1.0
敞开式	按图5-10c取值									

注：1. 敞开式房屋中的0.75风荷载系数适用于房屋表面的任何覆盖面。

2. 敞开式房屋在垂直于屋脊的平面上，刚架投影实腹区最大面积应乘以1.3N系数，采用该系数时，应满足下列条件：0.1≤φ≤0.3，1/6≤h/B≤6，S/B≤0.5。其中，φ是刚架实腹部分与山墙毛面积的比值；N是横向刚架的数量。

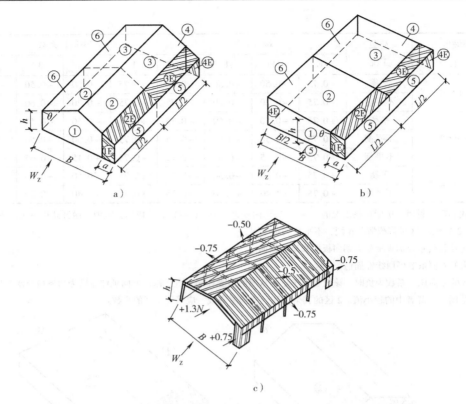

图 5-10　主刚架的纵向风荷载系数分区

a）双坡屋面纵向　b）单坡屋面纵向　c）敞开式房屋纵向

图中①、②、③、④、⑤、⑥、1E、2E、3E、4E 为分区编号；W_z 为横向来风。

2. 荷载效应组合

《门式刚架轻型房屋钢结构技术规范》（GB 51022—2015）给出了下列组合原则：

1）屋面均布活荷载不与雪荷载同时考虑，应取两者中的较大值。

2）积灰荷载应与雪荷载或屋面均布活荷载中的较大值同时考虑。

3）施工或检修集中荷载不与屋面材料或檩条自重以外的其他荷载同时考虑。

4）多台起重机的组合应符合《建筑结构荷载规范》（GB 50009—2012）的规定。

5）当需要考虑地震作用时，风荷载不与地震作用同时考虑。

结构构件按承载能力极限状态设计时，持久设计状况、短暂设计状况应满足下式要求：

$$\gamma_0 S_d \leqslant R_d \tag{5-8}$$

式中　γ_0——结构重要性系数，安全等级为一级的结构构件不小于1.1，安全等级为二级的构件不小于1.0，门式刚架钢结构构件安全等级可取二级，对设计使用年限为 25 年的结构构件，γ_0 不应小于 0.95；

　　　S_d——荷载组合效应设计值，按式（5-9）计算；

　　　R_d——结构构件承载力设计值。

在持久设计状况和短暂设计状况下，当荷载与荷载效应按线性关系考虑时，荷载基本组合的效应设计值 S_d 为

$$S_d = \gamma_G S_{Gk} + \psi_Q \gamma_Q S_{Qk} + \psi_w \gamma_w S_{wk} \tag{5-9}$$

式中　γ_G——永久荷载分项系数，根据《建筑结构可靠性设计统一标准》（GB 50068—2018）有关规定取值，当作用效应对承载力不利时，取 $\gamma_G = 1.3$；对承载力有利时，取 $\gamma_G \geqslant 1.0$；

　　　S_{Gk}——永久荷载效应标准值；

γ_Q——竖向可变荷载分项系数，根据《建筑结构可靠性设计统一标准》（GB 50068—2018）有关规定取值，当作用效应对承载力不利时，取 $\gamma_Q = 1.5$；对承载力有利时，取 $\gamma_Q = 0$；

S_{Qk}——竖向可变荷载效应标准值；

γ_w——风荷载分项系数，根据《建筑结构可靠性设计统一标准》（GB 50068—2018）有关规定取值，当作用效应对承载力不利时，取 $\gamma_w = 1.5$；对承载力有利时，取 $\gamma_w = 0$；

S_{wk}——风荷载效应标准值；

ψ_Q、ψ_w——可变荷载组合值系数和风荷载组合值系数，当永久荷载效应起控制作用时，应分别取 0.7 和 0；当可变荷载效应起控制作用时应分别取 1.0 和 0.6 或 0.7 和 1.0。

当抗震设防烈度 7 度（0.15g）及以上时，应进行地震作用组合的效应验算，地震设计状况应满足下式要求：

$$S_E \leqslant R_d / \gamma_{RE} \tag{5-10}$$

式中　S_E——考虑多遇地震作用时，荷载和地震作用组合的效应设计值，按式（5-11）计算；

γ_{RE}——承载力抗震调整系数，构件或连接强度验算时，$\gamma_{RE} = 0.85$，构件（柱、支撑）稳定验算时，$\gamma_{RE} = 0.90$。

地震设计状况下，当荷载与荷载效应按线性关系考虑时，荷载基本组合的效应设计值 S_E 为

$$S_E = \gamma_G S_{GE} + \gamma_{Eh} S_{Ehk} + \gamma_{Ev} S_{Evk} \tag{5-11}$$

式中　　S_{GE}——重力荷载代表值的效应；

S_{Ehk}、S_{Evk}——水平地震作用标准值的效应、竖向地震作用标准值的效应；

γ_G、γ_{Eh}、γ_{Ev}——重力荷载分项系数、水平地震作用分项系数、竖向地震作用分项系数，按表 5-5 取值。

表 5-5　地震设计状况下荷载和作用的分项系数

参与组合的荷载及作用	γ_G	γ_{Eh}	γ_{Ev}	说明
重力荷载及水平地震作用	1.2（1.3）	1.3（1.5）	—	
重力荷载及竖向地震作用	1.2（1.3）	—	1.3（1.5）	8 度、9 度抗震设计时考虑
重力荷载、水平地震及竖向地震作用	1.2（1.3）	1.3（1.5）	0.5	8 度、9 度抗震设计时考虑

注：括号内数值按《建筑结构可靠性设计统一标准》（GB 50068—2018）取值。

由于门式刚架结构的自重较轻，地震作用产生的荷载效应一般较小。设计经验表明：当抗震设防烈度为 7 度而风荷载标准值大于 0.3kN/m²，或抗震设防烈度为 8 度而风荷载标准值大于 0.45kN/m² 时，地震作用的组合一般不起控制作用。

5.1.4　计算简图

（1）构件简化　对单斜率柱和分段斜率梁的变截面刚架计算时，门式刚架构件的轴线可采用如下近似的方法：柱的轴线可取通过柱下端（较小端）中心的竖向轴线。斜梁的轴线可取通过变截面梁段最小端中心与斜梁上表面平行的轴线（图 5-11a）。

（2）节点、支座简化　门式刚架的梁、柱节点和柱脚节点的约束条件应符合实际构造。

门式刚架边柱和刚架梁一般处理成刚接节点。柱脚与基础通常做成铰接，但当柱高度较大时，为控制风荷载作用下柱顶位移值，柱脚宜做成刚接；当用于工业厂房且有 5t 以上桥式吊车时，可将柱脚设计成刚接。

多跨刚架中间柱与斜梁的连接可采用铰接。当柱高较大时，柱脚宜做成刚接，多跨刚架的中柱与横梁的连接也宜采用刚接。当设置夹层时，夹层与柱的连接可采用刚性连接或铰接。

（3）计算跨度、计算高度　门式刚架的计算跨度，应取横向刚架柱轴线间的距离，即通过柱下端（较小端）中心的竖向轴线间的距离。门式刚架的计算高度，应取室外地面至柱轴线与斜梁轴线交点

的高度。

变截面刚架的计算简图见图 5-11b。

工程分析表明，这种近似造成的分析结果误差很小，能够满足工程要求，且建模较为方便。

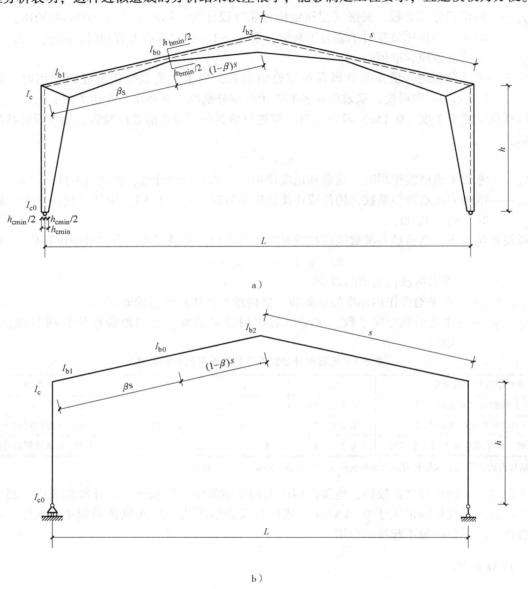

图 5-11   变截面刚架的计算简图

a）几何尺寸   b）计算简图

5.1.5 门式刚架内力计算

1. 内力计算

门式刚架应按弹性分析方法计算，不宜考虑应力蒙皮效应，可按平面结构分析内力。

变截面门式刚架的内力通常采用杆系单元的有限元法（直接刚度法）计算，计算时将变截面的梁、柱构件分为若干段，每段的几何特性当作常量，也可采用楔形单元。

当采用手算法计算刚架的内力时，可采用一般结构力学方法（如力法、位移法、弯矩分配法等）或利用静力计算的公式、图表进行。

变截面门式刚架的内力计算时，应注意：

1）刚架内力分析时，应计入梁、柱截面变化对内力分析的影响。

2）当梁的跨度较大时，宜在梁、柱节点或弯矩较大处加腋，并按加腋段为变截面进行计算。对尺寸较小的构造腋，计算时可不考虑加腋的变截面影响。

3）当未设置柱间支撑时，柱脚应设计成刚接，柱应按双向受力进行计算。

4）当采用二阶弹性分析时，应施加假想水平荷载。假想水平荷载应取竖向荷载设计值的 0.5%，分别施加在竖向荷载的作用处。假想荷载的方向与风荷载或地震作用的方向相同。

2. 内力组合值

门式刚架梁控制截面的位置：梁端、梁跨中截面或变截面处等。跨中截面组合最大弯矩，支座截面组合最大弯矩及最大剪力。

门式刚架柱控制截面的位置：柱底、柱顶、柱牛腿连接处截面等。柱控制截面的内力组合主要有：

1）最大轴力 N_{max} 和相应的弯矩 M 及剪力 V。

2）最大弯矩 M_{max} 和相应的剪力 V 及轴力 N。

上述两种情况是针对截面轴对称的构件而言的，可能是重合的。如果是单轴对称截面，则需要区分正、负弯矩。

3）最小轴力 N_{min} 和相应的弯矩 M 及剪力 V。

这种组合出现在永久荷载和风荷载共同作用下，当柱脚铰接时 $M=0$。用于验算锚栓在强风作用下可能承受的拔起力。

5.1.6　构件强度、稳定性的计算

1. 变截面柱截面计算

（1）构件宽厚比验算　构件几何尺寸应符合下列要求：

1）腹板高度如有改变，应为直线变化或分段直线变化。

2）腹板高度的变化率不大于 60mm/m。

3）板件宽厚比应满足 H 形截面构件受压翼缘外伸宽度（b_1）与其厚度（t_f）比限值应满足式（5-1）的要求；H 形截面梁、柱构件腹板的宽度（h_w）与其厚度（t_w）比限值应满足式（5-2）的要求。此外，柱子构件的长细比不宜大于 180。

（2）强度计算　工字形截面压弯构件在剪力 V、弯矩 M 和轴力 N 共同作用下的截面强度，应按下式计算：

当 $V \leqslant 0.5 V_d$ 时
$$\frac{N}{A_e} + \frac{M}{W_e} \leqslant f \tag{5-12a}$$

当 $0.5 V_d < V \leqslant V_d$ 时　$M \leqslant M_f^N + (M_e^N - M_f^N)\left[1 - \left(\frac{V}{0.5 V_d} - 1\right)^2\right]$ （5-12b）

式中　M_e^N——考虑轴力影响后构件有效截面所能承受的弯矩

$$M_e^N = (M_e - N W_e / A_e)$$

M_e——构件有效截面所承担的弯矩，$M_e = W_e f$；

W_e——构件有效截面最大受压纤维的截面模量；

M_f^N——承受压力 N 时两翼缘所能承受的弯矩，当截面为双轴对称时，有

$$M_f^N = A_f (h_w + t_f)\left(f - \frac{N}{A_e}\right)$$

A_e——有效截面面积。

（3）柱底铰接的楔形变截面柱的整体稳定计算

1）刚架平面内的稳定计算。变截面柱在刚架平面内的稳定应按下式计算：

$$\frac{N_1}{\eta_{\mathrm{t}}\varphi_{\mathrm{x}}A_{\mathrm{e}1}} + \frac{\beta_{\mathrm{mx}}M_1}{(1 - N_1/N_{\mathrm{c}})W_{\mathrm{e}1}} \leqslant f \tag{5-13}$$

当 $\overline{\lambda}_1 \geqslant 1.2$ 时
$$\eta_{\mathrm{t}} = 1 \tag{5-14a}$$

当 $\overline{\lambda}_1 < 1.2$ 时
$$\eta_{\mathrm{t}} = \frac{A_0}{A_1} + \left(1 - \frac{A_0}{A_1}\right) \times \frac{\overline{\lambda}_1^2}{1.44} \tag{5-14b}$$

式中 N_1——大端的轴向压力设计值；

$\quad M_1$——大端的弯矩设计值；

$\quad A_{\mathrm{e}1}$——大端的有效截面面积；

$\quad W_{\mathrm{e}1}$——大端有效截面最大受压纤维的截面模量；

A_0、A_1——小端和大端截面的毛截面面积；

$\quad \varphi_{\mathrm{x}}$——杆件轴心受压稳定系数，楔形柱按《门式刚架轻型房屋钢结构技术规范》（GB 51022—2015）附录 A 规定的计算长度系数由《钢结构设计标准》（GB 50017—2017）附录 D 查得，计算长细比时取大端截面的回转半径；

$\quad \beta_{\mathrm{mx}}$——等效弯矩系数，有侧移刚架柱的等效弯矩系数 β_{mx} 取 1.0；

$\quad N_{\mathrm{cr}}$——欧拉临界力，按下式计算

$$N_{\mathrm{cr}} = \pi^2 EA_{\mathrm{e}1}/\lambda_1^2 \tag{5-15}$$

$\quad \lambda_1$——按大端截面计算，考虑计算长度系数的长细比，按下式计算

$$\lambda_1 = \frac{\mu H}{i_{\mathrm{x}1}} \tag{5-16}$$

$\quad i_{\mathrm{x}1}$——大端截面绕强轴的回转半径；

$\quad \mu$——柱的计算长度系数，按《门式刚架轻型房屋钢结构技术规范》（GB 51022 —2015）附录 A 计算；

$\quad H$——柱高；

$\quad \overline{\lambda}_1$——通用长细比，按下式计算

$$\overline{\lambda}_1 = \frac{\lambda_1}{\pi}\sqrt{\frac{f_{\mathrm{y}}}{E}} \tag{5-17}$$

$\quad E$——柱钢材的弹性模量；

$\quad f_{\mathrm{y}}$——柱钢材的屈服强度设计值。

注：当柱的最大弯矩不出现在大端时，M_1 和 $W_{\mathrm{e}1}$ 分别取最大弯矩和该弯矩所在截面的有效截面模量。

小端铰接的变截面门式刚架柱有侧移时的计算长度系数可按下式计算：

$$\mu = 2\left(\frac{I_1}{I_0}\right)^{0.145}\sqrt{1 + \frac{0.38}{K}} \tag{5-18a}$$

$$K = \frac{K_{\mathrm{z}}}{6i_{\mathrm{c}1}}\left(\frac{I_1}{I_0}\right)^{0.29} \tag{5-18b}$$

式中 μ——变截面柱换算成以大端截面为准的等截面柱的计算长度系数；

I_0、I_1——立柱小端、大端截面的惯性矩；

$\quad K_{\mathrm{z}}$——梁对柱子的转动约束；

$\quad i_{\mathrm{c}1}$——柱的线刚度，$i_{\mathrm{c}1} = \dfrac{EI_1}{H}$，$H$ 为楔形变截面柱的高度。

在梁的两端都与柱子刚接时，假设梁的变形形式使得反弯点出现在梁的跨中，取出半跨梁，远端铰支，在近端施加弯矩（M），求出近端的转角（θ），由下式计算梁对柱子的转动约束：

$$K_{\mathrm{z}} = \frac{M}{\theta} \tag{5-19}$$

当刚架梁为一端变截面时，梁对柱子的转动约束 K_z 可按下式计算，其他情况可按《门式刚架轻型房屋钢结构技术规范》（GB 51022—2015）附录 A.0.3 有关规定确定：

$$K_z = 3i_1 \left(\frac{I_0}{I_1}\right)^{0.2} = 3\left(\frac{EI_1}{s}\right)\left(\frac{I_0}{I_1}\right)^{0.2} \tag{5-20}$$

式中　s——变截面梁的斜长。

2）刚架平面外的稳定计算。变截面柱的平面外稳定应分段按下式计算，当不能满足时，应设置侧向支撑或隅撑，并验算每段的平面外稳定：

$$\frac{N_1}{\eta_{ty}\psi_y A_{e1}f} + \left(\frac{M_1}{\varphi_b \gamma_x W_{e1} f}\right)^{1.3-0.3k_\sigma} \leqslant 1 \tag{5-21}$$

当 $\overline{\lambda}_{1y} \geqslant 1.3$ 时　　　　　　　　　　　$\eta_{ty} = 1$ $\qquad\qquad\qquad$ (5-22a)

当 $\overline{\lambda}_{1y} < 1.3$ 时　　　　　$\eta_{ty} = \dfrac{A_0}{A_1} + \left(1 - \dfrac{A_0}{A_1}\right) \times \dfrac{\overline{\lambda}_{1y}^2}{1.69}$ $\qquad$ (5-22b)

式中　λ_{1y}——绕弱轴的长细比，按下式计算

$$\lambda_{1y} = \frac{L}{i_{y1}} \tag{5-23}$$

$\overline{\lambda}_{1y}$——绕弱轴的通用长细比，按下式计算

$$\overline{\lambda}_{1y} = \frac{\lambda_{1y}}{\pi}\sqrt{\frac{f_y}{E}} \tag{5-24}$$

i_{y1}——大端截面绕弱轴的回转半径；

φ_y——轴心受压构件弯矩作用平面外的稳定系数，以大端为准，按《钢结构设计标准》（GB 50017—2017）的规定采用，计算长度取纵向柱间支撑点间的距离；

N_1——所计算构件段大端截面的轴压力；

M_1——所计算构件段大端截面的弯矩；

φ_b——稳定系数，按下式计算

$$\varphi_b = \frac{1}{(1 - \lambda_{b0}^{2n} + \lambda_b^{2n})^{1/n}} \leqslant 1.0 \tag{5-25a}$$

$$\lambda_{b0} = \frac{0.55 - 0.25k_\sigma}{(1+\gamma)^{0.2}} \tag{5-25b}$$

$$n = \frac{1.51}{\lambda_b^{0.1}}\sqrt[3]{\frac{b_1}{h_1}} \tag{5-25c}$$

k_σ——小端截面压应力除以大端截面压应力得到的比值，即

$$k_\sigma = \frac{M_0}{W_{x0}} \bigg/ \frac{M_1}{W_{x1}} = \frac{M_0}{M_1} \times \frac{W_{x1}}{W_{x0}} = k_M \frac{W_{x1}}{W_{x0}} \tag{5-26}$$

k_M——弯矩比，为较小弯矩（小端弯矩 M_0）除以较大弯矩（大端弯矩 M_1），即 $k_M = M_0/M_1$；

λ_b——通用长细比，按下式计算

$$\lambda_b = \sqrt{\frac{\gamma_x W_{x1} f_y}{M_{cr}}} \tag{5-27}$$

M_{cr}——楔形变截面梁弹性屈曲临界弯矩，按《门式刚架轻型房屋钢结构技术规范》（GB 51022—2015）第 7.1.4 条第 2 款计算；

b_1、h_1——弯矩较大截面的受压翼缘宽度和上、下翼缘中面之间的距离；

W_{x1}——弯矩较大截面受压边缘的截面模量；

γ——变截面梁楔率，按下式计算

$$\gamma = (h_1 - h_0)/h_0 \tag{5-28}$$

h_0——小端截面上、下翼缘中面之间的距离。

2. 横梁截面计算

（1）强度计算　工字形截面受弯构件在剪力 V 和弯矩 M 共同作用下的截面强度，应按下式计算：

当 $V \leqslant 0.5V_d$ 时　　　　　　　　$M \leqslant M_e$ $\tag{5-29a}$

当 $0.5V_d < V \leqslant V_d$ 时　　$M \leqslant M_f + (M_e - M_f)\left[1 - \left(\dfrac{V}{0.5V_d} - 1\right)^2\right] \tag{5-29b}$

式中　V_d——腹板考虑屈曲后强度的抗剪承载力设计值；

$\quad\quad M_f$——两翼缘承受的弯矩，当截面为双轴对称时

$$M_f = A_f(h_w + t_f)f \tag{5-30}$$

$\quad\quad A_f$——构件翼缘的截面面积；

$\quad\quad t_f$——计算截面的翼缘厚度；

$\quad\quad h_w$——计算截面的腹板高度；

$\quad\quad M_e$——构件有效截面所承担的弯矩

$$M_e = W_e f \tag{5-31}$$

$\quad\quad W_e$——构件有效截面最大受压纤维的截面模量；

$\quad\quad f$——钢材强度设计值。

1）腹板的抗剪承载力设计值 V_d。腹板高度变化的区格，考虑屈曲后强度，其受剪承载力设计值应按下式计算：

$$V_d = \chi_{tap}\varphi_{ps}h_{w1}t_w f_v \leqslant h_{w0}t_w f_v \tag{5-32a}$$

$$\varphi_{ps} = \frac{1}{(0.51 + \lambda_s^{3.2})^{1/2.6}} \leqslant 1.0 \tag{5-32b}$$

式中　f_v——钢材抗剪强度设计值；

h_{w1}、h_{w0}——楔形腹板大端和小端腹板高度；

$\quad\quad t_w$——腹板的厚度；

$\quad\quad \lambda_s$——与板件受剪有关的系数，按下式计算

$$\lambda_s = \frac{h_{w1}/t_w}{37\sqrt{k_\tau}\sqrt{235/f_{yk}}} \tag{5-33}$$

当 $a/h_{w1} < 1$ 时　　　　　$k_\tau = 4 + 5.34/(a/h_{w1})^2 \tag{5-34a}$

当 $a/h_{w1} \geqslant 1$ 时　　　　$k_\tau = \eta_s[5.34 + 4/(a/h_{w1})^2] \tag{5-34b}$

$$\eta_s = 1 - \omega_1\sqrt{\gamma_p} \tag{5-35}$$

$$\omega_1 = 0.41 - 0.897\alpha + 0.363\alpha^2 - 0.041\alpha^3 \tag{5-36}$$

式中　k_τ——受剪板件的屈曲系数，当不设横向加劲肋时，取 $k_\tau = 5.34\eta_s$；

$\quad\quad \chi_{tap}$——腹板屈曲后抗剪强度的楔率折减系数，按下式计算

$$\chi_{tap} = 1 - 0.35\alpha^{0.2}\gamma_p^{2/3} \tag{5-37}$$

$\quad\quad \gamma_p$——腹板区格的楔率，按下式计算

$$\gamma_p = \frac{h_{w1}}{h_w} - 1 \tag{5-38}$$

$\quad\quad \alpha$——区格的长度与高度之比

$$\alpha = \frac{a}{h_{w1}}$$

$\quad\quad a$——加劲肋间距。

2）有效截面最大受压纤维截面模量 W_e。

①计算截面边缘正应力比值 β。

$$-1 \leqslant \beta = \sigma_2/\sigma_1 \leqslant 1 \tag{5-39}$$

式中 σ_1、σ_2——板边最大和最小应力，且 $|\sigma_2| \leqslant |\sigma_1|$；计算应力 σ_1、σ_2 时可采用毛截面模量。

②确定杆件在正应力作用下的屈曲系数 k_σ。

$$k_\sigma = \frac{16}{\sqrt{(1+\beta)^2 + 0.112(1-\beta)^2} + (1+\beta)} \tag{5-40}$$

③计算与板件受弯、受压有关参数 λ_p。

$$\lambda_p = \frac{h_w/t_w}{28.1\sqrt{k_\sigma}\sqrt{235/f_{yk}}} \tag{5-41}$$

如腹板板件边缘中压应力较大值 $\sigma_1 < f$，对 Q235 和 Q345 钢材可用 $1.1\sigma_1$ 代替上式中的 f_{yk}。

④确定有效宽度系数 ρ。

$$\rho = \frac{1}{(0.243 + \lambda_p^{1.25})^{0.9}} \tag{5-42}$$

⑤确定腹板受压区的有效宽度 h_e。

$$h_e = \rho h_c \tag{5-43}$$

式中 h_c——腹板受压区高度，当 $\beta \geqslant 0$ 时，$h_c = h_w$；当 $\beta < 0$ 时，$h_c = \dfrac{h_w}{1-\beta}$；

ρ——有效宽度系数，当 $\rho > 1.0$ 时，取 $\rho = 1.0$。

腹板受压区则全部有效。

⑥确定腹板有效宽度的分布（图5-12）。

当截面全部受压，即 $\beta \geqslant 0$ 时

$$h_{e1} = 2h_e/(5-\beta) \tag{5-44a}$$

$$h_{e2} = h_e - h_{e1} \tag{5-44b}$$

当腹板截面部分受压，即 $\beta < 0$ 时，受压区的有效宽度分布

$$h_{e1} = 0.4h_e \tag{5-45a}$$

$$h_{e2} = 0.6h_e \tag{5-45b}$$

据此可以计算出有效截面的截面模量。

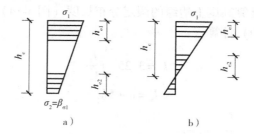

图5-12 腹板有效宽度的分布

a）腹板全部受压（$\beta \geqslant 0$）　b）腹板部分受压（$\beta < 0$）

（2）楔形变截面梁的计算

1）因屋面有一定坡度，故刚架梁是斜梁。斜梁除受弯外还承受一定的轴压力。实腹式刚架斜梁在平面内按压弯构件计算强度，计算公式与承受轴力、弯矩和剪力的柱子相同，即式（5-13）。实腹式刚架斜梁在平面外应按压弯构件计算稳定，即式（5-21）。

2）实腹式刚架斜梁的平面外计算长度，应取侧向支承点间的距离；当斜梁两翼缘侧向支承点的距离不等时，宜取最大受压翼缘侧向支承点间的距离。

3）当实腹式刚架斜梁的下翼缘受压时，支承在屋面斜梁上翼缘的檩条，不能单独作为屋面斜梁的侧向支承。屋面斜梁和檩条之间设置的隔撑满足下列条件时，下翼缘受压屋面斜梁的平面外计算长度可考虑隔撑的作用：

① 在屋面斜梁的两侧设置隔撑（图5-13）。

② 隔撑上支承点的位置不低于檩条形心线。

③ 符合对隔撑的设计要求。

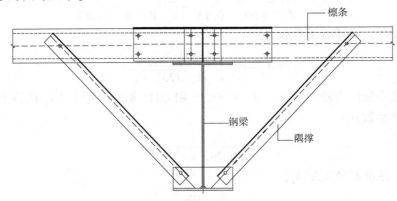

图5-13　屋面斜梁的隔撑

（3）梁腹板计算高度边缘折算应力验算　梁腹板计算高度边缘折算应力应满足下式要求：

$$\sqrt{\sigma^2 + \sigma_c^2 - \sigma\sigma_c + 3\tau^2} \leqslant \beta_1 f \tag{5-46}$$

式中　σ——弯矩和轴力作用下的腹板计算高度边缘处正应力（以拉应力为正值、压应力为负值）

$$\sigma = \frac{M}{I_n}y_1 + \frac{N}{A} \tag{5-47}$$

　　　I_n——梁净截面惯性矩；

　　　y_1——所计算点至梁中和轴的距离；

　　　σ_c——腹板计算高度边缘处的局部压应力（以拉应力为正值、压应力为负值）

$$\sigma_c = \frac{\psi F}{t_w l_z} \tag{5-48}$$

　　　ψ——集中荷载的增大系数，对重级工作制吊车梁，$\psi = 1.35$；对其他梁，$\psi = 1.0$；

　　　l_z——集中荷载在腹板计算高度上边缘的假定分布长度（图5-14），宜按式（5-49）计算，也可简化采用式（5-50）计算：

$$l_z = 3.25\sqrt[3]{\frac{I_f}{t_w}} \tag{5-49}$$

$$l_z = a + 5h_y \tag{5-50}$$

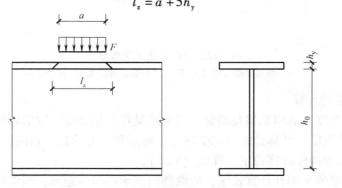

图5-14　焊接组合截面局部压应力作用

I_f——梁上翼缘绕翼缘中面的惯性矩；

a——集中荷载沿梁跨度方向的支承长度，取檩条翼缘宽度；

h_y——自梁顶面至腹板计算高度边缘的距离；对焊接梁 h_y 为上翼缘厚度，对轧制工字形截面梁，h_y 为梁顶面到腹板过渡完成点的距离；

τ——剪力作用下的腹板计算高度边缘处剪应力

$$\tau = \frac{VS}{It_w} \tag{5-51}$$

S——计算剪应力处以上（或以下）毛截面对中和轴的面积矩；

I——构件的毛截面惯性矩；

t_w——构件的腹板厚度；

β_1——强度增大系数；当 σ 与 σ_c 异号时，取 $\beta_1 = 1.2$；当 σ 与 σ_c 同号或 $\sigma_c = 0$ 时，取 $\beta_1 = 1.1$。

（4）焊接截面梁腹板考虑屈曲后强度的计算　承受静力荷载和间接承受动力荷载的焊接截面梁可考虑腹板屈曲后强度。不考虑腹板屈曲后强度时，当 $h_0/t_w > 80\varepsilon_k$，焊接截面梁应计算腹板的稳定性。

一般门式刚架梁腹板仅配支承加劲肋且较大荷载处还有中间横向加劲肋，同时考虑屈曲后强度的工字形焊接截面梁，应按下式验算受弯和受剪承载能力：

$$\left(\frac{V}{0.5V_u} - 1\right)^2 + \frac{M - M_f}{M_{eu} - M_f} \leqslant 1.0 \tag{5-52}$$

式中 M、V——所计算同一截面上梁的弯矩设计值和剪力设计值；计算时，当 $V \leqslant 0.5V_u$ 时，取 $V = 0.5V_u$；当 $M \leqslant M_f$ 时，取 $M = M_f$；

M_f——梁两翼缘所能承担的弯矩设计值，按下式计算

$$M_f = \left(A_{f1}\frac{h_{m1}^2}{h_{m2}} + A_{f2}h_{m2}\right)f \tag{5-53a}$$

对双轴对称的 H 形截面梁两翼缘所能承担的弯矩设计值可表示为

$$M_f = A_f(h_w + t_f)f \tag{5-53b}$$

A_{f1}、A_{f2}——较大翼缘、较小翼缘的截面面积，当双轴对称的 H 形截面时，$A_{f1} = A_{f2} = A_f$；

h_{m1}、h_{m2}——较大翼缘、较小翼缘的截面形心至梁中和轴的距离，当双轴对称的 H 形截面时，$h_{m1} = h_{m2} = (h_w + t_f)/2$；

h_w——腹板的高度；

M_{eu}——梁受弯承载力设计值，应按下式计算

$$M_{eu} = \gamma_x \alpha_e W_x f \tag{5-54}$$

α_e——梁截面模量考虑腹板有效高度的折减系数，按下式计算

$$\alpha_e = 1 - \frac{(1-\rho)h_c^3 t_w}{2I_x} \tag{5-55}$$

W_x——按受拉或受压最大纤维确定的量毛截面模量；

I_x——按梁截面全部有效算得的绕 x 轴的惯性矩；

h_c——按梁截面全部有效算得的腹板受压区高度，对双轴对称截面 $2h_c = h_0$；

γ_x——梁截面塑性发展系数；

ρ——腹板受压区有效高度系数，按下列公式计算

当 $\lambda_{n,b} \leqslant 0.85$ 时

$$\rho = 1.0 \tag{5-56a}$$

当 $0.85 < \lambda_{n,b} \leqslant 1.25$ 时

$$\rho = 1 - 0.82(\lambda_{n,b} - 0.85) \tag{5-56b}$$

当 $\lambda_{n,b} > 1.25$ 时

$$\rho = \frac{1}{\lambda_{n,b}}\left(1 - \frac{0.2}{\lambda_{n,b}}\right) \tag{5-56c}$$

$\lambda_{n,b}$——梁腹板受弯计算的正则化宽厚比，按式（5-58）计算；

V_u——梁受剪承载力设计值，应按下式计算

当 $\lambda_{n,s} \leqslant 0.8$ 时

$$V_u = h_w t_w f_v \tag{5-57a}$$

当 $0.8 < \lambda_{n,s} \leqslant 1.2$ 时

$$V_u = h_w t_w f_v [1 - 0.5(\lambda_{n,s} - 0.8)] \tag{5-57b}$$

当 $\lambda_{n,s} > 1.2$ 时

$$V_u = h_w t_w f_v / \lambda_{n,s}^{1.2} \tag{5-57c}$$

$\lambda_{n,s}$——梁腹板受剪计算的正则化宽厚比，按式（5-59）计算。

梁腹板受弯计算的正则化宽厚比 $\lambda_{n,b}$，按下式计算：

当梁受压翼缘扭转受到约束时

$$\lambda_{n,b} = \frac{2h_c/t_w}{177} \cdot \frac{1}{\varepsilon_k} \tag{5-58a}$$

当梁受压翼缘扭转未受到约束时

$$\lambda_{n,b} = \frac{2h_c/t_w}{138} \cdot \frac{1}{\varepsilon_k} \tag{5-58b}$$

式中　h_c——按梁截面全部有效算得的腹板受压区高度，对双轴对称截面 $2h_c = h_0$；

t_w——腹板的厚度。

梁腹板受剪计算的正则化宽厚比 $\lambda_{n,s}$，按下式计算：

当 $a/h_0 \leqslant 1$ 时

$$\lambda_{n,s} = \frac{h_0/t_w}{37\eta \sqrt{4 + 5.34 (h_0/a)^2}} \cdot \frac{1}{\varepsilon_k} \tag{5-59a}$$

当 $a/h_0 > 1$ 时

$$\lambda_{n,s} = \frac{h_0/t_w}{37\eta \sqrt{5.34 + 4 (h_0/a)^2}} \cdot \frac{1}{\varepsilon_k} \tag{5-59b}$$

式中　η——简支梁取 1.1，框架梁两端最大应力区取 1.0；

a——横向加劲肋的间距；

h_0——腹板的计算高度，对轧制型钢梁，为腹板与上、下翼缘相接处梁内弧起点间的距离；对焊接截面梁，为腹板高度。

3. 刚架正常使用极限状态的校核

刚架正常使用极限状态的校核包括两个方面：①在风荷载标准值作用下，刚架柱顶水平位移验算。②横梁在竖向荷载标准值作用下的挠度验算。

（1）刚架柱顶水平位移验算　变截面门式刚架的柱顶侧移应该采用弹性分析方法确定，计算时荷载取标准值，不考虑荷载分项系数。

在风荷载标准值作用下，轻型单层框架柱顶水平位移值不宜超过下列数值：

无起重机，采用轻型钢墙板时，$H/60$；采用砌体墙时，$H/240$。

有桥式起重机，起重机由驾驶室操作时，$H/400$；起重机由地面操作时，$H/180$。

这里，H 为刚架柱的高度。

当单跨变截面门式刚架斜梁上缘坡度不大于 1:5 时，在柱顶水平力 F 作用下的侧移可按下式计算：

柱脚铰接刚架

$$\Delta = \frac{FH^3}{12EI_c}(2 + \xi_t) \tag{5-60a}$$

柱脚刚接刚架

$$\Delta = \frac{FH^3}{12EI_c}\left(\frac{3 + 2\xi_t}{6 + 2\xi_t}\right) \tag{5-60b}$$

式中　ξ_t——刚架柱与刚架梁的线刚度比值，即 $\xi_t = (EI_c/H)/(EI_b/l)$；

　　I_c、I_b——刚架柱和刚架梁的平均惯性矩，按式（5-61）确定；

　　H、l——刚架柱高度和刚架梁跨度，当坡度大于 1:10 时，l 应取横梁沿坡折线的总长度 2s（图 5-11a）；

　　F——刚架柱顶等效水平力。

变截面柱和横梁的平均惯性矩可按下式计算：

$$I_c = \frac{I_{c0} + I_{c1}}{2} \tag{5-61a}$$

$$I_b = \frac{I_{b0} + \beta I_{b1} + (1 - \beta)I_{b2}}{2} \tag{5-61b}$$

式中　I_{c0}、I_{c1}——柱小头和柱大头的惯性矩；

　　I_{b0}、I_{b1}、I_{b2}——楔形横梁最小截面、檐口和跨中截面的惯性矩（图 5-11a）；

　　β——楔形横梁长度比值（图 5-11a）。

当估算刚架在沿柱高度均布水平风荷载下的侧移时，柱顶等效水平力 F 可取：

柱脚铰接刚架　　　　　　　$F = 0.67W \tag{5-62a}$

柱脚刚接刚架　　　　　　　$F = 0.45W \tag{5-62b}$

式中　W——均布风荷载的总值，$W = (q_1 + q_2)H$，其中 q_1、q_2 分别为刚架两侧承受的沿柱高度的水平风荷载（kN/m），如图 5-15 所示。

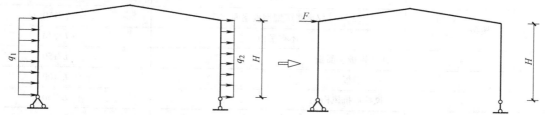

图 5-15　刚架在均布风荷载作用下柱顶的等效水平力

当刚架在估算起重机水平荷载 P_c 作用下的侧移时（图 5-16），柱顶等效水平力 F 可取：

柱脚铰接刚架　　　　　　　$F = 1.15\eta P_c \tag{5-63a}$

柱脚刚接刚架　　　　　　　$F = \eta P_c \tag{5-63b}$

式中　η——起重机水平荷载 P_c 作用高度与柱高度之比。

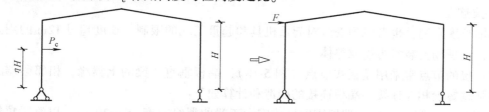

图 5-16　刚架在起重机水平荷载作用下柱顶的等效水平力

《门式刚架轻型房屋钢结构技术规范》（GB 51022—2015）规定，无起重机，当采用轻质钢墙板时，单层门式刚架的柱顶位移限值为 $H/60$；当采用砌体墙时，单层门式刚架的柱顶位移限值为 $H/240$。

当刚架侧移不满足上述要求时，需要采用下列措施之一进行调整：放大柱或（和）梁的截面尺寸；改铰接柱脚为刚性柱脚；将多跨框架中的个别摇摆柱改为上端和梁刚接等。

（2）刚架横梁挠度验算　　计算横梁在竖向荷载下的挠度时采用荷载效应的标准组合。计算时，将弯矩分为两部分：支座弯矩 $M'_k = (M_{Ak} + M_{Bk})/2$ 和简支弯矩 $M_k = M_{ck} + (M_{Ak} + M_{Bk})/2$，如图 5-17 所示。前一部分的挠度系数为 1/8；后一部分的挠度系数（即简支梁的挠度系数）为 5/48。

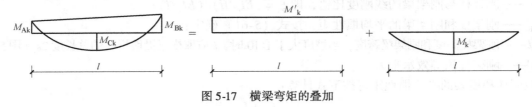

图 5-17　横梁弯矩的叠加

横梁跨中总挠度（向下为正）：

$$f = \frac{5M_k l^2}{48EI} - \frac{M'_k l^2}{8EI} \tag{5-64}$$

刚架梁在竖向荷载标准值作用下的挠度不宜超过表 5-6 规定的数值。

表 5-6　受弯构件挠度与跨高比限值

构件类型			构件挠度限值
竖向挠度	门式刚架斜梁	仅支承压型钢板屋面和冷弯型钢檩条	$L/180$
		还有吊顶	$L/240$
		有悬挂起重机	$L/400$
	夹层	主梁	$L/400$
		次梁	$L/250$
	檩条	仅承受压型钢板屋面	$L/150$
		还有吊顶	$L/240$
	压型钢板屋面板		$L/150$
水平挠度	墙板		$L/100$
	抗风柱或抗风桁架		$L/250$
	墙梁	仅支承压型钢板墙	$L/100$
		支承砌体墙	$L/180$ 且 $\leqslant 50\text{mm}$

注：L 为跨度，对门式刚架斜梁，L 取全跨；对悬臂梁，按悬伸长度的 2 倍计算受弯构件的挠度。

5.1.7　刚架节点设计

1. 梁—梁连接

由于运输长度限制，也考虑到安装对起重机具和起重工况的限制，长度超过 12m 的刚架梁通常需要分段制作，在现场安装时再连成整体。

梁—梁连接的节点常采用端板式节点（图 5-18），端板垂直于梁的上翼缘，相邻梁端的两个端板安装时用高强度螺栓相互连接。端板连接的构造和计算如下：

（1）端板尺寸（图 5-19）　　端板横向尺寸应大于梁的翼缘宽度 15～20mm，以给梁翼缘的焊接留有位置。端板高度方向的尺寸与翼缘外侧的螺栓排列有关，若端板伸出翼缘，则外伸长度一般可为螺栓孔径的 3～4 倍；若在始终受压的翼缘外侧不配置螺栓，则端板只要凸出翼缘外侧 20mm 左右即可。

端板厚度的确定与螺栓受拉后产生的端板应力有关。端板厚度取各种支承条件计算确定的板厚最大值，但不应小于 16mm 及 0.8 倍的高强度螺栓直径，以保证必要的刚度。可以将端板区格分成不同

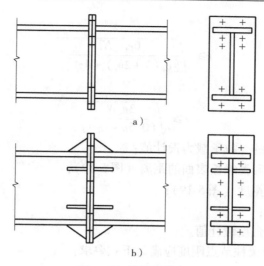

图 5-18　端板式节点

a) 无加劲肋的端板　b) 有加劲肋的端板

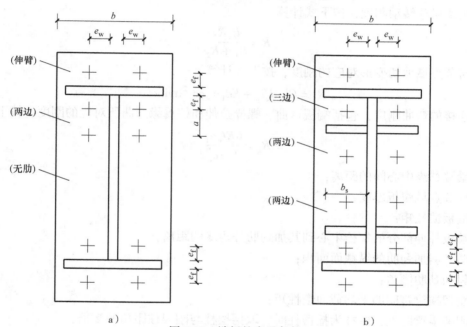

图 5-19　端板的支承条件

a) 无加劲肋的端板　b) 有加劲肋的端板

类型，计算其所需的最小厚度，按其中最小值取对应的钢板规格作为端板的设计厚度。

伸臂区格（端板外伸时且无加劲肋的外伸部分）：

$$t \geqslant \sqrt{\frac{6e_f N_t}{bf}} \tag{5-65a}$$

两相邻边支承区格（端板外伸时）：

$$t \geqslant \sqrt{\frac{6e_f e_w N_t}{[e_w b + 2e_f(e_f + e_w)]f}} \tag{5-65b}$$

两相邻边支承区格（端板平齐时）：

$$t \geqslant \sqrt{\frac{12e_f e_w N_t}{[e_w b + 4e_f(e_f + e_w)]f}} \tag{5-65c}$$

三边支承区格：

$$t \geqslant \sqrt{\frac{6e_f e_w N_t}{\left[e_w(b+2b_s)+4e_f^2\right]f}}$$ (5-65d)

无加劲肋的区格：

$$t \geqslant \sqrt{\frac{3e_w N_t}{(0.5a+e_w)f}}$$ (5-65e)

式中　N_t——一个高强度螺栓的受拉承载力设计值；

　e_w、e_f——螺栓中心至腹板和翼缘板表面的距离（图 5-19）；

　b、b_s——端板和加劲肋的宽度（图 5-19）；

　a——螺栓中心间距离；

　f——端板钢材的抗拉强度设计值。

（2）端板连接刚度　刚架梁柱节点刚度应满足下式要求：

$$R \geqslant 25\frac{EI_b}{l_b}$$ (5-66)

式中　R——刚架梁柱转动刚度，按下式计算

$$R = \frac{R_1 R_2}{R_1 + R_2}$$ (5-67)

　R_1——与节点域剪切变形对应的刚度，按下式计算

$$R_1 = Gh_1 d_c t_p + Ed_b A_{st}\cos^2\alpha\sin\alpha$$ (5-68)

　R_2——连接的弯曲刚度，包括端板弯曲、螺栓拉伸和柱翼缘弯曲所对应的刚度，按下式计算

$$R_2 = \frac{6EI_e h_1^2}{1.1e_f^3}$$ (5-69)

　h_1——梁端翼缘中心间的距离；

　t_p——柱节点域腹板厚度；

　I_e——端板惯性矩；

　e_f——端板外伸部分的螺栓中心到其加劲肋外边缘的距离；

　A_{st}——两条斜加劲肋的纵截面面积；

　α——斜加劲肋倾角；

　I_b——刚架横梁跨间的平均截面惯性矩；

　l_b——刚架横梁跨度，中柱为摇摆柱时，取摇摆柱与刚架柱距离的 2 倍；

　E、G——钢材的弹性模量和剪切模量。

（3）梁端与端板的连接焊缝　根据等强要求 焊缝可按下列规定计算：

1）腹板与端板的连接角焊缝。腹板和端板的连接应采用双面角焊缝，满足等强要求的设计条件：

$$2 \times h_w \times (0.7h_f)f_f^w \geqslant h_w t_w f$$ (5-70)

由上式可得所要求的腹板角焊缝焊脚尺寸为

$$h_f \geqslant 0.71t_w f/f_f^w$$ (5-71)

式中　h_w、t_w——腹板高度和宽度；

　　h_f——角焊缝的焊脚尺寸；

　　f_f^w、f——角焊缝的强度设计值和腹板钢材的强度设计值。

2）翼缘与腹板的连接焊缝。当采用对接焊缝连接翼缘与端板时，焊缝质量满足一级或二级要求都可以作为等强焊接连接考虑。

当采用角焊缝时，翼缘和端板也应采用双面角焊缝，焊缝在翼缘边缘应绕焊。在这种情况下，根

据式（5-70）可导出翼缘角焊缝的焊脚尺寸：

$$h_f \geqslant 0.71 t_f f / f_f^w \tag{5-72}$$

式中　t_f——翼缘厚度。

显然当翼缘板较厚时，角焊缝焊脚尺寸随之增大，采用双面角焊缝连接的翼缘板厚度不宜超过 12mm。

（4）端板螺栓　端板间的连接一般采用高强度螺栓，连接形式可以是摩擦型的或承压型的，螺栓群的承载力设计值应大于梁端的弯矩和剪力设计值。

1）采用高强度螺栓摩擦型连接时，应按下式计算：

$$\frac{N_v}{N_v^b} + \frac{N_t}{N_t^b} \leqslant 1 \tag{5-73}$$

式中　N_v——一个高强度螺栓所受到的剪力

$$N_v = V/n \tag{5-74}$$

　　　V——螺栓群承受的剪力设计值，但不应小于 $0.5/n h_w t_w f_v$；

　　　n——螺栓个数；

　　　N_v^b——一个高强度螺栓的受剪承载力设计值，按下式计算

$$N_v^b = 0.9 n_d \mu P \tag{5-75}$$

　　　n_f——传力摩擦面数目，在端板连接中取 1；

　　　μ——摩擦面的抗滑移系数，按表 5-7 采用；

　　　P——一个高强度螺栓的预拉力，按表 5-8 采用；

　　　N_t——一个高强度螺栓所承受的拉力，在端板连接中受拉最大螺栓的拉力，可按下式计算

$$N_t = \frac{M y_1}{\sum y_i^2} \tag{5-76}$$

　　　M——螺栓群承受的弯矩设计值，但不应小于 $0.5 W_e f$；

　　　W_e——梁端有效截面模量；

　　　y_1——端板受拉侧最外缘螺栓中心到螺栓群中和轴的距离；

　　　y_i——螺栓群中各个螺栓距螺栓群中和轴的距离；

　　　N_t^b——一个高强度螺栓的受拉承载力设计值，可按下式计算

$$N_t^b = 0.8 P \tag{5-77}$$

表 5-7　钢材摩擦面的抗滑系数 μ

连接处构件接触面的处理方法	构件的钢号		
	Q235 钢	Q345 钢或 Q390 钢	Q420 钢或 Q460 钢
喷硬质石英砂或铸钢棱角砂	0.45	0.45	0.45
抛丸（喷砂）	0.40	0.40	0.40
钢丝刷清除浮锈或未经处理的干净轧制表面	0.30	0.35	—

注：1. 钢丝刷除锈方向应与受力方向垂直。

　　2. 当连接构件采用不同钢材牌号时，μ 按相应较低强度者取值。

　　3. 采用其他方法处理时，其处理工艺及抗滑移系数值均需试验确定。

表 5-8　一个高强度螺栓的预拉力设计值 P （kN）

螺栓的性能等级	螺栓公称直径/mm					
	M16	M20	M22	M24	M27	M30
8.8 级	80	125	150	175	230	280
10.9 级	100	155	190	225	290	355

2）采用高强度螺栓承压型连接时，应符合下式的要求：

$$\sqrt{\left(\frac{N_v}{N_v^b}\right)^2 + \left(\frac{N_t}{N_t^b}\right)^2} \le 1 \tag{5-78a}$$

$$N_v \le N_c^b / 1.2 \tag{5-78b}$$

式中　N_v、N_t——螺栓承受的剪力和拉力，分别按式（5-74）和式（5-76）计算；

　　　　N_v^b——一个高强度螺栓的受剪承载力设计值，按下式计算

$$N_v^b = n_v \frac{\pi d^2}{4} f_v^b \tag{5-79}$$

　　　　n_v——受剪面数，在端板连接中取 1；

　　　　d——螺栓杆直径；

　　　　f_v^b——螺栓的抗剪强度设计值；

　　　　N_t^b——一个高强度螺栓的受拉承载力设计值，可按下式计算

$$N_t^b = \frac{\pi d_e^2}{4} f_t^b \tag{5-80}$$

　　　　d_e——螺栓在螺纹处的有效直径；

　　　　f_t^b——螺栓的抗拉强度设计值；

　　　　N_c^b——一个高强度螺栓的受压承载力设计值，可按下式计算

$$N_c^b = dt f_c^b \tag{5-81}$$

　　　　t——端板厚度，当连接接头两侧端板厚度不等时，应取较薄厚度；

　　　　f_c^b——螺栓的承压强度设计值。

在可能条件下，螺栓宜尽量布置在靠近翼缘板或腹板的地方，这样可以使构件的传力少绕路，有利于端板的受力。

（5）梁腹板厚度　当端板连接采用图 5-19a 所示无加劲肋的构造形式时，还应按下式计算端板螺栓处腹板强度：

当 $N_{t2} \le 0.4P$ 时　　　　　　　　　　　　$\dfrac{0.4P}{e_w t_w} \le f$　　　　　　　　　　　　（5-82a）

当 $N_{t2} > 0.4P$ 时　　　　　　　　　　　　$\dfrac{N_{t2}}{e_w t_w} \le f$　　　　　　　　　　　　（5-82b）

式中　N_{t2}——翼缘内第二排一个螺栓的轴向拉力设计值；

　　　　P——1 个高强度螺栓的预拉力；

　　　　e_w——螺栓中心至腹板表面的距离；

　　　　t_w——腹板厚度；

　　　　f——梁腹板钢材的抗拉强度设计值。

当不满足式（5-82）的要求时，可设置腹板的加劲肋或局部加厚腹板。

2. 梁—柱连接

（1）边柱和刚架梁的连接　门式刚架边柱和刚架梁一般处理成刚接节点，刚接节点能够传递弯矩并保证在工作状态下梁柱之间的相对转角等于或接近于零。

边柱和刚架梁的连接节点有梁的端板竖放（图 5-20a）、端板平放（图 5-20b）和端板斜放（图 5-20c）三种基本形式。在实际工程中，端板平放连接方式用得比较普遍。

梁柱刚性节点属于端板式节点，其计算要点与梁—梁节点基本相同，这里不再赘述。

当端板竖放时，在与梁翼缘对应的位置，柱子上要分别设顶板与横向加劲肋，以防梁翼缘产生的集中力将柱子翼缘压曲或引起拉伸变形。同理，当端板平放时，在与柱子翼缘对应的位置，梁要设端

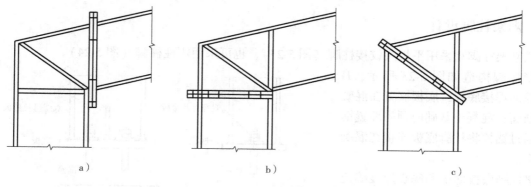

图 5-20 边柱和刚架梁的连接

a) 端板竖放 b) 端板平放 c) 端板斜放

部封板（类似柱子的顶板）以及横向加劲肋。顶板和加劲肋之间围成的区域称为"节点域"（图 5-21a），这个区域要承受因节点域边缘的弯矩引起的剪应力。节点域的剪应力应按式（5-83）验算，当不满足式（5-83）要求时，应加厚腹板或设置斜向加劲肋（图 5-21b）。

$$\tau = \frac{M}{d_b d_c t_c} \le f_v \qquad (5\text{-}83)$$

式中 M——节点承受的弯矩，对多跨刚架中间柱处，应取两侧斜梁端弯矩的代数和或柱端弯矩；

d_c、t_c——节点域的宽度和厚度；

d_b——斜梁端部高度或节点域高度；

f_v——节点域钢材的抗剪强度设计值。

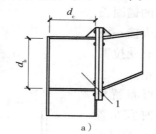
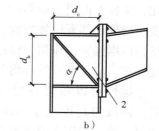

图 5-21 节点域

1—节点域 2—使用斜向加劲肋补强的节点域

（2）中柱和刚架梁的连接 承受起重机荷载时或要求横向框架有较大的抗侧刚度时，中柱柱顶与刚架梁处理成刚接（图 5-22a）。一般中柱和刚架梁处理成铰接（图 5-22b）。

当中柱柱顶与刚架梁刚接时，中柱设一顶板，与梁的下翼缘连接；对应柱翼缘的位置，梁腹板设两道加劲肋。连接和节点域的计算方法与边柱——刚架梁节点相同，但在应用式（5-83）时 M 取两侧斜梁端弯矩的代数和或柱端弯矩。

当中柱柱顶与刚架梁铰接时，柱顶一般配置 2 或 4 个高强度螺栓，布置在柱子腹板高度范围内。作为铰接，不应将螺栓布置到柱子翼缘外侧。梁腹板上的加劲肋不必沿梁腹全高布置，只需布置在靠近柱子的一侧（图 5-22b）。

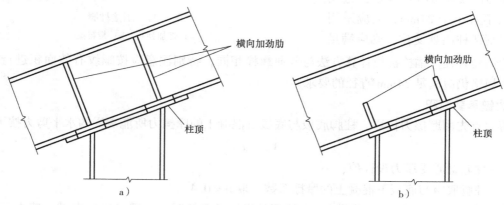

图 5-22 中柱柱顶和刚架梁的连接

a) 梁与中柱刚性连接 b) 梁与中柱铰接

5.1.8　刚架柱脚设计

门式刚架柱脚宜采用平板式铰接柱脚（图5-23），也可采用刚性柱脚（图5-24）。

铰接柱脚构造如图5-23所示，H形钢柱底面焊接底板，底板搁置在混凝土基础顶面；混凝土基础内预先埋置钢锚栓，通过锚栓将柱脚底板连接在混凝土基础上。

铰接柱脚底板面积和底板厚度确定方法参见第4.1.6节柱脚设计有关内容。锚栓和剪力键的设置应满足下列要求：

1. 锚栓直径

锚栓用于固定柱子，当风荷载作用下柱子受拉时，锚栓用于传递拉力。因此，锚栓在混凝土中要有一定的锚固长度。锚栓底部要设置弯钩，或焊接一块钢板以增强锚固作用。锚栓如有受拉工况存在，应用两个螺母将其固定。

锚栓可以布置一对，也可布置两对。柱截面高度大于400mm时宜布置两对。锚栓布置在靠近腹板处；考虑到施工误差，底板上的锚栓孔洞需要开设得比螺栓直径大20~30mm。工程上也常将螺栓孔设在底板边缘处。螺栓孔开得较大时，螺母下面一定要设置垫板。垫板厚度10mm以上的钢板，上面钻一直径大于螺栓直径2mm的圆孔。螺栓安装后，垫板应用电焊与底板焊住。

当刚架柱所在工作条件下都始终受压，按《门式刚架轻型房屋钢结构技术规范》（GB 51022—2015）规定，选用的锚栓直径不宜小于24mm，且应采用双螺母。当刚架柱出现受拉，则应满足

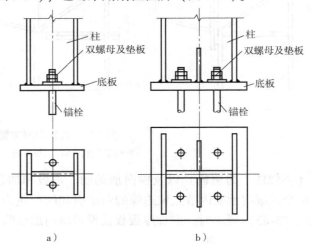

图5-23　铰接柱脚
a) 一对螺栓的铰接柱脚　b) 两对螺栓的铰接柱脚

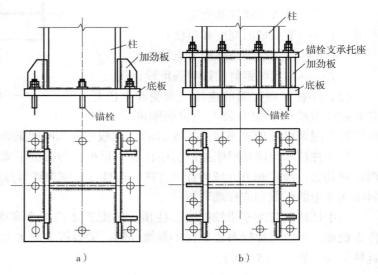

图5-24　刚接柱脚
a) 带加劲肋　b) 带靴梁

计算所需的锚栓直径。锚栓抗拉计算方法与普通螺栓相同，特别注意应按螺纹有效面积进行计算，但锚栓的最小规格仍应满足24mm直径的要求。

2. 剪力键承剪面积

柱底剪力首先由摩擦力传递。柱脚底板与底板下混凝土的摩擦力所能承受的水平剪力按下式计算：

$$V_{fb} = \mu N \tag{5-84}$$

式中　N——柱底轴心受压力设计值；

　　　μ——柱脚底板与底板下混凝土的摩擦系数，取$\mu = 0.4$。

当此摩擦力V_{fb}不足以抵抗柱底剪力V，特别是当柱子受拉时，则需设置剪力键。剪力键可以是钢板、角钢或者槽钢，一端焊接在柱子底板，利用自身与基础混凝土的接触承压来平衡柱底剪力。剪力

键预先焊接在柱底板下，基础混凝土顶面预留槽位以插入剪力键，柱子安装定位后，需要将此槽内填满细石混凝土。为了实现这一工艺，需要预留细石混凝土浇筑的孔道。

剪力键所需的承剪面积可按下式确定：

$$A_v \geqslant V/f_c \tag{5-85}$$

式中　V——柱底剪力设计值，但当柱子受有一定轴压力时也可以从 V 中扣除柱底摩擦力能够承受的部分剪力。

5.1.9　柱间支撑构造和设计

1. 支撑的布置

在设置柱间支撑的开间，宜同时设置屋盖横向支撑，以组成几何不变体系。

柱间支撑的设置应根据房屋纵向柱距、受力情况和温度区段等条件确定。当无起重机时，柱间支撑间距宜取 30~45m，端部柱间支撑宜设置在房屋端部第一或第二开间。当有起重机时，起重机牛腿下部支撑宜设置在温度区段中部，当温度区段较长时，宜设置在三分点内，且支撑间距不应大于 50m。牛腿上部支撑设置原则与无起重机时的柱间支撑设置原则相同。

2. 柱间支撑的截面、构造

柱间支撑按其斜杆能否有效抵抗轴压力分为柔性支撑和刚性支撑。设置桥式起重机的厂房要求设置刚性支撑。

刚性支撑可采用角钢、槽钢、工字钢等热轧型钢或钢管。支撑构件两端铰接于柱子，通过节点板连接。刚性支撑与地面的交角宜控制在 30°~60°，宜接近 45°。

3. 柱间支撑计算

1）刚架柱间支撑的内力，应根据该柱列所受纵向风荷载 W（如有起重机，还应计入起重机纵向制动力 T）按支承于柱脚基础上的竖向悬臂桁架计算；对于交叉支撑可不计压杆的受力，计算简图见图 5-25。当同一柱列设有多道柱间支撑时，纵向力在支撑间可按均匀分布考虑。

2）采用型钢的刚性支撑一般不存在局部失稳问题，所以支撑计算内容包括净截面强度、整体稳定、满足刚度要求，以及支撑连接节点部位的焊缝、螺栓、节点板的强度和稳定性。

支撑构件受拉或受压时，应按《钢结构设计标准》（GB 50017—2017）或《冷弯薄壁型钢结构技术规范》（GB 50018—2002）关于轴心受拉或轴心受压构件的规定计算。

无吊车梁时，受压支撑长细比不宜大于 220，受拉支撑长细比

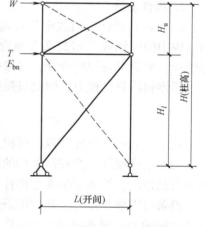

图 5-25　柱间支撑计算简图

不宜大于 400。有吊车梁时，受压支撑长细比不宜大于 180，受拉支撑长细比不宜大于 300，但对张紧的圆钢或钢索支撑不作长细比的限制。

对承受静态荷载的结构，可仅计算受拉构件在竖向平面内的长细比；对直接或间接承受动态荷载的结构，计算单角钢受拉构件的长细比时，应采用角钢的最小回转半径；在计算单角钢交叉受拉杆件平面外长细比时，应采用与角钢肢边平行轴的回转半径；在永久荷载与风荷载组合作用下受压的构件，其长细比不宜大于 250。

5.1.10　屋盖支撑构造和设计

1. 支撑形式和计算简图

屋面水平支撑系统由刚架横梁、斜杆和在刚架横梁与斜杆相交处的系杆构成（图 5-26a），形成桁

架体系。其中，斜杆采取交叉形式布置，门式刚架厂房屋面水平支撑斜杆一般采用圆钢（直径在 20~30mm），施工时施以预张力予以张紧。

计算刚架斜梁上横向水平支撑的内力，应根据纵向风荷载按支承于柱顶的水平桁架计算；对于交叉支撑可不计压杆的受力。计算简图如图 5-26b 所示。

作用于屋面水平支撑系统上的水平荷载 F_w 主要由山墙面上的风荷载决定。通常假设山墙高度一半上方的风荷载通过屋面向内框架传递，则

$$F_w = \gamma_Q w_k H_a l_a \qquad (5-86)$$

式中　w_k——风荷载标准值；

　　　H_a——山墙平均高度的一半；

　　　l_a——屋面支撑系统中刚性系杆间距；

　　　γ_Q——风荷载分项系数，取 $\gamma_Q = 1.5$。

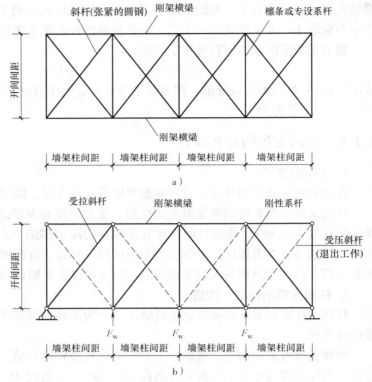

图 5-26　屋面支撑系统

a) 屋面支撑系统构成　b) 计算简图

2. 构件设计

（1）斜杆设计　门式刚架轻型房屋钢结构中的圆钢或钢索交叉支撑应按拉杆设计，型钢可按拉杆设计，支撑中的刚性系杆应按压杆设计。

圆钢斜杆只受拉力，因此只需按下式计算净截面强度：

$$\frac{N}{A_n} \leqslant f \qquad (5-87)$$

式中　A_n——斜杆净截面面积，如有螺纹连接应取螺纹处的有效截面。

（2）系杆设计　当在刚架梁的腹部高度，另设置钢管或型钢等作为刚性系杆时，檩条只负担屋面竖向荷载作用，檩条应按受弯构件分别进行截面的强度和整体稳定性。

檩条可以兼作系杆，此时檩条变成压弯构件，即负担屋面竖向荷载产生的弯矩和屋面纵向水平荷载产生的轴力。檩条应按压弯构件分别计算截面的强度和整体稳定性。

以单轴对称的冷弯薄壁带卷边的 C 形截面为例，考虑弯矩绕主轴作用，构件两端简支时其计算公式如下：

1）强度。

$$\sigma = \frac{N}{A_{en}} \pm \frac{M_x}{W_{enx}} \leqslant f \qquad (5-88)$$

式中　N、M_x——构件计算截面的轴心压力设计值和最大弯矩设计值；

　　　A_{en}、W_{enx}——计算截面的有效净截面面积和有效净截面模量。

2）弯矩作用平面内的整体稳定性。

$$\frac{N}{\varphi_x A_e} + \frac{M_x}{\left(1 - \frac{N}{N'_{Ex}}\varphi_x\right)W_{ex}} + \frac{B}{W_\omega} \leqslant f \qquad (5-89)$$

式中　N、M_x——作用于构件上的最大轴心压力设计值和最大弯矩设计值；

B——与最大弯矩同一截面的双力矩，当受弯构件的受压翼缘上有铺板，且与受压翼缘牢固相连并能阻止受压翼缘侧向变位和扭转时，$B=0$，此时可不验算受弯构件的稳定性；其他情况，B 可按《冷弯薄壁型钢结构技术规范》（GB 50018—2002）附录 A 中 A.4 的规定计算；

φ_x——对 x 轴的轴心受压构件稳定系数，按《钢结构设计标准》（GB 50017—2017）附录 D 查取，此时长细比按下式计算

$$\lambda_\omega = \lambda_x \sqrt{\frac{s^2 + i_0^2}{2s^2} + \sqrt{\left(\frac{s^2 + i_0^2}{2s^2}\right)^2 - \frac{i_0^2 - e_0^2}{s^2}}} \tag{5-90}$$

$$i_0^2 = e_0^2 + i_x^2 + i_y^2 \tag{5-91}$$

$$s^2 = \frac{\lambda_x^2}{A}\left(\frac{I_\omega}{l_\omega^2} + 0.039 I_t\right) \tag{5-92}$$

I_t、I_ω——檩条毛截面相当极惯性矩（即圣文南系数，又称扭转惯性矩）和扇形惯性矩；

i_x、i_y——毛截面对主轴的回转半径；

e_0——毛截面的剪力中心在对称轴上的坐标；

W_ω——毛截面扇形模量，取与弯曲应力计算点相同一点的模量值；

l_ω——扭转屈曲的计算长度，两端简支时取构件全长；

λ_x——构件对 x 轴的长细比；

N'_{Ex}——系数，$N'_{Ex} = \dfrac{\pi^2 EA}{1.165 \lambda_x^2}$。

3）弯矩作用平面外的整体稳定性。

$$\frac{N}{\varphi_y A_e} + \frac{M_x}{\varphi_{bx} W_{ex}} + \frac{B}{W_\omega} \leqslant f \tag{5-93}$$

式中　φ_y——对 y 轴的轴心受压构件稳定系数；

φ_{bx}——冷弯薄壁型钢构件的受弯整体稳定系数，按式（5-108）计算。

（3）支撑端部连接　圆钢拉杆在端部主要采用两种方式连接：节点板式连接和端部螺纹连接。

节点板式连接的构造如图 5-27 所示。圆钢端部焊接在节点板上，结构安装时用螺栓将节点板固定于刚架梁的上翼缘。为了避免与檩条构件相碰，节点板置于上翼缘的下方。圆钢拉杆的预紧力通过拧动花篮螺栓来施加。花篮螺栓是一个两端设有内螺纹的连接件，两端螺纹的螺旋方向相反。当转动花篮螺栓时，可以将两侧的圆钢收拢从而起张紧作用。

端部螺纹连接的构造：在刚架梁腹板靠近上翼缘的部位预先

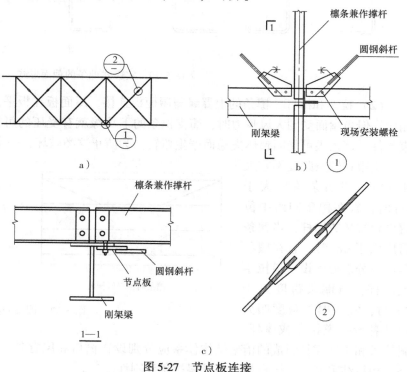

图 5-27　节点板连接

制孔，圆钢拉杆的螺纹端穿过孔洞后用螺母固定，因圆钢支撑和梁轴线斜交，故需要一特制的楔形垫块，使螺母拧紧过程中，垫圈对楔形垫块的接触面仅产生法向压力。也可用弧形支承板或角钢垫块（图 5-28）来实现同样的功能，但角钢垫块需要截肢以调整角度。

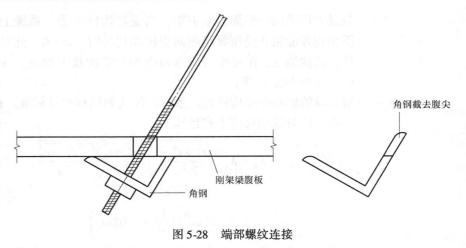

图 5-28　端部螺纹连接

5.1.11　围护系统设计

1. 檩条

（1）檩条的截面形式　檩条的截面形式可分为实腹式和桁架式两种。当檩条跨度（柱距）不超过 9m 时，宜采用实腹式檩条。

实腹式檩条通常采用冷弯薄壁型钢。屋面檩条常用的形状有：C 形（即槽形）、带卷边 C 形（即带卷边槽形）、Z 形、带卷边 Z 形（图 5-29a～d），卷边可以垂直翼缘板（即直卷边），也可以是斜向的（即斜卷边）（图 5-29e）。卷边 C 形（带卷边槽钢）檩条适用于屋面坡度 $i \leq 1/3$ 的情况，直卷边和斜卷边 Z 形檩条适用于屋面坡度 $i > 1/3$ 的情况。

冷弯薄壁型钢檩条可以按照简支檩条或连续檩条进行设计。

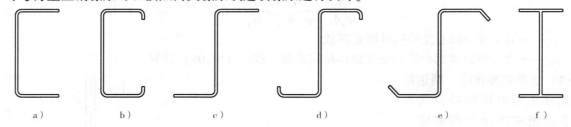

　a）　　　　b）　　　　c）　　　　d）　　　　e）　　　　f）

图 5-29　实腹式檩条的截面形式

（2）拉条和撑杆　檩条的上翼缘与屋面板连接，屋面板在板平面内的刚度可以防止檩条上翼缘的侧弯。但当屋面受到大风吸力时，简支檩条的下翼缘就有受压的可能。如没有提供下翼缘平面外的约束条件，檩条很可能因整体失稳而产生扭转。为防止这类破坏，一个有效的措施是设置拉条和撑杆。

实腹式檩条跨度不宜大于 12m，当檩条跨度大于 4m 时，宜在檩条间跨中位置设置拉条或撑杆；当檩条跨度大于 6m 时，宜在檩条跨度三分点处各设一道拉条或撑杆；当檩条跨度大于 9m 时，宜在檩条跨度四分点处各设一道拉条或撑杆。

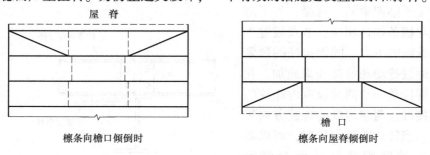

檩条向檐口倾倒时　　　　　檩条向屋脊倾倒时

图 5-30　檩条间拉条的设置

斜拉条和刚性撑杆组成的桁架结构体系应分别设在檐口和屋脊处（图 5-30），当构造能保证屋脊处拉条互相拉结平衡，在屋脊处可不设斜拉条和刚性撑杆。

　　当采用圆钢做拉条时，圆钢直径不宜小于 10mm。为了防止檩条下翼缘平面外侧弯为主要目的而设置的拉条，应尽量布置在距檩条上翼缘 1/3 腹板高度的范围内（图 5-31a）。当在风吸力作用下檩条下翼缘受压时，拉条宜在檩条上、下翼缘附近适当布置。当采用扣合式屋面板时，拉条的设置应根据檩条的稳定计算确定。

　　也可采用弯折的冷弯薄壁角钢或钢管代替圆钢，这类构件既可受拉也可受压，称为撑杆。为了方便连接，工程上将拉条和钢管配合安装，如图 5-31b 所示。

　　（3）檩条的荷载和荷载组合

　　1）檩条的荷载。

　　①永久荷载。永久荷载包括屋面板、檩条、支撑和悬挂物的自重。

　　结构自重应按《建筑结构荷载规范》（GB 50009—2012）的规定采用。悬挂荷载应按实际情况取用。

　　②可变荷载。当采用压型钢板轻型屋面时，屋面竖向均布活荷载的标准值（按水平投影面积计算）应取 0.5kN/m²。对受荷水平投影面积大于 60m² 刚架构件，屋面竖向均布活荷载的标准值可取不小于 0.3kN/m²。

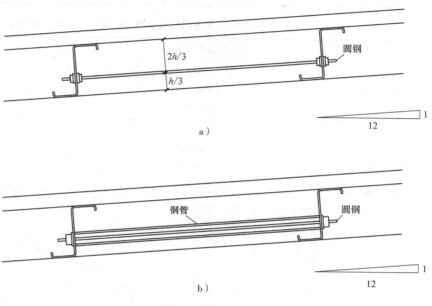

图 5-31　拉条和撑杆
a）圆钢拉条　b）圆钢外套钢管的撑杆式拉条

　　屋面雪荷载、积灰荷载和起重机荷载，应按《建筑结构荷载规范》（GB 50009—2012）规定采用。但应注意：屋面均布活荷载不与雪荷载同时考虑，应取两者中的较大值；积灰荷载与雪荷载或屋面均布活荷载中的较大值同时考虑。

　　用于围护构件和屋面板风荷载计算时，双坡屋面和挑檐的风荷载系数应按表 5-9a ~ 表 5-9i 的规定采用（图 5-32 ~ 图 5-34）。

表 5-9a　双坡屋面风荷载系数（风吸力）（0°≤θ≤10°）

分区	有效风荷载面积 A/m^2	封闭式房屋	部分封闭式房屋
	屋面风吸力系数 μ_w，用于围护构件和屋面板		
角部（3）	$A \leq 1$	-2.98	-3.35
	$1 < A < 10$	$+1.70\lg A - 2.98$	$+1.70\lg A - 3.35$
	$A \geq 10$	-1.28	-1.65
边区（2）	$A \leq 1$	-1.98	-2.35
	$1 < A < 10$	$+0.70\lg A - 1.98$	$+0.70\lg A - 2.35$
	$A \geq 10$	-1.28	-1.65
中间区（1）	$A \leq 1$	-1.18	-1.55
	$1 < A < 10$	$+0.10\lg A - 1.18$	$+0.10\lg A - 1.55$
	$A \geq 10$	-1.08	-1.45

表 5-9b　双坡屋面风荷载系数（风压力）

分区	有效风荷载面积 A/m^2	封闭式房屋	部分封闭式房屋
各区	$A \leqslant 1$	+0.48	+0.85
	$1 < A < 10$	$-0.10 \lg A + 0.48$	$-0.10 \lg A + 0.85$
	$A \geqslant 10$	+0.38	+0.75

屋面风压力系数 μ_w，用于围护构件和屋面板

表 5-9c　挑檐风荷载系数（风吸力）（$0° \leqslant \theta \leqslant 10°$）

分区	有效风荷载面积 A/m^2	封闭或部分封闭房屋
角部（3）	$A \leqslant 1$	-2.80
	$1 < A < 10$	$+2.00 \lg A - 2.80$
	$A \geqslant 10$	-0.80
边区（2）中间区（1）	$A \leqslant 1$	-1.70
	$1 < A \leqslant 10$	$+0.10 \lg A - 1.70$
	$10 < A < 50$	$+0.715 \lg A - 2.32$
	$A \geqslant 50$	-1.10

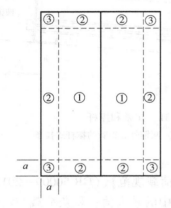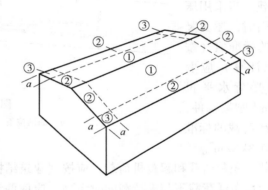

图 5-32　双坡屋面和挑檐风荷载系数分区（$0° \leqslant \theta \leqslant 10°$）

表 5-9d　双坡屋面风荷载系数（风吸力）（$10° \leqslant \theta \leqslant 30°$）

屋面风吸力系数 μ_w，用于围护构件和屋面板

分区	有效风荷载面积 A/m^2	封闭式房屋	部分封闭式房屋
角部（3）边区（2）	$A \leqslant 1$	-2.28	-2.65
	$1 < A < 10$	$+0.70 \lg A - 2.28$	$+0.70 \lg A - 2.65$
	$A \geqslant 10$	-1.58	-1.95
中间区（1）	$A \leqslant 1$	-1.08	-1.45
	$1 < A < 10$	$+0.10 \lg A - 1.08$	$+0.10 \lg A - 1.45$
	$A \geqslant 10$	-0.98	-1.35

表 5-9e　双坡屋面风荷载系数（风压力）（$10° \leqslant \theta \leqslant 30°$）

屋面风压力系数 μ_w，用于围护构件和屋面板

分区	有效风荷载面积 A/m^2	封闭式房屋	部分封闭式房屋
各区	$A \leqslant 1$	+0.68	+1.05
	$1 < A < 10$	$-0.20 \lg A + 0.68$	$-0.20 \lg A + 1.05$
	$A \geqslant 10$	+0.48	+0.85

表 5-9 f 挑檐风荷载系数（风吸力）（10°≤θ≤30°）

分区	有效风荷载面积 A/m^2	封闭或部分封闭房屋	
	挑檐风吸力系数 μ_w，用于围护构件和屋面板		
角部（3）	$A\leqslant1$	-3.70	
	$1<A<10$	$+1.20\lg A-3.70$	
	$A\geqslant10$	-2.50	
边区（2）	全部面积	-2.20	

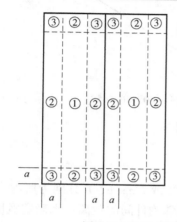
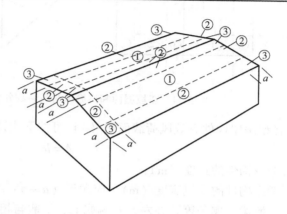

图 5-33 双坡屋面和挑檐风荷载系数分区（10°≤θ≤30°）

表 5-9 g 双坡屋面风荷载系数（风吸力）（30°≤θ≤45°）

分区	有效风荷载面积 A/m^2	封闭式房屋	部分封闭式房屋
	屋面风吸力系数 μ_w，用于围护构件和屋面板		
角部（3） 边区（2）	$A\leqslant1$	-1.38	-1.75
	$1<A<10$	$+0.20\lg A-1.38$	$+0.20\lg A-1.75$
	$A\geqslant10$	-1.18	-1.55
中间区（1）	$A\leqslant1$	-1.18	-1.55
	$1<A<10$	$+0.20\lg A-1.18$	$+0.20\lg A-1.55$
	$A\geqslant10$	-0.98	-1.35

表 5-9 h 双坡屋面风荷载系数（风压力）（30°≤θ≤45°）

分区	有效风荷载面积 A/m^2	封闭式房屋	部分封闭式房屋
	屋面风压力系数 μ_w，用于围护构件和屋面板		
各区	$A\leqslant1$	$+1.08$	$+1.45$
	$1<A<10$	$-0.10\lg A+1.08$	$-0.10\lg A+1.45$
	$A\geqslant10$	$+0.98$	$+1.35$

表 5-9 i 挑檐风荷载系数（风吸力）（30°≤θ≤45°）

分区	有效风荷载面积 A/m^2	封闭或部分封闭房屋
	挑檐风吸力系数 μ_w，用于围护构件和屋面板	
角部（3） 边区（2）	$A\leqslant1$	-2.00
	$1<A<10$	$+1.20\lg A-2.00$
	$A\geqslant10$	-1.80

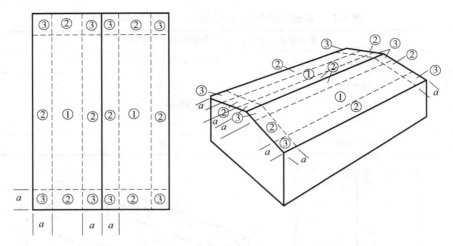

图 5-34 双坡屋面和挑檐风荷载系数分区（$30° \leqslant \theta \leqslant 45°$）

门式刚架轻型房屋构件有效风荷载面积（A）可按下式计算：

$$A = lc \tag{5-94}$$

式中 l——所考虑构件的跨度（m）；

  c——所考虑构件的受风宽度（m），应大于（$a+b$）/2 或 $l/3$；a、b 分别为所考虑构件（墙架柱、墙梁、檩条等）在左、右侧或上、下侧与相邻构件间的距离；无确定宽度的外墙和其他板式构件采用 $c = l/3$。

2）檩条的荷载组合。计算檩条的内力时，主要考虑以下内力组合：

① 1.3 × 永久荷载 + 1.5 × max（屋面均布活载，雪荷载）。

② 1.0 × 永久荷载 + 1.5 × 风吸力荷载。

当需考虑风吸力对屋面檩条的受力影响时，应进行第②组荷载组合。

（4）檩条的截面选择

1）计算简图。设置在刚架斜梁上的檩条在垂直地面的均布荷载作用下，沿截面两个形心主轴方向都有弯矩作用，属于双向受弯构件。

设檩条的主轴为 x、y 轴，y 轴的正向与檩条腹板的夹角为 θ，屋面的坡度为 α，此时屋面竖向荷载与主轴的夹角 $\alpha_0 = \theta - \alpha$，如图 5-35a、b 所示。在计算时，应将作用于檩条上的竖向重力荷载（D、L、S）和风荷载（W）分解为沿主轴方向的荷载，再计算内力。

2）构件内力。以设置两道拉条的檩条为例，说明其内力计算。图 5-35c、d 分别为沿主轴 y 受力的计算简图和沿主轴 x 的受力计算简图。假定檩条端部为"铰接"，即为简支檩条，则檩条在主轴 $y-y$ 平面的弯曲为简支梁的工作状态。在沿主轴 $x-x$ 平面的弯曲，拉条可以视为中间支座，檩条即是三跨连续梁。需要注意：若采用 C 形或卷边 C 形檩条，计算简图规定的主弯曲平面与截面的腹板平面平行；若采用 Z 形或卷边 Z 形，则没有这种重合。

简支檩条的弯矩和剪力由下式计算：

$$M_x = \alpha_y q_y l^2 \tag{5-95a}$$

$$M_y = \alpha_x q_x l^2 \tag{5-95b}$$

$$V_y = \beta_y q_y l \tag{5-95c}$$

$$V_x = \beta_x q_x l \tag{5-95d}$$

表 5-10 给出了简支檩条在跨中无拉条、一道拉条和三分点处各设一道拉条时的弯矩、剪力值的计算系数 α_x、α_y、β_x、β_y。

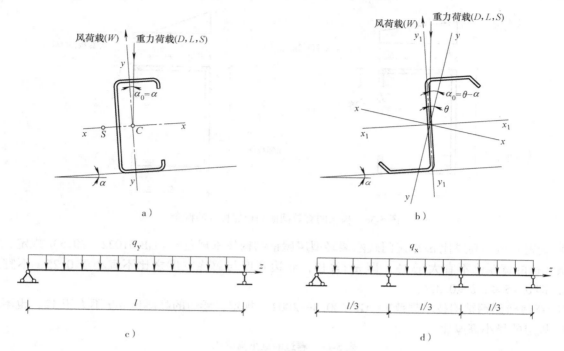

图 5-35 檩条计算简图

表 5-10 简支檩条弯矩和剪力的计算系数

拉条设置	对应 q_x 的内力计算系数		对应 q_y 的内力计算系数	
	α_x	β_x	α_y	β_y
无拉条	1/8	1/2		
跨中一道拉条	拉条处负弯矩 1/32	5/8	1/8	1/2
	拉条与端支座间正弯矩 1/64			
三分点处各一道拉条	拉条处负弯矩 1/90	11/30		
	跨中正弯矩 1/360			

C 形或卷边 C 形檩条的截面，剪力中心 S 与形心 C 不重合（图 5-35a）。

3）强度计算。当屋面能阻止檩条侧向位移和扭转时，可仅按下式计算檩条在风荷载效应参与组合时的强度：

$$\sigma = \frac{M_x}{W_{enx}} + \frac{M_y}{W_{eny}} \leqslant f \tag{5-96}$$

式中 M_x、M_y——计算截面上绕 x、y 轴的弯矩，当绕 x、y 轴的弯矩最大值不在同一位置时，应对 M_x 最大值及其同一截面的 M_y 以及 M_y 最大值及其同一截面的 M_x 两种情况分别进行计算；

W_{enx}、W_{eny}——对两个截面形心主轴的有效净截面模量。

有效截面模量可以按《冷弯薄壁型钢结构技术规范》（GB 50018—2002）有关规定计算，以卷边 C 形檩条为例予以说明（图 5-36）。

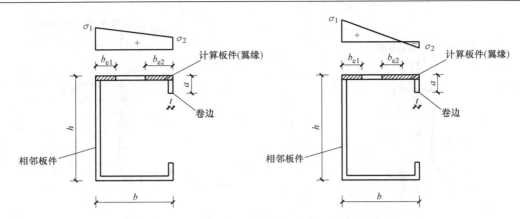

图 5-36　檩条的有效截面和相邻板件的概念

① 确定卷边的高厚比 a/t。《门式刚架轻型房屋钢结构技术规范》（GB 51022—2015）规定，实腹式檩条卷边的宽厚比不宜大于 13，即 $a/t \leqslant 13$，卷边宽度与翼缘宽度之比不宜小于 0.25，不宜大于 0.326，即 $0.25 \leqslant a/b \leqslant 0.326$。

《冷弯薄壁型钢结构技术规范》（GB 50018—2002）规定，卷边的高厚比 a/t 不大于 12，也不小于表 5-11 规定的最小高厚比。

表 5-11　卷边的最小高厚比

宽厚比 b/t	15	20	25	30	35	40	45	50	55	60
高厚比 a/t	5.4	6.3	7.2	8.0	8.5	9.0	9.5	10.0	10.5	11.0

注：a 为卷边的宽度；b 为带卷边的板件的宽度；t 为板厚。

② 计算受压板件或部分受压板件两边缘的压应力分布不均匀系数 ψ。

$$\psi = \sigma_{min}/\sigma_{max} \tag{5-97}$$

式中　σ_{max}——板件边缘中压应力较大值，取为正；

　　　σ_{min}——板件另侧边缘的应力，以压为正，拉为负。

计算应力时采用毛截面模量，只考虑弯矩和轴力引起的应力分量。

③ 确定受压板件稳定系数 k。

对于翼缘，因一侧边缘有腹板，另一侧边缘有满足刚度要求的卷边支承，作为"部分加劲板件"看待。

当最大压应力作用于腹板侧时

$$k = 5.89 - 11.59\psi + 6.68\psi^2，当 \psi \geqslant -1 \tag{5-98a}$$

当最大压应力作用于卷边侧时

$$k = 1.15 - 0.22\psi + 0.045\psi^2，当 \psi \geqslant -1 \tag{5-98b}$$

对腹板，因有两侧翼缘支承作为"加劲板件"

$$k = 7.8 - 8.15\psi + 4.35\psi^2，当 1 > \psi > 0 \tag{5-99a}$$
$$k = 7.8 - 6.29\psi + 9.78\psi^2，当 0 \geqslant \psi \geqslant -1 \tag{5-99b}$$

若 $\psi < -1$，则计算 k 时，式（5-98）和式（5-99b）中取 $\psi = -1$。

④确定相邻板对受压板的约束作用的板组约束系数 k_1。

先计算系数 ξ

$$\xi = \frac{c}{b}\sqrt{\frac{k}{k_c}} \tag{5-100}$$

计算受压翼缘板的有效宽度时，式（5-100）中 b、k 分别为翼缘板的宽度和稳定系数，c、k_c 分别为腹板的高度和稳定系数；计算腹板的有效宽度时，b、k 分别为腹板的高度和稳定系数，c、k_c 分别为翼缘板的宽度和稳定系数。

然后计算 k_1

$$k_1 = 1/\sqrt{\xi}, \quad 当\ \xi \leq 1.1 \tag{5-101a}$$

$$k_1 = 0.11 + 0.93/(\xi - 0.05)^2, \quad 当\ \xi > 1.1 \tag{5-101b}$$

但 k_1 取值在计算翼缘的有效宽度时不超过 2.4，在计算腹板的有效宽度时不超过 1.7。

⑤ 确定计算系数 ρ 和 α。

$$\rho = \sqrt{\frac{205 k_1 k}{\sigma_{max}}} \tag{5-102}$$

$$\alpha = 1.15 - 0.15\psi, \quad 但当\ \psi < 0\ 时，\ \alpha = 1.15 \tag{5-103}$$

⑥ 确定板件的受压区宽度 b_c。

$$b_c = b, \quad 当\ \psi \geq 0 \tag{5-104a}$$

$$b_c = b/(1 - \psi), \quad 当\ \psi < 0 \tag{5-104b}$$

⑦ 确定板件的有效宽度 b_e。

$$\frac{b_e}{t} = \frac{b_c}{t}, \quad 当\ \frac{b}{t} \leq 18\alpha\rho \tag{5-105a}$$

$$\frac{b_e}{t} = \left(\sqrt{\frac{21.8\alpha\rho}{b/t}} - 0.1 \right) \frac{b_c}{t}, \quad 当\ 18\alpha\rho < \frac{b}{t} < 38\alpha\rho \tag{5-105b}$$

$$\frac{b_e}{t} = \frac{25\alpha\rho}{b/t} \frac{b_c}{t}, \quad 当\ \frac{b}{t} \geq 38\alpha\rho \tag{5-105c}$$

⑧ 确定有效宽度在板件上的分布。

对翼缘（图 5-37a）

$$b_{e1} = 0.4b_e, \quad b_{e2} = 0.6b_e \tag{5-106a}$$

对腹板（图 5-37b）

$$b_{e1} = 2b_e/(5 - \psi), \quad b_{e2} = b_e - b_{e1}, \quad 当\ \psi \geq 0 \tag{5-106b}$$

$$b_{e1} = 0.4b_e, \quad b_{e2} = 0.6b_e, \quad 当\ \psi < 0 \tag{5-106c}$$

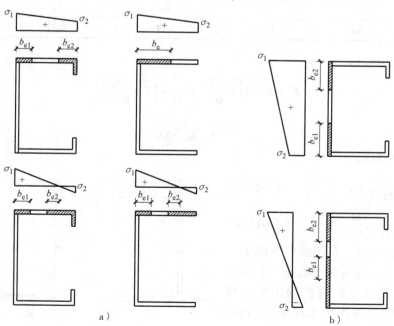

图 5-37　受压板件上有效宽度的分布

⑨ 根据已知的有效截面分布，计算有效截面模量。

4）整体稳定计算。当屋面不能阻止檩条侧向位移和扭转时，应按下式计算檩条的稳定性：

$$\frac{M_x}{\varphi_{bx}W_{ex}} + \frac{M_y}{W_{ey}} \leq f \tag{5-107}$$

式中　M_x、M_y——绕 x、y 轴的最大弯矩；

W_{ex}、W_{ey}——对两个截面形心主轴的有效毛截面模量；

φ_{bx}——冷弯薄壁型钢构件的受弯整体稳定系数

$$\varphi_{bx} = \frac{4320Ah}{\lambda_y^2 W_x}\xi_1\left(\sqrt{\eta^2 + \zeta} + \eta\right)\frac{235}{f_y} \tag{5-108}$$

若计算结果 $\varphi_{bx} > 0.7$，应以 φ'_{bx} 代替 φ_{bx}，φ'_{bx} 按下式计算

$$\varphi'_{bx} = 1.091 - 0.274/\varphi_{bx} \tag{5-109}$$

式中　　　　　λ_y——梁在主弯矩（指绕截面强轴的弯矩）平面外的长细比；

h、A、W_x——檩条截面高度、毛截面面积和绕强轴的毛截面模量；

ξ_1、η、ζ 及下文出现的 ξ_2——计算系数，ξ_1、ξ_2 见表 5-12

$$\eta = 2\xi_2 e/h \tag{5-110}$$

$$\zeta = \frac{4I_\omega}{h^2 I_y} + \frac{0.165I_t}{I_y}\left(\frac{l_1}{h}\right)^2 \tag{5-111}$$

e——横向荷载作用点到剪力中心的距离，当荷载方向指向剪力中心时取负值，否则取正值；

I_y、I_t、I_ω——檩条绕截面弱轴的毛截面惯性矩、截面相当极惯性矩（即圣文南系数，又称扭转惯性矩）和扇形惯性矩，按式（5-112）或式（5-113）计算；

l_1——檩条支座与相邻拉条间或拉条间的间距，对无拉条简支梁，$l_1 = l$；跨中设一道拉条的檩条，$l_1 = 0.5l$，均等设两道拉条的檩条，$l_1 = 0.333l$，l 为简支檩条总长。

表 5-12　均布荷载作用下受弯檩条整体稳定性计算的系数 ξ_1、ξ_2

跨间无侧向支撑		跨中设一道侧向支撑		跨间有不少于两个等距离布置的侧向支撑	
ξ_1	ξ_2	ξ_1	ξ_2	ξ_1	ξ_2
1.13	0.46	1.35	0.14	1.37	0.06

C 形截面（图 5-38a）：

$$I_\omega = h^2 b^3 t\left[\frac{1-3\alpha}{6} + \frac{\alpha^2}{2} \times \left(1 + \frac{ht_w}{6bh}\right)\right] \tag{5-112a}$$

$$\alpha = \frac{1}{2 + ht_w/3bt} \tag{5-112b}$$

Z 形截面（图 5-38b）：

$$I_\omega = \frac{h^2 b^3 t}{24}\left(1 + \frac{6\alpha ht_w}{bt}\right) \tag{5-113a}$$

$$\alpha = \frac{bt}{2(2bt + ht_w)} \tag{5-113b}$$

式中　b、h——截面宽度、高度的中线长度。

在风吸力作用下，当屋面能阻止上翼缘侧向位移和扭转时，受压下翼缘的稳定性应按《门式刚架轻型房屋钢结构技术规范》（GB 51022—2015）有关规定计算。

5）挠度计算。按垂直于屋面方向的变形计算檩条的挠度。

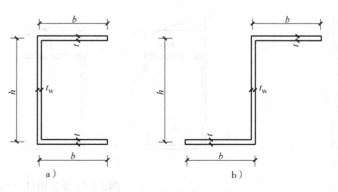

图 5-38　扇形惯性矩计算

对于卷边 C 形截面的两端简支檩条，应按下式进行验算：

$$f = \frac{5}{384} \frac{q_{ky} l^4}{E I_x} \leqslant [f]$$　　　　　(5-114)

式中　q_{ky}——沿 y 轴作用的荷载标准值；

　　　I_x——对 x 轴的毛截面惯性矩。

对 Z 形截面的两端简支檩条，应按下式进行验算：

$$f = \frac{5}{384} \frac{q_k \cos\alpha l^4}{E I_{x1}} \leqslant [f]$$　　　　　(5-115)

式中　α——屋面坡度；

　　　I_{x1}——Z 形截面对平行于屋面的形心轴的毛截面惯性矩；

　　$[f]$——檩条允许挠度，仅支承压型钢板屋面，取 $[f] = l/150$，还有吊顶，取 $[f] = l/240$。

（5）檩条的构造要求

1）檩条与刚架梁的连接。檩条与刚架梁通过檩托连接（图 5-39）。檩托可以采用热轧角钢、加劲的冷弯角钢、加劲的钢板等形式。檩托焊接在刚架梁的上翼缘，一般在工厂先焊好。安装时，采用螺栓将檩条腹板和檩托连接。檩托板应高于檩条截面的剪力中心高度。檩条下翼缘离开刚架梁有一小段间隙（一般为 10mm 左右），其作用是避开檩托与刚架梁翼缘的连接焊缝，同时也为了避免檩条翼缘接触传力带来的问题。

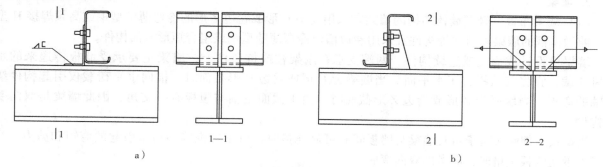

图 5-39　檩托构造
a）采用热轧角钢的檩托　b）采用加劲钢板的檩托

2）檩条与刚架连接处可采用简支连接或连续搭接。当采用连续搭接时，檩条的搭接长度 2a 不宜小于 10% 的檩条跨度（图 5-40），嵌套搭接部分的檩条应采用螺栓连接，按连续檩条支座处弯矩验算螺栓连接强度。

在檐口位置，刚架斜梁与柱内翼缘交接点附近的檩条和墙梁处，应各设置一道隔撑。在斜梁下翼缘受压区应设置隔撑，其间距不得大于相应受压翼缘宽度，如斜梁下翼缘受压区因故不设置隔撑，则必须采取保证刚架稳定的可靠措施。

隔撑宜采用单角钢制作。隔撑可连接在刚架构件下（内）翼缘附近的腹板上（图 5-40）或翼缘上（图 5-41）。隔

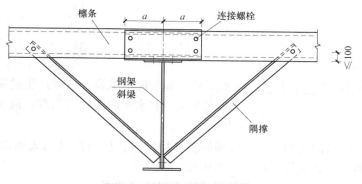

图 5-40　斜卷边檩条的搭接

撑与刚架、檩条或墙梁应采用螺栓连接，每端通常采用单个螺栓，计算时应考虑《门式刚架轻型房屋钢结构技术规范》（GB 51022—2015）第 3.2.5 条规定的强度设计值折减系数。

隅撑与刚架构件腹板的夹角不宜小于 45°。

隅撑应能承受梁下翼缘侧弯失稳时产生的压力，该压力可用下式计算：

$$N = \frac{A_f f}{60\cos\theta}\sqrt{\frac{235}{f_y}} \quad (5\text{-}116)$$

式中 A_f——被支撑翼缘的截面面积；

f_y、f——梁翼缘的钢材屈服点和强度设计值；

θ——隅撑与檩条轴线的夹角（°）。

设置隅撑后，上、下翼缘的侧向支撑点间距不同。计算平面外整体稳定时，取最大受压翼缘侧向支撑点之间的距离。

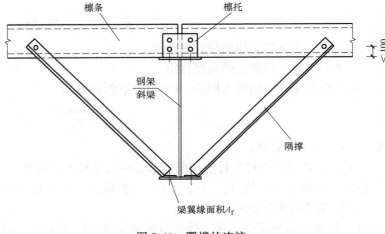

图 5-41　隅撑的连接

3）C 形和 Z 形檩条上翼缘的肢尖（或卷边）应朝向屋脊方向，以减少荷载偏心引起的扭转。

4）计算檩条时，不应考虑隅撑作为檩条的支承点。

2. 墙梁

（1）墙梁布置　轻型墙体结构的墙梁宜采用卷边 C 形或卷边 Z 形的冷弯薄壁型钢或高频焊接 H 型钢，兼做窗框的墙梁和门框等构件宜采用卷边槽形冷弯薄壁型钢或组合矩形截面构件。

墙梁可设计成简支或连续构件，两端支承在刚架柱或抗风柱上，墙梁主要承受墙板传递来的水平风荷载，宜将其腹板置于水平面。当墙梁为 C 形或卷边 C 形截面时，横向水平荷载仅引起构件绕强轴的弯矩。当墙梁为 Z 形或卷边 Z 形截面时，由于截面主轴与腹板有一交角，因此墙梁是双向受弯构件。

当墙板底部端头自承重且墙梁与墙板间有可靠连接时，可不考虑墙面自重引起的弯矩和剪力。当墙梁需承受墙板重量时，应考虑双向弯曲。

当墙板的竖向荷载有可靠途径直接传至地面或托梁时，可不设传递竖向荷载的拉条。当墙梁跨度为 4~6m 时，宜在跨中设一道拉条；当墙梁跨度大于 6m 时，宜在跨间三分点处各设一道拉条。在最上层墙梁处宜设斜拉条将拉力传至承重柱或墙架柱。

（2）墙梁计算　简支墙梁如两侧挂墙板或一侧挂墙板、一侧设有可阻止其扭转变形的拉杆，可以不计弯扭双力矩的影响，其抗弯强度计算可采用式（5-96），抗剪强度按下式计算：

$$\frac{3V_{ymax}}{2h_0 t} \leqslant f_v \quad (5\text{-}117)$$

$$\frac{3V_{xmax}}{4b_0 t} \leqslant f_v \quad (5\text{-}118)$$

式中 V_{xmax}、V_{ymax}——水平荷载和竖向荷载设计值所产生的最大剪力设计值；

b_0、h_0——墙梁在竖向和水平向的计算高度，取型钢板件连接处两圆弧起点之间的距离；

t——墙梁壁厚。

当构造不能保证墙梁的整体稳定时，还需按《门式刚架轻型房屋钢结构技术规范》（GB 51022—2015）有关规定计算其稳定性。

墙梁的容许挠度限值可按下列规定采用：

①仅支承压型钢板墙（水平方向）：$L/100$。

②支承砌体墙（水平方向）：$L/180$ 且 ≤50mm。

（3）墙梁与柱的连接构造　柱上设置梁托，通过螺栓与墙梁相连。处理细部尺寸时需要注意，连于墙梁外侧的墙板应能包覆住柱子。图 5-42 给出了墙梁与柱子腹板和柱子翼缘连接时的构造。

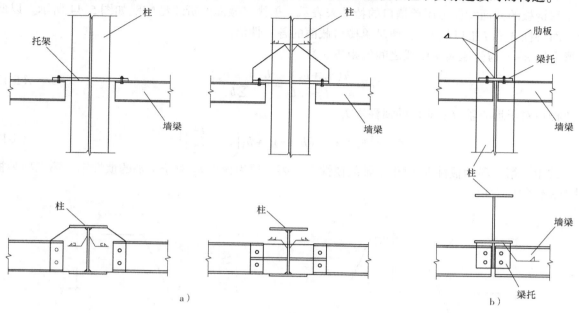

图 5-42 墙梁与柱子的连接

a）墙梁与柱子腹板的连接 b）墙梁与柱子翼缘的连接

当外侧设有压型钢板的实腹式刚架柱的内侧翼缘受压时，可沿内侧翼缘设置成对的隅撑，作为柱的侧向支承。隅撑的另一端连接在墙梁上。隅撑所受的轴压力可按式（5-116）计算，其中被支承翼缘的截面面积和钢材的强度应取刚架柱的值。

（4）抗风柱设计 对均匀柱距的厂房结构，山墙面框架承受的重力荷载小于跨中框架，从受力角度看，无须让抗风柱承受屋面的重力荷载。这种情况下，抗风柱柱顶与刚架梁的下翼缘可采用一折板连接（图 5-43）。折板面外刚度很小，不能有效承受外荷载（即竖向荷载），但折板在平面内具有足够的刚度，可以将墙面承受的水平荷载传递到屋盖平面。设计时，也可以让抗风柱参与竖向承重，以进一步减小山墙面框架的用钢量。

若抗风柱不参与竖向承重，因其自重引起的轴力以及墙梁竖向荷载都很小，所以可以视为一竖向放置的受弯构件。当抗风柱竖向承重时，则按压弯构件计算。

3. 压型钢板设计

（1）压型钢板的材料和截面形式 压型钢板的原板按表面处理方法可分为镀锌钢板、彩色镀锌钢板和彩色镀铝锌钢板三种，其中镀锌钢板仅适用于组合楼板，彩色镀锌钢板和彩色镀铝锌钢板则多用于屋面和墙面。

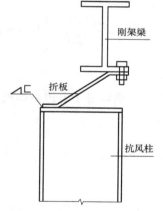

图 5-43 抗风柱柱顶连接构造

压型钢板原板材料的选择可根据建筑功能、使用条件、使用年限和结构形式等因素考虑。原板的钢板厚度通常为 0.4 ~ 1.6mm，原板长度不限，应优先选用卷板。原板宽度应符合压型钢板的展开宽度。一般建筑屋面或墙面采用的压型钢板，其厚度不宜小于 0.4mm。

压型钢板基板的材料有 Q215 钢和 Q235 钢，工程中多用 Q235—A 钢。

（2）压型钢板的截面几何特性 压型钢板根据波高的不同，一般分为低波板（波高 <30mm）、中波板（波高 30 ~ 70mm）和高波板（波高 >70mm）。波高越高，截面的抗弯刚度越大，承受的荷载也越大。

屋面板一般选用中波板和高波板，中波板在实际工程中采用最多。墙板常采用低波板，因高波板、中波板的装饰效果较差，一般不在墙板中采用。

压型钢板的截面特征可用单槽口的特性来表示。单槽口截面的折线型中线如图 5-44 所示。以此算得的截面特性 A 和 I 乘以板厚 t，便是单槽口截面的各特性值。

形心轴 $x—x$ 与受压翼缘中线之间的距离 c 为

$$c = \frac{h(b_2 + b_3)}{b_1 + b_2 + 2b_3} = \frac{h(b_2 + b_3)}{\sum b} \tag{5-119}$$

单槽口对于形心轴（x 轴）的惯性矩 I_x：

$$I_x = t\left[b_1 c^2 + b_2(h - c)^2 + b_3\left(a^2 + \frac{h^2}{12}\right)\right] \tag{5-120}$$

上式中，第一项为板件 b_1 对于 x 轴的惯性矩，第二项为板件 b_2 对于 x 轴的惯性矩，第三项为板件 b_3 对于 x 轴的惯性矩。

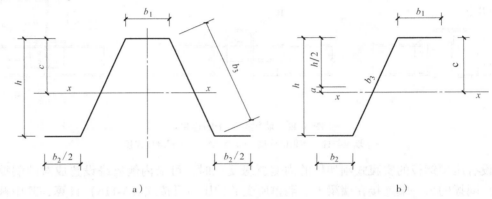

图 5-44 压型钢板的截面特性

将 $c = \dfrac{h(b_2 + b_3)}{\sum b}$ 和 $a = c - \dfrac{h}{2}$ 代入上式，整理得 I_x：

$$I_x = \frac{th^2}{\sum b}\left(b_1 b_2 + \frac{2}{3}b_3 \sum b - b_3^2\right) \tag{5-121}$$

单槽口对于上边截面模量 W_x^s 及下边的截面模量 W_x^x：

$$W_x^s = \frac{I_x}{c} = \frac{th\left(b_1 b_2 + \dfrac{2}{3}b_3 \sum b - b_3^2\right)}{b_2 + b_3} \tag{5-122}$$

$$W_x^x = \frac{I_x}{h - c} = \frac{th\left(b_1 b_2 + \dfrac{2}{3}b_3 \sum b - b_3^2\right)}{b_1 + b_3} \tag{5-123}$$

式中　t——板厚。

以上计算是按折线截面原则进行的，略去了各转折处圆弧过渡的影响。精确计算表明，其影响在 0.5% ~4.5%，可以略去不计。

（3）屋面压型钢板的荷载和荷载组合

1）压型钢板的荷载。

永久荷载：当为单层压型钢板构造时，永久荷载包括压型钢板的自重、悬挂自重等；当为双层板构造（中间设置玻璃棉保温层）时，永久荷载包括压型钢板自重、保温材料和龙骨的自重、悬挂自重等。

可变荷载：屋面均布活荷载、雪荷载、积灰荷载以及施工检修集中荷载根据《建筑结构荷载规范》（GB 50009—2012）的规定采用。

当采用压型钢板轻型屋面时，屋面竖向均布活荷载的标准值（按水平投影面积计算）应取 $0.5kN/m^2$。对受荷水平投影面积大于 $60m^2$ 的刚架构件，屋面竖向均布活荷载的标准值可取不小于 $0.3kN/m^2$。

施工检修集中荷载一般取 1.0kN，当按单槽口截面受弯构件设计屋面时，需要按下列方法将作用于一个波距上的集中荷载折算成板宽度方向上的线荷载（图 5-45）。

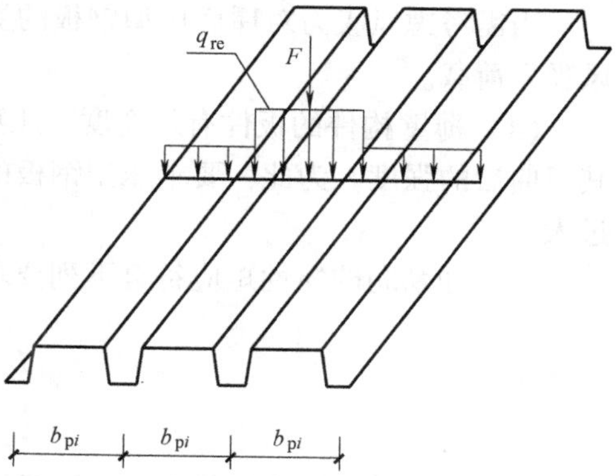

折算线荷载 q_{re} 按下式计算：

$$q_{re} = \eta \frac{F}{b_{pi}} \qquad (5-124)$$

式中　b_{pi}——压型钢板的波距；

F——集中荷载，施工检修集中荷载标准值取 1.0kN；

η——折算系数，由试验确定；无试验依据时，可取 $\eta = 0.5$。

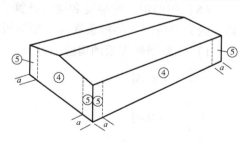

图 5-45　折算线荷载

双坡屋面和挑檐的风荷载系数 μ_w 应按表 5-9a ~ 表 5-9i 的规定采用。外墙的风荷载系数，应按表 5-13a 和表 5-13b 的规定采用（图 5-46）。

表 5-13a　外墙风荷载系数（风吸力）

外墙风吸力系数 μ_w，用于围护构件和外墙板			
分区	有效风荷载面积 A/m^2	封闭式房屋	部分封闭式房屋
角部（5）	$A \leqslant 1$	-1.58	-1.95
	$1 < A < 50$	$+0.353\lg A - 1.58$	$+0.353\lg A - 1.95$
	$A \geqslant 50$	-0.98	-1.35
中间区（4）	$A \leqslant 1$	-1.28	-1.65
	$1 < A < 50$	$+0.176\lg A - 1.28$	$+0.176\lg A - 1.65$
	$A \geqslant 50$	-0.98	-1.35

表 5-13b　外墙风荷载系数（风压力）

外墙风压力系数 μ_w，用于围护构件和外墙板			
分区	有效风荷载面积 A/m^2	封闭式房屋	部分封闭式房屋
各区	$A \leqslant 1$	$+1.18$	$+1.55$
	$1 < A < 50$	$-0.176\lg A + 1.18$	$-0.176\lg A + 1.55$
	$A \geqslant 50$	$+0.88$	$+1.25$

2）压型钢板的荷载组合。压型钢板荷载组合应符合下列原则：

① 屋面均布活荷载不与雪荷载同时考虑，应取两者中的较大值。

② 积灰荷载与雪荷载或屋面均布活荷载中的较大值同时考虑。

③ 施工或检修集中荷载不与屋面材料或檩条自重以外的其他荷载同时考虑。

图 5-46　外墙风荷载系数分区

计算压型钢板内力时，主要考虑两种荷载组合：

① 1.3 × 永久荷载 + 1.5 × max（屋面均布活荷载、雪荷载）。

② 1.3 × 永久荷载 + 1.5 × 施工检修集中荷载换算值。

当需考虑风吸力对屋面压型钢板的受力影响时，还应进行以下荷载组合：$1.0 \times$ 永久荷载 $+1.5 \times$ 风吸力荷载。

（4）薄壁构件的板件有效宽度 压型钢板属于冷弯薄壁构件，这类构件允许板件受压屈曲并利用其屈曲后的强度。为此，要求压型钢板的尺寸适当，即加劲肋必须有足够的刚度、加劲肋的间距不能过大。

中间加劲肋的惯性矩应符合下列要求：

$$I_{is} \geq 3.66t^4 \sqrt{\left(\frac{b_s}{t}\right)^2 - \frac{27100}{f_y}}$$ （5-125）

$$I_{is} \geq 18t^4$$ （5-126）

式中 I_{is}——中间加劲肋截面对平行于被加劲板之重心轴的惯性矩；

b_s——子板件的宽度；

t——板件的厚度。

边缘加劲肋（图5-47），其惯性矩 I_{es} 要求不小于中间加劲肋的一半，计算时在式（5-125）中用 b 代替 b_s。

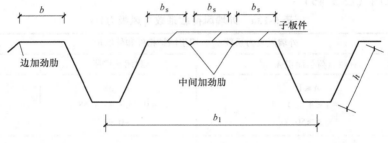

图5-47 带中间加劲肋的压型钢板

中间加劲肋的间距应满足下列要求：

$$\frac{b_s}{t} \leq 36 \sqrt{\frac{205}{\sigma_1}}$$ （5-127）

式中 σ_1——受压翼缘的压应力（设计值）。

对于设置边加劲肋的受压翼缘，其宽厚比应满足下式要求：

$$\frac{b}{t} \leq 18 \sqrt{\frac{205}{\sigma_1}}$$ （5-128）

以上计算没有考虑相邻板件之间的约束作用，一般偏于安全。

（5）压型钢板的强度和挠度计算 压型钢板的强度和挠度可取单槽口的有效截面，按受弯构件计算。内力分析时，将檩条视为压型钢板的支座，考虑不同荷载组合，按多跨连续梁进行。

1）压型钢板腹板的剪应力计算。

当 $\frac{h}{t} < 100$ 时 $\tau \leq \tau_{cr} = \frac{8550}{h/t}$ （5-129a）

当 $\frac{h}{t} \geq 100$ 时 $\tau \leq \tau_{cr} = \frac{855000}{(h/t)^2}$ （5-129b）

要求：$\tau \leq f_v$

式中 τ——腹板的平均剪应力（kN/m^2）；

τ_{cr}——腹板剪切屈曲临界应力（kN/m^2）；

$\frac{h}{t}$——腹板的高厚比。

2）压型钢板支座处腹板的局部受压承载力计算。

$$R \leqslant R_w = \alpha t^2 \sqrt{fE}(0.5 + \sqrt{0.02 l_c t})\left[2.4 + \left(\frac{\theta}{90}\right)^2\right] \tag{5-130}$$

式中　R——支座反力；

R_w——一块腹板的局部受压承载力设计值；

α——系数，中间支座取 $\alpha = 0.12$，端部支座取 $\alpha = 0.06$；

t——腹板厚度；

l_c——支座处的支承长度，$10\text{mm} < l_c < 200\text{mm}$，端部支座可取 $l_c = 10\text{mm}$；

θ——腹板倾角（$45° \leqslant \theta \leqslant 90°$）。

3）压型钢板同时承受弯矩 M 和支座反力 R 的截面，应满足下列要求：

$$M/M_u \leqslant 1.0 \tag{5-131}$$
$$R/R_w \leqslant 1.0 \tag{5-132}$$
$$M/M_u + R/R_w \leqslant 1.25 \tag{5-133}$$

式中　M_u——截面的抗弯承载力设计值，$M_u = W_e f$。

4）压型钢板同时承受弯矩 M 和剪力 V 的截面，应满足下列要求：

$$\left(\frac{M}{M_u}\right)^2 + \left(\frac{V}{V_u}\right)^2 \leqslant 1.0 \tag{5-134}$$

式中　V_u——腹板的抗剪承载力设计值，$V_u = (ht\sin\theta)\tau_{cr}$。

5）压型钢板的挠度限值。《冷弯薄壁型钢结构技术规范》（GB 50018—2002）规定，压型钢板的挠度与跨度之比不应超过下列限值：

屋面板　　　屋面坡度 <1/20 时　　　　　　　　1/250
　　　　　　屋面坡度 ≥1/20 时　　　　　　　　1/200
墙板　　　　　　　　　　　　　　　　　　　　1/150

《门式刚架轻型房屋钢结构技术规范》（GB 51022—2015）规定，压型钢板的挠度不应超过下列限值：

压型钢板屋面板（竖向挠度）限值 $L/150$
压型钢板墙板（水平挠度）限值 $L/100$

（6）压型钢板的构造要求

1）压型钢板腹板与翼缘水平面之间的夹角不宜小于 45°。

2）压型钢板宜采用长尺寸板材，以减少长度方向的搭接。

3）压型钢板长度方向的搭接端必须与支撑构件（如檩条、墙梁等）有可靠的连接，搭接部位应设置防水密封胶带，搭接长度不宜小于下列数值：

波高大于 70mm 的高波屋面压型钢板　　　　　350mm
波高小于 70mm 的高波屋面压型钢板
　　屋面坡度 <1/10 时　　　　　　　　　　250mm
　　屋面坡度 >1/10 时　　　　　　　　　　200mm
墙面压型钢板　　　　　　　　　　　　　　　120mm

4）屋面压型板侧向可采用搭接式、扣合式或咬合式等各不同连接方式。当侧向采用搭接式连接（图 5-48）时，一般搭接一波，特殊要求时可搭接两波。搭接处用连接件紧固，连接件应设置在波峰上。对于高波压型钢板，连接件间距一般为 700～800mm，对于低波压型钢板，连接件间距一般为 300～400mm。当侧向采用扣合式或咬合式连接时，应在檩条上设置与压型钢板波形相配套的专用固定支座，两片压型钢板的侧边应确保扣合或咬合连接可靠，见图 5-49 和图 5-50。

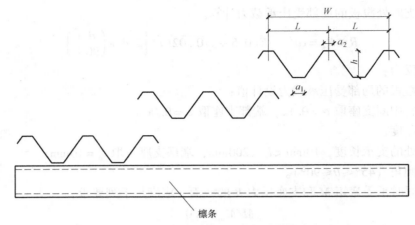

图 5-48　压型钢板的搭接式连接构造

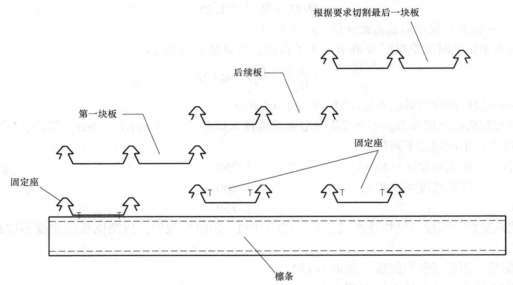

图 5-49　压型钢板的扣合式连接构造

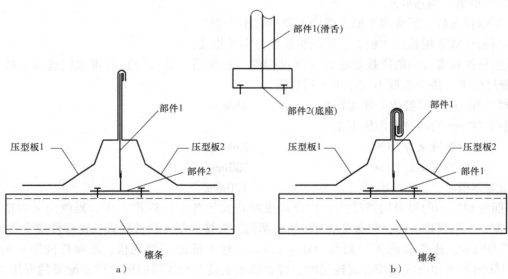

图 5-50　压型钢板的咬合式连接构造

a）咬合前　b）咬合后

5）墙面压型钢板之间的侧向连接宜采用搭接，通常搭接一个波峰，板与板的连接可设在波峰，也可设在波谷。

6）当在屋面板上开设直径大于 300mm 的圆洞和单边长度大于 300mm 的方洞时，宜根据计算采用次结构加强。不宜在屋脊开洞。屋面板上应避免通长大面积开孔（含采光孔），开孔宜分块均匀布置。

4. 隔热和涂装

（1）隔热 屋面和墙面的保温隔热构造均应根据热工计算确定。屋面和墙面的保温隔热材料应尽量相匹配。

屋面保温隔热可采用下列方法之一：

1）在压型钢板下设带铝箔防潮层的玻璃纤维毡或矿棉毡卷材；若防潮层未用纤维增强，还应在底部设置钢丝网或玻璃纤维织物等具有抗拉能力的材料，以承托隔热材料的自重。

2）金属复合夹芯板。

3）在双层压型钢板中间填充保温材料。

外墙保温隔热可采用下列方法之一：

1）采用与屋面相同的保温隔热做法。

2）外侧采用压型钢板，内侧采用预制板、纸石膏板或其他纤维板，中间填充保温材料。

3）采用多孔砖等砌体。

（2）除锈与涂装 钢结构除锈和涂装工程应在构件制作质量经检验符合标准后进行。构件涂底漆后，应在明显位置标注构件代号。涂装工程验收应包括在中间检查和竣工验收中。施工图中注明暂不涂底漆的部位不得涂漆，待安装完毕后补涂。

设计时应对构件的基材种类、表面除锈等级、涂层结构、涂层厚度、涂装方法、使用状况以及预期耐蚀寿命等综合考虑后，提出合理的除锈方法和涂装要求。

1）除锈等级应根据钢材表面原始状态、选用的底漆、采用的除锈方法以及工程造价等因素确定。

2）处于弱腐蚀环境和中等腐蚀环境的承重构件，工厂制作涂装前，其表面应采用喷射或抛射除锈方法，除锈等级不应低于 Sa2；现场采用手工和动力工具除锈方法，除锈等级不应低于 St2。表面处理后到涂底漆的时间间隔不应超过 4h，处理后的钢材表面不应有焊渣、灰尘、油污、水和毛刺等。

涂装应在适宜的温度、湿度和清洁环境中进行，具体要求如下：

1）涂装固化温度应符合涂料产品说明书的要求；当产品说明书无要求时，涂装固化温度以 5~38℃为宜。

2）施工环境相对湿度不应大于 85%，构件表面有结露时不得涂装。

3）漆膜固化时间与环境温度、相对湿度和涂料品种有关，每道涂层涂装后，表面至少在 4h 内不得被雨淋和弄脏。

5.2 设计实例

5.2.1 设计资料

单层厂房拟采用单跨双坡轻型门式刚架，厂房横向跨度 18m，柱顶标高 10.0m，共有 16 榀门式刚架，总长 90m；屋面坡度 1/12。厂房围护结构系统采用压型钢板复合屋面及墙面，檩条、墙梁为冷弯薄壁卷边 C 形钢。室内外高差 0.30m。

厂房所在地的地面粗糙度为 B 类，基本风压 $w_0 = 0.55 \text{kN/m}^2$，组合值系数 $\psi_c = 0.6$；基本雪压 $S_0 = 0.40 \text{kN/m}^2$，组合值系数 $\psi_c = 0.7$。

设计使用年限 50 年，结构安全等级二级，抗震设防烈度 6 度（0.05g）。

5.2.2 结构布置

1. 平面布置

（1）柱网布置与定位轴线　厂房柱距方向总长度 90m < 300m，横向跨度方向 18m < 150m，无须设伸缩缝。

除房屋端部外，刚架柱的柱距采用 6.0m，横向定位轴线与刚架柱形心轴重合；端部刚架柱形心轴与横向定位轴线相距 600mm。纵向定位轴线之间的距离为 18m，纵向定位轴线位于刚架柱的外皮。山墙等距离布置 3 根墙梁柱，间距 4.5m。

结构平面布置如图 5-51 所示。

（2）柱间支撑布置　柱间支撑的间距应根据房屋纵向柱距、受力情况和安装条件确定。当无起重机时宜取 30～45m。柱间支撑布置在中部、轴线之间，上、下柱分层设置；另外，在房屋两端设置屋盖横向水平支撑的开间增设上柱支撑，如图 5-52 所示。

（3）屋盖布置　屋盖采用有檩体系，檩条水平间距 1.5m。

在房屋两端第一开间和与柱间支撑对应的开间布置屋盖横向水平支撑。水平支撑的水平杆由檩条代替，斜杆采用圆钢。无横向水平支撑的区段在刚架柱顶和屋脊处设置纵向水平系杆，其中柱顶纵向水平系杆采用钢管，屋脊处纵向水平系杆由檩条代替，两侧用撑杆相连。

檩条跨中设置一道 $\phi12$ 直拉条，檐口和屋脊处设置斜拉条和撑杆，撑杆外套 $\phi32 \times 2$ 钢管。

刚架梁两端负弯矩区段设置两道隔撑。

屋面布置如图 5-53 所示。

2. 构件选型与截面尺寸估选

刚架柱采用焊接工字形等截面柱。刚架柱截面高度一般取柱高 H 的 $1/12～1/25$，初步选定 $h_c = 600mm$，相当于 $H/17$。

刚架梁采用焊接工字钢等截面梁。刚架梁的截面高度一般取跨度 l 的 $1/30～1/45$，初步取 $h_b = 600mm$，相当于 $l/30$。

屋面坡度为 1:12，即 $\alpha = 4.76°$，$\tan\alpha = \dfrac{1}{12}$，$\cos\alpha = \dfrac{1}{\sqrt{1 + \tan^2\alpha}} = 0.9966$。

综上所述，刚架梁、柱截面初步选用 $h \times b \times t_f \times t_w = 600mm \times 200mm \times 6mm \times 10mm$ 焊接工字形截面。

5.2.3 刚架结构分析

1. 计算简图

（1）结构形式和轴线尺寸　横向刚架取一个开间 6m 宽作为计算单元。横梁与立柱刚接，立柱与基础铰接，结构形式如图 5-54 所示。

横梁的计算跨度取立柱截面形心之间的距离，$l_0 = l - h_c = (18000 - 600)mm = 17400mm$。横梁坡高 $f = 0.5 l_0 \tan\alpha = 0.5 \times 17400 \times (1/12)mm = 725mm$。坡长 $s = 0.5 l_0 / \cos\alpha = 0.5 \times 17400mm / 0.9966 = 8730mm$。

立柱计算高度取基础顶面到横梁截面形心之间的距离，设基础顶面标高为 -0.50m，则 $H_0 = H + 0.5m - 0.5 h_b / \cos\alpha = (10.0 + 0.5 - 0.5 \times 0.6)m / 0.9966 = 10.20m$。

（2）梁、柱截面特征　焊接工字形截面（图 5-55）特征如下：

$A = [2 \times 10 \times 200 + 6 \times (600 - 2 \times 10)]mm^2 = 7480mm^2$

$I_x = \left[\dfrac{1}{12} \times 200 \times 600^3 - \dfrac{1}{12} \times (200 - 6) \times (600 - 2 \times 10)^3\right]mm^4 = 445.69 \times 10^6 mm^4$

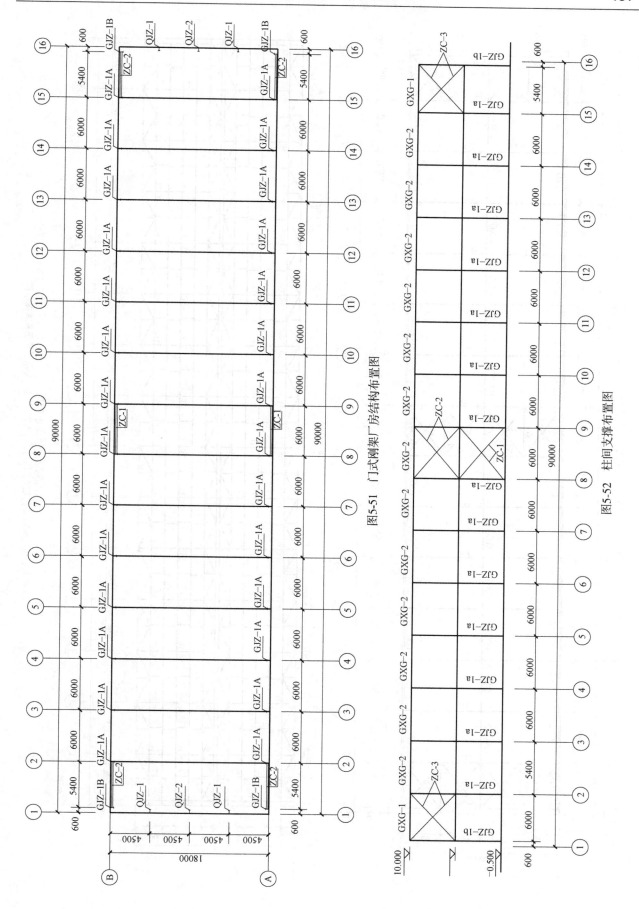

图5-51　门式刚架厂房结构布置图

图5-52　柱间支撑布置图

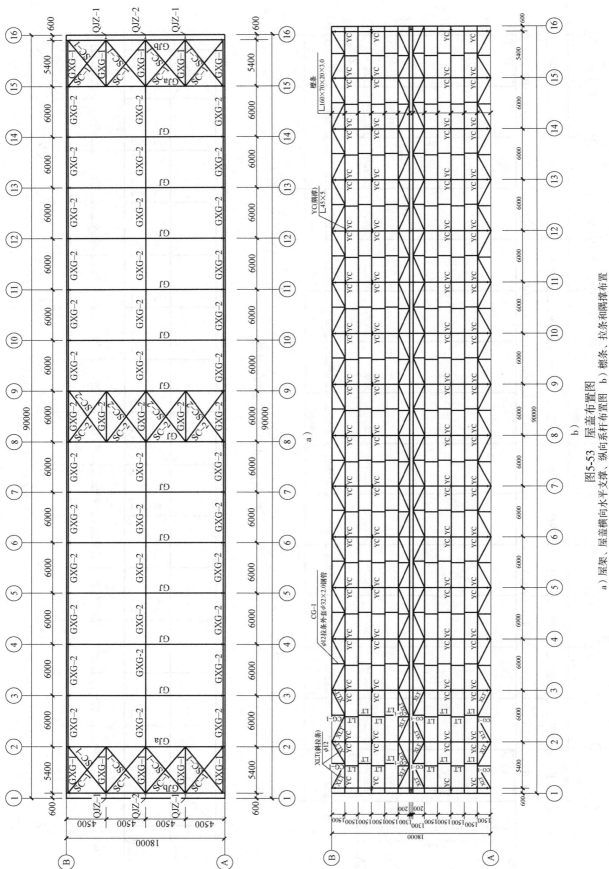

图5-53 屋盖布置图

a）屋架、屋盖横向水平支撑、纵向系杆布置图　b）檩条、拉条和隅撑布置

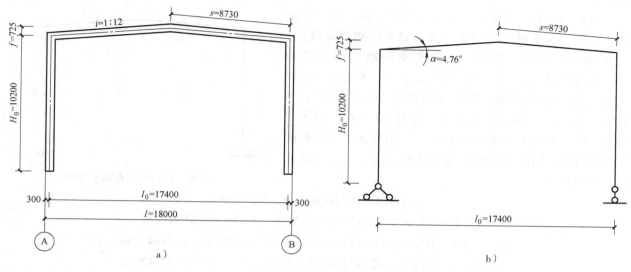

图 5-54　刚架计算简图

a）几何尺寸　b）计算简图

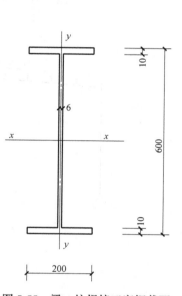

$$W_x = \frac{I_x}{h/2} = \frac{445.69 \times 10^6}{600/2} \mathrm{mm}^3 = 1.49 \times 10^6 \mathrm{mm}^3$$

$$I_y = \left[\frac{1}{12} \times 600 \times 200^3 - \frac{1}{12} \times (600 - 2 \times 10) \times (200 - 6)^3\right] \mathrm{mm}^4$$

$$= 47.10 \times 10^6 \mathrm{mm}^4$$

$$W_y = \frac{I_y}{b/2} = \frac{47.10 \times 10^6}{200/2} \mathrm{mm}^3 = 0.47 \times 10^6 \mathrm{mm}^3$$

图 5-55　梁、柱焊接工字钢截面

2. 荷载计算

（1）永久荷载　永久荷载包括屋面（屋面板、檩条及支撑）重量、刚架自重、墙面重量。其中，刚架梁自重以线荷载的形式作用于横梁，由檩条传来的屋面重量也近似看成作用于横梁的线分布荷载；刚架柱自重和墙面重量为沿柱高的线分布荷载，作用于柱截面形心线。

永久荷载标准值：

屋面板、檩条、支撑平均重量	$0.130\mathrm{kN/m}^2$
屋面板排风设备平均重量	$0.065\mathrm{kN/m}^2$
合计	$0.195\mathrm{kN/m}^2$

① 横梁线分布荷载 g_k。

屋面自重标准值　　　　　$6\mathrm{m} \times 0.195\mathrm{kN/m}^2 = 1.17\mathrm{kN/m}$

横梁自重标准值　　　$1.02 \times 78.5\mathrm{kN/m}^3 \times 0.00748\mathrm{m}^2 = 0.60\mathrm{kN/m}$

$$g_k = 1.77\mathrm{kN/m}$$

② 立柱线分布荷载。

立柱自重标准值　　　$1.02 \times 78.5\mathrm{kN/m}^3 \times 0.00748\mathrm{m}^2 = 0.60\mathrm{kN/m}$

墙面自重标准值　　　　　$6\mathrm{m} \times 0.195\mathrm{kN/m}^2 = 1.17\mathrm{kN/m}$

$$g_k = 1.77\mathrm{kN/m}$$

（2）屋面可变荷载　屋面可变荷载标准值取 $0.3\mathrm{kN/m}^2$（因为刚架梁负荷面积大于 $30\mathrm{m}^2$）和雪荷载 $0.40\mathrm{kN/m}^2$ 中的较大值。

$$q_k = 6\mathrm{m} \times 0.40\mathrm{kN/m}^2 = 2.40\mathrm{kN/m}$$

（3）风荷载　基本风压 $w_0 = 0.55\text{kN/m}^2$，地面粗糙度为 B 类，风压高度变化系数按《建筑结构荷载规范》（GB 50009—2012）取值，屋脊离室外地面的高度为 $(10.2 + 0.725 - 0.2)\text{m} = 10.725\text{m}$，$\mu_z = 1.022$。风荷载系数 μ_w 按《门式刚架轻型房屋钢结构技术规范》（GB 51022—2015）的有关规定取用。由表 5-3 可得，封闭式房屋，屋面坡角 $0° \le \theta = 4.76° \le 5°$，中间区，当风荷载自左向右时，风荷载系数 μ_w 如图 5-56 所示。计算主刚架时，系数 $\beta = 1.1$。

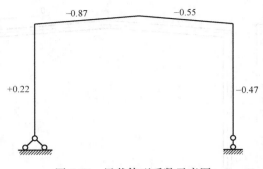

图 5-56　风载体型系数示意图

$$q_k = w_k \times B = (\beta \mu_z \mu_w w_0) \times B (\text{kN/m})$$

$$q_{1k} = 1.1 \times 1.022 \times 0.22 \times 0.55\text{kN/m}^2 \times 6.0\text{m} = 0.816\text{kN/m}$$

$$q_{2k} = 1.1 \times 1.022 \times (-0.47) \times 0.55\text{kN/m}^2 \times 6.0\text{m} = -1.744\text{kN/m}$$

$$q_{3k} = 1.1 \times 1.022 \times (-0.87) \times 0.55\text{kN/m}^2 \times 6.0\text{m} = -3.228\text{kN/m}$$

$$q_{4k} = 1.1 \times 1.022 \times (-0.55) \times 0.55\text{kN/m}^2 \times 6.0\text{m} = -2.040\text{kN/m}$$

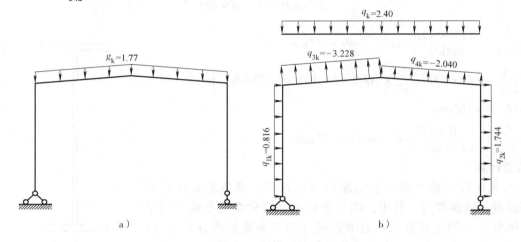

图 5-57　荷载分布图（单位：kN/m）
a）永久荷载标准值　b）可变荷载标准值

3. 内力计算

（1）永久荷载作用下内力计算　刚架结构对称，荷载对称，可以按图 5-58a 所示的半结构进行内力分析。立柱及墙面的重量 G_k 仅引起柱轴力。

内力正负号规定：节点弯矩以逆时针为正，杆端弯矩以顺时针为正；杆端剪力以顺时针为正；轴力以压为正。

$$M_{BCk}^g = -\frac{1}{3}\left(\frac{g_k}{\cos\alpha}\right)l^2 = -\frac{1}{3}\left(\frac{1.77}{\cos 4.76°}\right) \times 8.7^2\text{kN·m} = -44.81\text{kN·m}$$

B 节点的不平衡弯矩：

$$M_{Bk} = M_{BCk}^g = -44.81\text{kN·m}$$

立柱弯矩分配系数：

$$\mu_{BA} = \frac{3EI_c/H}{3EI_c/H + EI_b/s} = \frac{3/10.2}{3/10.2 + 1/8.73} = 0.7197$$

立柱顶弯矩：

$$M_{BAk} = \mu_{BA}(-M_{Bk}) = 0.7197 \times 44.81\text{kN·m} = 32.25\text{kN·m}$$

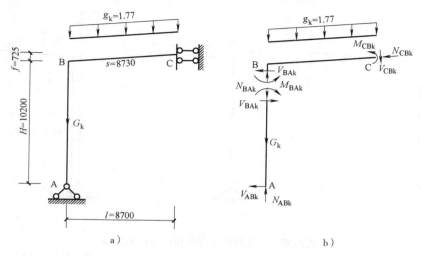

图 5-58　正对称半结构计算简图

a) 计算简图　b) 基本结构

立柱对 A 点取矩，可得立柱剪力：

$$V_{BAk} = V_{ABk} = -\frac{M_{BAk}}{H} = -\frac{32.25}{10.2}\mathrm{kN} = -3.16\mathrm{kN}$$

根据横梁的竖向力平衡条件，可得立柱顶轴力：

$$N_{BAk} = \left(\frac{g_k}{\cos\alpha}\right)l = \left(\frac{1.77}{\cos 4.76°}\right) \times 8.7\mathrm{kN} = 15.45\mathrm{kN}$$

根据立柱的竖向平衡条件，可得立柱底轴力：

$$N_{ABk} = N_{BAk} + G_k = (15.45 + 1.77 \times 10.2)\mathrm{kN} = 33.50\mathrm{kN}$$

对 C 点取矩，可得横梁跨中弯矩：

$$M_{CBk} = N_{BAk}l + V_{BAk}f - \frac{1}{2}\frac{g_k}{\cos\alpha}l^2 - M_{BAk}$$

$$= \left[15.45 \times 8.70 + (-3.16) \times 0.725 - \frac{1}{2} \times \frac{1.77}{\cos 4.76°} \times 8.70^2 - 32.25\right]\mathrm{kN\cdot m} = 32.66\mathrm{kN\cdot m}$$

由刚架水平和竖向力平衡条件：

$$-V_{ABk} + V_{CBk}\sin\alpha - N_{CBk}\cos\alpha = 0$$

$$V_{CBk}\cos\alpha + N_{CBk}\sin\alpha = 0$$

求得：$N_{CBk} = -V_{ABk}\cos\alpha = -(-3.16) \times 0.9966\mathrm{kN} = 3.15\mathrm{kN}$

$$V_{CBk} = V_{ABk}\sin\alpha = (-3.16) \times 0.0824\mathrm{kN} = -0.26\mathrm{kN}$$

由节点 B 水平力和竖向力平衡条件：

$$-V_{BCk}\sin\alpha + N_{BCk}\cos\alpha + V_{BAk} = 0$$

$$V_{BCk}\cos\alpha + N_{BCk}\sin\alpha - N_{BAk} = 0$$

求得：$N_{BCk} = N_{BAk}\sin\alpha - V_{BAk}\cos\alpha = [15.45 \times 0.0824 - (-3.16) \times 0.9966]\mathrm{kN} = 4.42\mathrm{kN}$

$$V_{BCk} = V_{BAk}\sin\alpha + N_{BAk}\cos\alpha = [(-3.16) \times 0.0824 + 15.45 \times 0.9966]\mathrm{kN} = 15.14\mathrm{kN}$$

永久荷载作用下的内力分布如图 5-59 所示。

（2）屋面可变荷载作用下内力计算　屋面可变荷载也是对称荷载，可采用图 5-60a 所示的半结构进行内力计算。根据永久荷载作用下的计算步骤，即可得到屋面可变荷载下的内力，如图 5-61 所示。

$$M_{BCk}^q = -\frac{1}{3}q_k l^2 = -\frac{1}{3} \times 2.40 \times 8.7^2\mathrm{kN\cdot m} = -60.55\mathrm{kN\cdot m}$$

B 节点的不平衡弯矩：

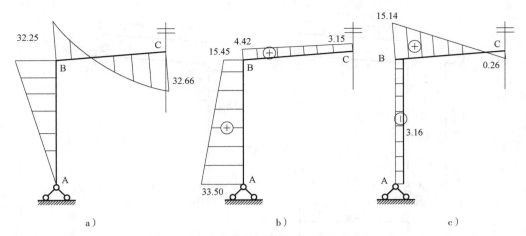

图 5-59　永久荷载标准值作用下内力分布

a）弯矩图（单位：kN·m）　　b）轴力图（单位：kN）　　c）剪力图（单位：kN）

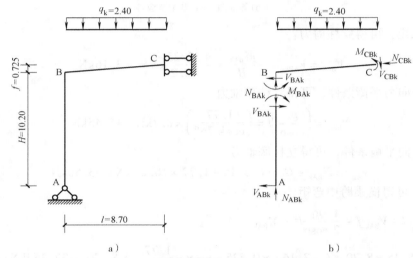

图 5-60　屋面可变荷载作用下对称半结构计算简图

a）计算简图　　b）基本结构

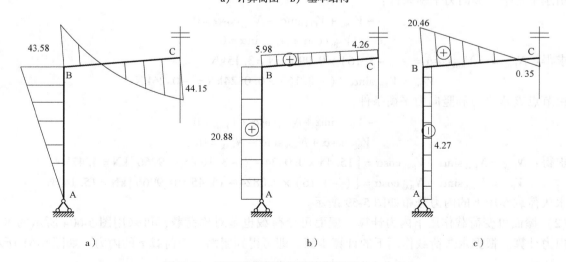

图 5-61　屋面可变荷载标准值作用下内力分布

a）弯矩图（单位：kN·m）　　b）轴力图（单位：kN）　　c）剪力图（单位：kN）

$$M_{\mathrm{Bk}} = M_{\mathrm{BCk}}^{\mathrm{q}} = -60.55 \mathrm{kN \cdot m}$$

立柱弯矩分配系数：

$$\mu_{\mathrm{BA}} = \frac{3EI_{\mathrm{c}}/H}{3EI_{\mathrm{c}}/H + EI_{\mathrm{b}}/s} = \frac{3/10.2}{3/10.2 + 1/8.73} = 0.7197$$

立柱顶弯矩：

$$M_{\mathrm{BAk}} = \mu_{\mathrm{BA}}(-M_{\mathrm{Bk}}) = 0.7197 \times 60.55 \mathrm{kN \cdot m} = 43.58 \mathrm{kN \cdot m}$$

立柱对 A 点取矩，可得立柱剪力：

$$V_{\mathrm{BAk}} = V_{\mathrm{ABk}} = -\frac{M_{\mathrm{BAk}}}{H} = -\frac{32.25}{10.2} \mathrm{kN} = -4.27 \mathrm{kN}$$

根据横梁的竖向力平衡条件，可得立柱顶轴力：

$$N_{\mathrm{BAk}} = q_{\mathrm{k}} l = 2.4 \times 8.7 \mathrm{kN} = 20.88 \mathrm{kN}$$

根据立柱的竖向平衡条件，可得立柱底轴力：

$$N_{\mathrm{ABk}} = N_{\mathrm{BAk}} = 20.88 \mathrm{kN}$$

对 C 点取矩，可得横梁跨中弯矩：

$$M_{\mathrm{CBk}} = N_{\mathrm{BAk}} l + V_{\mathrm{BAk}} f - \frac{1}{2} q_{\mathrm{k}} l^2 - M_{\mathrm{BAk}}$$

$$= \left[20.88 \times 8.70 + (-4.27) \times 0.725 - \frac{1}{2} \times 2.4 \times 8.70^2 - 43.58 \right] \mathrm{kN \cdot m} = 44.15 \mathrm{kN \cdot m}$$

由刚架水平和竖向力平衡条件：

$$-V_{\mathrm{ABk}} + V_{\mathrm{CBk}} \sin\alpha - N_{\mathrm{CBk}} \cos\alpha = 0$$

$$V_{\mathrm{CBk}} \cos\alpha + N_{\mathrm{CBk}} \sin\alpha = 0$$

求得：$N_{\mathrm{CBk}} = -V_{\mathrm{ABk}} \cos\alpha = -(-4.27) \times 0.9966 \mathrm{kN} = 4.26 \mathrm{kN}$

$$V_{\mathrm{CBk}} = V_{\mathrm{ABk}} \sin\alpha = -4.27 \times 0.0824 \mathrm{kN} = -0.35 \mathrm{kN}$$

由节点 B 水平力和竖向力平衡条件：

$$-V_{\mathrm{BCk}} \sin\alpha + N_{\mathrm{BCk}} \cos\alpha + V_{\mathrm{BAk}} = 0$$

$$V_{\mathrm{BCk}} \cos\alpha + N_{\mathrm{BCk}} \sin\alpha - N_{\mathrm{BAk}} = 0$$

求得：$N_{\mathrm{BCk}} = N_{\mathrm{BAk}} \sin\alpha - V_{\mathrm{BAk}} \cos\alpha = [20.88 \times 0.0824 - (-4.27) \times 0.9966] \mathrm{kN} = 5.98 \mathrm{kN}$

$$V_{\mathrm{BCk}} = V_{\mathrm{BAk}} \sin\alpha + N_{\mathrm{BAk}} \cos\alpha = [(-4.27) \times 0.0824 + 20.88 \times 0.9966] \mathrm{kN} = 20.46 \mathrm{kN}$$

（3）风荷载作用下内力计算　风荷载可以拆分为图 5-62a 所示的正对称荷载和图 5-62b 所示的反对称荷载。

刚架柱正对称荷载标准值：$(q_{2\mathrm{k}} - q_{1\mathrm{k}})/2 = (1.744 - 0.816) \mathrm{kN}/2\mathrm{m} = 0.464 \mathrm{kN/m}$

反对称荷载标准值：$(q_{2\mathrm{k}} + q_{1\mathrm{k}})/2 = (1.744 + 0.816) \mathrm{kN}/2\mathrm{m} = 1.280 \mathrm{kN/m}$

刚架梁正对称荷载标准值：$(q_{3\mathrm{k}} + q_{4\mathrm{k}})/2 = (3.228 + 2.302) \mathrm{kN}/2\mathrm{m} = 2.765 \mathrm{kN/m}$

反对称荷载标准值：$(q_{3\mathrm{k}} - q_{4\mathrm{k}})/2 = (3.228 - 2.302) \mathrm{kN}/2\mathrm{m} = 0.463 \mathrm{kN/m}$

1）正对称风荷载作用下的内力计算　正对称风荷载作用下半结构如图 5-63a 所示，其内力计算可按永久荷载下内力计算方法进行，计算结果如图 5-64 所示。

$$M_{\mathrm{BCk}}^{\mathrm{w}} = \frac{1}{3} q_{3\mathrm{k}} s^2 = \frac{1}{3} \times 2.765 \times 8.73^2 \mathrm{kN \cdot m} = 70.24 \mathrm{kN \cdot m}$$

$$M_{\mathrm{BCk}}^{\mathrm{w}} = -\frac{1}{8} q_{1\mathrm{k}} H^2 = -\frac{1}{8} \times 0.464 \times 10.2^2 \mathrm{kN \cdot m} = -6.03 \mathrm{kN \cdot m}$$

B 节点的不平衡弯矩：

$$M_{\mathrm{Bk}} = M_{\mathrm{BCk}}^{\mathrm{w}} + M_{\mathrm{BAk}}^{\mathrm{w}} = (70.24 - 6.03) \mathrm{kN \cdot m} = 64.21 \mathrm{kN \cdot m}$$

立柱弯矩分配系数：

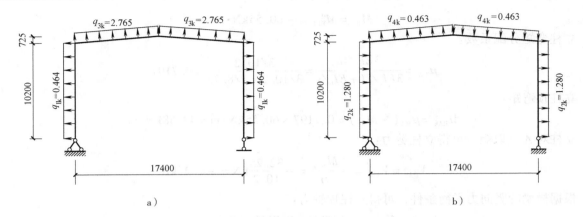

图 5-62　风荷载的拆分（单位：kN/m）

a）正对称荷载　b）反对称荷载

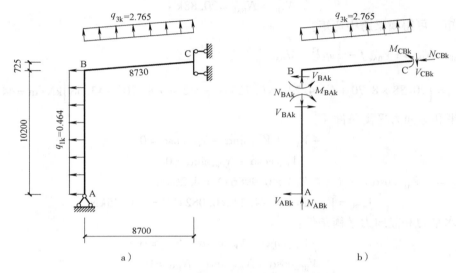

图 5-63　正对称风荷载作用下计算简图

a）计算简图　b）基本结构

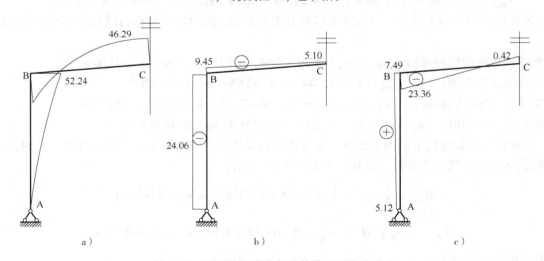

图 5-64　正对称风荷载标准值作用下内力分布

a）弯矩图（单位：kN·m）　b）轴力图（单位：kN）　c）剪力图（单位：kN）

$$\mu_{BA} = \frac{3EI_c/H}{3EI_c/H + EI_b/s} = \frac{3/10.2}{3/10.2 + 1/8.73} = 0.7197$$

立柱顶弯矩：

$$M_{BAk} = M^w_{BAk} - \mu_{BA}M_{Bk} = (-6.03 - 0.7197 \times 64.21) \text{kN} \cdot \text{m} = -52.24 \text{kN} \cdot \text{m}$$

立柱对 A 点取矩，可得立柱剪力：

$$V_{BAk} = \frac{\frac{1}{2}q_{1k}H^2 - M_{BAk}}{H} = \frac{\frac{1}{2} \times 0.464 \times 10.2^2 - (-52.24)}{10.2} \text{kN} = 7.49 \text{kN}$$

$$V_{ABk} = V_{BAk} - \frac{1}{2}q_{1k}H = 7.49 - \frac{1}{2} \times 0.464 \times 10.2 \text{kN} = 5.12 \text{kN}$$

根据横梁的竖向力平衡条件，可得立柱顶轴力：

$$N_{BAk} = -q_{3k}s\cos\alpha = -2.765 \times 8.73 \times 0.9966 \text{kN} = -24.06 \text{kN}$$

根据立柱的竖向平衡条件，可得立柱底轴力：

$$N_{ABk} = N_{BAk} = -24.06 \text{kN}$$

对 C 点取矩，可得横梁跨中弯矩：

$$M_{CBk} = N_{BAk}l + V_{BAk}f + \frac{1}{2}q_{3k}s^2 - M_{BAk}$$

$$= \left[(-24.06) \times 8.70 + 7.49 \times 0.725 + \frac{1}{2} \times 2.765 \times 8.73^2 - (-52.24)\right] \text{kN} \cdot \text{m}$$

$$= -46.29 \text{kN} \cdot \text{m}$$

由刚架水平和竖向力平衡条件：

$$-V_{ABk} + V_{CBk}\sin\alpha - N_{CBk}\cos\alpha = 0$$
$$V_{CBk}\cos\alpha + N_{CBk}\sin\alpha = 0$$

求得：$N_{CBk} = -V_{ABk}\cos\alpha = -(5.12) \times 0.9966 \text{kN} = -5.10 \text{kN}$

$$V_{CBk} = V_{ABk}\sin\alpha = 5.12 \times 0.0824 \text{kN} = 0.42 \text{kN}$$

由节点 B 水平力和竖向力平衡条件：

$$-V_{BCk}\sin\alpha + N_{BCk}\cos\alpha + V_{BAk} = 0$$
$$V_{BCk}\cos\alpha + N_{BCk}\sin\alpha - N_{BAk} = 0$$

求得：$N_{BCk} = N_{BAk}\sin\alpha - V_{BAk}\cos\alpha = [(-24.06) \times 0.0824 - 7.49 \times 0.9966] \text{kN} = -9.45 \text{kN}$

$$V_{BCk} = V_{BAk}\sin\alpha + N_{BAk}\cos\alpha$$

$$= [7.49 \times 0.0824 + (-24.06) \times 0.9966] \text{kN} = -23.36 \text{kN}$$

2）反对称风荷载作用下内力计算　反对称风荷载作用下可取图 5-65a 所示的半结构计算简图计算。

利用水平力平衡条件，可得立柱底剪力：

$$V_{ABk} = q_{2k}H - q_{4k}f = (1.280 \times 10.2 - 0.463 \times 0.725) \text{ kN} = 12.72 \text{kN}$$

立柱顶的剪力：

$$V_{BAk} = -q_{4k}f = -0.463 \times 0.725 \text{kN} = -0.34 \text{kN}$$

对 B 点取矩，可得立柱顶弯矩：

$$M_{BAk} = \frac{1}{2}q_{2k}H^2 - V_{ABk}H = \left(\frac{1}{2} \times 1.280 \times 10.2^2 - 12.72 \times 10.2\right) \text{kN} \cdot \text{m} = -63.16 \text{kN} \cdot \text{m}$$

对 C 点取矩，可得立柱轴力：

$$N_{BAk} = \frac{1}{l}\left[q_{2k}H\left(\frac{H}{2} + f\right) - V_{ABk}(H + f) - \frac{1}{2}q_{4k}s^2\right]$$

$$= \frac{1}{8.7} \times \left[1.280 \times 10.2 \times \left(\frac{10.2}{2} + 0.725\right) - 12.72 \times (10.2 + 0.725) - \frac{1}{2} \times 0.463 \times 8.73^2\right] \text{kN}$$

$$= -9.26 \text{kN}$$

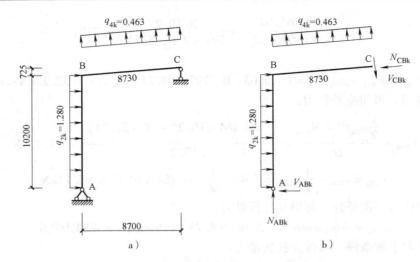

图 5-65　反对称风荷载作用下计算简图

a) 计算简图　b) 基本结构

横梁轴力：

$$N_{CBk} = (N_{BAk} + q_{4k}l)\sin\alpha = (-9.26 + 0.463 \times 8.7) \times 0.0824\text{kN} = -0.43\text{kN}$$

横梁跨中剪力：

$$V_{CBk} = (N_{BAk} + q_{4k}l)\cos\alpha = (-9.26 + 0.463 \times 8.7) \times 0.9966\text{kN} = -5.21\text{kN}$$

横梁端部剪力：

$$V_{BCk} = V_{CBk} - q_{4k}s = (-5.21 - 0.463 \times 8.73)\text{kN} = -9.25\text{kN}$$

反对称风荷载作用下的内力如图 5-66 所示。将两种情况下的内力叠加，即可得全部风荷载作用下的内力，如图 5-67 所示。

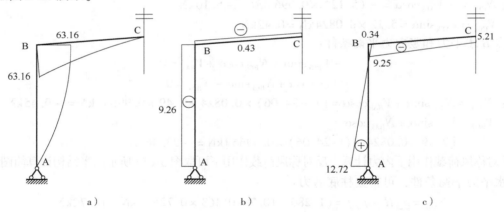

图 5-66　反对称风荷载标准值作用下内力分布

a) 弯矩图（单位：kN·m）　b) 轴力图（单位：kN）　c) 剪力图（单位：kN）

4. 侧移计算

刚架侧移主要由水平荷载引起。柱脚为铰接的单跨刚架，柱顶水平力 F 作用下的侧移可按下式计算：

$$\Delta = \frac{FH^3}{6EI_c}\left(1 + \frac{\xi_1}{2}\right)$$

其中，ξ_1 是立柱线刚度与横梁线刚度的比值，$\xi_1 = (EI_c/H)/(EI_b/l) = 17.4/10.2 = 1.71$。

横向水平风荷载作用下，等效柱顶水平荷载 F：

$$F = 0.67W = 0.67 \times (0.816 + 1.744) \times 10.2\text{kN} = 17.50\text{kN}$$

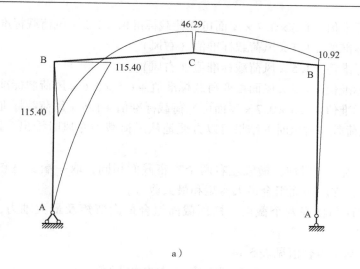

a)

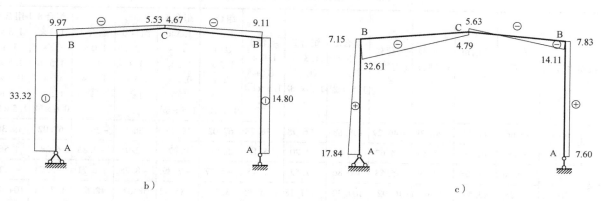

b)　　　　　　　　　　　　　　　　　　c)

图 5-67　风荷载标准值作用下的内力分布

a) 弯矩图（单位：kN·m）　b) 轴力图（单位：kN）　c) 剪力图（单位：kN）

刚架侧移

$$\Delta = \frac{FH^3}{6EI_c}\left(1 + \frac{\xi_1}{2}\right) = \frac{17.50 \times 10^3 \times 10200^3}{6 \times 2.06 \times 10^5 \times 455.69 \times 10^6} \times \left(1 + \frac{1.71}{2}\right)\text{mm} = 61.16\text{mm}$$

$\Delta/H = 1/166.78 < 1/60$（采用轻型钢墙板）（满足要求）

5.2.4　刚架构件设计

1. 内力组合

（1）荷载组合方式　轻型门式刚架的荷载效应一般由可变荷载控制，可采用以下的荷载组合方式：

① 1.3×永久荷载标准值 +1.5×（任意一项可变荷载标准值 + 其他可变荷载组合值）。

② 1.0×永久荷载标准值 +1.5×（任意一项可变荷载标准值 + 其他可变荷载组合值）。

第②种组合方式适用于可变荷载内力与永久荷载内力异号，永久荷载对效应有利的情况。

具体有下列荷载组合方式：

①1.3×永久荷载标准值 +1.5×屋面可变荷载标准值。

②1.3×永久荷载标准值 +1.5×风荷载标准值（左风）。

③1.0×永久荷载标准值 +1.5×风荷载标准值（左风）。

④1.3×永久荷载标准值 +1.5×屋面可变荷载标准值 +1.5×0.6×风荷载标准值（左风）。

⑤1.3×永久荷载标准值+1.5×0.7×屋面可变荷载标准值+1.5×风荷载标准值（左风）。

⑥1.3×永久荷载标准值+1.5×风荷载标准值（右风）。

⑦1.0×永久荷载标准值+1.5×风荷载标准值（右风）。

⑧1.3×永久荷载标准值+1.5×屋面可变荷载标准值+1.5×0.6×风荷载标准值（右风）。

⑨1.3×永久荷载标准值+1.5×0.7×屋面可变荷载标准值+1.5×风荷载标准值（右风）。

由于结构对称，风荷载为右风时的结果可以方便地从风荷载为左风时推出，因此组合⑥~⑨的内力计算不再列表。

（2）内力组合值　因结构对称，横梁左右两个支座截面相同，取一端支座和跨中两个控制截面。跨中截面组合最大弯矩，支座截面组合最大弯矩和最大剪力。

立柱控制截面为柱顶和柱底两个截面，柱顶截面组合最大弯矩及最大轴力，柱底截面组合最大轴力。

刚架梁、柱内力的基本组合值见表 5-14。

表 5-14　刚架梁、柱的内力组合值

截面内力		永久荷载 ①	屋面可变荷载 ②	风荷载（左风）③	风荷载（右风）④	组合1 1.3×①+1.5×②	组合2 1.3×①+1.5×③	组合3 1.0×①+1.5×③	组合4 1.3×①+1.5×②+1.5×0.6×③	组合5 1.3×①+1.5×0.7×②+1.5×③	组合6 1.3×①+1.5×④	组合7 1.0×①+1.5×④	组合8 1.3×①+1.5×②+1.5×0.6×④	组合9 1.3×①+1.5×0.7×②+1.5×④
横梁	M_{CB}	32.66	44.15	−46.29	−46.29	108.68	−26.98	−36.78	67.02	19.38	−26.98	−36.78	67.02	19.38
	N_{CB}	3.15	4.26	−5.53	−4.67	10.49	−4.20	−5.15	5.51	0.27	−2.91	−3.86	6.28	1.56
	V_{CB}	−0.26	−0.35	−4.79	−5.63	−0.86	−7.52	−7.45	−5.17	−7.89	−8.78	−8.71	−5.93	−9.15
	M_{BC}	32.25	43.58	−115.40	10.92	107.30	−131.18	−140.85	3.44	−85.42	58.31	48.63	117.12	104.06
	N_{BC}	4.42	5.98	−9.97	−9.11	14.72	−9.21	−10.54	5.74	−2.93	−7.92	−9.25	6.52	−1.64
	V_{BC}	15.14	20.46	−32.61	14.11	50.37	−29.23	−33.78	21.02	−7.75	40.85	36.31	63.07	62.33
立柱	M_{BA}	32.25	43.58	−115.40	10.73	107.30	−131.18	−140.85	3.44	−85.42	58.02	48.35	116.95	103.78
	N_{BA}	15.45	20.88	−33.32	−14.80	51.41	−29.90	−34.53	21.42	−7.97	−2.12	−6.75	38.09	19.81
	V_{BA}	−3.16	−4.27	7.15	7.83	−10.51	6.62	7.57	−4.08	2.13	7.64	8.59	−3.47	3.15
	N_{AB}	33.50	20.88	−33.32	−14.80	74.87	−6.43	−16.48	44.88	15.49	21.35	11.30	61.55	43.27
	V_{AB}	−3.16	−4.27	17.84	7.60	−10.51	22.65	23.60	5.54	18.17	7.29	8.24	−3.67	2.81

注：表中横梁跨中弯矩以下部受拉为正，支座弯矩以上部受拉为正；立柱弯矩以外侧受拉为正。

2. 立柱截面计算

（1）最不利内力　因等截面，可不区分截面位置；因双轴对称可不区分正、负弯矩。选择以下内力进行计算：

① $|M|_{max} = 140.85\text{kN}\cdot\text{m}$，$N = -34.53\text{kN}$，$V = 7.57\text{kN}$。

② $N_{max} = 51.41\text{kN}$，$M = 107.30\text{kN}\cdot\text{m}$，$V = 10.51\text{kN}$。

③ $N_{max} = 74.87\text{kN}$，$V = 10.51\text{kN}$。

（2）平面内整体稳定

焊接工字形截面（600mm×200mm×6mm×10mm）回转半径：

$$i_x = (I_x/A)^{1/2} = (445.69\times10^6/7.48\times10^3)^{1/2}\text{mm} = 244.10\text{mm}$$

$$i_y = (I_y/A)^{1/2} = (47.10\times10^6/7.48\times10^3)^{1/2}\text{mm} = 79.35\text{mm}$$

刚架横向无支撑，采用一阶弹性分析方法，柱的计算长度按有侧移刚架确定。横梁线刚度 $i_b = EI/$

17400，立柱的线刚度 $i_c = EI/10200$，$\xi_1 = (EI_c/H)/(EI_b/l) = 17.4/10.2 = 1.71$。

柱计算长度系数 $\mu_r = 4.14\sqrt{\dfrac{EI_c}{KH^3}} = 4.14 \times \sqrt{\dfrac{2 + \xi_i}{12}} = 2.30$

其中，$K = \dfrac{F}{\Delta} = \dfrac{12EI_c}{(2 + \xi_i)H^3}$

计算长度 $l_x = \mu_r H = 2.30 \times 10.2\text{m} = 23.46\text{m}$，长细比 $\lambda_x = l_x/i_x = 23.46/0.2441 = 96.1$，b 类截面，经查《钢结构设计标准》（GB 50017—2017）附录 D 表 D.0.2 可得：

$$\varphi_x = 0.574 + \frac{97 - 96.1}{97 - 96} \times (0.581 - 0.574) = 0.580$$

$$\begin{aligned} N'_{Ex0} &= \pi^2 EA_{e0}/(1.1\lambda^2) \\ &= 3.14^2 \times 206000 \times 7.48 \times 10^3 \text{N}/(1.1 \times 96.1^2) = 1495507.7\text{N} \end{aligned}$$

有侧移刚架柱的等效弯矩系数 $\beta_{mx} = 1.0$

受压翼缘外伸长度 $b/t = [(200 - 6)/2]/10 = 9.7 < 13\varepsilon_k$，截面塑性发展系数 $\gamma_x = 1.05$

第一组内力：

$$\begin{aligned} & \frac{N}{\varphi_x A} + \frac{\beta_{mx}M_x}{[1 - 0.8(N_0/N'_{Ex0})]\gamma_x W_x} \\ &= \left\{ \frac{34.53 \times 10^3}{0.580 \times 7.48 \times 10^3} + \frac{1.0 \times 140.85 \times 10^6}{[1 - 0.8 \times (34.53/1495.5)] \times 1.05 \times 1.49 \times 10^6} \right\}\text{N/mm}^2 \\ &= (7.96 + 91.72)\text{N/mm}^2 = 99.68\text{N/mm}^2 < f = 215\text{N/mm}^2 \text{（满足要求）} \end{aligned}$$

第二组内力：

$$\begin{aligned} & \frac{N}{\varphi_x A} + \frac{\beta_{mx}M_x}{[1 - 0.8(N_0/N'_{Ex0})]\gamma_x W_x} \\ &= \left\{ \frac{51.41 \times 10^3}{0.580 \times 7.48 \times 10^3} + \frac{1.0 \times 107.30 \times 10^6}{[1 - 0.8 \times (51.41/1495.5)] \times 1.05 \times 1.49 \times 10^6} \right\}\text{N/mm}^2 \\ &= (11.85 + 70.52)\text{N/mm}^2 = 82.37\text{N/mm}^2 < f = 215\text{N/mm}^2 \text{（满足要求）} \end{aligned}$$

（3）平面外整体稳定　选择第二组内力进行计算。设墙面檩条间距为 2.5m，且通过隔撑与柱内侧翼缘连接，平面外的计算长度取 $l_y = 2.5\text{m}$，回转半径 $i_y = \sqrt{\dfrac{I_y}{A}} = \sqrt{\dfrac{47.1 \times 10^6}{7.48 \times 10^3}}\text{mm} = 79.35\text{mm}$，长细比 $\lambda_y = l_y/i_y = 2500/79.35 = 31.5$，c 类截面，经查《钢结构设计标准》（GB 50017—2017）附录 D 表 D.0.3 可得：

$$\varphi_y = 0.89 + \frac{32 - 31.5}{32 - 31} \times (0.896 - 0.890) = 0.893$$

截面影响系数 $\eta = 1.0$

因为 $\lambda_y < 120\varepsilon_k$，可采用近似公式计算均匀弯曲稳定系数

$$\varphi_b = 1.07 - \frac{\lambda_y^2}{44000\varepsilon_k^2} = 1.07 - \frac{31.5^2}{44000 \times 235/235} = 1.05 > 1，取 \varphi_b = 1.0$$

有端弯矩和横向荷载作用，弯矩使构件段产生同向曲率，取等效弯矩系数 $\beta_{tx} = 1.0$

$$\begin{aligned} & \frac{N}{\varphi_y A} + \eta\frac{\beta_{tx}M_x}{\varphi_b W_x} \\ &= \left(\frac{51.41 \times 10^3}{0.893 \times 7.48 \times 10^3} + 1.0 \times \frac{1.0 \times 107.30 \times 10^6}{1.0 \times 1.49 \times 10^6} \right)\text{N/mm}^2 \\ &= (7.70 + 72.01)\text{N/mm}^2 = 79.71\text{N/mm}^2 < f = 215\text{N/mm}^2 \text{（满足要求）} \end{aligned}$$

（4）板件宽厚比

1）翼缘。

$$\frac{b}{t} = \frac{(200-6)/2}{10} = 9.7 < 15\varepsilon_k = 15（满足要求）$$

2）腹板。

选择第二组内力验算。

$$\sigma_{max} = \frac{N}{A} + \frac{M_x y}{I_x}$$

$$= \left(\frac{51.41 \times 10^3}{7.48 \times 10^3} + \frac{107.30 \times 10^6 \times 290}{445.69 \times 10^6}\right) N/mm^2 = 76.69 N/mm^2$$

$$\sigma_{max} - \sigma_{min} = 2\frac{M_x y}{I_x} = 2 \times \frac{107.30 \times 10^6 \times 290}{445.69 \times 10^6} N/mm^2 = 139.64 N/mm^2$$

$$\alpha_0 = \frac{\sigma_{max} - \sigma_{min}}{\sigma_{max}} = \frac{139.64}{76.69} = 1.82$$

《钢结构设计标准》（GB 50017—2017），压弯构件 H 形截面腹板宽厚比等级 S4 级，要求 $\frac{h_0}{t_w} \leq (45 + 25\alpha_0^{1.66})\varepsilon_k$

$$(45 + 25\alpha_0^{1.66})\varepsilon_k = (45 + 25 \times 1.82^{1.66}) \times \sqrt{\frac{235}{235}} = 112.56$$

$$\frac{h_0}{t_w} = \frac{600 - 2 \times 10}{6} = 96.67 < 112.56（满足要求）$$

《门式刚架轻型房屋钢结构技术规范》（GB 51022—2015）规定，工字形截面柱 $\frac{h_w}{t_w} = \frac{600 - 2 \times 10}{6} = 96.67 < 250$（满足要求）

3. 横梁截面计算

（1）最不利内力　横梁有如下 3 组最不利组合内力：

① $M_{max} = 108.68 kN \cdot m$、$N = 10.49 kN$、$V = -0.86 kN$。

② $M'_{max} = -140.85 kN \cdot m$、$N = -10.54 kN$、$V = -33.78 kN$。

③ $-M'_{max} = 117.16 kN \cdot m$、$N = 6.52 kN$、$V = 63.07 kN$。

（2）支座截面整体稳定　因横梁坡度较小，可按受弯构件计算。支座截面选择第二组内力。下翼缘受压，计算长度取隔撑间距 $l_y = 3.0m$，长细比 $\lambda_y = l_y/i_y = 3000/79.35 = 37.8$，c 类截面，经查《钢结构设计标准》（GB 50017—2017）附录 D 表 D.0.3 可得：

$$\varphi_y = 0.852 + \frac{38 - 37.8}{38 - 37} \times (0.858 - 0.852) = 0.853$$

因为 $\lambda_y < 120\varepsilon_k$，可采用近似公式计算均匀弯曲稳定系数

$$\varphi_b = 1.07 - \frac{\lambda_y^2}{44000\varepsilon_k^2} = 1.07 - \frac{37.8^2}{44000 \times 235/235} = 10.38 > 1.0，取 \varphi_b = 1.0$$

$$\frac{M_x}{\varphi_b W_x} = \frac{140.85 \times 10^6}{1.0 \times 1.49 \times 10^6} N/mm^2 = 94.53 N/mm^2 < f = 215 N/mm^2（满足要求）$$

（3）跨中截面整体稳定　选择第一组内力。

上翼缘受压，计算长度取横向支撑间距 $l_y = 4.5m$，长细比 $\lambda_y = l_y/i_y = 4500/79.35 = 56.7$，c 类截面，经查《钢结构设计标准》（GB 50017—2017）附录 D 表 D.0.3 可得：

$$\varphi_y = 0.728 + \frac{57 - 56.7}{57 - 56} \times (0.735 - 0.728) = 0.730$$

有端弯矩和横向荷载作用，弯矩使构件段产生反向曲率，取等效弯矩系数 $\beta_{tx} = 0.85$。截面影响系数 $\eta = 1.0$。

因为 $\lambda_y < 120\varepsilon_k$，可采用近似公式计算均匀弯曲稳定系数

$$\varphi_b = 1.07 - \frac{\lambda_y^2}{44000\varepsilon_k^2} = 1.07 - \frac{56.7^2}{44000 \times 235/235} = 0.997$$

$$\frac{N}{\varphi_y A} + \eta \frac{\beta_{tx} M_x}{\varphi_b W_x}$$

$$= \left(\frac{10.49 \times 10^3}{0.730 \times 7.48 \times 10^3} + 1.0 \times \frac{0.85 \times 108.68 \times 10^6}{0.997 \times 1.49 \times 10^6} \right) \text{N/mm}^2$$

$$= (1.95 + 62.19) \text{N/mm}^2 = 64.14 \text{N/mm}^2 < f = 215 \text{N/mm}^2 \text{（满足要求）}$$

（4）剪力和弯矩共同作用下的强度　腹板宽厚比 $\dfrac{h_0}{t_w} = \dfrac{600 - 2 \times 10}{6} = 96.7 > 80\varepsilon_k$，不设加劲肋，横梁考虑腹板屈曲后的强度。

$\dfrac{a}{h_0} = \dfrac{8700}{600 - 2 \times 10} = 15.0 > 1.0$，腹板的受剪计算通用高厚比 $\lambda_{n,s}$：

$$\lambda_{n,s} = \frac{h_0/t_w}{37\eta \sqrt{5.34 + 4(h_0/a)^2}} \cdot \frac{1}{\varepsilon_k}$$

$$= \frac{96.7}{37 \times 1 \times \sqrt{5.34 + 4 \times (1/15)^2}} \times \frac{1}{\sqrt{235/235}} = 1.129$$

因为 $0.8 < \lambda_{n,s} < 1.2$，所以腹板屈曲后梁的抗剪承载力：

$$V_u = h_w t_w f_v [1 - 0.5(\lambda_{n,s} - 0.8)]$$

$$= 580 \times 6 \times 125 \times [1 - 0.5 \times (1.129 - 0.8)] \text{N} = 363442.5 \text{N}$$

腹板受弯计算通用高厚比 $\lambda_{n,b}$：

$$\lambda_{n,b} = \frac{2h_c/t_w}{177} \cdot \frac{1}{\varepsilon_k} = \frac{580/6}{177} \cdot \frac{1}{\sqrt{235/235}} = 0.55 < 0.85$$

腹板受压区有效高度系数 $\rho = 1.0$。

梁截面模量考虑腹板有效高度的折减系数 $\alpha_e = 1 - \dfrac{(1-\rho)h_c^3 t_w}{2I_x} = 1.0$

腹板屈曲后梁抗弯承载力 M_{eu}：

$$M_{eu} = \gamma_x \alpha_e W_x f = 1.05 \times 1.0 \times 1.49 \times 10^6 \times 215 \text{N} \cdot \text{mm} = 336.37 \times 10^6 \text{N} \cdot \text{mm}$$

对双轴对称截面，梁翼缘承担的弯矩 M_f：

$$M_f = A_f(h - t)f = 200 \times 10 \times (600 - 10) \times 215 \text{N} \cdot \text{mm} = 253.7 \times 10^6 \text{N} \cdot \text{mm}$$

$V = 0.86 \text{kN} < 0.5V_u = 181.72 \text{kN}$，取 $V = 0.5V_u$；$M = M_{max} = 108.68 \text{kN} \cdot \text{m} < M_f = 253.7 \text{kN} \cdot \text{m}$，取 $M = M_f$

工字形截面焊接梁屈曲后承载力表达式：

$$\left(\frac{V}{0.5V_u} - 1 \right)^2 + \frac{M - M_f}{M_{eu} - M_f} = 0 < 1.0 \text{（满足要求）}$$

（5）梁腹板计算高度边缘折算应力

梁端截面控制内力：$M'_{max} = -140.85 \text{kN} \cdot \text{m}$、$N = -10.54 \text{kN}$、$V = -33.78 \text{kN}$

檩条作用在梁顶的集中荷载：

$$F = (1.3 \times 0.195 + 1.5 \times 0.4) \times 1.5 \times 6 \text{kN} = 7.68 \text{kN}$$

集中荷载在腹板计算高度上边缘的假定分布长度：

$$l_z = a + 5h_y = (70 + 5 \times 10)\,\text{mm} = 120\,\text{mm}$$

局部承压应力 σ_c：

$$\sigma_c = \frac{F}{l_z t_w} = \frac{7.68 \times 10^3}{120 \times 6}\,\text{N/mm}^2 = 10.67\,\text{N/mm}^2$$

弯矩和轴力作用下的腹板高度边缘处正应力 σ：

$$\sigma = \frac{My}{I_x} + \frac{N}{A} = \left[\frac{140.85 \times 10^6 \times (600/2 - 10)}{445.69 \times 10^6} + \frac{(-10.54 \times 10^3)}{7.48 \times 10^3}\right]\text{N/mm}^2 = 90.24\,\text{N/mm}^2$$

剪力作用下的腹板计算高度边缘处剪应力：

$$\tau = \frac{VS}{I_x t_w} = \frac{33.78 \times 10^3 \times [200 \times 10 \times (300 - 10/2)]}{445.69 \times 10^6 \times 6}\,\text{N/mm}^2 = 7.45\,\text{N/mm}^2$$

折算应力：

$$\sqrt{\sigma^2 + \sigma_c^2 - \sigma\sigma_c + 3\tau^2} = \sqrt{90.24^2 + 10.67^2 - 90.24 \times 10.67 + 3 \times 7.45^2}$$
$$= 86.38\,\text{N/mm}^2 < \beta_1 f = 1.2 \times 215\,\text{N/mm}^2 = 258\,\text{N/mm}^2\,(\text{满足要求})$$

4. 横梁挠度计算

计算横梁竖向荷载下的挠度时，采用荷载效应的标准组合。由表 5-14 可知，支座弯矩标准组合值：

$$M_{BC,k} = -(32.25 + 43.58)\,\text{kN·m} = -75.83\,\text{kN·m}$$

跨中弯矩标准组合值：

$$M_{C,k} = (32.66 + 44.15)\,\text{kN·m} = 76.81\,\text{kN·m}$$

将弯矩分成两部分：支座弯矩 $M_k' = M_{BC,k} = -75.83\,\text{kN·m}$，简支弯矩 $M_k = M_{C,k} - M_{BC,k} = 152.64\,\text{kN·m}$，如图 5-68 所示。后一部分的挠度系数为 5/48；前一部分的挠度系数为 1/8。

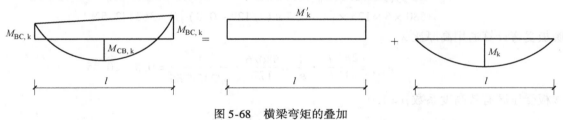

图 5-68   横梁弯矩的叠加

总挠度：

$$f = \frac{5M_k l^2}{48EI_x} - \frac{M_k' l^2}{8EI_x}$$
$$= \left[\frac{5 \times 152.64 \times 10^6 \times (17.4 \times 10^3)^2}{48 \times 206000 \times 445.69 \times 10^6} - \frac{75.83 \times 10^6 \times (17.4 \times 10^3)^2}{8 \times 206000 \times 445.69 \times 10^6}\right]\text{mm}$$
$$= 21.18\,\text{mm} < l/180 = 96.67\,\text{mm}\,(\text{满足要求})$$

5.2.5 刚架节点设计

1. 梁、柱节点

刚架的梁、柱采用端板竖放的形式，并通过高强度螺栓连接。端板与梁、柱采用全熔透对接焊缝；端板之间采用 10.9 级 M20 摩擦型高强度螺栓连接。端板尺寸及螺栓初步布置如图 5-69a 所示。

（1）螺栓强度计算   梁端有两组最不利内力组合：

① $M_{max}' = -140.85\,\text{kN·m}$、$N = -10.54\,\text{kN}$、$V = -33.78\,\text{kN}$。

② $-M_{max}' = 117.16\,\text{kN·m}$、$N = 6.52\,\text{kN}$、$V = 63.07\,\text{kN}$。

第①组内力引起上翼缘受拉；第②组内力引起下翼缘受拉。

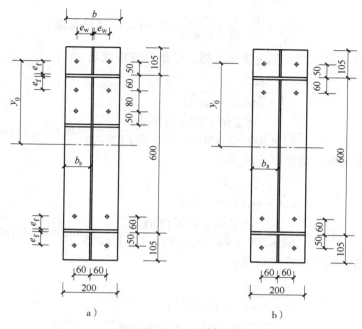

图 5-69　端板尺寸及螺栓布置

a) 梁、柱节点　　b) 屋脊节点

单个螺栓的受剪承载力：

$$N_v^b = 0.9 n_f \mu P = 0.9 \times 1 \times 0.45 \times 155 \text{kN} = 62.78 \text{kN}$$

单个螺栓的受拉承载力：

$$N_t^b = 0.8P = 0.8 \times 155 \text{kN} = 124.0 \text{kN}$$

螺栓群形心位置：

$$y_0 = \frac{(110 + 190 + 590 + 700) \times 2}{10} \text{mm} = 318 \text{mm}$$

第①组内力组合下，每个螺栓承受的剪力：

$$N_v = V/n = 33.78 \text{kN}/10 = 3.38 \text{kN}$$

弯矩和轴力作用下，螺栓承受的最大拉力：

$$N_t = \frac{M}{\sum y_i^2} y_{max} - \frac{N}{n}$$

$$= \left[\frac{140.85 \times 0.318}{2 \times (0.318^2 + 0.208^2 + 0.128^2 + 0.272^2 + 0.382^2)} - \frac{(-10.54)}{10} \right] \text{kN}$$

$$= 59.88 \text{kN}$$

$$\frac{N_v}{N_v^b} + \frac{N_t}{N_t^b} = \frac{3.38}{62.78} + \frac{59.88}{124.0} = 0.537 < 1 \text{（满足要求）}$$

第②组内力组合下，每个螺栓承受的剪力：

$$N_v = V/n = 63.07 \text{kN}/10 = 6.31 \text{kN}$$

弯矩和轴力作用下，螺栓承受的最大拉力：

$$N_t = \frac{M}{\sum y_i^2} y_{max} - \frac{N}{n}$$

$$= \left[\frac{117.16 \times 0.318}{2 \times (0.318^2 + 0.208^2 + 0.128^2 + 0.272^2 + 0.382^2)} - \frac{6.52}{10} \right] \text{kN}$$

$$= 48.28 \text{kN}$$

$$\frac{N_{\mathrm{v}}}{N_{\mathrm{v}}^{\mathrm{b}}} + \frac{N_{\mathrm{t}}}{N_{\mathrm{t}}^{\mathrm{b}}} = \frac{6.31}{62.78} + \frac{48.28}{124.0} = 0.49 < 1（满足要求）$$

（2）端板厚度计算　对于两相邻边支承区格，端板厚度应满足：

$$t \geqslant \sqrt{\frac{6e_{\mathrm{f}}e_{\mathrm{w}}N_{\mathrm{t}}}{[e_{\mathrm{w}}b + 2e_{\mathrm{f}}(e_{\mathrm{f}} + e_{\mathrm{w}})]f}}$$

$$= \sqrt{\frac{6 \times 50 \times 57 \times 124000}{[57 \times 200 + 2 \times 50 \times (50 + 57)] \times 205}}\mathrm{mm} = 21.63\mathrm{mm}$$

对于两相邻边支承区格，端板厚度应满足：

$$t \geqslant \sqrt{\frac{12e_{\mathrm{f}}e_{\mathrm{w}}N_{\mathrm{t}}}{[e_{\mathrm{w}}b + 4e_{\mathrm{f}}(e_{\mathrm{f}} + e_{\mathrm{w}})]f}}$$

$$= \sqrt{\frac{12 \times 50 \times 57 \times 124000}{[57 \times 200 + 4 \times 50 \times (50 + 57)] \times 205}}\mathrm{mm} = 25.11\mathrm{mm}$$

对于三边支承区格，端板厚度应满足：

$$t \geqslant \sqrt{\frac{6e_{\mathrm{f}}e_{\mathrm{w}}N_{\mathrm{t}}}{[e_{\mathrm{w}}(b + 2b_{\mathrm{s}}) + 4e_{\mathrm{f}}^2]f}}$$

$$= \sqrt{\frac{6 \times 50 \times 57 \times 124000}{[57 \times (200 + 2 \times 97) + 4 \times 50^2] \times 205}}\mathrm{mm} = 17.85\mathrm{mm}$$

综上所述，取端板厚度25mm。

（3）节点域剪应力计算　节点域的抗剪承载力按下式计算：

$$\tau = \frac{M}{h_{\mathrm{b}}h_{\mathrm{c}}t_{\mathrm{w}}} = \frac{140.85 \times 10^6}{(600 - 2 \times 10) \times (600 - 2 \times 10) \times 6}\mathrm{N/mm^2}$$

$$= 69.78\mathrm{N/mm^2} < f_{\mathrm{v}} = 125\mathrm{N/mm^2}（满足要求）$$

所以，可按构造设置加劲肋。

（4）螺栓处腹板强度计算　腹板中部单个高强度螺栓的拉力：

$$N_{\mathrm{t}} = \frac{M}{\sum y_i^2}y - \frac{N}{n}$$

$$= \left[\frac{140.85 \times 0.128}{2 \times (0.318^2 + 0.208^2 + 0.128^2 + 0.272^2 + 0.382^2)} - \frac{(-10.54)}{10}\right]\mathrm{kN}$$

$$= 24.73\mathrm{kN} < 0.4P = 0.4 \times 155\mathrm{kN} = 62.0\mathrm{kN}$$

$$\frac{0.4P}{e_{\mathrm{w}}t_{\mathrm{w}}} = \frac{0.4 \times 155 \times 10^3}{57 \times 6}\mathrm{N/mm^2} = 181.3\mathrm{N/mm^2} < f = 215\mathrm{N/mm^2}（满足要求）$$

2. 横梁屋脊节点

（1）螺栓强度计算

最不利内力组合：$M_{\max} = 108.68\mathrm{kN \cdot m}$、$N = 10.49\mathrm{kN}$、$V = -0.86\mathrm{kN}$

螺栓群形心位置：

$$y_0 = (600/2 + 50)\mathrm{mm} = 350\mathrm{mm}$$

每个螺栓承受的剪力：

$$N_{\mathrm{v}} = V/n = 0.86\mathrm{kN}/8 = 0.108\mathrm{kN}$$

弯矩和轴力作用下，螺栓承受的最大拉力：

$$N_{\mathrm{t}} = \frac{M}{\sum y_i^2}y_{\max} - \frac{N}{n}$$

$$= \left[\frac{108.68 \times 0.350}{4 \times (0.350^2 + 0.24^2)} - \frac{10.49}{8}\right]\mathrm{kN} = 51.49\mathrm{kN}$$

$$\frac{N_v}{N_v^b} + \frac{N_t}{N_t^b} = \frac{0.108}{62.78} + \frac{51.49}{124.0} = 0.42 < 1(满足要求)$$

（2）端板厚度计算　对于两相邻边支承区格（端板外伸时），端板厚度应满足：

$$t \geq \sqrt{\frac{6e_f e_w N_t \gamma}{[e_w b + 2e_f(e_f + e_w)]f}}$$

$$= \sqrt{\frac{6 \times 50 \times 57 \times 124000 \times 1.0}{[57 \times 200 + 2 \times 50 \times (50 + 57)] \times 205}}mm = 21.63mm$$

故取端板厚度22mm。

（3）螺栓处腹板强度计算　腹板中部单个高强度螺栓的拉力：

$$N_t = \frac{M}{\sum y_i^2}y - \frac{N}{n}$$

$$= \left[\frac{108.68 \times 0.240}{4 \times (0.350^2 + 0.240^2)} - \frac{10.49}{8}\right]kN$$

$$= 34.90kN < 0.4P = 0.4 \times 155kN = 62.0kN$$

$$\frac{0.4P}{e_w t_w} = \frac{0.4 \times 155 \times 10^3}{57 \times 6}N/mm^2 = 181.3N/mm^2 < f = 215N/mm^2(满足要求)$$

3. 柱脚节点

（1）设计条件　柱脚采用铰接节点。立柱最不利内力组合：

$N_{max} = 74.87kN$（压力），$V = 10.51kN$；$-N_{max} = -16.48kN$（拉力）。

现取柱中心线两侧布置两对M24地脚螺栓，基础混凝土强度等级C20（$f_c = 9.6N/mm^2$）。

（2）柱脚底板的平面尺寸　根据立柱的截面尺寸及地脚螺栓的构造要求，初步确定柱脚的长度 $H = h + 40 = (600 + 40)mm = 640mm$，宽度 $B = b + 50 = (200 + 50)mm = 250mm$，如图5-70所示。

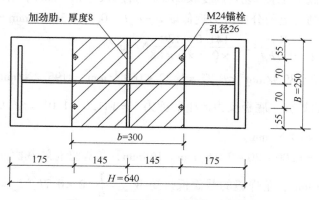

图5-70　柱脚底板尺寸及锚栓布置

底板下混凝土的局部承压净面积：

$$A_l = BH - A_0 = \left(250 \times 640 - 4 \times \frac{\pi \times 26^2}{4}\right)mm^2 = 1.58 \times 10^5 mm^2$$

$$\sigma_c = \frac{N}{BH - A_0} = \frac{74.87 \times 10^3}{1.58 \times 10^5}N/mm^2 = 0.47N/mm^2 < f_c = 9.6kN/mm^2（满足要求）$$

柱脚底板与底板下混凝土的摩擦力所能承受的水平剪力：

$$V_{fb} = \mu N = 0.4 \times 74.87kN = 29.95kN > V = 10.51kN（满足要求）$$

所以，无须设置抗剪件。

（3）柱脚底板的厚度　柱脚底板的受力状态为三边支承，$a_1 = 300mm$，$b_1 = 150mm$，$b_1/a_1 = 0.5$，查本书第4章表4-4，可得弯矩系数 $\alpha = 0.0602$，弯矩 M：

$$M = \alpha \sigma_c a_1^2 = 0.0602 \times 0.47 \times 300^2 \, \text{N} \cdot \text{mm/m} = 2546.46 \, \text{N} \cdot \text{mm/m}$$

要求厚度:

$$t \geq \sqrt{6M\gamma/f} = \sqrt{6 \times 2546.46 \times 1.0/205} \, \text{mm} = 8.63 \, \text{mm} < 16 \, \text{mm}$$

取柱脚底板厚度 $t = 16 \, \text{mm}$。

(4) 柱与底板的连接焊缝　柱翼缘采用完全焊透的剖口对接焊缝连接,腹板采用双面角焊缝连接,焊脚尺寸取 $h_f = 6 \, \text{mm}$。

考虑两端起落弧扣除 $2h_f$,焊缝计算长度 $l_w = (600 - 2 \times 10 - 8 - 2 \times 6) \, \text{mm} = 560 \, \text{mm}$;柱单侧翼缘板面积 $A_f = 200 \times 10 \, \text{mm}^2 = 2000 \, \text{mm}^2$;柱腹板处角焊缝有效截面面积 $A_{ew} = 2 \times 0.7 h_f l_w = 2 \times 0.7 \times 6 \times 560 \, \text{mm}^2 = 4704 \, \text{mm}^2$。

焊缝应力:

$$\sigma_N = \frac{N}{2A_f + A_{ew}} = \frac{74.87 \times 10^3}{2 \times 2000 + 4702} \, \text{N/mm}^2 = 8.60 \, \text{N/mm}^2$$

$$\tau_v = \frac{V}{A_{ew}} = \frac{10.51 \times 10^3}{4702} \, \text{N/mm}^2 = 2.24 \, \text{N/mm}^2$$

$$\sigma_w = \sqrt{\left(\frac{\sigma_N}{\beta_f}\right)^2 + \tau_v^2}$$

$$= \sqrt{\left(\frac{8.60}{1.22}\right)^2 + 2.24^2} \, \text{N/mm}^2 = 7.40 \, \text{N/mm}^2 < f_f^w = 160 \, \text{N/mm}^2 \quad (\text{满足要求})$$

(5) 柱腹板加劲肋　腹板加劲肋承受底板反力,计算内容包括与底板的焊缝、与腹板的焊缝及加劲肋的抗剪。

1) 加劲肋与柱底板的焊缝。取腹板加劲肋的高度 $h = 200 \, \text{mm}$、宽度 $l = 120 \, \text{mm}$ 和厚度 $t = 8 \, \text{mm}$。宽厚比 $l/t = 120/8 = 15 \leq 15$,满足要求。切角高度取 20mm,焊脚尺寸 $h_f = 6 \, \text{mm}$;焊缝长度 $l_w = (120 - 20 - 2 \times 6) \, \text{mm} = 88 \, \text{mm}$。作用于加劲肋上的分布应力近似取 $q = \sigma_c b = 0.47 \times 300 \, \text{N/mm} = 141.0 \, \text{N/mm}$。

$$\sigma_N = \frac{N}{2 \times 0.7 h_f l_w} = \frac{141.0 \times 120}{2 \times 0.7 \times 6 \times 88} \, \text{N/mm}^2$$

$$= 22.89 \, \text{N/mm}^2 < \beta_f f_f^w = 1.22 \times 160 \, \text{N/mm}^2 = 195.2 \, \text{N/mm}^2 \quad (\text{满足要求})$$

2) 加劲肋与柱腹板的焊缝。底板反力产生的剪力 $V = 141.0 \times 120 \, \text{N} = 16.92 \times 10^3 \, \text{N}$,弯矩 $M = \frac{1}{2} \times 141.0 \times 120^2 \, \text{N} \cdot \text{mm} = 1.02 \times 10^6 \, \text{N} \cdot \text{mm}$。

角焊缝的计算长度 $l_w = (200 - 20 - 2 \times 6) \, \text{mm} = 168 \, \text{mm}$,角焊缝有效截面面积 $A_{ew} = 2 \times 0.7 h_f l_w = 2 \times 0.7 \times 6 \times 168 \, \text{mm}^2 = 1411.2 \, \text{mm}^2$,角焊缝的截面抵抗矩 $W_{ew} = \frac{1}{6}(2 \times 0.7 h_f) l_w^2 = \frac{1}{6} \times (2 \times 0.7 \times 6) \times 168^2 \, \text{mm}^3 = 39.51 \times 10^3 \, \text{mm}^3$。

$$\sigma_M = \frac{M}{W_{ew}} = \frac{1.02 \times 10^6}{39.51 \times 10^3} \, \text{N/mm}^2 = 25.82 \, \text{N/mm}^2$$

$$\tau_v = \frac{V}{A_{ew}} = \frac{16.92 \times 10^3}{1411.2} \, \text{N/mm}^2 = 11.99 \, \text{N/mm}^2$$

$$\sigma_w = \sqrt{\left(\frac{\sigma_N}{\beta_f}\right)^2 + \tau_v^2}$$

$$= \sqrt{\left(\frac{25.82}{1.22}\right)^2 + 11.99^2} \, \text{N/mm}^2 = 24.32 \, \text{N/mm}^2 < f_f^w = 160 \, \text{N/mm}^2 \quad (\text{满足要求})$$

3) 加劲肋的抗剪。$\tau = \frac{1.5V}{ht} = \frac{1.5 \times 16.92 \times 10^3}{(200 - 20) \times 8} \, \text{N/mm}^2 = 17.63 \, \text{N/mm}^2 < f_v = 125 \, \text{N/mm}^2 \quad (\text{满足要求})$

图 5-71 所示为刚架的施工图。

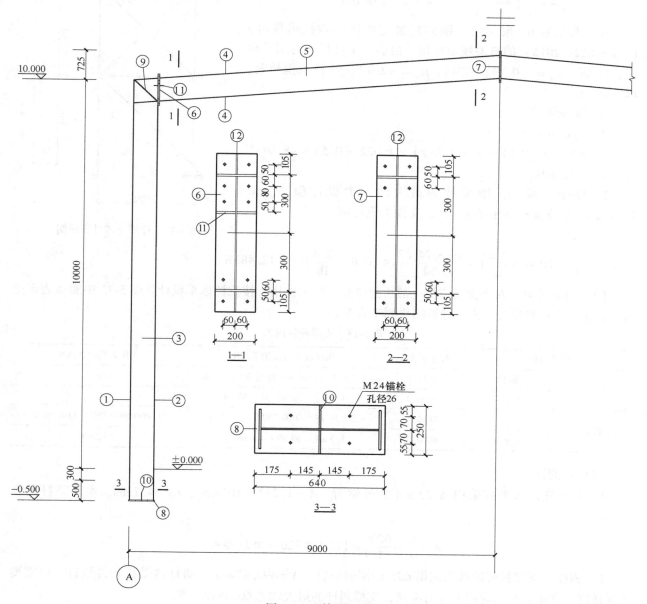

图 5-71　刚架施工图

5.2.6　支撑系统设计

1. 柱间支撑

（1）计算简图　因没有起重机，柱间采用柔性支撑。因立柱较高，柱间支撑上、下层设置。假定所有杆件均为铰接，计算简图如图 5-72 所示。支撑斜杆的截面均选用 $\phi25$ 的圆钢斜杆，水平杆均采用 $\phi102 \times 4$ 热轧钢管。

（2）荷载计算　柱间支撑的荷载包括山墙风荷载、刚架柱支撑力。

1）风荷载。作用于山墙面的风荷载首先通过墙梁传给墙架柱，墙架柱上一半的风荷载传给刚架（另一半直接传给墙架柱的基础），由刚架梁传到柱顶；再由柱顶水平系杆传给柱间支撑。

在Ⓐ轴和Ⓑ轴各设置了一列柱间支撑，每列柱间支撑承担的风荷载面积：

$$A = \frac{1}{2}\left(\frac{10.3 + 11.05}{2} \times 9\right)\text{m}^2 = 48.04\text{m}^2$$

风荷载系数 μ_w 按《门式刚架轻型房屋钢结构技术规范》（GB 51022—2015）的有关规定取用。由表 5-4 可得，封闭式房屋，1E 区，$\mu_w = -0.43$，4E 区，$\mu_w = +0.61$，计算主框架时，取 $\beta = 1.1$。

风荷载标准值：

$$\begin{aligned} W_k &= \beta\mu_w\mu_z w_0 A \\ &= 1.1 \times [0.61 - (-0.43)] \times 1.022 \times 0.55 \times 48.04\text{kN} \\ &= 30.89\text{kN} \end{aligned}$$

2）刚架柱反力。刚架柱的最大轴向力设计值 $N_{max} = 74.87\text{kN}$；被支撑柱的根数 $n = 16$。支撑力设计值：

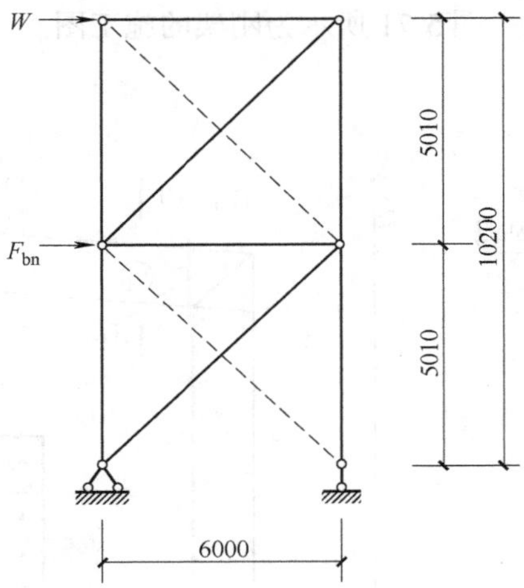

$$F_{bn} = \frac{\sum_{i=1}^{n} N_i}{60}\left(0.6 + \frac{0.4}{n}\right) = \frac{16 \times 74.87}{60} \times \left(0.6 + \frac{0.4}{16}\right)\text{kN} = 12.48\text{kN}$$

（3）内力计算　对于交叉支撑一般可忽略受压杆的作用，按拉杆体系设计。图 5-72 中实线表示受拉杆，虚线表示受压杆。内力计算结果列于表 5-15。

图中尺寸标注：W、F_{bn}、5010、10200、5010、6000

图 5-72　柱间支撑计算简图

表 5-15　支撑杆件内力

杆件名称		杆件长度/m	风载设计值作用下/kN	支撑力作用下/kN
上柱支撑	斜杆	7816.7	$1.5 \times 30.89/(6000/7816.7) = 60.36$	0
	水平杆	6000.0	$1.5 \times (-30.89) = -46.34$	0
下柱支撑	斜杆	7816.7	$1.5 \times 30.89/(6000/7816.7) = 60.36$	$12.48/(6000/7816.7) = 16.26$
	水平杆	6000.0	$1.5 \times (-30.89) = -46.34$	-12.48

（4）截面计算

1）长细比。水平杆采用 $\phi102 \times 4$ 热轧钢管，$A = 1.232 \times 10^3\text{mm}^2$，$i = 34.7\text{mm}$。水平系杆的长细比：

$$\lambda = \frac{l_0}{i} = \frac{6000}{34.7} = 172.9 < 220 \text{（满足要求）}$$

2）强度。支撑斜杆的截面选用 $\phi25$ 的圆钢斜杆，$A = 490.87\text{mm}^2$。斜杆按受拉构件设计，仅需要计算强度。支撑力和风荷载不同时考虑，支撑斜杆的最大轴力 60.36kN，则

$$\sigma = \frac{N}{A} = \frac{60.36 \times 10^3}{490.87}\text{N/mm}^2 = 122.97\text{N/mm}^2 < f = 215\text{N/mm}^2\text{（满足要求）}$$

3）稳定验算。水平杆由稳定控制，轴力最大值 46.34kN。根据 $\lambda = 172.9$，经查《钢结构设计标准》（GB 50017—2017）附表 D.0.1 可得稳定系数 φ：

$$\varphi = 0.261 + \frac{173 - 172.9}{173 - 172} \times (0.264 - 0.261) = 0.261$$

则

$$\sigma = \frac{N}{\varphi A} = \frac{46.34 \times 10^3}{0.261 \times 1.232 \times 10^3}\text{N/mm}^2 = 144.11\text{N/mm}^2 < f = 215\text{N/mm}^2\text{（满足要求）}$$

2. 屋盖横向水平支撑

（1）计算简图　屋盖横向水平支撑承受由墙架柱传来的风荷载，计算简图如图 5-73 所示。墙架柱间距 4.5m，柱高 11.20m，作用于每个节点的风荷载标准值：

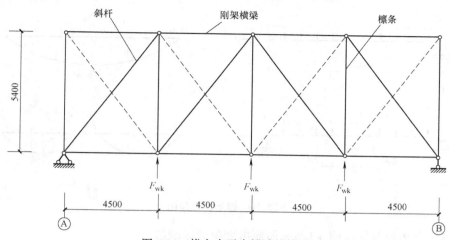

图 5-73　横向水平支撑计算简图

$$A = 4.5 \times 11.2\,\mathrm{m^2}/2 = 25.20\,\mathrm{m^2}$$

风荷载系数 μ_w 按《门式刚架轻型房屋钢结构技术规范》（GB 51022—2015）的有关规定取用。由表 5-4 可得，封闭式房屋，4E 区，$\mu_w = 0.61$，计算时，取 $\beta = 1.1$。

$$F_{wk} = \beta \mu_w \mu_z w_0 A = 1.1 \times 0.61 \times 1.022 \times 0.55 \times 25.20\,\mathrm{kN} = 9.51\,\mathrm{kN}$$

（2）内力计算　按拉杆体系计算时，斜杆（端部）最大内力：

$$N_k = \frac{1.5F_{wk}}{\sin\alpha} = 1.5 \times 9.51 \times \frac{\sqrt{4.5^2 + 5.4^2}}{5.4}\,\mathrm{kN} = 18.57\,\mathrm{kN}$$

中间水平杆内力最大：

$$N_k = 1.0F_{wk} = 9.51\,\mathrm{kN}$$

第二水平杆内力：

$$N_k = 0.5F_{wk} = 4.76\,\mathrm{kN}$$

（3）截面计算　横向支撑的水平杆由檩条代替；斜杆采用 $\phi16$ 圆钢，$A = 201\,\mathrm{mm^2}$，则

$$\sigma = \frac{\gamma_w N_k}{A} = \frac{1.5 \times 18.57 \times 10^3}{201}\,\mathrm{N/mm^2} = 138.58\,\mathrm{N/mm^2} < f = 215\,\mathrm{N/mm^2}\ \text{（满足要求）}$$

5.2.7　围护系统设计

1. 檩条

（1）计算简图　檩条跨度 6m，两端简支在刚架上，水平檩距 1.5m。在跨中处设置一道拉条，垂直于屋面方向为简支梁，侧向为两跨连续梁，如图 5-74 所示。

（2）荷载计算

永久荷载标准值（屋面板 + 檩条及支撑）：

$$g_k = 0.195\,\mathrm{kN/m^2} \times 1.5\,\mathrm{m}/\cos 4.76° = 0.29\,\mathrm{kN/m}$$

屋面可变荷载取均布荷载 $0.3\,\mathrm{kN/m^2}$ 和雪荷载 $0.4\,\mathrm{kN/m^2}$ 中的较大值：

$$q_k = 1.0 \times 0.4\,\mathrm{kN/m^2} \times 1.5\,\mathrm{m} = 0.60\,\mathrm{kN/m}\ \text{（取积雪分布系数 } \mu_r = 1.0\text{）}$$

风荷载标准值（方向垂直于屋面向上）：

风荷载系数 μ_w 按《门式刚架轻型房屋钢结构技术规范》（GB 51022—2015）的有关规定取用。由表 5-9a 和表 5-9b 可得，双坡房屋，$0° \le \theta = 4.76° \le 10°$，$\mu_w = +0.10\lg A - 1.18 = +0.10 \times \lg 9 - 1.18 = -1.085$，计算檩条时，系数 $\beta = 1.5$。

$$q_{wk} = \beta \mu_w \mu_z w_0 \beta = 1.5 \times (-1.085) \times 1.022 \times 0.55 \times 1.5\,\mathrm{kN/m} = -1.37\,\mathrm{kN/m}$$

檩条验算强度和稳定性时，考虑以下两种基本组合：

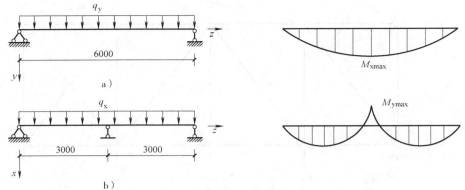

图 5-74 檩条计算简图

工况 1：$1.3 \times$ 永久荷载标准值 $+ 1.5 \times$ 屋面可变荷载标准值

$$q_{1x} = (1.3 \times 0.29 + 1.5 \times 0.60)\sin 4.76°\text{kN/m} = 0.106\text{kN/m}$$

$$q_{1y} = (1.3 \times 0.29 + 1.5 \times 0.60)\cos 4.76°\text{kN/m} = 1.273\text{kN/m}$$

工况 2：$1.0 \times$ 永久荷载标准值 $+ 1.5 \times$ 风荷载标准值

$$q_{2x} = 1.0 \times 0.29 \times \sin 4.76°\text{kN/m} = 0.024\text{kN/m}$$

$$q_{2y} = (1.0 \times 0.29 \times \cos 4.76° - 1.5 \times 1.37)\text{kN/m} = -1.766\text{kN/m}$$

（3）内力计算

工况 1：弯矩 $\quad M_x = \dfrac{1}{8}q_{1y}l^2 = \dfrac{1}{8} \times 1.273 \times 6^2\text{kN·m} = 5.729\text{kN·m}$

$$M_y = \frac{1}{8}q_{1x}\left(\frac{l}{2}\right)^2 = \frac{1}{8} \times 0.106 \times \left(\frac{6}{2}\right)^2\text{kN·m} = 0.119\text{kN·m}$$

支座最大剪力：$\quad V_{ymax} = \dfrac{1}{2}q_{1y}l = \dfrac{1}{2} \times 1.273 \times 6\text{kN·m} = 3.819\text{kN·m}$

工况 2：弯矩 $\quad M_x = \dfrac{1}{8}q_{2y}l^2 = \dfrac{1}{8} \times 1.766 \times 6^2\text{kN·m} = 7.947\text{kN·m}$

$$M_y = \frac{1}{8}q_{2x}\left(\frac{l}{2}\right)^2 = \frac{1}{32} \times 0.024 \times 6^2\text{kN·m} = 0.027\text{kN·m}$$

（4）截面计算

1）截面特性。实腹式檩条的截面高度 h，一般取跨度的 $1/25 \sim 1/50$。初步选用 C160 $\times$ 70 $\times$ 20 $\times$ 3.0，截面如图 5-75 所示。

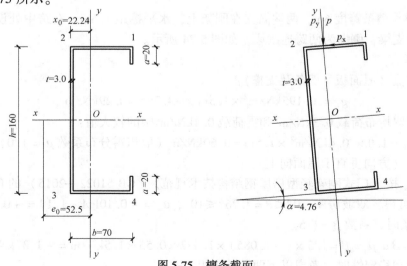

图 5-75 檩条截面

檩条的截面特性：

单位长度质量 7.42kg/m，截面面积 $A = 945\text{mm}^2$，$I_x = 3.736 \times 10^6 \text{mm}^4$，$i_x = 62.9\text{mm}$，$W_x = 46.71 \times 10^3 \text{mm}^3$；$I_y = 0.604 \times 10^6 \text{mm}^4$，$i_y = 25.3\text{mm}$，$W_{y\max} = 27.17 \times 10^3 \text{mm}^3$，$W_{y\min} = 12.65 \times 10^3 \text{mm}^3$；扇形惯性矩 $I_\omega = 3070.5 \times 10^6 \text{mm}^6$，截面相当极惯性矩 $I_t = 0.2836 \times 10^4 \text{mm}^4$。

2）校核卷边刚度。卷边高厚比 $\dfrac{a}{t} = \dfrac{20}{3} = 6.67 < 12$，且大于 $\dfrac{b}{t} = \dfrac{70}{3} = 23.33$ 时的 $\dfrac{a}{t}$ 的最小值 $6.30 + \dfrac{23.33 - 20}{25 - 20} \times (7.2 - 6.3) = 6.90$（表5-11），满足卷边的刚度要求，翼缘可以作为部分加劲板件。

3）计算工况1荷载组合下的有效截面模量。

① 按毛截面计算最大截面（跨中截面）的应力分布（图5-76）。

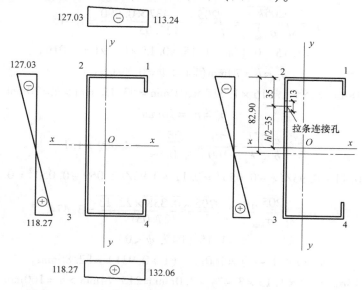

图5-76　工况1跨中截面应力分布（以压应力为负）

点1、2、3、4由 M_x 产生的弯曲应力：

$$\sigma = \frac{M_x}{W_x} = \frac{5.729 \times 10^6}{46.71 \times 10^3}\text{N/mm}^2 = 122.65\text{N/mm}^2 \quad （点1、2 为压应力，点3、4 为拉应力）$$

点1、4由 M_y 产生的弯曲应力：

$$\sigma = \frac{M_y}{W_{y\min}} = \frac{0.119 \times 10^6}{12.65 \times 10^3}\text{N/mm}^2 = 9.41\text{N/mm}^2 \quad （拉应力）$$

点2、3由 M_y 产生的弯曲应力：

$$\sigma = \frac{M_y}{W_{y\max}} = \frac{0.119 \times 10^6}{27.17 \times 10^3}\text{N/mm}^2 = 4.38\text{N/mm}^2 \quad （压应力）$$

各点的应力为

$$\sigma_1 = (122.65 - 9.41)\text{N/mm}^2 = 113.24\text{N/mm}^2 \quad （压应力）$$
$$\sigma_2 = (122.65 + 4.38)\text{N/mm}^2 = 127.03\text{N/mm}^2 \quad （压应力）$$
$$\sigma_3 = (122.65 - 4.38)\text{N/mm}^2 = 118.27\text{N/mm}^2 \quad （拉应力）$$
$$\sigma_4 = (122.65 + 9.41)\text{N/mm}^2 = 132.06\text{N/mm}^2 \quad （拉应力）$$

② 计算翼缘及腹板的稳定系数。

受压翼缘：

$$\psi = \sigma_{\min}/\sigma_{\max} = 113.24/127.03 = 0.891 > -1$$

当最大压应力作用于卷边侧时

$$k = 1.15 - 0.22\psi + 0.045\psi^2 = 1.15 - 0.22 \times 0.891 + 0.045 \times 0.891^2 = 0.990$$

腹板：因有两侧翼缘支承作为加劲板件

$$\psi = \sigma_{min}/\sigma_{max} = -118.27/127.03 = -0.931 > -1$$

$$k = 7.8 - 6.29\psi + 9.78\psi^2 = 7.8 - 6.29 \times (-0.931) + 9.78 \times (-0.931)^2 = 22.13$$

③ 计算翼缘及腹板的有效宽度。

受压翼缘：

$$\xi = \frac{c}{b}\sqrt{\frac{k}{k_c}} = \frac{160}{70} \times \sqrt{\frac{0.990}{22.13}} = 0.484 < 1.1$$

$$k_1 = 1/\sqrt{\xi} = 1/\sqrt{0.484} = 1.437$$

$$\rho = \sqrt{\frac{205k_1k}{\sigma_{max}}} = \sqrt{\frac{205 \times 1.437 \times 0.990}{127.03}} = 1.515$$

$$\alpha = 1.15 - 0.15\psi = 1.15 - 0.15 \times 0.891 = 1.016$$

$$b_c = b = 70\text{mm}（因为 \psi = 0.891 > 0）$$

$$18\alpha\rho t = 18 \times 1.016 \times 1.515 \times 3.0\text{mm} = 83.127\text{mm} > b = 70\text{mm}$$

$$b_e = b_c = 70\text{mm}$$

腹板：

$$\xi = \frac{c}{b}\sqrt{\frac{k}{k_c}} = \frac{70}{160} \times \sqrt{\frac{22.13}{0.99}} = 2.069 > 1.1$$

$$k_1 = 0.11 + 0.93/(\xi - 0.05)^2 = 0.11 + 0.93/(2.069 - 0.05)^2 = 0.338$$

$$\rho = \sqrt{\frac{205k_1k}{\sigma_{max}}} = \sqrt{\frac{205 \times 0.338 \times 22.13}{127.03}} = 3.474$$

$$\alpha = 1.15 （因为 \psi < 0）$$

$$h_c = h/(1-\psi) = 160\text{mm}/(1 + 0.931) = 82.86\text{mm}$$

$$18\alpha\rho t = 18 \times 1.15 \times 3.474 \times 3.0\text{mm} = 215.74\text{mm} > h = 160\text{mm}$$

$$h_e = h_c = 82.86\text{mm}$$

④ 计算有效截面的截面特性。翼缘、腹板全截面有效。在腹板有一直径 $d = 13\text{mm}$ 的拉条连接孔，则有效净截面模量为

$$W_{enx} = \frac{I_x - dt(h/2 - 35)^2}{h/2}$$

$$= \frac{3.736 \times 10^6 - 13 \times 3 \times (80-35)^2}{80}\text{mm}^3 = 45.72 \times 10^3\text{mm}^3$$

$$W_{enymax} = \frac{I_y - dt(x_0 - t/2)^2}{x_0}$$

$$= \frac{0.604 \times 10^6 - 13 \times 3 \times (22.24 - 3/2)^2}{22.24}\text{mm}^3 = 26.40 \times 10^3\text{mm}^3$$

$$W_{enymin} = \frac{I_y - dt(x_0 - t/2)^2}{b - x_0}$$

$$= \frac{0.604 \times 10^6 - 13 \times 3 \times (22.24 - 3/2)^2}{70 - 22.24}\text{mm}^3 = 12.29 \times 10^3\text{mm}^3$$

4）强度。

2 点压应力 $\sigma_2 = \dfrac{M_x}{W_{enx}} + \dfrac{M_y}{W_{enymax}} = \left(\dfrac{5.729 \times 10^6}{45.72 \times 10^3} + \dfrac{0.119 \times 10^6}{26.40 \times 10^3}\right)\text{N/mm}^2$

$$= 129.81\text{N/mm}^2 < f = 205\text{N/mm}^2 （满足要求）$$

4 点拉应力 $\sigma_4 = \dfrac{M_x}{W_{enx}} - \dfrac{M_y}{W_{enymin}} = \left(\dfrac{5.729 \times 10^6}{45.72 \times 10^3} - \dfrac{0.119 \times 10^6}{26.40 \times 10^3} \right) N/mm^2$

$= 120.80 N/mm^2 < f = 205 N/mm^2$（满足要求）

（5）整体稳定计算　在工况1条件下，檩条上翼缘受压，假定屋面板与檩条有可靠连接，阻止檩条上翼缘的侧向变形和扭转，可以不计算其整体稳定。但在工况2的条件下，檩条下翼缘受压，此时应计算檩条的整体稳定性。

1）计算檩条的整体稳定系数。

$$\lambda_y = \frac{l_0}{i_y} = \frac{3000}{25.3} = 118.58$$

由表5-12查得，$\xi_1 = 1.35$，$\xi_2 = 0.14$

$$\eta = 2\xi_2 e/h = 2 \times 0.14 \times 80/160 = 0.14$$

$$\zeta = \frac{4I_\omega}{h^2 I_y} + \frac{0.156 I_t}{I_y} \left(\frac{l_1}{h} \right)^2$$

$$= \frac{4 \times 3070.5 \times 10^6}{160^2 \times 0.604 \times 10^6} + \frac{0.156 \times 0.2836 \times 10^4}{0.604 \times 10^6} \times \left(\frac{0.5 \times 6000}{160} \right)^2 = 1.052$$

$$\varphi_{bx} = \frac{4320 Ah}{\lambda_y^2 W_x} \xi_1 \left(\sqrt{\eta^2 + \zeta} + \eta \right)$$

$$= \frac{4320 \times 945 \times 160}{118.58^2 \times 46.71 \times 10^3} \times 1.35 \times \left(\sqrt{0.14^2 + 1.052} + 0.14 \right) = 1.578 > 0.7$$

$$\varphi'_{bx} = 1.091 - 0.274/\varphi_{bx} = 1.091 - 0.274/1.578 = 0.917$$

2）计算工况2下的有效截面模量。

①按毛截面计算最大截面（跨中截面）的应力分布（图5-77）。

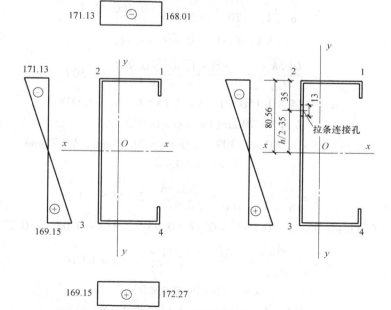

图5-77　工况2跨中截面应力分布（以压应力为负）

点1、2、3、4由M_x产生的弯曲应力：

$$\sigma = \frac{M_x}{W_x} = \frac{7.947 \times 10^6}{46.71 \times 10^3} N/mm^2 = 170.14 N/mm^2 \text{（点1、2为压应力，点3、4为拉应力）}$$

点1、4由M_y产生的弯曲应力：

$$\sigma = \frac{M_y}{W_{ymin}} = \frac{0.027 \times 10^6}{12.65 \times 10^3} \text{N/mm}^2 = 2.13 \text{N/mm}^2 \text{（拉应力）}$$

点 2、3 由 M_y 产生的弯曲应力：

$$\sigma = \frac{M_y}{W_{ymax}} = \frac{0.027 \times 10^6}{27.17 \times 10^3} \text{N/mm}^2 = 0.99 \text{N/mm}^2 \text{（压应力）}$$

各点的应力为

$$\sigma_1 = (170.14 - 2.13) \text{N/mm}^2 = 168.01 \text{N/mm}^2 \text{（压应力）}$$
$$\sigma_2 = (170.14 + 0.99) \text{N/mm}^2 = 171.13 \text{N/mm}^2 \text{（压应力）}$$
$$\sigma_3 = (170.14 - 0.99) \text{N/mm}^2 = 169.15 \text{N/mm}^2 \text{（拉应力）}$$
$$\sigma_4 = (170.14 + 2.13) \text{N/mm}^2 = 172.27 \text{N/mm}^2 \text{（拉应力）}$$

②计算翼缘及腹板的稳定系数。

受压翼缘：

$$\psi = \sigma_{min}/\sigma_{max} = 168.01/171.13 = 0.982 > -1$$

当最大压应力作用于卷边侧时

$$k = 1.15 - 0.22\psi + 0.045\psi^2 = 1.15 - 0.22 \times 0.982 + 0.045 \times (0.982)^2 = 0.977$$

腹板：因有两侧翼缘支承作为加劲板件

$$\psi = \sigma_{min}/\sigma_{max} = -169.15/171.13 = -0.988 > -1$$
$$k = 7.8 - 6.29\psi + 9.78\psi^2 = 7.8 - 6.29 \times (-0.988) + 9.78 \times (0.988)^2 = 23.56$$

③计算翼缘及腹板的有效宽度。

受压翼缘：

$$\xi = \frac{c}{b}\sqrt{\frac{k}{k_c}} = \frac{160}{70} \times \sqrt{\frac{0.977}{23.56}} = 0.466 < 1.1$$
$$k_1 = 1/\sqrt{\xi} = 1/\sqrt{0.466} = 1.465$$
$$\rho = \sqrt{\frac{205 k_1 k}{\sigma_{max}}} = \sqrt{\frac{205 \times 1.465 \times 0.977}{171.13}} = 1.309$$
$$\alpha = 1.15 - 0.15\psi = 1.15 - 0.15 \times 0.982 = 1.003$$
$$b_c = b = 70 \text{mm（因为 } \psi = 0.982 > 0\text{）}$$
$$18\alpha\rho t = 18 \times 1.003 \times 1.309 \times 3.0 \text{mm} = 70.90 \text{mm} > b = 70 \text{mm}$$
$$b_e = b_c = 70 \text{mm}$$

腹板：

$$\xi = \frac{c}{b}\sqrt{\frac{k}{k_c}} = \frac{70}{160} \times \sqrt{\frac{23.56}{0.977}} = 2.148 > 1.1$$
$$k_1 = 0.11 + 0.93/(\xi - 0.05)^2 = 0.11 + 0.93/(2.148 - 0.05)^2 = 0.321$$
$$\rho = \sqrt{\frac{205 k_1 k}{\sigma_{max}}} = \sqrt{\frac{205 \times 0.321 \times 23.56}{171.13}} = 3.010$$
$$\alpha = 1.15 \text{（因为 } \psi < 0\text{）}$$
$$h_c = h/(1 - \psi) = 160 \text{mm}/(1 + 0.988) = 80.48 \text{mm}$$
$$18\alpha\rho t = 18 \times 1.15 \times 3.010 \times 3.0 \text{mm} = 186.92 \text{mm} > h = 160 \text{mm}$$
$$h_e = h_c = 80.48 \text{mm}$$

④计算有效截面的截面特性。翼缘、腹板全截面有效。有效截面的 W_{enx}、W_{enymax}、W_{enymin} 同前，即

$$W_{enx} = 45.72 \times 10^3 \text{mm}^3 \text{、} W_{enymax} = 26.40 \times 10^3 \text{mm}^3 \text{、} W_{enymin} = 12.29 \times 10^3 \text{mm}^3$$

3）验算檩条在风吸力作用下的整体稳定。

$$\frac{M_x}{\varphi_{bx}W_{ex}} + \frac{M_y}{W_{ey}} = \left(\frac{7.947 \times 10^6}{0.917 \times 45.72 \times 10^3} + \frac{0.027 \times 10^6}{26.40 \times 10^3}\right) \text{N/mm}^2$$

$$= 190.57 \text{N/mm}^2 < f = 205 \text{N/mm}^2 \text{（满足要求）}$$

（6）挠度计算　取工况 1 沿 y 轴作用的荷载标准值

$$q_{yk} = (0.29 + 0.60)\cos 4.76° \text{kN/m} = 0.887 \text{kN/m}$$

跨中挠度

$$f = \frac{5}{384}\frac{q_k \cos\alpha l^4}{EI_{x1}} = \frac{5}{384} \times \frac{0.887 \times \cos 4.76° \times 6000^4}{2.06 \times 10^5 \times 3.736 \times 10^6} \text{mm}$$

$$= 19.38 \text{mm} < [f] = l/150 = 6000 \text{mm}/150 = 40 \text{mm（满足要求）}$$

2. 墙架梁

（1）墙面布置　墙面采用与屋面相同的材料。刚架柱距 6m，故纵墙墙架梁的跨度为 6m；山墙墙架柱的柱距 4.5m，故山墙墙架梁的跨度为 4.5m。墙架梁间距 1.5m。

（2）荷载计算　设墙面板落地，墙架梁不承受墙面板重量。墙架梁荷载包括墙面风荷载和墙架梁的自重。

1）纵墙墙架梁。有效风荷载面积 $1\text{m}^2 < A = 1.5 \times 6\text{m}^2 = 9\text{m}^2 < 50\text{m}^2$，风荷载系数 μ_w 按《门式刚架轻型房屋钢结构技术规范》（GB 51022—2015）的有关规定取用。由表 5-13 可得，双坡封闭式房屋，角区（风吸力）：$\mu_w = 0.353\lg A - 1.58 = 0.353 \times \lg 9 - 1.58 = -1.243$；角区（风压力）：$\mu_w = -0.176\lg A + 1.18 = -0.176 \times \lg 9 + 1.18 = 1.012$，风荷载取墙面风吸力和风压力中较大值：

$$q_{wk} = \beta\mu_w\mu_z w_0 B = 1.5 \times (-1.243) \times 1.022 \times 0.55 \times 1.5 \text{kN/m} = -1.572 \text{kN/m}$$

2）山墙墙架梁。有效风荷载面积 $1\text{m}^2 < A = 1.5 \times 4.5\text{m}^2 = 6.75\text{m}^2 < 50\text{m}^2$，风荷载系数 μ_w 按《门式刚架轻型房屋钢结构技术规范》（GB 51022—2015）的有关规定取用。由表 5-13 可得，双坡封闭式房屋，角区（风吸力）：$\mu_w = 0.353\lg A - 1.58 = 0.353 \times \lg 6.75 - 1.58 = -1.287$；角区（风压力）：$\mu_w = -0.176\lg A + 1.18 = -0.176 \times \lg 6.75 + 1.18 = 1.034$，风荷载取墙面风吸力和风压力中较大值：

$$q_{wk} = \beta\mu_w\mu_z w_0 B = 1.5 \times (-1.287) \times 1.022 \times 0.55 \times 1.5 \text{kN/m} = -1.628 \text{kN/m}$$

永久荷载标准值（墙架梁自重）：$g_k = 7.42 \text{kg/m} = 0.074 \text{kg/m}$

（3）截面计算　采用与屋面檩条相同的规格 C160×70×20×3.0。因墙面荷载小于屋面荷载，强度和挠度满足要求。

思　考　题

[5-1]　试分析门式刚架跨度、间距、柱高之间的关系。

[5-2]　怎样的支撑系统才能使结构框架成为稳定的空间体系？

[5-3]　为什么梁、柱构件截面设计成高而窄的截面形式？其板件的宽厚比应满足什么要求？

[5-4]　如何确定压型钢板轻型屋面中屋面竖向均布荷载标准值？

[5-5]　垂直于建筑物表面的风荷载标准值计算公式 $W_k = \beta\mu_w\mu_z w_0$ 中各系数如何取值？

[5-6]　如何确定变截面门式刚架的计算简图？

[5-7]　如何确定腹板的有效宽度？

[5-8]　如何计算风荷载作用下刚架柱顶的水平位移？

[5-9]　如何计算刚架横梁的挠度？

[5-10]　如何确定梁—梁连接端板的厚度？

[5-11]　如何确定柱间支撑的计算简图？

[5-12]　如何确定屋盖横向支撑的计算简图？

[5-13]　围护结构风载体型系数如何取值？

[5-14]　如何确定檩条的计算简图？内力如何计算？

[5-15]　檩条中设置的拉条可以看成是檩条的侧向受弯时的支座，这样对拉条的设计有什么要求？

[5-16]　试说明檩条的有效截面和相邻板件的概念。

[5-17]　如果采用连续檩条，进行强度计算时应该注意哪些问题？

[5-18]　如何计算单槽口压型钢板截面的惯性矩？

[5-19]　按单槽口截面受弯构件设计屋面时，如何将施工检修荷载折算成板宽方向的线荷载？

[5-20]　钢结构涂装时对环境条件有什么要求？

第6章 钢框架结构设计

【知识与技能点】

- 掌握钢框架结构布置和构件截面尺寸估算方法。
- 掌握钢框架结构内力分析方法和内力组合。
- 掌握钢框架结构各构件的强度、稳定性计算，梁、柱节点和柱脚设计方法和构造。
- 掌握钢框架结构施工图的绘制方法。

6.1 设计解析

"钢结构课程设计"（1周）内容可选择钢屋架设计、平台钢结构设计、门式刚架结构设计及钢框架结构设计等。本章将对钢框架结构设计进行详细的分析和说明，并给出一个完整的设计实例。

6.1.1 结构布置

纯钢框架结构体系中，在横向，框架梁与柱的连接一般均做成刚性连接，形成刚接框架（图6-1a）；在纵向，应视柱截面在该方向的抗弯刚度的大小，采用不同的连接方式。若柱截面抗弯刚度较大，可做成刚接，形成双向刚接框架；若柱截面抗弯刚度较小，可做成铰接，但应设置柱间支撑以增加抗侧刚度，形成柱间支撑—铰接梁框架（图6-1b）。

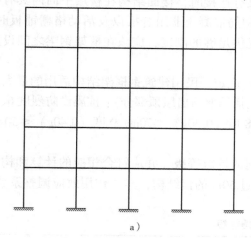
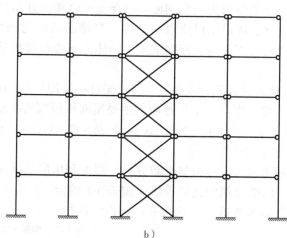

a)   b)

图6-1 钢框架的形式

a）刚接框架 b）柱间支撑—铰接梁框架

一般情况下，梁、柱连接采用全焊连接（图6-2a）或梁的上、下翼缘与柱采用焊接连接，腹板采用剪切板通过摩擦型高强度螺栓连接（图6-2b）时，可形成刚性连接。仅将梁的腹板与柱用螺栓连接（图6-2c）或将梁搁置在柱的"牛腿"上（图6-2d）时，可形成铰接连接。梁柱连接采用角钢等连接件并用高强度螺栓连接（图6-2e）的做法，可形成半刚性连接。

在双向刚接框架体系中，柱截面抗弯刚度较大的方向应布置在跨数较少的方向。在单向刚接框架另一方向为柱间支撑—铰接梁框架体系时，柱截面的布置方向则由柱间支撑设置的方向确定，抗弯刚度较大的方向应在刚接框架的方向。

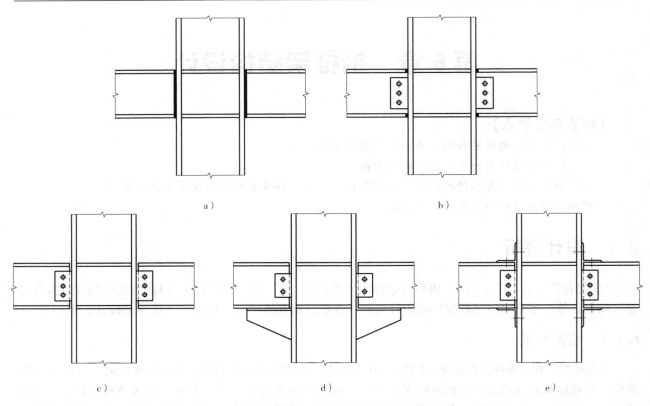

图6-2　梁、柱节点的构造示意

当楼面结构为压型钢板—混凝土组合楼面并与楼面钢梁有连接时，楼面结构在楼层平面内具有很大的刚度，可以不设置水平支撑。当楼面结构为压型钢板钢筋混凝土非组合板以及活动格栅铺板时，由于楼面板不能与楼面钢梁连成一体，不能在楼层平面内提供足够的刚度，应该在框架钢梁之间设置水平支撑。

《建筑抗震设计规范》（GB 50011—2010）（2016年版）规定，民用建筑钢框架结构适用的最大高度（房屋高度是指室外地面到主要屋面板板顶的高度，不包括局部凸出屋顶部分）：抗震设防烈度6、7度（0.10g）≤110m，7度（0.15g）及8度（0.20g）≤90m，8度（0.30g）≤70m，9度（0.40g）≤50m，非抗震设计时≤110m。

钢结构房屋应根据设防分类、烈度和房屋高度采用不同的抗震等级，并应符合相应的计算和构造措施。丙类建筑的抗震等级应按表6-1确定。6度高度不超过50m的钢结构，其"作用效应调整系数"和"抗震构造措施"可按非抗震设计执行。

表6-1　钢结构房屋的抗震等级

房屋高度	6度	7度	8度	9度
≤50m	—	四	三	二
>50m	四	三	二	一

注：1. 高度接近或等于高度分界时，应允许结合房屋不规则程度和场地、地基条件确定抗震等级。

2. 一般情况下，构件的抗震等级应与结构相同；当某个部位各构件的承载力均满足2倍地震作用组合下的内力要求时，7~9度的构件抗震等级允许按降低1度确定；

3. 多层钢框架结构厂房的抗震等级的高度分界应比表6-1的规定降低10m。

6.1.2　截面尺寸估选

1. 框架梁

框架梁的截面尺寸可根据跨度和荷载条件决定，同时考虑建筑设计和使用要求。由钢梁与钢筋混凝土板或组合板组成的组合梁截面，其高跨比 $h/l = 1/20 \sim 1/10$。

钢梁可以采用实腹式截面梁，如轧制 H 型钢截面梁（图 6-3a）、双轴对称焊接工字形截面钢梁（图 6-3b）和空腹式截面梁。组合梁中，当组合梁受正弯矩作用时，中和轴靠近上翼缘，钢梁的截面形式宜采用图 6-3d 所示的加强受拉翼缘单轴对称的焊接工字形截面，其上翼缘宽度较窄，厚度较薄。

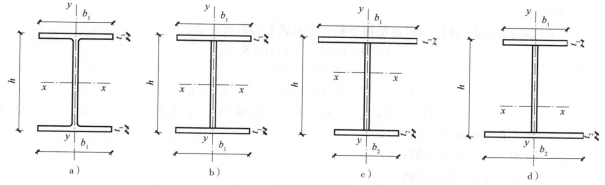

图 6-3　实腹式截面梁示意图
a）轧制 H 型钢截面　b）双轴对称焊接工字形截面　c）加强受压翼缘的单轴对称焊接工字形截面
d）加强受拉翼缘的单轴对称焊接工字形截面

2. 框架柱

先根据柱的负荷面积估算柱的轴力 N，以 $(1.2 \sim 1.3)N$ 作为设计轴力，按下式来确定框架柱的初始截面：

$$\frac{(1.2 \sim 1.3)N}{\varphi A} \leqslant f \tag{6-1}$$

式中　φ——轴心受压构件的稳定系数，根据假定的柱长细比（λ）和截面类型按《钢结构设计标准》（GB 50017—2017）附录 D 确定。

框架柱的长细比（λ）预估值通常为 $50 \sim 150$，一般取 80 左右。当柱长细比（λ）为 $60 \sim 80$ 时，柱的轴心受压稳定系数 φ 为 $0.4 \sim 0.5$。

钢柱的截面形式宜选用宽翼缘 H 型钢、高频焊接的轻型 H 型钢以及由三块钢板焊接而成的工字形截面。钢柱截面形式的选择主要根据受力而定。

6.1.3　荷载及荷载组合

1. 荷载

（1）永久荷载　包括楼面梁、板传来的永久荷载以及框架梁、柱自重等。钢的标准容重取 78.5kN/m³。考虑到框架梁、柱需要做防火涂层，可近似将其自重放大 1.1 倍考虑。

（2）可变荷载　框架结构的楼面可变荷载以及屋面可变荷载、积灰荷载和雪荷载标准值的计算按《建筑结构荷载规范》（GB 50009—2012）的规定进行。

屋面可变荷载标准值取 0.5kN/m²（不上人屋面）、2.0kN/m²（上人屋面）。

屋面均布活荷载不与雪荷载同时考虑，应取两者中的较大值；积灰荷载与雪荷载或屋面均布活荷载中的较大值同时考虑。

多层钢框架结构一般应考虑可变荷载的不利布置。设计楼面梁、墙、柱及基础时，楼面可变荷载可按《建筑结构荷载规范》（GB 50009—2012）的规定进行折减。

（3）风荷载　垂直于房屋表面上的风荷载标准值 w_k（kN/m²）应按下式计算：

$$w_k = \beta_z \mu_s \mu_z w_0 \tag{6-2}$$

式中　μ_s、μ_z、β_z——风荷载体型系数、风压高度变化系数和高度 z 处的风振系数，按《建筑结构荷载规范》（GB 50009—2012）的规定采用；

w_0——基本风压（kN/m^2），一般多层钢框架按 50 年重现期采用。

（4）地震作用　地震作用应根据《建筑抗震设计规范》（GB 50011—2010）（2016 年版）确定。多层房屋钢结构在多遇地震下的计算，高度不大于 50m 时，阻尼比取 0.04；高度大于 50m 且小于 200m 时，可取 0.03；高度不小于 200m 时，宜取 0.02。在罕遇地震下的弹塑性分析时，阻尼比可取 0.05。

2. 荷载组合

（1）非抗震设计时，多层房屋钢结构承载力极限状态的荷载组合

① $1.3D + 1.5L_f + 1.5\max(S, L_r)$

② $1.3D + 1.5W$

③ $1.3D + 1.5L_f + 1.5\max(S, L_r) + 1.5 \times 0.6W$

④ $1.3D + 1.5W + 1.5 \times 0.7L_f + 1.5 \times 0.7\max(S, L_r)$ (6-3)

式中　D——永久荷载标准值；

       L_f——楼面可变荷载标准值；

       L_r——屋面可变荷载标准值；

       W——风荷载标准值；

       S——雪荷载标准值。

当多层工业厂房设有起重机设备和处于屋面积灰区时，还应考虑起重机荷载和积灰荷载的组合。

（2）非抗震设计时，多层房屋钢结构正常使用极限状态的荷载组合

① $1.0D + 1.0L_f + 1.0\max(S, L_r)$

② $1.0D + 1.0W$

③ $1.0D + 1.0L_f + 1.0\max(S, L_r) + 1.0 \times 0.6W$

④ $1.0D + 1.0W + 1.0 \times 0.7L_f + 1.0 \times 0.7\max(S, L_r)$ (6-4)

当多层工业厂房设有起重机设备和处于屋面积灰区时，还应考虑起重机荷载标准值和积灰荷载标准值的组合。

6.1.4　结构分析

1. 框架结构内力分析

框架结构内力分析可采用一阶弹性分析、二阶 $P—\Delta$ 弹性分析或直接分析，应根据式（6-5）计算的最大二阶效应系数 $\theta^{\mathrm{II}}_{i,\max}$ 选用适当的结构分析方法。

当 $\theta^{\mathrm{II}}_{i,\max} \leqslant 0.1$ 时，可采用一阶弹性分析；

当 $0.1 < \theta^{\mathrm{II}}_{i,\max} \leqslant 0.25$ 时，宜采用二阶 $P—\Delta$ 弹性分析或采用直接分析；

当 $\theta^{\mathrm{II}}_{i,\max} > 0.25$ 时，应增大结构的侧翼刚度或采用直接分析。

规则框架结构的二阶效应系数 θ^{II}_i 可按下式计算：

$$\theta^{\mathrm{II}}_i = \frac{\sum N_i \Delta u_i}{\sum H_{ki} h_i} \qquad\qquad (6-5)$$

式中　$\sum N_i$——所计算 i 楼层各柱轴心压力设计值之和；

      $\sum H_{ki}$——产生层间侧移 Δu 的计算楼层及以上各层的水平力标准值之和；

         h_i——所计算 i 楼层的层高；

      Δu_i——$\sum H_{ki}$ 作用下按一阶弹性分析求得的计算楼层的层间侧移。

一般结构的二阶效应系数 θ^{II}_i 可按下式计算：

$$\theta^{\mathrm{II}}_i = \frac{1}{\eta_{cr}} \qquad\qquad (6-6)$$

式中　η_{cr}——整体结构最低阶弹性临界荷载与荷载设计值的比值。

2. 组合楼板中惯性矩的取值

当楼面采用压型钢板—混凝土组合楼板时，在弹性分析中，梁的惯性矩可考虑楼板的共同工作而适当放大。对于中梁，其惯性矩宜取 $(1.5 \sim 2.0) I_b$，对仅一侧有楼板的梁可取 $1.2 I_b$（I_b 为钢梁的惯性矩）。

3. 多层钢框架结构的近似实用分析法

（1）一阶弹性分析时的近似实用方法　对于可以采用平面计算模型的多层钢框架结构，在竖向荷载与水平荷载作用下（图6-4a）的内力和位移计算，按一阶弹性分析时，可采用下述实用分析法：

1）将框架节点的侧向位移完全约束，成为无侧移框架（图6-4b），求出框架的内力（用 M_q 表示），变形和约束力 H_1、H_2、…。此时，结构的内力可采用弯矩分配法。

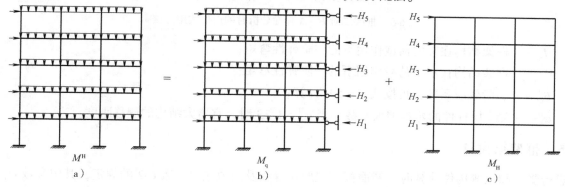

图6-4　框架一阶弹性分析时的近似实用方法

2）将约束力 H_1、H_2、…反方向作用于框架（图6-4c）以消除约束，求出框架的内力（用 M_H 表示）和变形，此时结构的内力和变形可采用 D 值法。

3）将 M_q 和 M_H 相加即得到框架在竖向荷载和水平荷载作用下的内力和位移，即 $M^H = M_q + M_H$。

（2）二阶 $P—\Delta$ 弹性分析时的近似实用方法　二阶 $P—\Delta$ 弹性分析应考虑结构整体初始几何缺陷的影响。对于可以采用平面计算模型的多层钢框架结构，在竖向荷载与水平荷载作用下（图6-5a）的按二阶 $P—\Delta$ 弹性分析的内力和位移计算，可采用下述实用分析法：

1）将框架节点的侧向位移完全约束（图6-5b），用力矩分配法求出框架的内力（用 M_q 表示）和约束力 H_1、H_2、…。

2）将约束力 H_1、H_2、…反方向作用于框架，同时应在每层柱顶附加假想的水平力 H_{n1}、H_{n2}、…。用 D 值法求出框架的内力（用 M_H 表示）和变形（图6-5c）。

H_{ni} 为考虑结构和构件的各种缺陷（如结构的初始倾斜、初偏心距和残余应力等）对内力影响的假想的水平力，按下式计算：

$$H_{ni} = \frac{G_i}{250} \sqrt{0.2 + \frac{1}{n_s}} \tag{6-7}$$

式中　G_i——第 i 层楼层的总重力荷载设计值；

n_s——框架总层数，当 $\sqrt{0.2 + \dfrac{1}{n_s}} < \dfrac{2}{3}$ 时取此根号值为 $\dfrac{2}{3}$，当 $\sqrt{0.2 + \dfrac{1}{n_s}} > 1.0$ 时取此根号值为 1.0。

3）将 M_q 和 M_H 经考虑 $P—\Delta$ 效应的放大值相加，即得到二阶 $P—\Delta$ 弹性分析的内力和位移。

$$M_\Delta^{II} = M_q + \alpha_i^{II} M_H \tag{6-8a}$$

$$\alpha_i^{II} = \frac{1}{1 - \theta_i^{II}} \tag{6-8b}$$

式中　M_Δ^{II}——仅考虑效应的二阶弯矩；

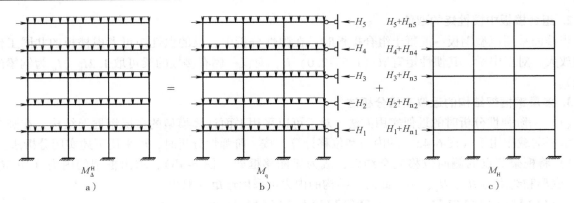

图 6-5　框架二阶 P—Δ 弹性分析时的近似实用方法

M_q——框架结构在竖向荷载作用下的一阶弹性弯矩；

M_H——框架结构在水平荷载作用下的一阶弹性弯矩；

θ_i^{II}——二阶效应系数，可按式（6-5）计算；

α_i^{II}——第 i 层杆件的弯矩增大系数，当 $\alpha_i^{\mathrm{II}} > 1.33$ 时，宜增大结构的侧移刚度。

6.1.5　框架梁设计

进行受弯和压弯构件计算时，截面板件宽厚比等级及限值应符合表 6-2 的规定，其中参数 α_0 应按下式计算：

$$\alpha_0 = \frac{\sigma_{\max} - \sigma_{\min}}{\sigma_{\max}} \tag{6-9}$$

式中　$\sigma_{\max}$——腹板计算边缘的最大压应力；

$\sigma_{\min}$——腹板计算高度另一边缘相应的应力，压应力取正值，拉应力取负值。

表 6-2　压弯和受弯构件的截面板件宽厚比等级及限值

构件	截面板件宽厚比等级		S1 级	S2 级	S3 级	S4 级	S5 级
压弯构件（框架柱）	H 形截面	翼缘 b/t	$9\varepsilon_k$	$11\varepsilon_k$	$13\varepsilon_k$	$15\varepsilon_k$	20
		腹板 h_0/t_w	$(33+13\alpha_0^{1.3})\varepsilon_k$	$(38+13\alpha_0^{1.39})\varepsilon_k$	$(40+1.8\alpha_0^{1.5})\varepsilon_k$	$(45+25\alpha_0^{1.66})\varepsilon_k$	250
	箱形截面	壁板（腹板）间翼缘 b_0/t	$30\varepsilon_k$	$35\varepsilon_k$	$40\varepsilon_k$	$55\varepsilon_k$	—
	圆钢管截面	径厚比 D/t	$50\varepsilon_k^2$	$70\varepsilon_k^2$	$90\varepsilon_k^2$	$100\varepsilon_k^2$	—
受弯构件（梁）	工字形截面	翼缘 b/t	$9\varepsilon_k$	$11\varepsilon_k$	$13\varepsilon_k$	$15\varepsilon_k$	20
		腹板 h_0/t_w	$65\varepsilon_k$	$72\varepsilon_k$	$93\varepsilon_k$	$124\varepsilon_k$	250
	箱形截面	壁板（腹板）间翼缘 b_0/t	$25\varepsilon_k$	$32\varepsilon_k$	$37\varepsilon_k$	$42\varepsilon_k$	—

注：1. ε_k 为钢号调整系数，其值为 235 与钢材牌号中屈服强度数值的比值的平方根，即 $\varepsilon_k = \sqrt{235/f_{yk}}$。

2. b 为工字形、H 形截面的翼缘外伸宽度；t、h_0、t_w 分别为翼缘厚度、腹板净高和腹板厚度，对轧制型截面，腹板净高不包括翼缘腹板过渡处圆弧段；对于箱形截面，b_0、t 分别为壁板间的距离和壁板宽度；D 为圆管截面外径。

3. 箱形截面梁及单向受弯的箱形截面柱，其腹板限值可根据 H 形截面腹板采用。

4. 腹板的宽厚比可通过设置加劲肋减小。

5. 当按《建筑抗震设计规范》（GB 50011—2010）（2016 年版）第 9.2.14 条第 2 款的规定设计，且 S5 级截面的板件宽厚比小于 S4 级经 ε_k 修正的板件宽厚比时，可视作 C 类截面，$\varepsilon_\sigma = \sqrt{f_y/\sigma_{\max}}$。

1. 抗弯强度计算

$$\sigma = \frac{M_x}{\gamma W_{nx}} \leqslant f \tag{6-10}$$

式中 γ——截面塑性发展系数，对工字形截面，当截面板件宽厚比等级为 S4 或 S5 时，$\gamma = 1.0$，当截面板件宽厚比等级为 S1 级、S2 级及 S3 级时，$\gamma = 1.05$；

W_{nx}——对 x 轴的净截面模量，当截面板件宽厚比等级为 S1 级、S2 级、S3 级或 S4 级时，应取全截面模量，当截面板件宽厚比等级为 S5 级时，应取有效截面模量；

f——钢材抗弯强度设计值。

2. 腹板计算高度处折算应力验算

梁腹板计算高度边缘折算应力应满足下式要求：

$$\sqrt{\sigma^2 + \sigma_c^2 - \sigma\sigma_c + 3\tau^2} \leqslant \beta_1 f \tag{6-11}$$

式中 σ、τ、σ_c——腹板计算高度边缘同一点同时产生的正应力、剪应力和局部压应力，σ、σ_c 以拉应力为正值，压应力为负值；

β_1——强度增大系数，当 σ 与 σ_c 异号时，取 $\beta_1 = 1.2$；当 σ 与 σ_c 同号或 $\sigma_c = 0$ 时，取 $\beta_1 = 1.1$；

σ——弯矩和轴力作用下的腹板计算高度边缘处正应力 σ 按下式计算：

$$\sigma = \frac{M}{I_n} y_1 \tag{6-12}$$

I_n——梁净截面惯性矩；

y_1——所计算点至梁中和轴的距离；

σ_c——腹板计算高度边缘处的局部压应力，σ_c 按下式计算

$$\sigma_c = \frac{\psi F}{t_w l_z} \tag{6-13}$$

l_z——局部压力 F 在腹板计算高度上边缘的假定分布长度（见图 5-14），宜按式（6-14）计算，也可简化采用式（6-15）计算

$$l_z = 3.25 \sqrt[3]{\frac{I_R + I_f}{t_w}} \tag{6-14}$$

$$l_z = a + 5h_y + 2h_R \tag{6-15}$$

I_R——轨道绕自身形心轴的惯性矩；

I_f——梁上翼缘绕翼缘中面的惯性矩；

a——集中荷载沿梁跨度方向的支承长度，对钢轨上的轮压可取 50mm；

h_y——自梁顶面至腹板计算高度边缘的距离；对焊接梁，h_y 为上翼缘厚度；对轧制工字形截面梁，h_y 是梁顶面到腹板过渡完成点的距离；

h_R——轨道的高度，对梁顶无轨道的梁取值为 0；

τ——剪力作用下的腹板计算高度边缘处剪应力，按下式计算

$$\tau = \frac{VS}{I t_w} \tag{6-16}$$

S——计算剪应力处以上（或以下）毛截面对中和轴的面积矩；

I——构件的毛截面惯性矩；

t_w——构件的腹板厚度。

3. 整体稳定验算

当铺板在梁的受压翼缘上并与其牢固相连，能阻止梁受压翼缘的侧向位移时，可不计算梁的整体稳定性。其他情况，应按下式计算在最大刚度主平面内受弯构件的整体稳定性：

$$\sigma = \frac{M_x}{\varphi_b W_x} \leqslant f \tag{6-17}$$

式中　M_x——绕强轴作用的最大弯矩设计值；

　　　　W_x——按受压最大纤维确定的梁毛截面模量；当截面板件宽厚比等级为 S1 级、S2 级、S3 级或 S4 级时，应取全截面模量；当截面板件宽厚比等级为 S5 级时，应取有效截面模量；

　　　　φ_b——梁的整体稳定性系数；等截面焊接工字形和轧制 H 型钢简支梁的整体稳定系数 φ_b 按下式计算

$$\varphi_b = \beta_b \frac{4320 A h}{\lambda_y^2 W_x} \left[\sqrt{1 + \left(\frac{\lambda_y t_1}{4.4 h} \right)^2} + \eta_b \right] \varepsilon_k \tag{6-18}$$

式中　β_b——梁整体稳定的等效弯矩系数，应按表 6-3 采用；

　　　　λ_y——梁在侧向支撑点间对截面弱轴 y—y 的长细比；

　　　　A——梁的毛截面面积；

h、t_1——梁的截面全高和受压翼缘厚度；

　　　　η_b——截面不对称影响系数，对双轴对称截面，$\eta_b = 0$。

当按式（6-18）算得的 $\varphi_b > 0.6$ 时，应用下式计算的 φ_b' 值代替 φ_b 值：

$$\varphi_b' = 1.07 - \frac{0.282}{\varphi_b} \leqslant 1.0 \tag{6-19}$$

表 6-3　H 型钢和等截面工字形简支梁的系数 β_b

项次	侧向支撑	荷载		$\xi \leqslant 2.0$	$\xi > 2.0$	适用范围
1	跨中无侧向支撑	均布荷载作用在	上翼缘	$0.69 + 0.13\xi$	0.95	图 6-3a、b 和 c 的截面
2			下翼缘	$1.73 - 0.20\xi$	1.33	
3		集中荷载作用在	上翼缘	$0.73 + 0.18\xi$	1.09	
4			下翼缘	$2.23 - 0.28\xi$	1.67	
5	跨度中间有一个侧向支撑	均布荷载作用在	上翼缘	1.15		图 6-3 中的所有截面
6			下翼缘	1.40		
7		集中荷载作用在截面高度的任意位置		1.75		
8	跨中有不少于两个等距离侧向支撑	任意荷载作用在	上翼缘	1.20		
9			下翼缘	1.40		
10	梁端有弯矩，但跨中无荷载作用			$1.75 - 1.05\left(\dfrac{M_2}{M_1}\right) + 0.3\left(\dfrac{M_2}{M_1}\right)^2$，但 $\leqslant 2.3$		

注：1. ξ 为参数，$\xi = \dfrac{l_1 t_1}{b_1 h}$，其中 b_1 为受压翼缘的宽度。

2. M_1 和 M_2 为梁端弯矩，使梁产生同向曲率时 M_1 和 M_2 取同号，产生反向曲率时 M_1 和 M_2 取异号，$|M_1| \geqslant |M_2|$。

3. 表中项次 3、4 和 7 的集中荷载是指一个或少数几个集中荷载位于跨中央附近的情况，其他情况的集中荷载应按表中项次 1、2、5、6 内的数值采用。

4. 表中项次 8、9 的 β_b，当集中荷载作用在侧向支撑点时，取 $\beta_b = 1.2$。

5. 荷载作用在上翼缘是指荷载作用点在翼缘表面，方向指向截面形心；荷载作用在下翼缘是指荷载作用点在翼缘表面，方向背向截面形心。

6. 对 $\alpha_b > 0.8$ 的加强受压翼缘工字形截面，下列情况的 β_b 值应乘以相应的系数：

项次 1：当 $\xi \leqslant 1.0$ 时，乘以 0.95；

项次 3：当 $\xi \leqslant 0.5$ 时，乘以 0.90；当 $0.5 < \xi \leqslant 1.0$ 时，乘以 0.95。

4. 挠度计算

计算框架梁在竖向荷载下的挠度时采用荷载效应的标准组合。计算时，将弯矩分为两部分：支座

弯矩 $M'_k = (M_{Ak} + M_{Bk})/2$ 和简支弯矩 $M_k = M_{Ck} + M'_k$，如图 6-6 所示。前一部分的挠度系数为 1/8，后一部分的挠度系数（即简支梁的挠度系数）为 5/48。

横梁跨中总挠度（向下为正）为

$$\delta = \frac{5M_k l^2}{48EI} - \frac{M'_k l^2}{8EI} \leqslant [\delta] = \frac{l}{400} \tag{6-20}$$

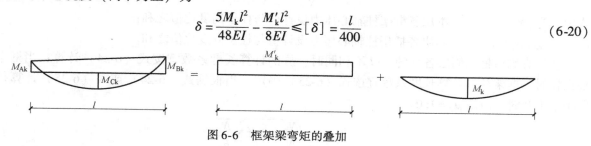

图 6-6　框架梁弯矩的叠加

6.1.6　框架柱设计

多层房屋框架柱可采用钢柱、圆钢管混凝土柱、矩形钢管混凝土柱以及型钢混凝土组合柱。目前常用的是钢柱和钢管混凝土柱。当框架梁采用钢梁、钢梁与混凝土板组合梁时，与钢框架柱连接最为简便。

钢柱的截面形式宜选用宽翼缘 H 型钢、高频焊接轻型 H 型钢以及由三块钢板焊接而成的工字形截面。钢柱应进行强度、弯矩作用平面内稳定、弯矩作用平面外稳定、局部稳定、长细比等验算。

1. 计算长度

等截面钢柱，在框架平面内的计算长度应按下式计算：

$$l_0 = \mu l \tag{6-21}$$

式中　l——框架柱的长度，取该层柱的高度；

　　　μ——计算长度系数。

无支撑纯框架柱的计算长度系数 μ 按下列规定确定：

1）当采用二阶 P—Δ 弹性分析方法计算内力，且在每层柱顶附加假想水平力 H_{ni} [按式（6-7）计算] 时，框架柱的计算长度系数 $\mu = 1.0$ 或其他认可的值。

2）当采用一阶弹性分析方法计算内力时，无支撑框架柱的计算长度系数 μ 应按下列规定确定：

①框架柱的计算长度系数 μ 应按《钢结构设计标准》（GB 50017—2017）附录 E 表 E.0.2 有侧移框架柱的计算长度系数确定，也可按下列简化公式计算：

$$\mu = \sqrt{\frac{7.5K_1K_2 + 4(K_1 + K_2) + 1.52}{7.5K_1K_2 + K_1 + K_2}} \tag{6-22}$$

式中　K_1、K_2——相交于柱上端、柱下端的横梁线刚度之和与柱线刚度之和的比值，当横梁远端为铰接时应将横梁线刚度乘以 0.5；当横梁远端为嵌固时则应乘以 2/3。

有侧移框架柱的计算长度系数 μ 应按《钢结构设计标准》（GB 50017—2017）附录 E 表 E.0.2 取值，同时符合下列规定：

a. 当横梁与柱铰接时，取横梁线刚度为零。

b. 低层框架柱，当柱与基础铰接时应取 $K_2 = 0$，当柱与基础刚接时应取 $K_2 = 10$，平板支座可取 $K_2 = 0.1$。

c. 当与柱刚接的横梁所受轴心压力 N_b 较大时，横梁线刚度折减系数 α_N 应按下列公式计算：

横梁远端与柱刚接时　　　　　　　$\alpha_N = 1 - N_b/(4N_{Eb})$

横梁远端与柱铰接时　　　　　　　$\alpha_N = 1 - N_b/N_{Eb}$

横梁远端嵌固时　　　　　　　　　$\alpha_N = 1 - N_b/(2N_{Eb})$

②设有摇摆柱时，摇摆柱自身的计算长度系数 μ 应取 1.0，框架柱的计算长度系数 μ 应乘以系数

η。η 应按下式计算：

$$\eta = \sqrt{1 + \frac{\sum (N_1/h_1)}{\sum (N_f/h_f)}} \tag{6-23}$$

式中　$\sum (N_1/h_1)$——本层各框架柱轴心压力设计值与柱子高度比值之和；

　　　　$\sum (N_f/h_f)$——本层各摇摆柱轴心压力设计值与柱子高度比值之和。

　　③当有侧移框架同层各柱的 N/I 不相同时，柱的计算长度系数宜按式（6-24）计算；当框架附有摇摆柱时，框架柱的计算长度系数宜按式（6-25）确定；当根据式（6-24）或式（6-25）计算得到的值小于 1.0 时，应取 $\mu_i = 1.0$。

$$\mu_i = \sqrt{\frac{N_{Ei}}{N_i} \cdot \frac{1.2}{K} \sum \frac{N_i}{h_i}} \tag{6-24}$$

$$\mu_i = \sqrt{\frac{N_{Ei}}{N_i} \cdot \frac{1.2 \sum (N_i/h_i) + \sum (N_{1j}/h_j)}{K}} \tag{6-25}$$

式中　N——第 i 根柱轴心压力设计值；

　　　N_{Ei}——第 i 根柱的欧拉临界力，按下式计算

$$N_{Ei} = \frac{\pi^2 EI_i}{h_i^2} \tag{6-26}$$

　　　h_i——第 i 根柱高度；

　　　K——框架层侧移刚度，即产生层间单位侧移所需的力；

　　　N_{1j}——第 j 根摇摆柱轴心压力设计值；

　　　h_j——第 j 根摇摆柱的高度。

　　④计算单层框架和多层框架底层的计算长度系数 μ 时，K 值宜按柱脚的实际约束情况进行计算，也可按理想情况（铰接或刚接）确定 K 值，并对算得的系数进行修正。

　　⑤当多层单跨框架的顶层采用轻型屋面，或多跨多层框架的顶层抽柱形成较大跨度时，顶层框架柱的计算长度系数应忽略屋面梁对柱子的转动约束。

2. 强度

弯矩作用在 H 形截面主平面内的压弯柱的强度应按下式计算：

$$\frac{N}{A_n} \pm \frac{M_x}{\gamma_x W_{nx}} \leqslant f \tag{6-27}$$

式中　W_{nx}——对 x 轴（强轴）的净截面模量；

　　　γ_x——截面塑性发展系数，根据其受压板件的内力分布情况确定其截面板件宽厚比等级，当截面板件宽厚比等级不满足 S3 级要求时，取 $\gamma_x = 1.0$，满足 S3 级要求时，对工字形截面取 $\gamma_x = 1.05$，需要验算疲劳强度的压弯构件，宜取 $\gamma_x = 1.0$；

　　　A_n——净截面面积；

　　　f——钢材的抗弯强度设计值。

3. 弯矩作用平面内稳定

弯矩作用平面内的稳定按下式计算：

$$\frac{N}{\varphi_x A} + \frac{\beta_{mx} M_x}{\gamma_x W_{1x}\left(1 - 0.8 \dfrac{N}{N'_{Ex}}\right)} \leqslant f \tag{6-28}$$

式中　N、M_x——所计算柱的轴向压力和最大弯矩；

　　　N'_{Ex}——参数，$N'_{Ex} = \pi^2 EA/(1.1\lambda_x^2)$；

　　　φ_x——弯矩作用平面内的轴心受压柱的稳定系数，根据柱的长细比 $\lambda_x = l/i_x$ 按《钢结构设

计标准》（GB 50017—2017）附录 D 轴心受压构件的稳定系数相应表格确定；

W_{1x}——在弯矩作用平面内对较大受压纤维的毛截面模量；

β_{mx}——等效弯矩系数。

有侧移框架的等效弯矩系数 β_{mx} 应按下列规定采用：

有横向荷载的柱脚铰接的单层框架柱和多层框架的底层柱，$\beta_{mx} = 1.0$；其他情况框架柱，β_{mx} 应按下式计算

$$\beta_{mx} = 1.0 - 0.36N/N_{cr} \tag{6-29}$$

式中 N_{cr}——弹性临界力，按下式计算（其中，μ 为构件的计算长度系数）

$$N_{cr} = \frac{\pi^2 EI}{(\mu l)^2} \tag{6-30}$$

4. 弯矩作用平面外稳定

弯矩作用平面外的稳定按下式计算：

$$\frac{N}{\varphi_y A} + \eta \frac{\beta_{tx} M_x}{\varphi_b W_{1x}} \leqslant f \tag{6-31}$$

式中 φ_y——弯矩作用平面外的轴心受压柱的稳定系数，根据柱的长细比 $\lambda_y = l/i_y$ 按《钢结构设计标准》（GB 50017—2017）附录 D 轴心受压构件的稳定系数相应表格确定；

φ_b——均匀弯曲的受弯构件整体稳定系数，当 $\lambda_y \leqslant 120\varepsilon_k$ 时，对双轴对称的工字形截面（含 H 型钢截面），其整体稳定系数 φ_b 可按下式近似公式计算，对闭口截面，$\varphi_b = 1.0$，

$$\varphi_b = 1.07 - \frac{\lambda_y^2}{44000\varepsilon_k^2} \leqslant 1.0 \tag{6-32}$$

η——截面影响系数，闭口截面 $\eta = 0.7$，其他截面 $\eta = 1.0$；

β_{tx}——等效弯矩系数。

在弯矩作用平面外有支承的构件应根据两端相邻支承点间杆件内的荷载和内力情况确定：

① 无横向荷载作用时，$\beta_{tx} = 0.65 + 0.35M_2/M_1$，其中 M_1 和 M_2 是弯矩作用平面内的端弯矩，使构件段产生同向曲率时取正，产生反向曲率时取异号，$|M_1| \geqslant |M_2|$。

② 端弯矩和横向荷载同时作用，使构件产生同向曲率时，$\beta_{tx} = 1.0$；使构件产生反向曲率时，$\beta_{tx} = 0.85$。

③ 无端弯矩但有横向荷载作用时，$\beta_{tx} = 1.0$。

5. 局部稳定

实腹框架柱（压弯构件）要求不出现局部失稳者，其腹板高厚比、翼缘宽厚比应符合《钢结构设计标准》（GB 50017—2017）表 3.5.1 规定的压弯构件 S4 级截面要求，即框架柱（压弯构件）翼缘板自由外伸宽度 b 与其厚度 t 之比应符合下列要求：

$$\frac{b}{t} \leqslant 15\varepsilon_k \tag{6-33}$$

工字形及 H 形截面压弯构件中，腹板计算高度 h_0 与其厚度 t_w 之比应符合下列要求：

$$\frac{h_0}{t_w} \leqslant (45 + 25\alpha_0^{1.66})\varepsilon_k \tag{6-34a}$$

$$\alpha_0 = \frac{\sigma_{max} - \sigma_{min}}{\sigma_{max}} \tag{6-34b}$$

式中 σ_{max}——腹板计算高度边缘的最大压应力，计算时不考虑构件的稳定系数和截面塑性发展系数；

σ_{min}——腹板计算高度另一边缘相应的应力，压应力取正值，拉应力取负值。

工字形截面压弯构件的腹板高厚比超过《钢结构设计标准》（GB 50017—2017）规定的 S4 级截面要求时，应以有效截面代替实际截面按下列规定计算杆件的承载力：

工字形截面腹板受压区的有效宽度 h_e

$$h_e = \rho h_c \tag{6-35}$$

式中　h_c——腹板受压区宽度，当腹板全部受压时，$h_c = h_w$；

　　　ρ——有效宽度系数。

当 $\lambda_{n,p} \leqslant 0.75$ 时　　　　　　　$\rho = 1.0 \tag{6-36a}$

当 $\lambda_{n,p} > 0.75$ 时　　　$\rho = \dfrac{1}{\lambda_{n,p}}\left(1 - \dfrac{0.19}{\lambda_{n,p}}\right) \tag{6-36b}$

$$\lambda_{n,p} = \frac{h_w/t_w}{28.1\sqrt{k_\sigma}}\frac{1}{\varepsilon_k} \tag{6-37}$$

$$k_\sigma = \frac{16}{2 - \alpha_0 + \sqrt{(2-\alpha_0)^2 + 0.112\alpha_0^2}} \tag{6-38}$$

工字形截面腹板有效宽度 h_{ei}：

当截面全部受压，即 $\alpha_0 \leqslant 1.0$（图 6-7a）时

$$h_{e1} = \frac{2}{4+\alpha_0}h_e \tag{6-39a}$$

$$h_{e2} = h_e - h_{e1} = \frac{2+\alpha_0}{4+\alpha_0}h_e \tag{6-39b}$$

当截面部分受拉，即 $\alpha_0 > 1.0$（图 6-7b）时

$$h_{e1} = 0.4h_e \tag{6-40a}$$

$$h_{e2} = 0.6h_e \tag{6-40b}$$

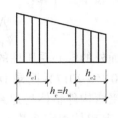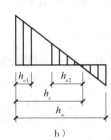

图 6-7　有效宽度的分布

a）截面全部受压　b）截面部分受拉

构件截面强度、平面内稳定和平面外稳定应采用下式计算：

截面强度计算

$$\frac{N}{A_{ne}} \pm \frac{M_x + Ne}{\gamma_x W_{nex}} \leqslant f \tag{6-41}$$

平面内稳定计算

$$\frac{N}{\varphi_x A_e} + \frac{\beta_{mx} M_x + Ne}{\gamma_x W_{e1x}\left(1 - 0.8\dfrac{N}{N'_{Ex}}\right)} \leqslant f \tag{6-42}$$

平面外稳定计算

$$\frac{N}{\varphi_y A_e} + \eta\frac{\beta_{tx} M_x + Ne}{\varphi_b W_{e1x}} \leqslant f \tag{6-43}$$

式中　A_{ne}、A_e——有效净截面面积和有效毛截面面积；

　　　W_{nex}——有效截面的净截面模量；

　　　W_{e1x}——有效截面对较大受压纤维的毛截面模量；

　　　e——有效截面形心至原截面形心的距离。

6.1.7　框架节点设计

纯钢框架结构体系中，横向框架梁与柱的连接一般均做成刚性连接。这里仅介绍刚性连接节点的设计。

1. 钢梁与钢柱刚性连接节点构造

图 6-8 所示为钢梁与钢柱标准型直接相连。该构造形式应符合下列要求：

1）梁与柱的连接宜采用柱贯通型。

2）当柱仅在一个方向与梁刚接时，宜采用工字形截面，并将柱腹板置于刚接框架平面内。

3）工字形柱（绕强轴）与梁刚接时（图 6-9），应符合下列要求：

① 梁翼缘与柱翼缘间应采用全熔透坡口焊缝；一、二级时，应检验焊缝的 V 形切口冲击韧性，其夏比冲击韧性在 −20℃ 时不低于 27J。

② 柱在梁翼缘对应位置应设置横向加劲肋（隔板），加劲肋（隔板）厚度不应小于梁翼缘厚度，强度与梁翼缘相同。

③ 梁腹板宜采用摩擦型高强度螺栓与柱连接板连接（经工艺试验合格能确保现场焊接质量时，可用气体保护焊进行焊接）；腹板角部应设置焊接孔，孔形应使其端部与梁翼缘和柱翼缘间的全熔透坡口焊缝完全隔开。

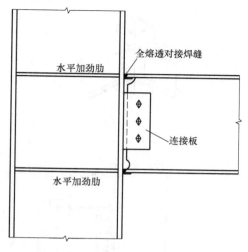

图 6-8　钢梁与钢柱标准型直接连接

④ 腹板连接板与柱的焊接，当板厚不大于 16mm 时应采用双面角焊缝，焊缝有效厚度应满足等强度要求，且不小于 5mm；板厚大于 16mm 时采用 K 形坡口对接焊缝。该焊缝宜采用气体保护焊，且板端应绕焊。

⑤ 梁翼缘与柱连接的坡口全熔透焊缝应按规定设置衬板，翼缘坡口两侧设置引弧板。在梁腹板上、下端应做焊缝通过孔，当梁与柱在现场连接时，其上端孔半径 r 应取 35mm，孔在与梁翼缘连接处应以 $r = 10$mm 的圆弧过渡（图 6-9b）；下端孔高度 50mm，半径 35mm（图 6-9c）。圆弧表面应光滑，不得采用火焰切割。

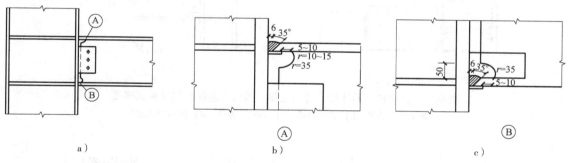

图 6-9　框架梁与柱刚接

⑥ 一级和二级时，宜采用能将塑性铰自梁端外移的端部扩大形连接、梁端加盖板或骨形连接（图 6-10）。

4）框架梁采用悬臂梁端与柱刚性连接时（图 6-11），悬臂梁端与柱应采用全焊接连接，此时上、下翼缘焊接孔的形式宜相同；梁的现场拼接可采用翼缘焊接腹板螺栓连接或全部螺栓连接。

5）梁与柱刚性连接时，柱在梁翼缘上下各 500mm 的范围内，柱翼缘与柱腹板间的连接焊缝应采用全熔透坡口焊缝。

6）框架柱的接头距框架梁上方的距离，可取 1.3m 和柱净高一半两者的较小值。

上、下柱的对接，柱拼接接头上下各 100mm 范围内，工字形柱翼缘与腹板间的焊缝应采用全熔透焊缝。

2. 刚性节点的设计

（1）连接部位的承载力计算　连接部位在弯矩和剪力作用下采用简化计算方法：梁端弯矩全部由翼缘承担，梁端剪力全部由腹板承担。

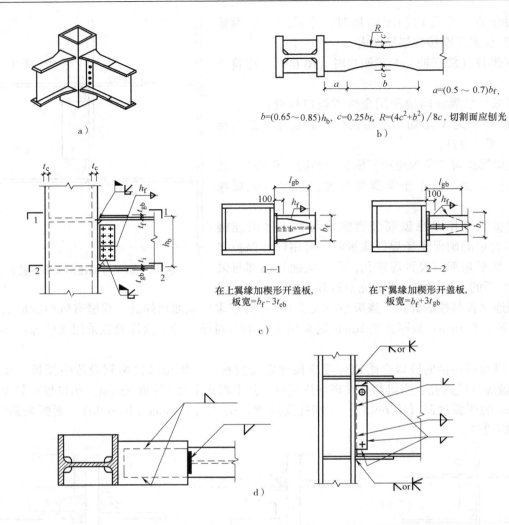

$a=(0.5 \sim 0.7)b_f$,

$b=(0.65 \sim 0.85)h_b$, $c=0.25b_f$, $R=(4c^2+b^2)/8c$, 切割面应刨光

b)

在上翼缘加楔形开盖板,
板宽=b_f-3t_{eb}

在下翼缘加楔形开盖板,
板宽=b_f+3t_{gb}

c)

d)

图 6-10　梁端扩大形连接、骨形连接、盖板式连接和翼缘板式连接
a) 梁端扩大连接　b) 骨形连接　c) 盖板式连接　d) 翼缘板式连接

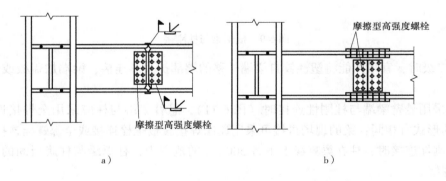

摩擦型高强度螺栓

摩擦型高强度螺栓

摩擦型高强度螺栓

a)　　　　　　　　　　　　b)

图 6-11　框架柱与悬臂梁端的连接

1) 梁翼缘对接焊缝的强度。

$$\sigma = \frac{M}{(h_b - t_{bf})b_{bf}t_{bf}} \leqslant f_t^w \tag{6-44}$$

式中　h_b——钢梁截面高度;

b_{bf}、h_{bf}——钢梁截面翼缘的宽度和厚度;

f_t^w——对接焊缝抗拉强度设计值。

2）梁腹板的抗剪强度。在翼缘为焊接、腹板为摩擦型高强度螺栓的工地现场连接中，当采用先栓后焊的方法时，在计算中考虑翼缘施焊温度对腹板连接螺栓预拉应力的损失，其螺栓抗剪承载力乘以折减系数 0.9，即一个单剪摩擦型高强度螺栓的抗剪承载力设计值 $0.9N_v^b$。

腹板所需的高强度螺栓个数 n：

$$n = \frac{V}{0.9N_v^b} \tag{6-45}$$

高强度螺栓群承担的剪力为腹板净截面受剪承载力的一半，即

$$0.9nN_v^b \geqslant 0.5A_n f_v \tag{6-46}$$

式中　A_n——腹板净截面面积；

　　　f_v——钢材的抗剪强度设计值。

3）连接板厚度。连接板厚度按等强度确定，且板厚宜取梁腹板厚度的 1.2～1.4 倍，并不宜小于 8mm。

$$t = \frac{t_{bw}h_{bw}}{h} \tag{6-47}$$

式中　t_{bw}、h_{bw}——梁腹板厚度和高度；

　　　h——连接板的高度。

4）连接板与柱翼缘的连接焊缝强度验算。连接板与柱翼缘的连接采用双面角焊缝连接，其强度为

$$\tau = \frac{V}{2 \times 0.7 \times h_f \times l_w} \leqslant f_t^w \tag{6-48}$$

式中　h_f——角焊缝的焊脚尺寸；

　　　l_w——焊缝的计算长度。

（2）柱水平加劲肋计算

1）判别是否需设置水平加劲肋。当工字形梁翼缘采用焊透的 T 形对接焊缝而腹板采用摩擦型连接高强度螺栓或焊缝与 H 形柱的翼缘相连，满足下列要求时，柱腹板可不设置横向加劲肋：

① 在梁的受压翼缘处，柱腹板厚度 t_w 应同时满足

$$t_w \geqslant \frac{A_{fb}f_b}{b_e f_c} \tag{6-49}$$

$$t_w \geqslant \frac{h_c}{30}\frac{1}{\varepsilon_{k,c}} \tag{6-50}$$

式中　A_{fb}——梁受压翼缘的截面面积；

　　　f_c——柱钢材抗拉、抗压强度设计值；

　　　f_b——梁钢材抗拉、抗压强度设计值；

　　　h_c——柱腹板的宽度；

　　　$\varepsilon_{k,c}$——柱的钢号修正系数；

　　　b_e——在垂直于柱翼缘的集中压力作用下，柱腹板计算高度边缘处压应力的假定分布长度。

按下式计算：

$$b_e = t_f + 5h_v \tag{6-51}$$

式中　h_v——自柱顶面至腹板计算高度上边缘的距离，对轧制型钢截面取柱翼缘至内弧起点间的距离，对焊接截面取柱翼缘厚度；

　　　t_f——梁受压翼缘厚度。

② 在梁的受拉翼缘处，柱翼缘板的厚度 t_c。

$$t_{\mathrm{c}} \geqslant 0.4 \sqrt{\frac{A_{\mathrm{ft}} f_{\mathrm{b}}}{f_{\mathrm{c}}}} \tag{6-52}$$

式中　A_{ft}——梁受拉翼缘的截面面积。

2）水平加劲肋设计。水平加劲肋的厚度一般取（$0.5 \sim 1.0$）t_{f}，且不宜小于 10mm；如在柱的弱轴方向也与梁连接时，水平加劲肋的厚度还不应小于相连梁翼缘的厚度，并且其自由外伸宽度与厚度之比应满足 $b_{\mathrm{s}}/t \leqslant 13\varepsilon_{\mathrm{k}}$。

水平加劲肋一般按与梁翼缘截面面积的等强度条件确定，即

$$A_{\mathrm{s}} = \frac{A_{\mathrm{fc}} f_{\mathrm{b}} - b_{\mathrm{e}} t_{\mathrm{cw}} f_{\mathrm{c}}}{f_{\mathrm{s}}} \tag{6-53}$$

水平加劲肋与柱翼缘的连接采用完全焊透的坡口对接焊缝连接，与柱腹板采用双面角焊缝连接。此时，柱翼缘的坡口对接焊缝可视为与母材等强，不必进行强度计算；与柱腹板连接的角焊缝可近似按水平加劲肋截面面积承载力设计值的 1/2 进行计算，即

$$\tau = \frac{b_{\mathrm{s}} t_{\mathrm{s}} f_{\mathrm{s}}/2}{2 \times 0.7 \times h_{\mathrm{f}} \times l_{\mathrm{w}}} \leqslant f_{\mathrm{t}}^{\mathrm{w}} \tag{6-54}$$

（3）节点域计算　当梁柱采用刚性连接，对应于梁翼缘的柱腹板部位设置横向加劲肋时，节点域应符合下列规定：

1）抗剪强度计算。节点域抗剪承载力应满足下列要求：

$$\tau = \frac{M_{\mathrm{b1}} + M_{\mathrm{b2}}}{V_{\mathrm{p}}} \leqslant f_{\mathrm{ps}} \tag{6-55}$$

式中　M_{b1}、M_{b2}——节点域两侧梁端弯矩设计值；

　　　　V_{p}——节点域腹板体积，对 H 形或工字形截面时，$V_{\mathrm{p}} = h_{\mathrm{b1}} h_{\mathrm{c1}} t_{\mathrm{w}}$，其中 h_{b1} 为梁翼缘中心线之间的高度，h_{c1} 为柱翼缘中心线之间的宽度和梁腹板高度，t_{w} 为柱腹板节点域的厚度；

　　　　f_{ps}——节点域的抗剪强度。

f_{ps} 应根据节点域受剪正则化宽厚比 $\lambda_{\mathrm{n,s}}$ 按下列规定取值：

当 $\lambda_{\mathrm{n,s}} \leqslant 0.6$ 时

$$f_{\mathrm{ps}} = \frac{4}{3} f_{\mathrm{v}} \tag{6-56a}$$

当 $0.6 < \lambda_{\mathrm{n,s}} \leqslant 0.8$ 时

$$f_{\mathrm{ps}} = \frac{1}{3}(7 - 5\lambda_{\mathrm{n,s}}) f_{\mathrm{v}} \tag{6-56b}$$

当 $0.8 < \lambda_{\mathrm{n,s}} \leqslant 1.2$ 时

$$f_{\mathrm{ps}} = [1 - 0.75(\lambda_{\mathrm{n,s}} - 0.8)] f_{\mathrm{v}} \tag{6-56c}$$

式中　f_{v}——节点域钢板的抗剪强度设计值。

当轴压比 $\frac{N}{Af} > 0.4$ 时，受剪承载力 f_{ps} 应乘以修正系数，当 $\lambda_{\mathrm{n,s}} \leqslant 0.8$ 时，修正系数可取为 $\sqrt{1 - \left(\frac{N}{Af}\right)^2}$。

当节点域厚度不满足式（6-56）的要求时，对 H 形截面柱节点域可采用下列补强措施：

①加厚节点域的柱腹板，腹板加厚的范围应伸出梁的上、下翼缘外不小于 150mm。

②节点域处焊贴补强板加强，补强板与柱加劲肋和翼缘可采用角焊缝连接，与柱腹板采用塞焊连成整体，塞焊点之间的距离不应大于较薄焊件厚度的 $21\varepsilon_{\mathrm{k}}$ 倍。

③设置节点域斜向加劲肋加强。

2）稳定计算。当横向加劲肋厚度不小于梁的翼缘厚度时，节点域的受剪正则化宽厚比 $\lambda_{\mathrm{n,s}}$ 不应大于 0.8。节点域的受剪正则化宽厚比 $\lambda_{\mathrm{n,s}}$ 应按下式计算：

当 $h_c/h_b \geq 10$ 时

$$\lambda_{\mathrm{n,s}} = \frac{h_b/t_w}{37\sqrt{5.34 + 4(h_b/h_c)^2}}\frac{1}{\varepsilon_k} \qquad (6\text{-}57\mathrm{a})$$

当 $h_c/h_b < 10$ 时

$$\lambda_{\mathrm{n,s}} = \frac{h_b/t_w}{37\sqrt{4 + 5.34(h_b/h_c)^2}}\frac{1}{\varepsilon_k} \qquad (6\text{-}57\mathrm{b})$$

式中　h_c、h_b——节点域腹板的宽度和高度。

（4）柱两侧梁高不等时的连接节点　图 6-12 所示为柱两侧梁高不等时梁柱的不同连接方式。柱的腹板在每个梁的翼缘处均应设置水平加劲肋，加劲肋的间距不应小于 150mm，且不应小于水平加劲肋的跨度（图 6-12a、图 6-12c）。当不能满足此要求时，应调整梁的端部高度（图 6-12b），腋部的坡度不得大于 1:3。

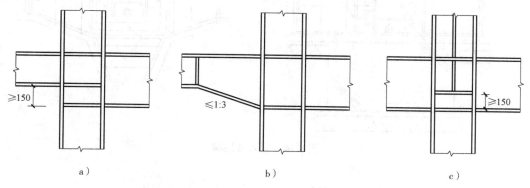

图 6-12　梁高不等时的梁柱连接

（5）梁垂直于工字形柱腹板的梁柱连接　图 6-13 所示为梁端垂直于工字形柱腹板时的梁柱连接。在梁翼缘的对应位置设置柱的横向加劲肋，在梁高范围内设置柱的竖向连接板。横向加劲肋应外伸 100mm，采用宽度渐变形式。横向加劲肋与竖向连接板组成一个悬臂段，其端部截面与梁的截面相同。横梁与此悬臂段可采用栓焊混合连接（图 6-13a）或高强度螺栓连接（图 6-13b）。

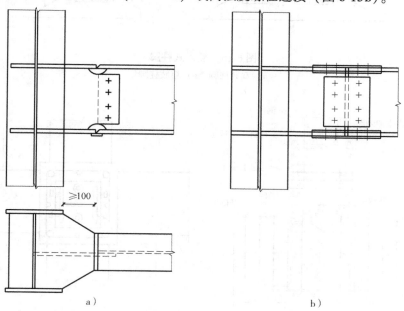

图 6-13　梁垂直于工字形柱腹板的梁柱连接

6.1.8　柱脚设计

　　多高层钢结构房屋中，钢结构框架柱的柱脚与基础的连接宜采用刚接，刚接柱脚按柱脚位置可分为埋入式柱脚（图6-14）、插入式柱脚（图6-15）及外包式柱脚（图6-16）三种，多层结构框架柱还可采用外露式刚性柱脚（图6-17）。单层厂房刚接柱脚可采用插入式柱脚、外露式柱脚，铰接柱脚宜采用外露式柱脚。

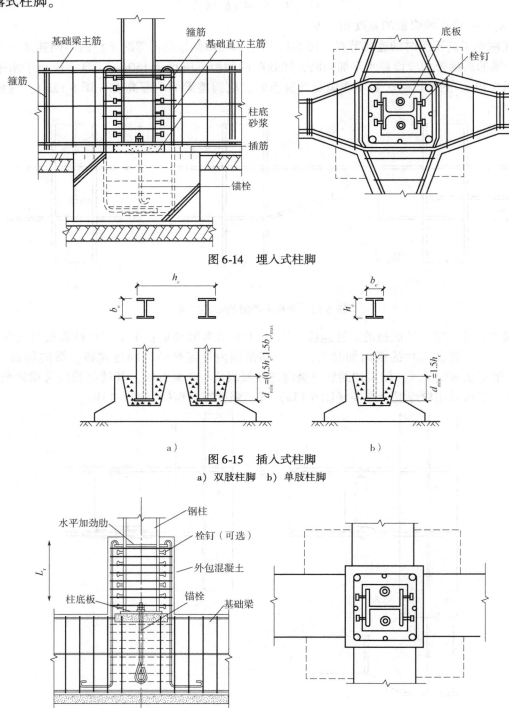

图 6-14　埋入式柱脚

图 6-15　插入式柱脚

a）双肢柱脚　b）单肢柱脚

图 6-16　外包式柱脚

注：L_r 为外包混凝土顶部箍筋至柱底板的距离。

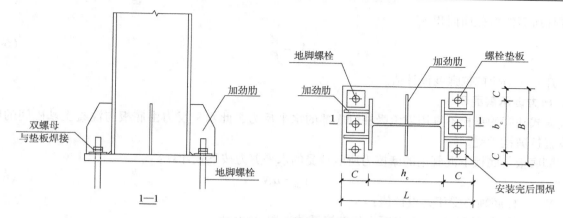

图 6-17 外露式刚性柱脚

1. 底板尺寸设计

假设柱脚底板与基础接触面的压应力呈直线分布，最大压应力按下式计算（忽略预应力的影响）：

$$\sigma_{max} = \frac{N}{BL} + \frac{6M}{BL^2} \leqslant \beta_l f_c \tag{6-58}$$

式中 N、M——柱脚底面的反力设计值；

  B、L——底板的宽度和长度；

  β_l——局部承压强度提高系数，$\beta_l = \sqrt{A_b/A_l}$，其中 A_l 为局部受压面积，$A_l = BL$；A_b 为局部受压计算面积，按与局部受压面积 A_l 同心对称的原则确定；

  f_c——基础混凝土轴心抗压强度设计值。

2. 锚栓面积计算

底板另一边缘的应力：

$$\sigma_{min} = \frac{N}{BL} - \frac{6M}{BL^2} \tag{6-59}$$

若 $\sigma_{min} \geqslant 0$，说明全截面受压，锚栓不承受拉力，无需进行强度验算，仅需按构造配置。

若 $\sigma_{min} < 0$，说明底板与基础之间产生拉应力，此时假定拉应力合力由锚栓承受。设压应力合力的作用点在 D（图 6-18），由 $\sum M_D = 0$ 可得锚栓拉力 Z：

$$Z = \frac{M - Na}{x} \tag{6-60}$$

式中 $a = \dfrac{L}{2} - \dfrac{c}{3}$，$x = d - \dfrac{c}{3}$，$c = \dfrac{\sigma_{max}}{\sigma_{max} + |\sigma_{min}|} L$。

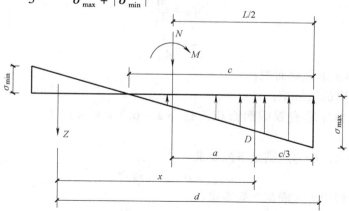

图 6-18 刚接柱脚实用计算方法的应力分布图

锚栓所需的净截面面积 A_n：

$$A_n = \frac{Z}{f_t^b} \tag{6-61}$$

式中　f_t^b——锚栓抗拉强度设计值。

3. 剪力键承剪面积

外露式柱脚的锚栓不宜用以承受柱脚底部的水平反力，此水平反力由底板与混凝土基础间的摩擦力或设置抗剪键承受。

柱脚底板与底板下混凝土的摩擦力所能承受的水平剪力按下式计算：

$$V_{fb} = \mu N \tag{6-62}$$

式中　N——柱底轴心受压力设计值；

　　　μ——柱脚底板与底板下混凝土的摩擦系数，取 $\mu = 0.4$。

当此摩擦力 V_{fb} 不足以抵抗柱底剪力，特别是当柱子受拉时，则需设置剪力键。剪力键所需的承剪面积 A_v 可按下式确定：

$$A_v \geqslant \frac{V}{f_c} \tag{6-63}$$

式中　V——柱脚底面剪力设计值。

4. 底板厚度

底板厚度可采用与轴心受压柱脚相同的计算方法，其中底板各区格单位面积上的压应力 q 可偏于安全地取该区格下的最大压应力。

按底板的区格划分，计算各区格（四边支承板、三边支承板、相邻边支承板和悬臂板等）的弯矩。根据板上弯矩，即可求得所需的板厚：

$$t \geqslant \sqrt{6M/f} \tag{6-64}$$

式中　f——底板钢材的抗拉强度设计值。

根据计算结果选取相应标准规格的钢板，但底板的厚度不宜小于16mm。

5. 柱与底板的连接焊缝

柱翼缘采用完全焊透的坡口对接焊缝连接，腹板采用双面角焊缝连接。不考虑加劲肋等补强板件与底板连接焊缝的作用。

焊缝处应力：

$$\sigma_N = \frac{N}{2A_F + A_{ew}} \tag{6-65a}$$

$$\sigma_M = \frac{M}{W_F} \tag{6-65b}$$

$$\tau_v = \frac{V}{A_{ew}} \tag{6-65c}$$

式中　A_F—— 柱单侧翼板的截面面积；

　　　W_F——柱翼缘截面的抵抗矩；

　　　A_{ew}——柱腹板处角焊缝有效截面面积，$A_{ew} = 2 \times 0.7 \times h_f \times l_w$（$l_w$ 为柱腹板处角焊缝的计算长度）。

翼缘连接焊缝，最大压应力应满足下列要求：

$$\sigma_{Fmax} = \sigma_N + \sigma_M \leqslant f_c^w \tag{6-66a}$$

腹板连接焊缝，焊缝应力应满足下列要求：

$$\sigma_w = \sqrt{\left(\frac{\sigma_N}{\beta_f}\right)^2 + \tau_v^2} \leqslant f_f^w \tag{6-66b}$$

式中　f_c^w——对接焊缝抗压强度设计值；

　　　f_f^w——角焊缝抗拉、抗压和抗剪强度设计值；

　　　β_f——正面角焊缝的强度设计值增大系数，对承受静力荷载和间接承受动力荷载的结构，$\beta_f =$ 1. 22。

6.1.9　纵向支撑设计

纵向框架梁、柱采用铰接，由支撑承担纵向风荷载并提高纵向的侧向刚度。

1. 计算简图

支撑杆件的形心线与梁、柱形心线汇交于一点，据此可以确定支撑的几何尺寸。支撑杆件与框架采用铰接；为了简化计算，假定柱与基础的连接和上、下层柱交接处均为铰接，交叉支撑杆、框架柱和纵向梁构成竖向铰接桁架。计算简图如图 6-19 所示，图中实线表示受拉杆，虚线表示受压杆。

2. 支撑杆件内力计算

作用于每列支撑上的风荷载的体形系数 μ_s、各层的风压高度变化系数 μ_z 以及高度 h 与横向风荷载相同，计算方法同横向风荷载计算，并将风荷载简化为作用于各楼层的集中荷载 F_{wi}。

对于交叉支撑，一般可按拉杆体系设计，忽略受压杆的作用。纵向风荷载作用下支撑杆件的内力可按结构力学方法计算。

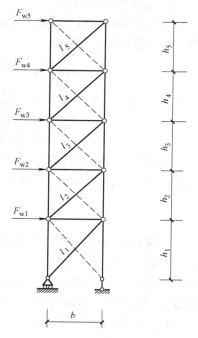

图 6-19　支撑计算简图

3. 支撑杆件截面计算

根据支撑杆件的最大轴向拉力 N_{max}，按下式确定截面的净面积 A_n：

$$A_n \geqslant \frac{N_{max}}{f} \tag{6-67}$$

支撑在中部交叉部分用连接板连接按受拉构件考虑，平面内计算长度取节点中心至交叉点间的距离，平面外计算长度取节点中心间的距离。

对于受拉杆件的长细比要求 λ_x 或 $\lambda_y \leqslant [\lambda] = 400$，支撑杆件虽然按受拉杆件设计，但在永久荷载与风荷载组合作用时，其实际仍可能会承受压力，所以其长细比 λ_x 或 λ_y 以不超过 $[\lambda] = 250$ 为宜。

$$\lambda_x = \frac{l_{0x}}{i_x} \leqslant [\lambda]，\quad \lambda_y = \frac{l_{0y}}{i_y} \leqslant [\lambda] \tag{6-68}$$

4. 风荷载作用下的侧移验算

计算各层支撑单元的抗侧刚度时，只考虑其受拉杆件的作用，忽略其受压杆件的作用，并假定横梁（纵向框架联系梁）和立柱的轴向刚度与支撑相比很大，按刚性杆考虑。

如图 6-20 所示的支撑单元，在顶点单位力 $F = 1$ 作用下，拉杆轴力 $N_t = 1/\cos\alpha$，则顶点的位移：

$$\delta = \frac{\delta'}{\cos\alpha} = \frac{N_t l}{EA} \times \frac{1}{\cos\alpha} = \frac{l}{EA} \times \frac{1}{\cos^2\alpha} = \frac{l^3}{EAb^2} \tag{6-69}$$

抗侧刚度：

$$k = \frac{1}{\delta} = \frac{EAb^2}{l^3} \tag{6-70}$$

纵向框架在风荷载作用下的侧移计算：

层间位移 $\qquad \delta_i = \dfrac{V_i}{k_i} \leqslant [\delta_i] = h/400$ (6-71a)

顶点位移 $\qquad \delta = \sum \delta_i \leqslant [\delta] = H/500$ (6-71b)

式中　h——框架结构层高；

　　　H——结构总高度。

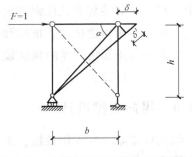

图 6-20　支撑层间抗侧刚度计算简图

5. 强支撑框架验算

确定刚架柱平面外计算长度时，纵向按无侧移考虑，要求纵向为强支撑框架，即满足

$$S_b \geqslant 4.4 \left[\left(1 + \frac{100}{f_y} \right) \sum N_{bi} - \sum N_{0i} \right]$$ (6-72)

式中　$\sum N_{bi}$、$\sum N_{0i}$——第 i 层层间所有框架柱无侧移和有侧移框架柱计算长度系数换算得到的轴压杆稳定承载力之和；

　　　S_b——支撑结构层侧移刚度，即施加于结构的水平力与其产生的层间位移角的比值。

强支撑框架柱的计算长度系数 μ 可按《钢结构设计标准》（GB 50017—2017）附录 E 表 E.0.1 无侧移框架柱的计算长度系数确定，也可按下式计算：

$$\mu = \sqrt{\frac{(1 + 0.41K_1)(1 + 0.41K_2)}{(1 + 0.82K_1)(1 + 0.82K_2)}}$$ (6-73)

当纵向框架中所有的水平纵向杆件与柱铰接时，横梁的线刚度取为零，即 $K_1 = 0$；对底层柱，当柱与基础铰接时，$K_2 = 0$，查《钢结构设计标准》（GB 50017—2017）附录 E 表 E.0.1，无侧移框架柱计算长度系数 $\mu = 1.0$；查《钢结构设计标准》（GB 50017—2017）附录 E 表 D.0.2 有侧移框架柱计算长度系数 $\mu = \infty$，意味着轴压杆稳定承载力为零，$\sum N_{0i} = 0$。

层间所有框架柱（n 根）由无侧移柱计算长度系数算得的轴压杆件稳定承载力之和为

$$\sum N_{bi} = n\varphi Af$$ (6-74)

式中　φ——轴心受压稳定系数，按 $\lambda_y = l_{0y}/i_y$，查《钢结构设计标准》（GB 50017—2017）附录 D 相关附表确定；

　　　A——柱截面面积；

　　　f——钢材的抗压强度设计值。

6. 连接节点

支撑节点包括端部与梁、柱的连接节点和交叉杆之间的连接。

（1）支撑端部与梁、柱的连接

1）高强度螺栓摩擦型连接计算。一般应按支撑杆件截面等强度的条件确定，当杆件内力较小时，也可以按支撑杆件承载力设计值的 1/2 来进行设计，即按支撑杆件承载力设计值 $N = 0.5fA$ 进行计算。

支撑与节点板的连接采用高强度螺栓，所需要螺栓数量：

$$n = \frac{N}{N_v^b}$$ (6-75)

式中　N_v^b——一个螺栓的抗剪承载力设计值。

N_v^b 按下式计算

$$N_v^b = 0.9n_f \mu P$$ (6-76)

式中　n_f——传力摩擦面数量；

　　　μ——摩擦面的抗滑系数，按《钢结构设计标准》（GB 50017—2017）表 11.2.2-1 取用；

　　　P——一个高强度螺栓的预应力，按《钢结构设计标准》（GB 50017—2017）表 11.2.2-2 取用。

2）节点板焊缝强度计算。与梁翼缘连接板的焊缝强度应满足：

$$\tau_{\text{v}} = \frac{V_1}{A_{\text{ew}}} \leq f_{\text{f}}^{\text{w}} \qquad (6\text{-}77\text{a})$$

与柱腹板的连接板的焊缝强度应满足：

$$\tau_{\text{v}} = \frac{V_2}{A_{\text{ew}}} \leq f_{\text{f}}^{\text{w}} \qquad (6\text{-}77\text{b})$$

式中　V_1、V_2——支撑的轴拉力的垂直分量、水平分量，$V_1 = N\sin\alpha$，$V_2 = N\cos\alpha$；

　　　　A_{ew}——焊缝的有效面积；

　　　　f_{f}^{w}——角焊缝的强度设计值。

3）节点板强度计算。连接节点板在拉力、剪力作用下的强度可用有效宽度法按下式计算：

$$\sigma = \frac{N}{b_{\text{e}}t} \leq f \qquad (6\text{-}78)$$

式中　b_{e}——板件的有效宽度（图 6-21）。

当用螺栓连接（图 6-21b）时，板件的有效宽度应减去孔径，孔径应取比螺栓（或铆钉）标称尺寸大 4mm，即

$$b_{\text{e}} = 2l\tan\theta - D \qquad (6\text{-}79)$$

式中　l——第一个螺栓孔中心至最末一个螺栓孔中心间的距离；

　　　　θ——应力扩散角，焊接或单排螺栓时可取 $\theta = 30°$，多排螺栓时可取 $\theta = 22°$；

　　　　D——螺栓孔径。

4）节点板稳定计算。节点板在斜腹杆压力作用下的稳定性可按下列方法进行计算：

①有竖腹杆相连的节点板（图 6-22a），当 $c/t \leq 15\varepsilon_{\text{k}}$ 时，可不计算稳定性；当 $15\varepsilon_{\text{k}} < c/t \leq 22\varepsilon_{\text{k}}$ 时，应按《钢结构设计标准》（GB 50017—2017）附录 G 进行稳定计算，这里 c 为受压腹杆连接肢端面中点沿腹杆轴线方向至弦杆的净距离。

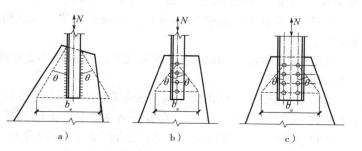

图 6-21　板件的有效宽度

a）焊接连接　b）螺栓（铆钉）连接　c）螺栓（铆钉）连接

②无竖腹杆相连的节点板（图 6-22b），当 $c/t \leq 10\varepsilon_{\text{k}}$ 时，节点板的稳定承载力可取为 $0.8b_{\text{e}}tf$；当 $10\varepsilon_{\text{k}} < c/t \leq 17.5\varepsilon_{\text{k}}$ 时，应按《钢结构设计标准》（GB 50017—2017）附录 G 进行稳定计算。

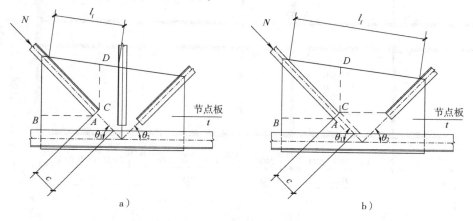

图 6-22　节点板计算简图

a）有竖腹杆时　b）无竖腹杆时

5）节点板构造要求。桁架节点板除满足上述的强度条件外，还应满足下列要求：

①节点板边缘与支撑杆件轴线之间的夹角不应小于15°。

②斜腹杆与弦杆的夹角应在30°～60°。

③节点板的自由边长度 l_f 与厚度 t 之比不得大于 $60\varepsilon_k$，否则应沿自由边设加劲肋予以加强。

（2）交叉腹杆之间的连接　断开的支撑杆件采用高强度螺栓与节点板连接，未断开的支撑杆件采用双面角焊缝与节点板连接。

6.2　设计实例

6.2.1　设计资料

1. 工程概况

某五层办公楼，房屋总长度36.10m，总宽度16.20m，建筑总面积2924.10m²。各层高均为3.6m，总高度18.0m。室内外高差600mm，室内设计标高±0.000相当于黄海标高3.50m。标准层建筑平面图见图6-23，剖面图见图6-24。

2. 建筑构造做法

（1）外墙做法　采用240mm加气混凝土砌块，双面粉刷。外粉刷1:3水泥砂浆底，厚20mm，外墙涂料，内粉刷为混合砂浆粉面，厚20mm，内墙涂料。

（2）内墙做法　采用240mm加气混凝土砌块，双面粉刷。内粉刷为混合砂浆粉面，厚20mm，内墙涂料。

（3）楼面做法　20mm水泥砂浆找平，5mm厚1:2水泥砂浆加"108"胶水着色粉面层；板底为V形轻钢龙骨吊顶。

（4）屋面做法　结构层上铺膨胀珍珠岩保温层（檐口处厚100mm，2%自两侧檐口向中间找坡），1:2水泥砂浆找平层厚20mm，高分子防水卷材；板底为V形轻钢龙骨吊顶。

（5）楼板采用压型钢板—混凝土组合楼板（见第2章有关内容）　压型钢板采用YX70—200—600（厚度1.2mm，重量 $g=16.2\text{kg/m}$，有效截面惯性矩 $I_{ef}=1.28\times10^6\text{mm}^4/\text{m}$，有效截面抵抗矩 $W_{ef}=3.596\times$

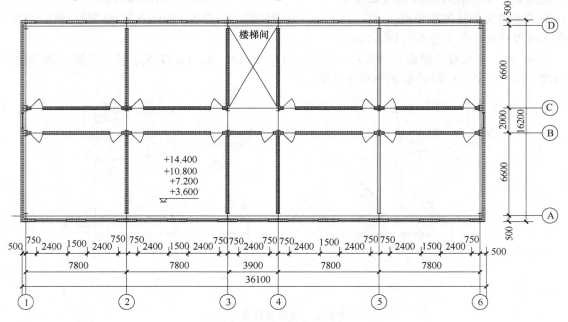

图6-23　标准层平面图

$10^4 \text{mm}^3/\text{m}$），混凝土厚度 80mm。

（6）次梁截面（见第 2 章有关内容） 采用 HN350×175（截面高度 $h_b = 350\text{mm}$，截面宽度 $b_b = 175\text{mm}$，腹板厚度 $t_{bw} = 7.0\text{mm}$，翼缘厚度 $t_{bf} = 11.0\text{mm}$，$A = 6366 \text{mm}^2$，$I_x = 1.37 \times 10^8 \text{mm}^4$，$W_x = 7.82 \times 10^5 \text{mm}^3$，$i_x = 147.0\text{mm}$，$i_y = 39.3\text{mm}$，自重 50.0kg/m）。

（7）门、窗做法 采用木门、塑钢窗。

3. 可变荷载

基本风压 $w_0 = 0.55\text{kN/m}^2$，地面粗糙度属 B 类，组合值系数 $\psi_c = 0.6$；

基本雪压 $S_0 = 0.40\text{kN/m}^2$，Ⅰ类地区，组合值系数 $\psi_c = 0.7$；

不上人屋面可变荷载标准值 0.5kN/m^2，组合值系数 $\psi_c = 0.7$；

办公楼楼面可变荷载标准值 2.0kN/m^2，组合值系数 $\psi_c = 0.7$；

走廊、楼梯可变荷载标准值 2.5kN/m^2，组合值系数 $\psi_c = 0.7$。

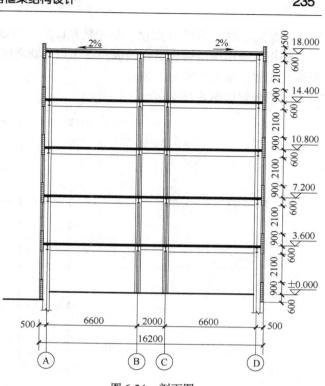

图 6-24 剖面图

结构设计使用年限 50 年，结构安全等级二级，环境类别一类，耐火等级二级，抗震设防烈度 6 度（0.05g）。

4. 设计内容

试对一榀横向框架、纵向支撑进行设计。

6.2.2 结构布置

主体结构拟采用横向钢框架承重方案，纵向拟采用刚排架支撑结构，在③轴和④轴之间设置十字交叉中心支撑，如图 6-25 所示。

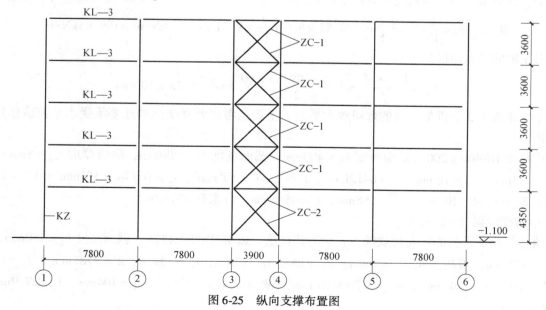

图 6-25 纵向支撑布置图

框架梁、柱均采用 H 型钢，框架柱截面形心与纵横轴线重合。

楼板拟采用压型钢板组合楼板，在Ⓐ与Ⓑ轴之间及Ⓒ与Ⓓ轴之间沿纵向布置一道次梁，压型钢板沿横向布置，最大跨度为 3.3m。

结构布置如图 6-26 所示。

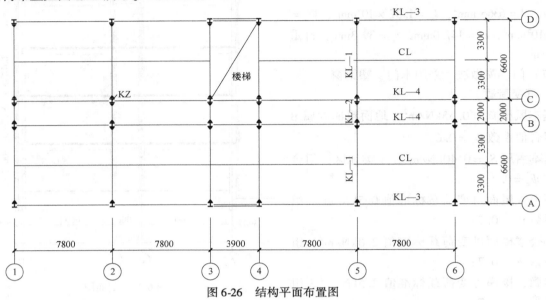

图 6-26　结构平面布置图

6.2.3　框架梁、柱截面尺寸估选

1. 边跨框架梁（KL—1）

边跨框架梁承受的竖向荷载主要有纵向次梁（CL）传来的荷载和隔墙的自重。

次梁传来的集中荷载基本组合值（见第 2 章纵向次梁的剪力）为

$$F = 2 \times 99.76\text{kN} = 199.52\text{kN}$$

隔墙自重引起的分布荷载基本组合值为

$$g = 1.3 \times 2.45 \times 3.05\text{kN/m} = 9.71\text{kN/m}$$

因梁、柱刚接，边框架梁最大负弯矩按下式估算：

$$M_x = \frac{1}{8}Fl + \frac{1}{12}ql^2 = \left(\frac{1}{8} \times 199.52 \times 6.6 + \frac{1}{12} \times 9.71 \times 6.6^2\right)\text{kN·m} = 199.85\text{kN·m}$$

则对 x 轴的净截面模量 W_{nx}：

$$W_{nx} \geqslant \frac{1.2 \times M_x}{f} = \frac{1.2 \times 199.85 \times 10^6}{215}\text{mm}^3 = 1.12 \times 10^6\text{mm}^3$$

式中，系数 1.2 为框架梁端的弯矩放大系数，主要是考虑到框架梁端还要承受水平荷载作用所产生的弯矩。

选用截面 HN400×200（截面高度 $h_b = 400\text{mm}$，截面宽度 $b_b = 200\text{mm}$，腹板厚度 $t_{bw} = 8\text{mm}$，翼缘厚度 $t_{bf} = 13\text{mm}$，$r_c = 16\text{mm}$，$A = 8412\text{mm}^2$，$I_x = 2.37 \times 10^8\text{mm}^4$，$I_y = 0.174 \times 10^8\text{mm}^4$，$W_x = 1.19 \times 10^6\text{mm}^3$，$W_y = 1.74 \times 10^5\text{mm}^3$，$i_x = 168\text{mm}$，$i_y = 45.4\text{mm}$，自重 0.66kN/m）。

2. 中跨框架梁（KL—2）

中跨框架梁所承受的竖向荷载较小，承受其自重。选用 HN250×125（截面高度 $h_b = 250\text{mm}$，截面宽度 $b_b = 125\text{mm}$，腹板厚度 $t_{bw} = 6\text{mm}$，翼缘厚度 $t_{bf} = 9\text{mm}$，$r_c = 13\text{mm}$，$A = 3787\text{mm}^2$，$I_x = 4.08 \times 10^7\text{mm}^4$，$I_y = 0.294 \times 10^7\text{mm}^4$，$W_x = 3.26 \times 10^5\text{mm}^3$，$W_y = 0.47 \times 10^5\text{mm}^3$，$i_x = 104\text{mm}$，$i_y = 27.9\text{mm}$，自重 0.297kN/m）。

3. 框架柱 （KZ）

取柱轴力负荷面积较大的Ⓑ轴或Ⓒ轴柱估算。柱的负荷面积：

$$A = 7.8 \times (6.6/2 + 2.0/2) \, \text{m}^2 = 33.54 \, \text{m}^2$$

顶层屋面产生的轴力：

$$N = (1.3 \times 0.933 \times 5 + 1.5 \times 0.5) \times 33.54 \, \text{kN} = 228.56 \, \text{kN}$$

其中，屋盖自重标准值 $g_k = 0.933 \, \text{kN/m}$

二～五层楼面产生的轴力：

$$N = [1.3 \times 0.698 \times 5 \times 33.54 + 1.5 \times (2.0 \times 3.3 \times 7.8 + 2.5 \times 1.0 \times 7.8)] \, \text{kN} = 258.64 \, \text{kN}$$

二～五层内隔墙产生的轴力：

$$N = [1.3 \times 2.48 \times 3.05 \times 6.6/2 + 1.3 \times 2.48 \times (3.6 - 0.15 - 0.35) \times 7.8] \, \text{kN} = 42.44 \, \text{kN}$$

综上所述，底层柱的轴力：

$$N = (228.56 + 258.64 \times 4 + 42.44 \times 4) \, \text{kN} = 1432.88 \, \text{kN}$$

将轴力乘以 1.2～1.3 后，按轴心受压构件估算截面尺寸：

$$A \geqslant \frac{(1.2 \sim 1.3) \times N}{\varphi f} = \frac{(1.2 \sim 1.3) \times 1432.88 \times 10^3}{(0.4 \sim 0.5) \times 215} = 15994.94 \sim 21659.81 \, \text{mm}^2$$

注：当框架柱的长细比在 60～80 时，柱的轴心受压稳定系数 φ 大致在 0.4～0.5。

选用 HM450×300 （截面高度 $h_c = 440 \, \text{mm}$，截面宽度 $b_c = 300 \, \text{mm}$，腹板厚度 $t_{cw} = 11 \, \text{mm}$，翼缘厚度 $t_{cf} = 18 \, \text{mm}$，$r_c = 24 \, \text{mm}$，$A = 15740 \, \text{mm}^2$，$I_x = 5.61 \times 10^8 \, \text{mm}^4$，$I_y = 0.811 \times 10^8 \, \text{mm}^4$，$W_x = 2.55 \times 10^6 \, \text{mm}^3$，$W_y = 0.541 \times 10^6 \, \text{mm}^3$，$i_x = 189 \, \text{mm}$，$i_y = 71.8 \, \text{mm}$，自重 1.24 kN/m）。

6.2.4　框架结构分析

1. 计算简图

横向框架的计算单元宽度取 7.8m，框架梁的计算长度取左右相邻柱截面形心之间的距离，即轴线距离；框架柱的计算高度应取上、下横梁中心线之间的距离，但实际应用中，为方便常将底层柱的计算长度偏安全地取为从基础顶面到一层楼盖顶面的高度；其余各层柱为上、下两层楼盖之间的高度。

假设基础顶面距离室外地面 0.5m，室内外高差 0.6m，层高 3.6m，则底层柱的计算高度为 （0.5 + 0.6 + 3.6） m = 4.7m，其余层计算高度取为层高，即 3.6m。

横向框架的计算简图如图 6-27 所示。

钢结构弹性分析时，可考虑现浇混凝土楼板与钢梁共同工作。两侧有楼板的梁其惯性矩可取 $1.5I_0$（I_0 为钢梁本身的惯性矩），此时在设计中应保证楼板与钢梁间有可靠的连接。

梁、柱的线刚度见表 6-4，相对线刚度见图 6-27。

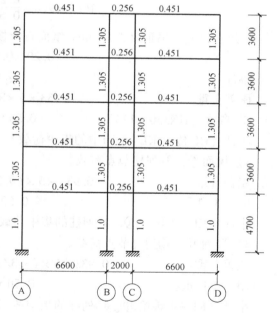

图 6-27　横向框架的计算简图

表 6-4　框架梁、柱的线刚度

构件名称		截面惯性矩 I_0/mm^4	等效惯性矩 I/mm^4	构件长度 l/mm	线刚度 $i = EI/l/(\text{N} \cdot \text{mm})$	相对线刚度
框架梁	边跨	2.37×10^8	$1.5I_0 = 3.555 \times 10^8$	6600	$5.386 \times 10^4 E$	0.451
	中跨	4.08×10^7	$1.5I_0 = 6.12 \times 10^7$	2000	$3.060 \times 10^4 E$	0.256

（续）

构件名称		截面惯性矩 I_0/mm^4	等效惯性矩 I/mm^4	构件长度 l/mm	线刚度 $i = EI/l/(N \cdot mm)$	相对线刚度
框架柱	底层	5.61×10^8	5.61×10^8	4700	$1.194 \times 10^5 E$	1.0
	其余柱	5.61×10^8	5.61×10^8	3600	$1.558 \times 10^5 E$	1.305

2. 荷载计算

（1）竖向永久荷载　对于框架梁和框架柱需要作防火涂层，近似将其自重放大 1.1 倍考虑。

1）屋面分布荷载。

KL—2 自重：$g_{6BC,k} = 0.297 \times 1.1 kN/m = 0.327 kN/m$

KL—1 自重：$g_{6AB,k} = g_{6CD,k} = 0.66 \times 1.1 kN/m = 0.726 kN/m$

2）屋面集中荷载。

屋面永久荷载标准值（一个波宽 $b = 200mm$ 计算）：

高分子防水卷材　　　　　　　　$0.05 \times 0.2 kN/m = 0.01 kN/m$

20mm 厚 1:2 水泥砂浆找平层　$0.02 \times 20 \times 0.2 kN/m = 0.08 kN/m$

檐口处厚 100mm（2% 找坡）上铺膨胀珍珠岩保温层

$$(0.10 + 0.25)/2 \times 7 \times 0.2 kN/m = 0.245 kN/m$$

混凝土自重标准值

$$\left[\frac{(0.05 + 0.07)}{2} \times 0.07 + 0.20 \times 0.08 \right] \times 25 kN/m = 0.505 kN/m$$

1.2mm 压型钢板自重

$$16.2 \times 9.8 \times \frac{0.2}{0.6} \times 10^{-3} kN/m = 0.053 kN/m$$

V 形轻钢龙骨吊顶（二层 9mm 纸面石膏板无保温层）

$$0.20 \times 0.2 kN/m = 0.04 kN/m$$

小计　　　　　　　　　　$g_k = 0.933 kN/m$

屋盖自重　　　　　$0.933 \times 5 \times 3.3 \times 7.8 kN = 120.08 kN$

CL 自重（HN350×175）　　$0.50 \times 7.8 kN = 3.90 kN$

小计（CL 传给 KL—1 跨中的集中荷载）　$G_{6,k} = 123.98 kN$

3）屋面Ⓐ、Ⓓ列柱节点荷载。

屋盖自重：　　　$0.933 \times 5 \times (0.2 + 3.3/2) \times 7.8 kN = 67.32 kN$

KL—3 自重：　　　　　$0.50 \times 7.8 kN = 3.90 kN$

小计（KL—3 传给Ⓐ、Ⓓ列柱的集中荷载）　$G_{6A,k} = G_{6D,k} = 71.22 kN$

4）屋面Ⓑ、Ⓒ列柱节点荷载。

屋盖自重：　　$0.933 \times 5 \times (3.3/2 + 2.0/2) \times 7.8 kN = 96.43 kN$

KL—4 自重：　　　　　$0.50 \times 7.8 kN = 3.90 kN$

小计（KL—4 传给Ⓑ、Ⓒ列柱的集中荷载）　$G_{6B,k} = G_{6C,k} = 100.33 kN$

5）二～五层楼面分布荷载。

KL—2 自重：

$$g_{5BC,k} = g_{4BC,k} = g_{3BC,k} = g_{2BC,k} = 0.327 kN/m$$

KL—1（梁自重 + 隔墙重量）：

$$g_{5AB,k} = g_{4AB,k} = g_{3AB,k} = g_{2AB,k} = g_{5CD,k} = g_{4CD,k} = g_{3CD,k} = g_{2CD,k}$$
$$= (0.726 + 2.48 \times 3.05) kN/m = 8.29 kN/m$$

6）二～五层楼面集中荷载。

楼面永久荷载标准值（一个波宽 $b = 200mm$ 计算）：

20mm 水泥砂浆找平层 $0.02 \times 20 \times 0.2 kN/m = 0.08 kN/m$

5mm 厚1:2 水泥砂浆加 "108" 胶水着色粉面层

$$0.005 \times 20 \times 0.2 kN/m = 0.02 kN/m$$

混凝土自重：

$$\left[\frac{(0.05 + 0.07)}{2} \times 0.07 + 0.20 \times 0.08 \right] \times 25 kN/m = 0.505 kN/m$$

1.2mm 压型钢板自重

$$16.2 \times 9.8 \times \frac{0.2}{0.6} \times 10^{-3} kN/m = 0.053 kN/m$$

V 形轻钢龙骨吊顶（二层 9mm 纸面石膏板无保温层）

$$0.20 \times 0.2 kN/m = 0.04 kN/m$$

小计 $g_k = 0.698 kN/m$

楼盖自重： $0.698 \times 5 \times 3.3 \times 7.8 kN = 89.83 kN$

CL 自重（HN350×175） $0.50 \times 7.8 kN = 3.90 kN$

小计（CL 传给 KL—1 跨中的集中荷载） $G_{5,k} = G_{4,k} = G_{3,k} = G_{2,k} = 93.73 kN$

7）二～五层楼面Ⓐ、Ⓓ列柱节点荷载。

楼盖自重： $0.698 \times 5 \times (0.2 + 3.3/2) \times 7.8 kN = 50.36 kN$

KL—3 自重： $3.90 kN$

框架柱自重： $1.24 \times 1.1 \times 3.6 kN = 4.91 kN$

外墙自重：

五层（含 0.5m 高女儿墙）

$$\{[(7.8 \times 3.6 - 2.4 \times 2.1) \times 2.54 + 2.4 \times 2.1 \times 0.45] + (0.24 \times 7.5 + 0.02 \times 20 \times 2) \times$$
$$0.5 \times 7.8\} kN = 70.93 kN$$

四～二层

$$[(7.8 \times 3.6 - 2.4 \times 2.1) \times 2.54 + 2.4 \times 2.1 \times 0.45] kN = 60.79 kN$$

小计：五层 KL—3 传给Ⓐ、Ⓓ列柱集中荷载

$$G_{5A,k} = G_{5D,k} = 130.10 kN$$

四～二层 KL—3 传给Ⓐ、Ⓓ列柱集中荷载

$$G_{4A,k} = G_{3A,k} = G_{3A,k} = G_{4D,k} = G_{3D,k} = G_{2D,k} = 119.96 kN$$

注：240mm 加气混凝土砌块（双面粉刷）：

$$(0.24 \times 7.5 + 0.02 \times 20 + 0.02 \times 17) kN/m^2 = 2.54 kN/m^2$$

8）二～五层楼面Ⓑ、Ⓒ列柱节点荷载。

楼盖自重： $0.698 \times 5 \times (3.3/2 + 2.0/2) \times 7.8 kN = 72.14 kN$

KL—4 自重： $3.90 kN$

框架柱自重： $4.91 kN$

横向内隔墙自重： $2.48 \times (3.6 - 0.15 - 0.35) \times 7.8 kN = 59.97 kN$

小计：KL—4 传给Ⓑ、Ⓒ列柱集中荷载

$$G_{5B,k} = G_{4B,k} = G_{3B,k} = G_{2B,k} = G_{5C,k} = G_{4C,k} = G_{3C,k} = G_{2C,k} = 140.92 kN$$

9）底层柱脚处节点荷载。

框架柱自重： $1.24 kN/m \times 1.1 \times 4.7 kN = 6.41 kN$

小计： $G_{1A,k} = G_{1B,k} = G_{1C,k} = G_{1D,k} = 6.41 kN$

横向框架永久荷载标准值的分布如图 6-28 所示。

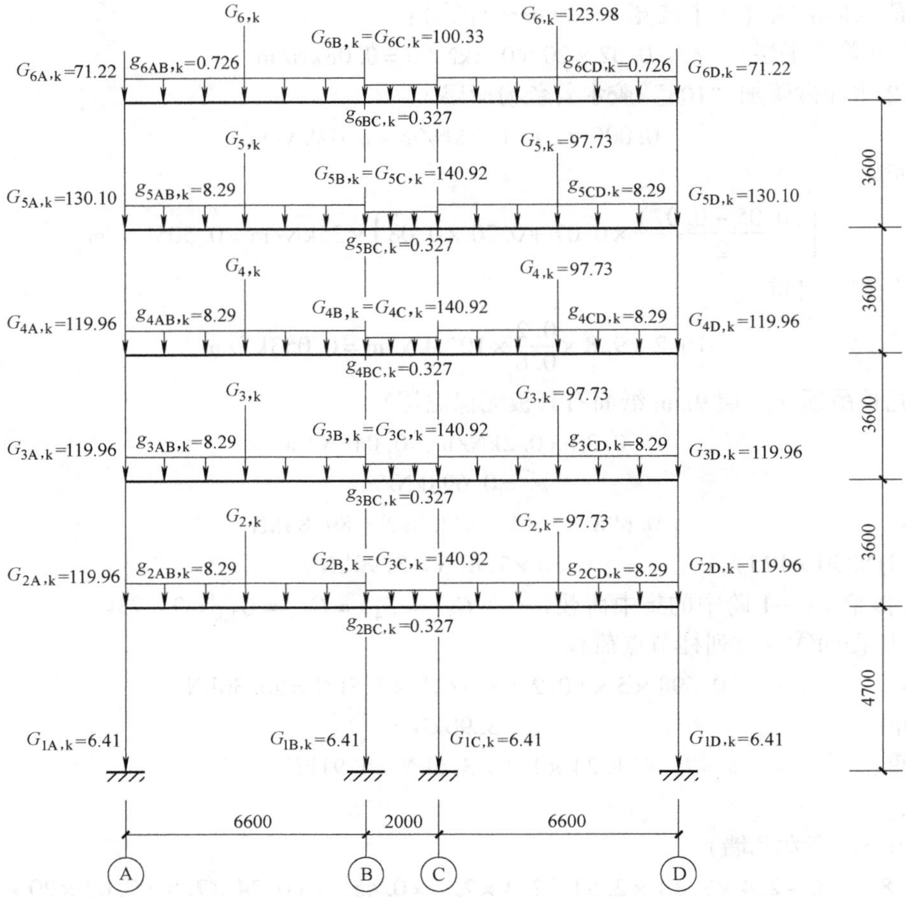

图 6-28　横向框架永久荷载标准值分布图（集中荷载：kN，分布荷载：kN/m）

（2）竖向可变荷载

1）屋面可变荷载。屋面雪荷载与屋面可变荷载不同时考虑，取其中较大者，屋面可变荷载标准值 $q_k = 0.5 \text{kN/m}^2$。

CL 传给 KL—1 跨中的集中荷载

$$Q_{6,k} = 0.5 \times 3.3 \times 7.8 \text{kN} = 12.87 \text{kN}$$

KL—3 传给 Ⓐ、Ⓓ 列柱的节点荷载

$$Q_{6A,k} = Q_{6D,k} = 0.5 \times (0.2 + 3.3/2) \times 7.8 \text{kN} = 7.22 \text{kN}$$

KL—4 传给 Ⓑ、Ⓒ 列柱的节点荷载

$$Q_{6B,k} = Q_{6C,k} = 0.5 \times (3.3/2 + 2.0/2) \times 7.8 \text{kN} = 10.34 \text{kN}$$

2）楼面可变荷载。办公楼楼面可变荷载标准值 2.0kN/m^2，走廊、楼梯可变荷载标准值 2.5kN/m^2。

CL 传给 KL—1 跨中的集中荷载

$$Q_{5,k} = Q_{4,k} = Q_{3,k} = Q_{2,k} = 2.0 \times 3.3 \times 7.8 \text{kN} = 51.48 \text{kN}$$

KL—3 传给 Ⓐ、Ⓓ 列柱的节点荷载

$$Q_{5A,k} = Q_{5D,k} = Q_{4A,k} = Q_{4D,k} = Q_{3A,k} = Q_{3D,k} = Q_{2A,k} = Q_{2D,k}$$
$$= 2.0 \times (0.2 + 3.3/2) \times 7.8 \text{kN} = 28.86 \text{kN}$$

KL—4 传给 Ⓑ、Ⓒ 列柱的节点荷载

$$Q_{5B,k} = Q_{5C,k} = Q_{4B,k} = Q_{4C,k} = Q_{3B,k} = Q_{3C,k} = Q_{2B,k} = Q_{2C,k}$$
$$= (2.0 \times 3.3/2 + 2.5 \times 2.0/2) \times 7.8 \text{kN} = 45.24 \text{kN}$$

横向框架的竖向可变荷载标准值分布如图 6-29 所示。

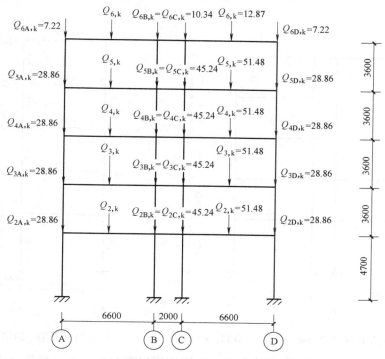

图 6-29　横向框架可变荷载标准值分布图（集中荷载：kN）

（3）水平风荷载　抗震设防烈度 6 度，不考虑框架结构水平地震作用，可仅考虑水平风荷载。框架结构的水平风荷载可简化为作用于楼层位置的集中荷载。

风荷载标准值计算公式：

$$w_k = \beta_z \mu_z \mu_s w_0 \ (\text{kN/m}^2)$$

各楼层位置的集中风荷载：

$$F_w(z) = Bh w_k \ (\text{kN})$$

层间剪力：

$$V_i = \sum F_w(z)$$

结构高度 18.0m < 30m，取 $\beta_z = 1.0$；矩形平面形状 $\mu_s = 1.3$，单元计算宽度 $B = 7.8$m，h 取上、下楼层高度的平均值，基本风压 $w_0 = 0.55$kN/m²，地面粗糙度属 B 类。

计算过程列于表 6-5。

风荷载标准值的分布如图 6-30 所示。

表 6-5　风荷载计算

楼层	β_z	μ_s	z/m	μ_z	w_k /(kN/m²)	B/m	h/m	F_w/kN	V_i/kN
5	1.0	1.3	18.6	1.22	0.872	7.8	3.6/2 + 0.5 = 2.3	15.64	15.64
4	1.0	1.3	15.0	1.14	0.815	7.8	3.6	22.89	38.53
3	1.0	1.3	11.4	1.04	0.744	7.8	3.6	20.89	59.42
2	1.0	1.3	7.8	1.0	0.715	7.8	3.6	20.08	79.50
1	1.0	1.3	4.2	1.0	0.715	7.8	(3.6 + 4.2)/2 = 3.9	21.75	101.25

3. 内力计算

（1）竖向永久荷载作用下的内力计算　作用于柱子上的集中荷载仅产生柱轴力，不必进行内力分析。因结构对称、荷载对称，所以可以取如图 6-31 所示的半边结构进行分析。

永久荷载作用下的内力计算采用分层法，需要计算如图 6-31 所示顶层、中间层和底层三种情况竖向荷载作用下的内力。

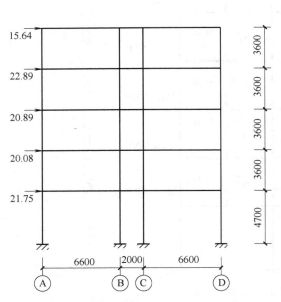

图 6-30　风荷载标准值分布图（水平荷载：kN）

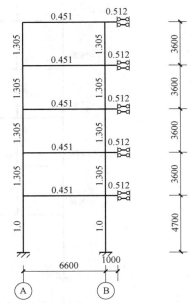

图 6-31　框架半边结构计算简图

内力正负号规定：节点弯矩以逆时针为正，杆端弯矩以顺时针为正；杆端剪力以顺时针为正，轴力以压为正。

1）顶层（图 6-32）。

①计算各杆件的分配系数。

$$\mu_{CD} = \frac{4 \times 0.451}{4 \times 0.451 + 4 \times (0.9 \times 1.305)} = 0.277$$

$$\mu_{CA} = 1 - \mu_{CD} = 0.723$$

$$\mu_{DC} = \frac{4 \times 0.451}{4 \times 0.451 + 4 \times (0.9 \times 1.305) + 1 \times 0.512} = 0.257$$

$$\mu_{DB} = \frac{4 \times (0.9 \times 1.305)}{4 \times 0.451 + 4 \times (0.9 \times 1.305) + 1 \times 0.512} = 0.670$$

$$\mu_{DE} = 1 - \mu_{DC} - \mu_{DB} = 0.073$$

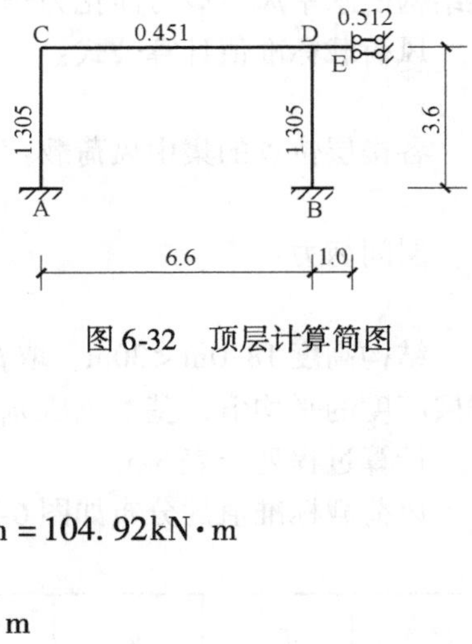

② 计算固端弯矩。

$$M_{CD} = M_{DC} = \frac{1}{12} \times 0.726 \times 6.6^2 + \frac{1}{8} \times 123.98 \times 6.6 \text{kN} \cdot \text{m} = 104.92 \text{kN} \cdot \text{m}$$

$$M_{DE} = \frac{1}{3} \times 0.327 \times 1.0^2 \text{kN} \cdot \text{m} = 0.109 \text{kN} \cdot \text{m}$$

$$M_{ED} = \frac{1}{6} \times 0.327 \times 1.0^2 \text{kN} \cdot \text{m} = 0.055 \text{kN} \cdot \text{m}$$

図 6-32　顶层计算简图

③分配与传递。经过三轮分配与传递，精度已达到设计要求，计算过程见图 6-33。

④最后杆端弯矩。将各杆的固端弯矩和各次分配、传递的弯矩相加，即得到杆端的最终弯矩。

⑤跨中弯矩。在梁的杆端弯矩基础上叠加相应简支梁弯矩，得到跨中弯矩。

$$M_{中} = \frac{ql^2}{8} + \frac{Gl}{4} + \frac{M_{CD} - M_{DC}}{2}$$

$$= \left(\frac{0.726 \times 6.6^2}{8} + \frac{123.98 \times 6.6}{4} + \frac{-87.15 - 90.38}{2} \right) \text{kN} \cdot \text{m} = 119.76 \text{kN} \cdot \text{m}$$

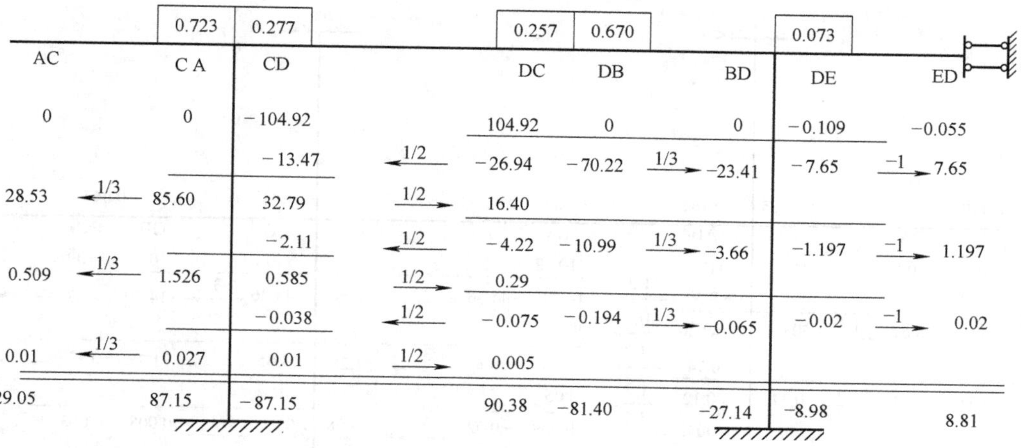

	0.723	0.277			0.257	0.670		0.073	
AC	C A	CD		DC	DB		BD	DE	ED
0	0	−104.92		104.92	0		0	−0.109	−0.055
		−13.47	←1/2	−26.94	−70.22	1/3→ −23.41		−7.65	−1→ 7.65
28.53 ←1/3	85.60	32.79	1/2→	16.40					
		−2.11	←1/2	−4.22	−10.99	1/3→ −3.66		−1.197	−1→ 1.197
0.509 ←1/3	1.526	0.585	1/2→	0.29					
		−0.038	←1/2	−0.075	−0.194	1/3→ −0.065		−0.02	−1→ 0.02
0.01 ←1/3	0.027	0.01	1/2→	0.005					
29.05	87.15	−87.15		90.38	−81.40		−27.14	−8.98	8.81

图 6-33　顶层分配与传递过程

2）标准层（图 6-34）。

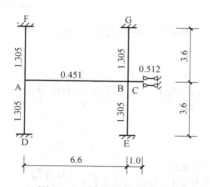

图 6-34　标准层计算简图

①计算各杆件的分配系数。

$$\mu_{AB} = \frac{4 \times 0.451}{4 \times 0.451 + 4 \times (0.9 \times 1.305) + 4 \times (0.9 \times 1.305)} = 0.161$$

$$\mu_{AD} = \mu_{AF} \frac{4 \times (0.9 \times 1.305)}{4 \times 0.451 + 4 \times (0.9 \times 1.305) + 4 \times (0.9 \times 1.305)} = 0.4195$$

$$\mu_{BA} = \frac{4 \times 0.451}{4 \times 0.451 + 4 \times (0.9 \times 1.305) + 4 \times (0.9 \times 1.305) + 1 \times 0.512} = 0.154$$

$$\mu_{BC} = \frac{1 \times 0.512}{4 \times 0.451 + 4 \times (0.9 \times 1.305) + 4 \times (0.9 \times 1.305) + 1 \times 0.512} = 0.044$$

$$\mu_{BE} = \mu_{BG} \frac{4 \times (0.9 \times 1.305)}{4 \times 0.451 + 4 \times (0.9 \times 1.305) + 4 \times (0.9 \times 1.305) + 1 \times 0.512} = 0.401$$

② 计算固端弯矩。

$$M_{AB} = M_{BA} = \left(\frac{1}{12} \times 8.29 \times 6.6^2 + \frac{1}{8} \times 97.73 \times 6.6\right) \text{kN·m} = 110.72 \text{kN·m}$$

$$M_{BC} = \frac{1}{3} \times 0.327 \times 1.0^2 \text{kN·m} = 0.109 \text{kN·m}$$

$$M_{ED} = \frac{1}{6} \times 0.327 \times 1.0^2 \text{kN·m} = 0.055 \text{kN·m}$$

③分配与传递。经过三轮分配与传递，精度已达到设计要求，计算过程见图 6-35。
④最后杆端弯矩。将各杆的固端弯矩和各次分配、传递的弯矩相加，即得到杆端的最终弯矩。
⑤跨中弯矩。

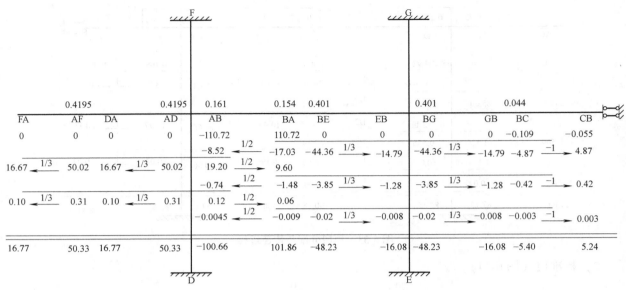

图 6-35　标准层分配与传递过程

$$M_{中} = \frac{ql^2}{8} + \frac{Gl}{4} + \frac{M_{AB} - M_{BA}}{2}$$

$$= \left(\frac{8.29 \times 6.6^2}{8} + \frac{97.73 \times 6.6}{4} + \frac{-100.66 - 101.86}{2} \right) kN \cdot m = 105.13 kN \cdot m$$

3）底层（图 6-36）。

①计算各杆件的分配系数。

$$\mu_{AB} = \frac{4 \times 0.451}{4 \times 0.451 + 4 \times (0.9 \times 1.305) + 4 \times 1.0} = 0.172$$

$$\mu_{AD} = \frac{4 \times 1.0}{4 \times 0.451 + 4 \times (0.9 \times 1.305) + 4 \times 1.0} = 0.381$$

$$\mu_{AF} = 1 - 0.172 - 0.381 = 0.447$$

$$\mu_{BA} = \frac{4 \times 0.451}{4 \times 0.451 + 4 \times (0.9 \times 1.305) + 4 \times 1.0 + 1 \times 0.512} = 0.164$$

$$\mu_{BC} = \frac{1 \times 0.512}{4 \times 0.451 + 4 \times (0.9 \times 1.305) + 4 \times 1.0 + 1 \times 0.512} = 0.046$$

$$\mu_{BE} = \frac{4 \times 1.0}{4 \times 0.451 + 4 \times (0.9 \times 1.305) + 4 \times 1.0 + 1 \times 0.512} = 0.363$$

$$\mu_{BG} = 1 - 0.164 - 0.046 - 0.363 = 0.427$$

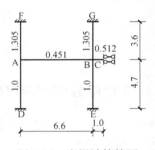

图 6-36　底层计算简图

②计算固端弯矩。梁端固端弯矩大小同标准层梁端固端弯矩，即

$$M_{AB} = M_{BA} = \left(\frac{1}{12} \times 8.29 \times 6.6^2 + \frac{1}{8} \times 97.73 \times 6.6 \right) kN \cdot m = 110.72 kN \cdot m$$

$$M_{BC} = \frac{1}{3} \times 0.327 \times 1.0^2 kN \cdot m = 0.109 kN \cdot m$$

$$M_{ED} = \frac{1}{6} \times 0.327 \times 1.0^2 kN \cdot m = 0.055 kN \cdot m$$

③分配与传递。经过三轮分配与传递，精度已达到设计要求，计算过程见图 6-37。

④最后杆端弯矩。将各杆的固端弯矩和各次分配、传递的弯矩相加，即得到杆端的最终弯矩。

⑤跨中弯矩。

$$M_{中} = \frac{ql^2}{8} + \frac{Gl}{4} + \frac{M_{AB} - M_{BA}}{2} = \left(\frac{8.29 \times 6.6^2}{8} + \frac{97.73 \times 6.6}{4} + \frac{-99.82 - 101.42}{2} \right) kN \cdot m = 105.77 kN \cdot m$$

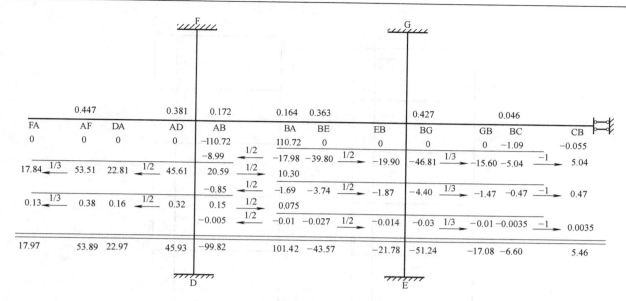

图6-37　底层分配与传递过程

永久荷载标准值作用下的弯矩图如图6-38a所示，图6-38中节点弯矩之和并不完全等于零，系计算误差所致。

4）杆件剪力。逐个将杆件取脱离体，利用力矩平衡条件可求出杆件剪力，如图6-38b所示。

5）柱轴力。自顶层向下，逐个节点取脱离体，利用竖向力平衡条件可求得柱轴力，如图6-38c所示。

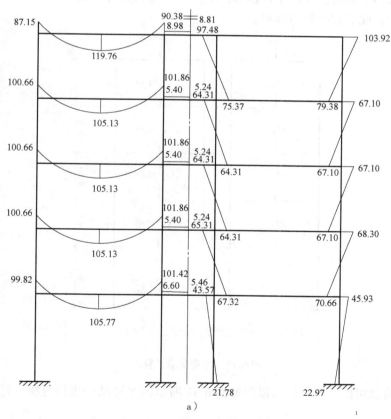

a）

图6-38　永久荷载标准值作用下框架结构内力图
a）弯矩图（单位：kN·m）

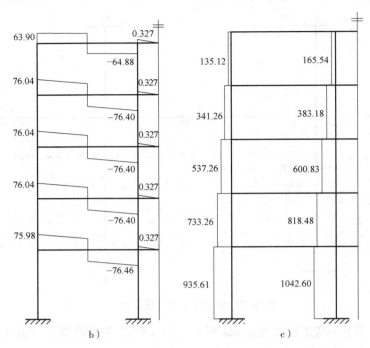

图 6-38 永久荷载标准值作用下框架结构内力图（续）
b）梁剪力图（单位：kN） c）柱轴力图（单位：kN）

（2）竖向可变荷载作用下的内力计算 竖向可变荷载不考虑最不利布置，近似采用可变荷载满布。因纵向构件传来的节点荷载仅产生柱轴力，不产生弯矩和剪力，故在图 6-39 中并没有包括，在柱内力组合中直接加上由此引起的轴力即可。

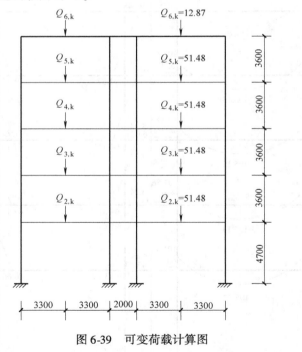

图 6-39 可变荷载计算图

因结构对称、荷载对称，所以仍可以取如图 6-31 所示的半边结构进行分析。计算方法同永久荷载作用下内力计算。

1）顶层。

①计算各杆件的分配系数。

$\mu_{CD} = 0.277$、$\mu_{CA} = 1 - \mu_{CD} = 0.723$、$\mu_{DC} = 0.257$、$\mu_{DB} = 0.670$、$\mu_{DE} = 1 - \mu_{DC} - \mu_{DB} = 0.073$

② 计算固端弯矩。

$$M_{CD} = M_{DC} = \frac{1}{8} \times 12.87 \times 6.6 \text{kN} \cdot \text{m} = 10.62 \text{kN} \cdot \text{m}$$

$$M_{DE} = M_{ED} = 0$$

③分配与传递。经过三轮分配与传递，精度已达到设计要求，计算过程见图6-40。

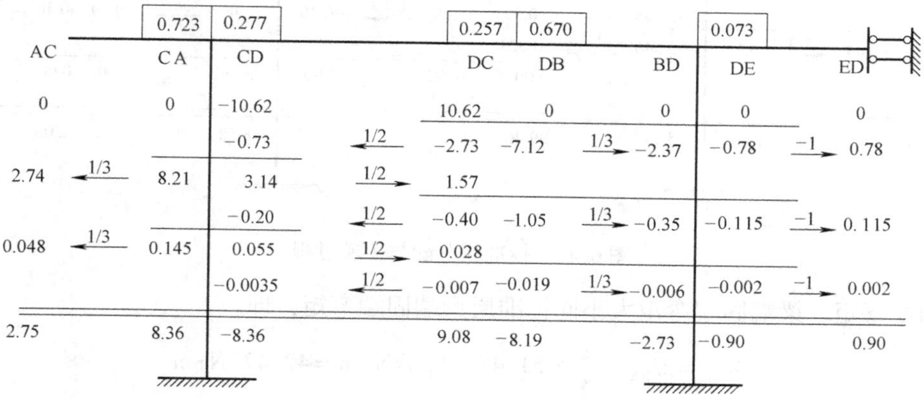

	0.723	0.277		0.257	0.670		0.073	
AC	CA	CD		DC	DB	BD	DE	ED
0	0	−10.62		10.62	0	0	0	0
		−0.73	←1/2	−2.73	−7.12	1/3→ −2.37	−0.78	−1→ 0.78
2.74 ←1/3	8.21	3.14	←1/2	1.57				
		−0.20	←1/2	−0.40	−1.05	1/3→ −0.35	−0.115	−1→ 0.115
0.048 ←1/3	0.145	0.055	←1/2	0.028				
		−0.0035	←1/2	−0.007	−0.019	1/3→ −0.006	−0.002	−1→ 0.002
2.75	8.36	−8.36		9.08	−8.19	−2.73	−0.90	0.90

图 6-40　顶层分配与传递过程

④最后杆端弯矩。将各杆的固端弯矩和各次分配、传递的弯矩相加，即得到杆端的最终弯矩。

⑤跨中弯矩。在梁的杆端弯矩基础上叠加相应简支梁弯矩，得到跨中弯矩。

$$M_{中} = \frac{Ql}{4} + \frac{M_{CD} - M_{DC}}{2}$$

$$= \left(\frac{12.87 \times 6.6}{4} + \frac{-8.36 - 9.08}{2} \right) \text{kN} \cdot \text{m} = 12.52 \text{kN} \cdot \text{m}$$

2）标准层。

①计算各杆件的分配系数。

$\mu_{AB} = 0.161$、$\mu_{AD} = \mu_{AF} = 0.4195$、$\mu_{BA} = 0.154$、$\mu_{BC} = 0.044$、$\mu_{BE} = \mu_{BG} = 0.401$

②计算固端弯矩。

$$M_{AB} = M_{BA} = \frac{1}{8} \times 51.48 \times 6.6 \text{kN} \cdot \text{m} = 42.47 \text{kN} \cdot \text{m}$$

$$M_{BC} = M_{ED} = 0$$

③分配与传递。经过三轮分配与传递，精度已达到设计要求，计算过程见图6-41。

④最后杆端弯矩。将各杆的固端弯矩和各次分配、传递的弯矩相加，即得到杆端的最终弯矩。

⑤跨中弯矩。

$$M_{中} = \frac{Ql}{4} + \frac{M_{AB} - M_{BA}}{2}$$

$$= \left(\frac{51.48 \times 6.6}{4} + \frac{-38.62 - 39.06}{2} \right) \text{kN} \cdot \text{m} = 46.10 \text{kN} \cdot \text{m}$$

3）底层。

①计算各杆件的分配系数。

$\mu_{AB} = 0.172$、$\mu_{AD} = 0.381$、$\mu_{AF} = 0.447$；$\mu_{BA} = 0.164$、$\mu_{BC} = 0.046$、$\mu_{BE} = 0.363$、$\mu_{BG} = 0.427$

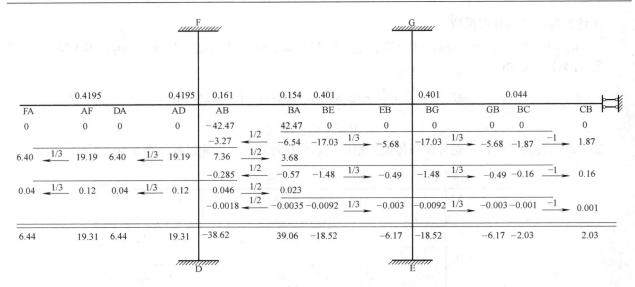

图 6-41　标准层分配与传递过程

②计算固端弯矩。梁端固端弯矩大小同标准层梁端固端弯矩，即

$$M_{AB} = M_{BA} = \frac{1}{8} \times 51.48 \times 6.6 \, \text{kN} \cdot \text{m} = 42.47 \, \text{kN} \cdot \text{m}$$

$$M_{BC} = M_{ED} = 0$$

③分配与传递。经过三轮分配与传递，精度已达到设计要求，计算过程见图 6-42。

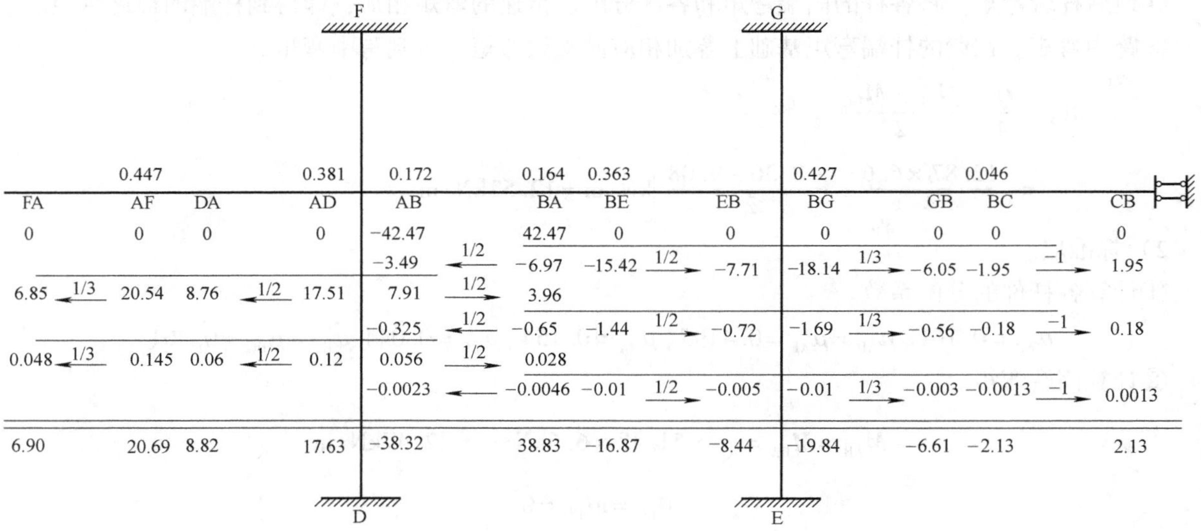

FA	AF	DA	AD	AB	BA	BE	EB	BG	GB	BC	CB
	0.447		0.381	0.172	0.164	0.363		0.427		0.046	
0	0	0	0	-42.47	42.47	0	0	0	0	0	0
				-3.49	-6.97	-15.42	-7.71	-18.14	-6.05	-1.95	1.95
6.85	20.54	8.76	17.51	7.91	3.96						
				-0.325	-0.65	-1.44	-0.72	-1.69	-0.56	-0.18	0.18
0.048	0.145	0.06	0.12	0.056	0.028						
				-0.0023	-0.0046	-0.01	-0.005	-0.01	-0.003	-0.0013	0.0013
6.90	20.69	8.82	17.63	-38.32	38.83	-16.87	-8.44	-19.84	-6.61	-2.13	2.13

图 6-42　底层分配与传递过程

④最后杆端弯矩。将各杆的固端弯矩和各次分配、传递的弯矩相加，即得到杆端的最终弯矩。

⑤跨中弯矩。

$$M_{中} = \frac{Ql}{4} + \frac{M_{AB} - M_{BA}}{2}$$

$$= \left(\frac{51.48 \times 6.6}{4} + \frac{-38.32 - 38.83}{2} \right) \text{kN} \cdot \text{m} = 46.37 \, \text{kN} \cdot \text{m}$$

可变荷载标准值作用下框架结构内力如图 6-43 所示。

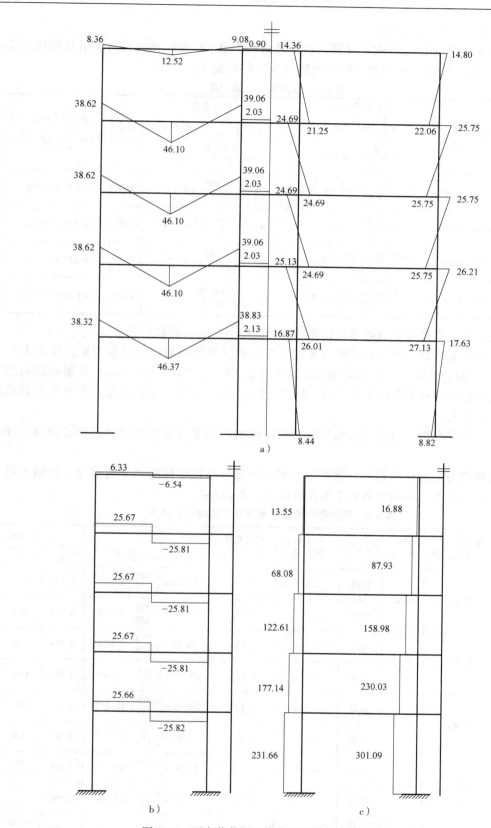

图 6-43　可变荷载标准值作用下框架结构内力图

a) 弯矩图 （单位：kN·m）　　b) 梁剪力图 （单位：kN）　　c) 柱轴力图 （单位：kN）

（3）风荷载作用下的内力计算

1）水平风荷载作用下的结构内力计算。水平风荷载作用下框架结构的内力采用 D 值法计算。

①计算柱修正抗侧刚度。柱的修正抗侧刚度计算过程见表 6-6。

表 6-6　柱的修正抗侧刚度

柱号	楼层	柱线刚度 $i_c/(\text{N}\cdot\text{mm})$	梁柱线刚度比 $\bar{K}=\dfrac{\sum i_b}{2i_c}$（一般层）; $\bar{K}=\dfrac{\sum i_b}{i_c}$（底层）	修正系数 $\alpha_c=\dfrac{\bar{K}}{2+\bar{K}}$（一般层）; $\alpha_c=\dfrac{0.5+\bar{K}}{2+\bar{K}}$（底层）	层高 h/mm	修正抗侧刚度 $D=\alpha_c\dfrac{12i_c}{h^2}/(\text{N/mm})$	相对抗侧刚度
边柱	一般层	1.558×10^5E	$\bar{K}=\dfrac{0.451+0.451}{2\times1.305}=0.346$	$\alpha_c=\dfrac{0.346}{2+0.346}=0.148$	3600	$2.135\times10^{-2}E$	0.848
边柱	底层	1.194×10^5E	$\bar{K}=\dfrac{0.451}{1.0}=0.451$	$\alpha_c=\dfrac{0.5+0.451}{2+0.451}=0.388$	4700	$2.517\times10^{-2}E$	1
中柱	一般层	1.558×10^5E	$\bar{K}=\dfrac{2\times0.451+2\times0.256}{2\times1.305}=0.542$	$\alpha_c=\dfrac{0.542}{2+0.542}=0.213$	3600	$3.073\times10^{-2}E$	1.221
中柱	底层	1.194×10^5E	$\bar{K}=\dfrac{0.451+0.256}{1.0}=0.707$	$\alpha_c=\dfrac{0.5+0.707}{2+0.707}=0.446$	4700	$2.893\times10^{-2}E_c$	1.149

②计算各柱剪力。将楼层剪力按修正抗侧刚度分配给各柱，计算过程见表 6-7。

③计算各柱的柱端弯矩。将各柱的剪力乘以反弯点到柱端的距离得到柱端弯矩，反弯点高度可由标准反弯点高度 y_0 加上考虑上、下横梁线刚度影响的修正值 y_1（本算例 $y_1=0$）及层高影响的修正值 y_2、y_3 得到。因风荷载沿高度分布大致均匀，标准反弯点高度 y_0 可以按照承受均布水平荷载的情况查取。计算过程见表 6-7。

④计算各梁的梁端弯矩。将柱节点的弯矩之和按梁的线刚度分配给与该节点相连的梁，计算过程见表 6-7。

⑤计算各梁的剪力及各柱的轴力。梁左右端弯矩值之和除以梁跨得到梁的剪力；柱轴力可逐个节点取隔离体，自顶层向下，利用竖向力平衡条件得到，见表 6-7。

表 6-7　风荷载标准值作用下框架结构内力计算

楼层	楼层风荷载 F_{wi}/kN	层间剪力 $F_j=\sum F_{wi}/\text{kN}$	层高 h_j/m	柱/梁号	柱相对抗侧刚度 D_{ji}	楼层刚度 $D_j=\sum D_{ji}$	柱剪力 $V_{cji}=F_j\times\dfrac{D_{ji}}{\sum D_j}/\text{kN}$	反弯点高度 y_{ji}/m y_0	y_2/y_3	y
五	15.64	15.64	3.60	边跨	0.848	4.138	$15.64\times\dfrac{0.848}{4.138}=3.205$	0.173	—/0	0.173
五				中跨	1.221	4.138	$15.64\times\dfrac{1.221}{4.138}=4.615$	0.271	—/0	0.271
四	22.89	38.53	3.60	边跨	0.848	4.138	$38.53\times\dfrac{0.848}{4.138}=7.896$	0.273	0/0	0.273
四				中跨	1.221	4.138	$38.53\times\dfrac{1.221}{4.138}=11.369$	0.350	0/0	0.350
三	20.89	59.42	3.60	边跨	0.848	4.138	$59.42\times\dfrac{0.848}{4.138}=12.177$	0.40	0/0	0.40
三				中跨	1.221	4.138	$59.42\times\dfrac{1.221}{4.138}=17.533$	0.45	0/0	0.45
二	20.08	79.50	3.60	边跨	0.848	4.138	$79.50\times\dfrac{0.848}{4.138}=16.292$	0.50	0/−0.0385	0.496
二				中跨	1.221	4.138	$79.50\times\dfrac{1.221}{4.138}=23.458$	0.50	0/−0.025	0.475
一	21.75	101.25	4.70	边跨	1	4.298	$101.25\times\dfrac{1}{4.298}=23.558$	0.750	−0.0085/—	0.742
一				中跨	1.149	4.298	$101.25\times\dfrac{1.149}{4.298}=27.068$	0.697	−0.0085/—	0.689

（续）

楼层	柱端弯矩/(kN·m)		柱节点弯矩之和 $M = \sum(M_{cu} + M_{cb})/$ (kN·m)	梁相对线刚度 i_{bi}	梁端弯矩 $M_b = M\frac{i_{bi}}{\sum i_{bi}}/$(kN·m)		梁跨 l_i/m	梁剪力 $V_{bji} = \frac{M_{bl} + M_{br}}{l_i}$/kN	柱轴力 $N_c = \sum V_{bji}$/kN
	上端 $M_{cu} = V_{ji} \times (1 - y_{ji}) \times h_j$	下端 $M_{cb} = V_{ji} \times y_{ji} \times h_j$			左端 M_{bl}	右端 M_{br}			
五	9.542	1.996	9.542	0.451	9.542	7.726	6.6	-2.616	-2.616
	12.112	4.502	12.112	0.256	4.386	4.386	2.0	-4.386	-1.770
四	20.665	7.760	22.661	0.451	22.661	19.843	6.6	-6.440	-9.056
	26.604	14.325	31.106	0.256	11.263	11.263	2.0	-11.263	-6.593
三	26.302	17.535	34.062	0.451	34.062	23.662	6.6	-8.746	-17.802
	34.715	28.404	37.093	0.256	13.43	13.43	2.0	-13.43	-11.277
二	29.560	29.091	47.095	0.451	47.095	46.401	6.6	-14.166	-31.968
	44.336	40.113	72.427	0.256	26.339	26.339	2.0	-26.339	-23.450
一	28.566	82.156	57.657	0.451	57.657	50.827	6.6	-16.437	-48.405
	39.565	87.654	79.678	0.256	28.851	28.851	2.0	-28.851	-35.864

风荷载标准值作用下框架结构的内力图如图 6-44 所示。

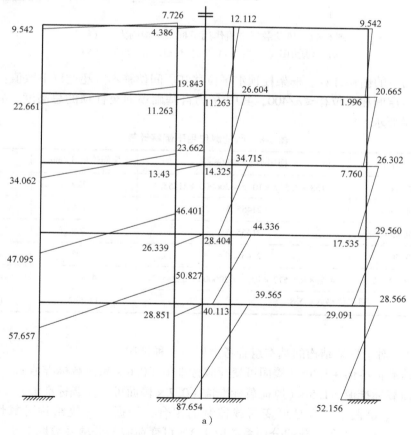

图 6-44　风荷载标准值作用下框架结构内力图
a）弯矩图（单位：kN·m）

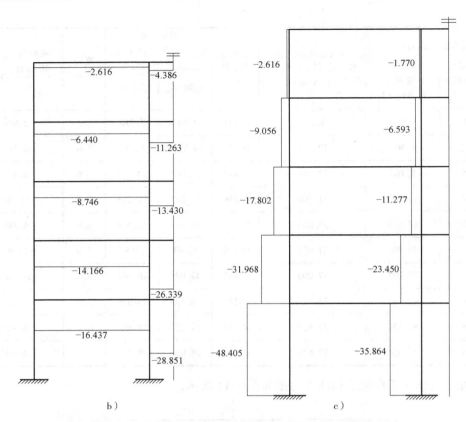

图 6-44　风荷载标准值作用下框架结构内力图（续）
b）梁剪力图（单位：kN）　c）柱轴力图（单位：kN）

2）风荷载作用下的侧移计算。框架柱顶水平位移和层间位移不宜超过以下数值：多层框架结构的柱顶位移 $\leqslant H/500$，层间相对位移 $\leqslant h/400$，其中 H 为自基础顶面至柱顶的总高度，h 为层高。计算过程见表 6-8，均满足要求。

表 6-8　风荷载作用下侧移计算

楼层	层间剪力/kN	楼层刚度/(N/mm)	层间位移 δ_i/mm	允许位移/mm
五	15.64	$4.138 \times 2.517 \times 10^{-2} \times 206000 = 21455.6$	0.729	3600/400 = 9.0
四	38.53	21455.6	1.796	3600/400 = 9.0
三	59.42	21455.6	2.769	3600/400 = 9.0
二	79.50	21455.6	3.705	3600/400 = 9.0
一	101.25	$4.298 \times 2.517 \times 10^{-2} \times 206000 = 22285.2$	4.543	4700/400 = 11.75
顶点位移 $\Delta = \sum \delta_i$			13.542	191000/500 = 38.2

4. 内力组合

（1）荷载组合　对于框架结构的基本组合考虑以下几种情况：

①$1.3 \times$ 永久荷载标准值 $+ 1.5 \times$（楼面可变荷载标准值 $+ 0.6 \times$ 风荷载标准值）。

②$1.3 \times$ 永久荷载标准值 $+ 1.5 \times$（风荷载标准值 $+ 0.7 \times$ 楼面可变荷载标准值）。

上述组合中，①、②两个组合是可变荷载控制的组合，根据《建筑结构可靠性设计统一标准》（GB 50068—2018）规定，永久荷载的分项系数取 1.3，可变荷载的分项系数取 1.5。

（2）框架梁内力组合　框架梁的控制内力是弯矩和剪力，每根框架梁有三个控制截面，即左、右两端及跨中截面。两端组合最大负弯矩和最大剪力，跨中组合最大正弯矩或最大负弯矩。由于结构对称性，中跨梁只需组合两个截面。对于钢框架不进行梁端弯矩调幅；风荷载内力可以反向，因永久荷载始终参与组合，所以组合时取与永久荷载相同的符号；楼面可变荷载不考虑不利布置，即按满跨布置。

框架梁控制截面的内力基本组合值见表 6-9。

表 6-9　框架梁内力的基本组合

（单位：弯矩为 kN·m，剪力为 kN，轴力为 kN）

梁号	截面	内力	永久荷载标准值 ①	可变荷载标准值 ②	风荷载标准值 ③	$1.3①+1.5(②+0.6×③)$	$1.3①+1.5(③+0.7×②)$	选取内力
五层边梁	左端	$-M$	-87.15	-8.36	-9.542	-134.42	-136.39	-136.39
		V	63.90	6.33	2.616	94.92	93.64	94.92
	跨中	M	119.76	12.52	0	174.47	168.83	174.47
	右端	$-M$	-90.38	-9.08	-7.726	-138.07	-138.62	-138.62
		V	-64.88	-6.54	-2.616	-96.51	-95.14	-96.51
五层中梁	左端	$-M$	-8.98	-0.9	-4.386	-16.97	-19.20	-19.20
		V	0.327	0	4.386	4.37	7.00	7.00
	跨中	$-M$	-8.81	-0.9	0	-12.80	-12.40	-12.80
四层边梁	左端	$-M$	-100.66	-38.62	-22.661	-209.18	-205.40	-209.18
		V	76.04	25.67	6.440	143.15	135.47	143.15
	跨中	M	105.13	46.10	0	205.82	185.07	205.82
	右端	$-M$	-101.86	-39.06	-19.843	-208.87	-203.20	-208.87
		V	-76.40	-25.81	-6.440	-143.83	-136.08	-143.83
四层中梁	左端	$-M$	-5.40	-2.03	-11.263	-20.20	-26.05	-26.05
		V	0.327	0	11.263	10.56	17.32	17.32
	跨中	$-M$	-5.24	-2.03	0	-9.86	-8.94	-9.86
三层边梁	左端	$-M$	-100.66	-38.62	-34.062	-219.44	-222.50	-222.50
		V	76.04	25.67	8.746	145.23	138.93	145.23
	跨中	M	105.13	46.10	0	205.82	185.074	205.82
	右端	$-M$	-101.86	-39.06	-23.662	-212.30	-208.92	-212.30
		V	-76.40	-25.81	-8.746	-145.91	-139.54	-145.91
三层中梁	左端	$-M$	-5.40	-2.03	-13.430	-22.15	-29.30	-29.30
		V	0.327	0	13.430	12.51	20.57	20.57
	跨中	$-M$	-5.24	-2.03	0	-9.86	-8.94	-9.86
二层边梁	左端	$-M$	-100.66	-38.62	-47.095	-231.17	-242.05	-242.05
		V	76.04	25.67	14.166	150.11	147.06	150.11
	跨中	M	105.13	46.10	0	205.82	185.07	205.82
	右端	$-M$	-101.86	-39.06	-46.401	-232.77	-243.03	-243.03
		V	-76.40	-25.81	-14.166	-150.78	-147.67	-150.78
二层中梁	左端	$-M$	-5.40	-2.03	-26.339	-33.77	-48.66	-48.66
		V	0.327	0	26.339	24.13	39.93	39.93
	跨中	$-M$	-5.24	-2.03	0	-9.86	-8.94	-9.86

（续）

梁号	截面	内力	永久荷载标准值 ①	可变荷载标准值 ②	风荷载标准值 ③	1.3①+1.5(②+0.6×③)	1.3①+1.5(③+0.7×②)	选取内力
一层边梁	左端	-M	-99.82	-38.32	-57.657	-239.14	-256.49	-256.49
		V	75.98	25.66	16.437	152.06	150.37	150.37
	跨中	M	105.77	46.37	0	207.06	186.19	207.06
	右端	-M	-101.42	-38.83	-50.827	-235.84	-248.86	-248.86
		V	-76.46	-25.82	-16.437	-152.92	-151.17	-152.92
一层中梁	左端	-M	-6.60	-2.13	-28.851	-37.74	-54.09	-54.9
		V	0.327	0	28.851	26.39	43.70	43.70
	跨中	-M	-5.46	-2.13	0	-10.29	-9.34	-10.29

注：表中弯矩以底部受拉为正，上部受拉为负；剪力以顺时针为正，逆时针为负。

（3）框架柱内力组合　柱的控制内力是弯矩和轴力。每层每根框架柱有上、下端两个控制截面，分别组合最大弯矩及相应轴力、最大轴力及相应弯矩。

框架柱控制截面内力的基本组合值见表6-10。

表6-10　框架柱内力的基本组合值

（单位：弯矩为 kN·m，剪力为 kN，轴力为 kN）

柱号	截面	内力	永久荷载标准值 ①	可变荷载标准值 ②	风荷载标准值 ③	1.3①+1.5(②+0.6×③)	1.3①+1.5(③+0.7×②)	最大内力组合	选取内力
五层边柱	上端	M	103.92	14.80	9.542	165.88	164.95	165.88	$M_{max}=165.88$，相应 $N=198.34$，另一端 $M=-138.08$
		N	135.12	13.55	2.616	198.34	193.81	198.34	
	下端	M	-79.38	-22.06	-1.996	-138.08	-129.35	-138.08	$N_{max}=198.34$，相应 $M=165.88$，另一端 $M=-138.08$
		N	135.12	13.55	2.616	198.34	193.81	198.34	
五层中柱	上端	M	97.48	14.36	12.112	159.17	159.97	159.97	$M_{max}=159.97$，相应 $N=235.58$，另一端 $M=-137.19$
		N	165.54	16.88	1.770	242.12	235.58	242.12	
	下端	M	-75.37	-21.25	-11.263	-139.99	-137.19	-139.99	$N_{max}=242.12$，相应 $M=159.17$，另一端 $M=-139.99$
		N	165.54	16.88	1.770	242.12	235.58	242.12	
四层边柱	上端	M	67.10	25.75	20.665	144.45	145.27	145.27	$M_{max}=145.27$，相应 $N=528.71$，另一端 $M=-125.91$
		N	341.26	68.08	9.056	553.91	528.71	553.91	
	下端	M	-67.10	-25.75	-7.760	-132.84	-125.91	-132.84	$N_{max}=553.91$，相应 $M=144.45$，另一端 $M=-132.84$
		N	341.26	68.08	9.056	553.91	528.71	553.91	
四层中柱	上端	M	64.31	24.69	26.604	144.58	149.43	149.43	$M_{max}=149.43$，相应 $N=600.35$，另一端 $M=-131.02$
		N	383.18	87.93	6.593	635.96	600.35	635.96	
	下端	M	-64.31	-24.69	-14.325	-133.53	-131.02	-133.53	$N_{max}=635.96$，相应 $M=144.58$，另一端 $M=-133.53$
		N	383.18	87.93	6.593	635.96	600.35	635.96	
三层边柱	上端	M	67.10	25.75	26.302	149.53	153.72	153.72	$M_{max}=153.72$，相应 $N=853.88$，另一端 $M=-140.57$
		N	537.26	122.61	17.802	898.38	853.88	898.38	
	下端	M	-67.10	-25.75	-17.535	-141.64	-140.57	-141.64	$N_{max}=989.38$，相应 $M=149.53$，另一端 $M=-141.64$
		N	537.26	122.61	17.802	898.38	853.88	898.38	

（续）

柱号	截面	内力	永久荷载标准值 ①	可变荷载标准值 ②	风荷载标准值 ③	1.3① +1.5 （② +0.6× ③）	1.3① +1.5 （③ +0.7× ②）	最大内力组合	选取内力
三层中柱	上端	M	64.31	24.69	34.715	151.88	161.60	161.60	$M_{max}=161.60$，相应 $N=964.92$，另一端 $M=-152.13$
		N	600.83	158.98	11.277	1029.67	964.92	1029.67	
	下端	M	-64.31	-24.69	-28.404	-146.20	-152.13	-152.13	$N_{max}=1029.70$，相应 $M=-146.20$，另一端 $M=151.88$
		N	600.83	158.98	11.277	1029.70	964.92	1029.70	
二层边柱	上端	M	68.30	26.21	29.560	154.71	160.65	160.65	$M_{max}=160.65$，相应 $N=1187.19$，另一端 $M=-163.98$
		N	733.26	177.14	31.968	1247.72	1187.19	1247.72	
	下端	M	-70.66	-27.13	-29.091	-158.74	-163.98	-163.98	$N_{max}=1247.72$，相应 $M=154.71$，另一端 $M=-158.74$
		N	733.26	177.14	31.968	1247.72	1187.19	1247.72	
二层中柱	上端	M	65.31	25.13	44.336	162.50	177.79	177.79	$M_{max}=177.79$，相应 $N=1340.73$，另一端 $M=-120.38$
		N	818.48	230.03	23.450	1430.17	1340.73	1430.17	
	下端	M	-67.32	26.01	-40.113	-84.60	-120.38	-120.38	$N_{max}=1430.17$，相应 $M=162.50$，另一端 $M=-84.60$
		N	818.42	230.03	23.450	1430.10	1340.65	1430.10	
一层边柱	上端	M	45.93	17.63	28.566	111.86	121.07	121.07	$M_{max}=121.07$，相应 $N=1532.14$，另一端 $M=-117.36$
		N	935.61	231.66	48.405	1607.35	1532.14	1607.35	
	下端	M	-22.97	-8.44	-52.156	-90.03	-117.36	-117.36	$N_{max}=1607.35$，相应 $M=111.86$，另一端 $M=-90.03$
		N	935.61	231.66	48.405	1607.35	1532.14	1607.35	
一层中柱	上端	M	43.57	16.87	39.565	117.56	133.70	133.70	$M_{max}=133.70$，相应 $N=1725.32$，另一端 $M=-168.77$
		N	1042.60	301.09	35.864	1839.29	1725.32	1839.29	
	下端	M	-21.87	-8.44	-87.654	-119.98	-168.77	-168.77	$N_{max}=1839.29$，相应 $M=117.56$，另一端 $M=-119.98$
		N	1042.60	301.09	35.864	1839.29	1725.32	1839.29	

注：永久荷载标准值①用于组合最小轴力及相应弯矩。表中柱轴力以压为正，拉为负；柱弯矩以一侧受拉为正，另一侧受拉为负。

6.2.5 横向框架构件设计

1. 框架梁截面计算

因所有层的边跨梁截面相同、结构布置相同，所有层的中跨梁截面相同、结构布置相同，所以只需选择内力在各层中最大的截面进行计算。因截面双轴对称，强度计算时最大弯矩可选择负弯矩和正弯矩中的绝对值较大值。

轧制 H 型钢的局部稳定性无需验算；因无洞口削弱，抗剪强度也无需验算。

KL—1（边跨梁）：由表 6-9 可知，①最大弯矩 $M_{max}=-256.49\text{kN·m}$，相应剪力 $V=150.37\text{kN}$；②最大剪力 $V_{max}=-152.92\text{kN}$，相应的弯矩 $M=-235.84\text{kN·m}$。

KL—2（中跨梁）：由表 6-9 可知，最大弯矩 $M_{max}=-54.90\text{kN·m}$，相应剪力 $V=43.70\text{kN}$。

（1）抗弯强度计算

KL—1：

梁的抗弯强度

$$\sigma = \frac{M_x}{\gamma W_x} = \frac{256.49 \times 10^6}{1.05 \times 1.19 \times 10^6} \text{N/mm}^2 = 205.27\text{N/mm}^2 < f = 215\text{N/mm}^2（满足要求）$$

KL—2：

梁的抗弯强度

$$\sigma = \frac{M_x}{\gamma W_x} = \frac{54.90 \times 10^6}{1.05 \times 3.26 \times 10^5} \mathrm{N/mm^2} = 160.39 \mathrm{N/mm^2} < f = 215 \mathrm{N/mm^2}（满足要求）$$

（2）腹板计算高度处折算应力验算

KL—1：

第①组内力作用下的腹板计算高度处折算应力

$$\sigma = \frac{M_x y}{I_x} = \frac{256.49 \times 10^6 \times (200 - 13)}{2.37 \times 10^8} \mathrm{N/mm^2} = 202.38 \mathrm{N/mm^2}$$

$$S = 200 \times 13 \times (200 - 13/2) \mathrm{mm^2} = 5.03 \times 10^5 \mathrm{mm^2}$$

$$\tau = \frac{VS}{I t_w} = \frac{150.37 \times 10^3 \times 5.03 \times 10^5}{2.37 \times 10^8 \times 8} \mathrm{N/mm^2} = 39.89 \mathrm{N/mm^2}$$

$$\sqrt{\sigma^2 + 3\tau^2} = \sqrt{202.38^2 + 3 \times 39.89^2} \mathrm{N/mm^2} = 214.33 \mathrm{N/mm^2}$$

$$< \beta_1 f = 1.1 \times 215 \mathrm{N/mm^2} = 236.5 \mathrm{N/mm^2}（满足要求）$$

第②组内力作用下的腹板计算高度处折算应力

$$\sigma = \frac{M_x y}{I_x} = \frac{235.84 \times 10^6 \times (200 - 13)}{2.37 \times 10^8} \mathrm{N/mm^2} = 186.09 \mathrm{N/mm^2}$$

$$S = 200 \times 13 \times (200 - 13/2) \mathrm{mm^2} = 5.03 \times 10^5 \mathrm{mm^2}$$

$$\tau = \frac{VS}{I t_w} = \frac{152.92 \times 10^3 \times 5.03 \times 10^5}{2.37 \times 10^8 \times 8} \mathrm{N/mm^2} = 40.57 \mathrm{N/mm^2}$$

$$\sqrt{\sigma^2 + 3\tau^2} = \sqrt{186.09^2 + 3 \times 40.57^2} \mathrm{N/mm^2} = 198.92 \mathrm{N/mm^2}$$

$$< \beta_1 f = 1.1 \times 215 \mathrm{N/mm^2} = 236.5 \mathrm{N/mm^2}（满足要求）$$

KL—2：

$$\sigma = \frac{M_x y}{I_x} = \frac{54.90 \times 10^6 \times (125 - 9)}{4.08 \times 10^7} \mathrm{N/mm^2} = 156.09 \mathrm{N/mm^2}$$

$$S = 125 \times 9 \times (125 - 9/2) \mathrm{mm^2} = 1.36 \times 10^5 \mathrm{mm^2}$$

$$\tau = \frac{VS}{I t_w} = \frac{43.70 \times 10^3 \times 1.36 \times 10^5}{4.08 \times 10^7 \times 6} \mathrm{N/mm^2} = 24.28 \mathrm{N/mm^2}$$

$$\sqrt{\sigma^2 + 3\tau^2} = \sqrt{156.09^2 + 3 \times 24.28^2} \mathrm{N/mm^2} = 161.66 \mathrm{N/mm^2}$$

$$< \beta_1 f = 1.1 \times 215 \mathrm{N/mm^2} = 236.5 \mathrm{N/mm^2}（满足要求）$$

（3）整体稳定验算

KL—1：

不计压型钢板对梁受压翼缘侧向位移的阻止作用，需要验算最大刚度主平面内梁的整体稳定性。

近似偏于安全按两端承受最大弯矩 $M = -256.49 \mathrm{kN \cdot m}$ 的简支梁进行验算。跨度中点有一个侧向支承，均布荷载作用在上翼缘，系数 $\beta_b = 1.15$。对双轴对称截面，截面不对称影响系数 $\eta_b = 0$。

$$\lambda_y = l_1/i_y = 3300/45.4 = 72.69$$

梁的整体稳定性系数 φ_b

$$\varphi_b = \beta_b \frac{4320 A h}{\lambda_y^2 W_x} \left[\sqrt{1 + \left(\frac{\lambda_y t_1}{4.4h}\right)^2} + \eta_b \right] \varepsilon_k$$

$$= 1.15 \times \frac{4320}{72.69^2} \times \frac{8412 \times 400}{1.19 \times 10^6} \times \left[\sqrt{1 + \left(\frac{72.69 \times 13}{4.4 \times 400}\right)^2} + 0 \right] \times \sqrt{\frac{235}{235}}$$

$$= 3.018 > 0.6，需要修正$$

$$\varphi'_b = 1.07 - \frac{0.282}{\varphi_b} = 1.07 - \frac{0.282}{3.018} = 0.977 < 1.0$$

$$\sigma = \frac{M_x}{\varphi_b W_x} = \frac{256.49 \times 10^6}{0.977 \times 1.19 \times 10^6} \text{N/mm}^2 = 220.61 \text{N/mm}^2 > f = 215 \text{N/mm}^2 \text{（不满足要求）}$$

因此，应调整框架梁截面，选用 HN450×200 （截面高度 $h_b = 450$mm，截面宽度 $b_b = 200$mm，腹板厚度 $t_{bw} = 9$mm，翼缘厚度 $t_{bf} = 14$mm，$r_c = 20$mm，$A = 9741$mm^2，$I_x = 3.37 \times 10^8$mm^4，$I_v = 0.187 \times 10^8$mm^4，$W_x = 1.5 \times 10^6$mm^3，$W_v = 1.87 \times 10^5$mm^3，$i_x = 186$mm，$i_v = 43.8$mm，自重 0.765kN/m）。

$$\lambda_v = l_1/i_v = 3300/43.8 = 75.34$$

$$\varphi_b = \beta_b \frac{4320 Ah}{\lambda_y^2 W_x} \left[\sqrt{1 + \left(\frac{\lambda_y t_1}{4.4h} \right)^2} + \eta_b \right] \varepsilon_k$$

$$= 1.15 \times \frac{4320}{75.34^2} \times \frac{9741 \times 450}{1.5 \times 10^6} \times \left[\sqrt{1 + \left(\frac{75.34 \times 14}{4.4 \times 450} \right)^2} + 0 \right] \times \sqrt{\frac{235}{235}}$$

$$= 2.898 > 0.6，需要修正$$

$$\varphi'_b = 1.07 - \frac{0.282}{\varphi_b} = 1.07 - \frac{0.282}{2.898} = 0.973 < 1.0$$

$$\sigma = \frac{M_x}{\varphi_b W_x} = \frac{256.49 \times 10^6}{0.973 \times 1.15 \times 10^6} \text{N/mm}^2 = 175.74 \text{N/mm}^2 < f = 215 \text{N/mm}^2 \text{（满足要求）}$$

KL—2：

使用阶段梁全跨承受负弯矩，上翼缘受拉，下翼缘受压。需要验算最大刚度主平面内梁的整体稳定性。

近似偏于安全按两端承受最大弯矩 $M = 54.90$kN·m 的简支梁进行验算。

当梁端有弯矩，但跨中无荷载作用时，梁整体稳定的等效临界弯矩系数 β_b：

$$\beta_b = 1.75 - 1.05 \left(\frac{M_2}{M_1} \right) + 0.3 \left(\frac{M_2}{M_1} \right)^2 = 1.75 - 1.05 + 0.3 = 1.0 < 2.3$$

$$\lambda_y = l_1/i_y = 2000/27.9 = 71.7$$

双轴对称截面，梁的整体稳定性系数 φ_b 为

$$\varphi_b = \beta_b \frac{4320 Ah}{\lambda_y^2 W_x} \left[\sqrt{1 + \left(\frac{\lambda_y t_1}{4.4h} \right)^2} + \eta_b \right] \varepsilon_k$$

$$= 1.0 \times \frac{4320}{71.7^2} \times \frac{3787 \times 250}{3.26 \times 10^5} \left[\sqrt{1 + \left(\frac{71.7 \times 9}{4.4 \times 250} \right)^2} + 0 \right] \times \sqrt{\frac{235}{235}}$$

$$= 2.829 > 0.6，需要修正$$

$$\varphi'_b = 1.07 - \frac{0.282}{\varphi_b} = 1.07 - \frac{0.282}{2.829} = 0.970 < 1.0$$

$$\sigma = \frac{M_x}{\varphi_b W_x} = \frac{54.90 \times 10^6}{0.970 \times 3.26 \times 10^5} \text{N/mm}^2 = 173.61 \text{N/mm}^2 < f = 215 \text{N/mm}^2 \text{（满足要求）}$$

（4）框架梁挠度计算　计算框架梁在竖向荷载下的挠度时，将弯矩分布分成两部分：支座负弯矩和简支弯矩（图 6-6）。一层边跨梁的跨中弯矩最大，由表 6-9 可见：

左支座的弯矩标准值

$$M'_k = [-99.82 + (-38.32)] \text{kN·m} = -138.14 \text{kN·m}$$

右支座的弯矩标准值

$$M'_k = [-101.42 + (-38.83)] \text{kN·m} = -140.25 \text{kN·m}$$

跨中弯矩标准值

$$M_k = (105.77 + 46.37) \text{kN·m} = 152.14 \text{kN·m}$$

因两端的弯矩值相差不大，近似认为均匀分布，则挠度系数为1/8。支座负弯矩的平均值

$$M'_k = (-138.14 - 140.25)kN \cdot m/2 = 139.20kN \cdot m$$

简支梁的弯矩标准组合值

$$M_k = (152.14 + 139.20)kN \cdot m = 291.34kN \cdot m$$

框架梁跨中总挠度

$$\Delta = \frac{5M_k l^2}{48EI_x} - \frac{M'_k l^2}{8EI_x}$$

$$= \left(\frac{5 \times 291.34 \times 10^6 \times 6600^2}{48 \times 206000 \times 3.37 \times 10^8} - \frac{139.20 \times 10^6 \times 6600^2}{8 \times 206000 \times 3.37 \times 10^8}\right)mm$$

$$= 8.12mm < l/400 = 6600mm/400 = 16.5mm(满足要求)$$

2. 框架柱截面计算

（1）计算长度　框架横向无支撑，采用了一阶弹性分析方法计算内力，框架柱的计算长度按有侧移框架柱确定。计算过程见表6-11。

表6-11　框架柱计算长度

柱号	楼层	位置	横梁线刚度 $\sum i_b/mm$	柱线刚度 i_c/mm	$K_1 = \sum i_b^u/i_c$	$K_2 = \sum i_b^l/i_c$	计算长度系数 μ	构件长度/mm	计算长度/mm
边柱	五层	上端	0.451	1.305	0.346	0.346	1.81	3600	6516
		下端	0.451						
	四层	上端		1.305	0.346	0.346	1.81	3600	6516
		下端	0.451						
	三层	上端		1.305	0.346	0.346	1.81	3600	6516
		下端	0.451						
	二层	上端		1.305	0.346	0.346	1.81	3600	6516
		下端	0.451						
	一层	上端		1.0	0.451	10	1.32	4700	6204
		下端	∞						
中柱	五层	上端	0.451 + 0.256 = 0.707	1.305	0.542	0.542	1.57	3600	5652
		下端	0.451 + 0.256 = 0.707						
	四层	上端		1.305	0.542	0.542	1.57	3600	5652
		下端	0.451 + 0.256 = 0.707						
	三层	上端		1.305	0.542	0.542	1.57	3600	5652
		下端	0.451 + 0.256 = 0.707						
	二层	上端		1.305	0.542	0.542	1.57	3600	5652
		下端	0.451 + 0.256 = 0.707						
	一层	上端		1.0	0.707	10	1.24	4700	5828
		下端	∞						

根据《钢结构设计标准》（GB 50017—2017）第8.3.1条规定，无支撑框架，有侧移框架柱的计算长度系数 μ 可按《钢结构设计标准》（GB 50017—2017）附表 E.0.2 查得，也可采用下式计算：

$$\mu = \sqrt{\frac{7.5K_1K_2 + 4(K_1 + K_2) + 1.52}{7.5K_1K_2 + K_1 + K_2}}$$

其中，K_1、K_2 分别为相交于柱上端、下端的横梁线刚度之和与柱线刚度之和的比值，对于底层框架柱，当柱与基础刚接时，取 $K_2 = 10$。

（2）强度计算　受压翼缘外伸长度（取内圆弧起点至翼缘板边缘的距离）$b/t = （300/2 - 11/2 - 24）/18 = 6.69 < 11\varepsilon_k = 11$，截面塑性发展系数可取 $\gamma_x = 1.05$。

因所有柱的截面尺寸相同，底层中柱的两组内力起控制作用：

① $N_{max} = 1839.29\text{kN}$，相应的弯矩 $M = -119.98\text{kN·m}$。

② $M_{max} = -133.70\text{kN·m}$，相应的轴力 $N = 1725.32\text{kN}$。

第①组内力作用下强度计算：

$$\frac{N}{A_n} + \frac{M_x}{\gamma_x W_{nx}} = \left(\frac{1839.29 \times 10^3}{15740} + \frac{119.98 \times 10^6}{1.05 \times 2.55 \times 10^6}\right)\text{N/mm}^2$$
$$= 161.67\text{N/mm}^2 < f = 215\text{N/mm}^2 \text{（满足要求）}$$

第②组内力作用下强度计算：

$$\frac{N}{A_n} + \frac{M_x}{\gamma_x W_{nx}} = \left(\frac{1725.32 \times 10^3}{15740} + \frac{133.70 \times 10^6}{1.05 \times 2.55 \times 10^6}\right)\text{N/mm}^2$$
$$= 160.55\text{N/mm}^2 < f = 215\text{N/mm}^2 \text{（满足要求）}$$

（3）平面内稳定验算　由于为轧制型钢，且高宽比 $b/h = 300/440 = 0.682 < 0.8$，按 a 类截面查取轴心受压稳定系数 φ_x；根据《钢结构设计标准》（GB 50017—2017）第 8.2.1 条第 2 款规定，有侧移框架柱等效弯矩系数 $\beta_{mx} = 1 - 0.36N/N_{cr}$，其中弹性临界力 N_{cr} 按下式计算：

$$N_{cr} = \frac{\pi^2 EI}{(\mu l)^2}$$

各层柱平面内稳定计算结果见表 6-12，均满足要求。

表 6-12　各层柱平面内稳定计算结果

柱号	设计内力		计算长度 l/mm	长细比 $\lambda_x = l/i_x$	稳定系数 φ_x	N'_{Ex} /10^6N	N_{cr} /10^6N	等效弯矩系数	$\dfrac{N}{\varphi_x A} + \dfrac{\beta_{mx} M_x}{\gamma_x W_{1x}\left(1 - 0.8\dfrac{N}{N'_{Ex}}\right)}$
	M_x/(kN·m)	N/kN							
五层边柱	165.88	198.34	6516	34.476	0.954	24.476	26.86	0.9973	75.40 < f = 215
五层中柱	159.97	235.58	5652	29.905	0.963	32.531	35.70	0.9976	75.49 < f = 215
	159.17	242.12						0.9976	75.63 < f = 215
四层边柱	145.27	528.71	6516	34.476	0.954	24.476	26.86	0.9929	90.03 < f = 215
	144.45	553.91						0.9926	91.43 < f = 215
四层中柱	149.43	600.35	5652	29.905	0.963	32.531	35.70	0.994	95.91 < f = 215
	144.58	635.96						0.9936	96.46 < f = 215
三层边柱	153.72	853.88	6516	34.476	0.954	24.476	26.86	0.9886	115.25 < f = 215
	149.53	898.38						0.988	116.67 < f = 215
三层中柱	161.60	964.92	5652	29.905	0.963	32.531	35.70	0.9903	124.88 < f = 215
	146.20	1029.70						0.9896	123.37 < f = 215
二层边柱	163.98	1187.19	6516	34.476	0.954	24.476	26.86	0.9841	141.77 < f = 215
	154.71	1247.72						0.9833	142.33 < f = 215
二层中柱	177.79	1340.73	5652	29.905	0.963	32.531	35.70	0.9865	156.19 < f = 215
	162.50	1430.17						0.9856	156.35 < f = 215
一层边柱	121.07	1532.14	6204	32.825	0.957	27.000	29.63	0.9814	148.20 < f = 215
	111.86	1607.35						0.9805	149.72 < f = 215

（续）

柱号	设计内力		计算长度 l/mm	长细比 $\lambda_x = l/i_x$	稳定系数 φ_x	N'_{Ex} $/10^6 N$	N_{cr} $/10^6 N$	等效弯矩系数	$\dfrac{N}{\varphi_x A} + \dfrac{\beta_{mx} M_x}{\gamma_x W_{1x}\left(1 - 0.8\dfrac{N}{N'_{Ex}}\right)}$
	$M_x/(kN \cdot m)$	N/kN							
一层中柱	133.70	1725.32	5828	30.836	0.961	30.596	33.70	0.9816	165.39 < f = 215
	117.56	1839.29						0.9804	166.82 < f = 215

注：表中，N'_{Ex} 为参数，$N'_{Ex} = \pi^2 EA/(1.1\lambda_x^2)$；$\lambda_x = l/i_x$。

（4）平面外稳定验算　框架柱平面外计算长度取侧向支撑点之间的距离，即框架柱的长度。轧制型钢，且高宽比 $b/h = 300/440 = 0.682 < 0.8$，按 b 类截面查取轴心受压稳定系数 φ_y；截面影响系数 $\eta = 1.0$；构件段无横向荷载作用，等效弯矩系数 $\beta_{tx} = 0.65 + 0.35\dfrac{M_2}{M_1}$；$\varphi_b$ 为均匀弯曲的受弯构件整体稳定系数，对工字形截面（含 H 型钢）双轴对称时 $\varphi_b = 1.07 - \dfrac{\lambda_y^2}{44000}\dfrac{f_y}{235} \leqslant 1.0$。HM450 × 300：$A = 15740 mm^2$、$W_x = 2.55 \times 10^6 mm^3$、$i_y = 71.8 mm$。各层柱平面外稳定计算结果见表 6-13，均满足要求。

表 6-13　各层柱平面外稳定计算

柱号	设计内力			计算长度 l/mm	长细比 $\lambda_y = l/i_y$	稳定系数 φ_y	稳定系数 φ_b	β_{tx}	$\dfrac{N}{\varphi_y A} + \eta\dfrac{\beta_{tx} M_x}{\varphi_b W_x}$
	$M_1/(kN \cdot m)$	$M_2/(kN \cdot m)$	N/kN						
五层边柱	165.88	-138.08	198.34	3600	50.139	0.855	1.000	0.359	38.09 < f = 215
五层中柱	159.97	-137.19	235.58	3600	50.139	0.855	1.000	0.350	39.46 < f = 215
	159.17	-139.99	242.12					0.342	39.34 < f = 215
四层边柱	145.27	-125.91	528.71	3600	50.139	0.855	1.000	0.347	59.06 < f = 215
	144.45	-132.84	553.91					0.328	59.74 < f = 215
四层中柱	149.43	-131.02	600.35	3600	50.139	0.855	1.000	0.343	64.71 < f = 215
	144.58	-133.53	635.96					0.327	65.80 < f = 215
三层边柱	153.72	-140.57	853.88	3600	50.139	0.855	1.000	0.330	83.34 < f = 215
	149.53	-141.64	898.38					0.319	85.46 < f = 215
三层中柱	161.60	-152.13	964.92	3600	50.139	0.855	1.000	0.321	92.04 < f = 215
	-151.88	146.20	1029.70					0.313	95.16 < f = 215
二层边柱	163.98	-160.65	1187.19	3600	50.139	0.855	1.000	0.307	107.96 < f = 215
	-158.74	154.71	1247.72					0.309	111.95 < f = 215
二层中柱	177.79	-120.38	1340.73	3600	50.139	0.855	1.000	0.413	128.42 < f = 215
	162.50	-84.60	1430.17					0.468	136.10 < f = 215
一层边柱	121.07	-117.36	1532.14	4700	65.460	0.777	0.973	0.311	140.45 < f = 215
	111.86	-90.03	1607.35					0.368	148.02 < f = 215
一层中柱	-168.32	133.70	1725.32	4700	65.460	0.777	0.973	0.372	166.31 < f = 215
	-119.98	117.56	1839.29					0.307	165.24 < f = 215

（5）局部稳定验算　框架柱的局部稳定计算包括翼板宽厚比限值和腹板的宽厚比限值。

1）翼缘板宽厚比。

$$\frac{b}{t} = \frac{300/2 - 11/2 - 24}{18} = 6.69 < 15\varepsilon_k = 15\sqrt{\frac{235}{235}} = 15 \text{（满足要求）}$$

2）腹板宽厚比。

腹板宽厚比限值的计算列于表6-14，由表6-14可见：

$$\frac{h_0}{t_w} = \frac{440 - 2 \times 18 - 2 \times 24}{11} = 32.36，均小于限值。$$

表6-14 框架柱腹板宽厚比限值计算

柱号	设计内力		$\sigma_{max} = \dfrac{N}{A} + \dfrac{M_x y}{I_x}$ /（N/mm²）	$\sigma_{max} - \sigma_{min} = 2\dfrac{M_x y}{I_x}$ /（N/mm²）	$\alpha_0 = \dfrac{\sigma_{max} - \sigma_{min}}{\sigma_{max}}$	$(45 + 25\alpha_0^{1.66})\varepsilon_k$
	M_x/(kN·m)	N/kN				
五层边柱	165.88	198.34	72.33	119.457	1.652	102.52
五层中柱	159.97	235.58	72.568	115.201	1.588	98.87
	159.17	242.12	72.695	114.625	1.577	98.25
四层边柱	145.27	528.71	85.9	104.615	1.218	79.68
	144.45	553.91	87.204	104.025	1.193	78.51
四层中柱	149.43	600.35	91.947	107.611	1.170	77.44
	144.58	635.96	92.463	104.118	1.126	75.44
三层边柱	153.72	853.88	109.599	110.700	1.010	70.42
	149.53	898.38	110.918	107.683	0.971	68.81
三层中柱	161.60	964.92	119.491	116.375	0.974	68.93
	146.20	1029.70	118.062	105.285	0.892	65.68
二层边柱	163.98	1187.19	134.470	118.089	0.878	65.14
	154.71	1247.72	134.977	111.413	0.825	63.17
二层中柱	177.79	1340.73	149.197	128.034	0.858	64.39
	162.50	1430.17	149.374	117.023	0.783	61.66
一层边柱	121.07	1532.14	140.934	87.188	0.619	56.28
	111.86	1607.35	142.396	80.555	0.566	54.72
一层中柱	133.70	1725.32	157.755	96.283	0.610	56.01
	117.56	1839.29	159.185	84.660	0.532	53.77

6.2.6 节点设计

1. 横向框架梁、柱边节点

框架节点的设计内容包括连接部位的承载力计算、节点域抗剪强度计算及柱水平加劲肋计算。

梁翼缘采用完全焊透的坡口对接焊缝连接，腹板采用10.9的M20摩擦型高强度螺栓单剪连接。

（1）连接部位的承载力计算 连接部位在弯矩和剪力作用下的承载力采用简化计算方法：梁端弯矩全部由翼缘承担，梁端剪力全部由腹板承担。

边节点的最不利内力组合：

$$M = -256.49 \text{kN} \cdot \text{m}, \quad V = 150.37 \text{kN}$$

梁翼缘对接焊缝的强度：

$$\sigma = \frac{M}{(h_b - t_{bf})b_{bf}t_{bf}} = \frac{256.49 \times 10^6}{(400 - 13) \times 200 \times 13} \text{N/mm}^2$$

$$= 254.91 \text{N/mm}^2 > f_f^w = 215 \text{N/mm}^2 \text{（不满足要求）}$$

因此，应调整框架梁截面，选用HN450×200（截面高度$h_b = 450$mm，截面宽度$b_b = 200$mm，腹板厚度$t_{bw} = 9$mm，翼缘厚度$t_{bf} = 14$mm，$r_c = 20$mm，$A = 9741$mm²，$I_x = 3.37 \times 10^8$mm⁴，$I_y = 0.187 \times$

$10^8\,\mathrm{mm^4}$，$W_{\mathrm{x}}=1.5\times10^6\,\mathrm{mm^3}$，$W_{\mathrm{v}}=1.87\times10^5\,\mathrm{mm^3}$，$i_{\mathrm{x}}=186\,\mathrm{mm}$，$i_{\mathrm{y}}=43.8\,\mathrm{mm}$，自重 $0.765\,\mathrm{kN/m}$）。

$$\sigma=\frac{M}{(h_{\mathrm{b}}-t_{\mathrm{bf}})b_{\mathrm{bf}}t_{\mathrm{bf}}}=\frac{256.49\times10^6}{(450-14)\times200\times14}\,\mathrm{N/mm^2}$$
$$=210.10\,\mathrm{N/mm^2}<f_{\mathrm{f}}^{\mathrm{w}}=215\,\mathrm{N/mm^2}\quad（满足要求）$$

一个单剪 10.9 级 M20 摩擦型高强度螺栓的抗剪承载力设计值为

$$N_{\mathrm{v}}^{\mathrm{b}}=0.9n_{\mathrm{f}}\mu P=0.9\times1\times0.45\times155\,\mathrm{kN}=62.775\,\mathrm{kN}$$

在翼缘为焊接、腹板为摩擦型高强度螺栓的施工工地连接中，当采用先栓后焊的方法时，在计算中考虑翼缘施焊温度对腹板连接螺栓预拉应力的损失，其螺栓抗剪承载力乘以折减系数 0.9，即一个单剪摩擦型高强度螺栓的抗剪承载力设计值 $0.9N_{\mathrm{v}}^{\mathrm{b}}$。

腹板所需的高强度螺栓个数 n：

$$n=\frac{V}{0.9N_{\mathrm{v}}^{\mathrm{b}}}=\frac{150.37}{0.9\times62.775}=2.66\quad（取\ n=4）$$

按腹板净截面受剪承载力的一半进行复核：

$$0.9nN_{\mathrm{v}}^{\mathrm{b}}=0.9\times4\times62.775\,\mathrm{kN}=225.99\,\mathrm{kN}$$

$$>0.5A_{\mathrm{n}}f_{\mathrm{v}}=0.5\times(450-2\times14-4\times22)\times9\times125\,\mathrm{N}=1.88\times10^5\,\mathrm{N}=188\,\mathrm{kN}\quad（满足要求）$$

连接板厚度按等强度确定，且板厚宜取梁腹板厚度的 $1.2\sim1.4$ 倍，并不宜小于 8mm。

$$t=\frac{t_{\mathrm{bw}}h_{\mathrm{bw}}}{h}=\frac{9\times(450-2\times14)}{300}\,\mathrm{mm}=12.66\,\mathrm{mm}$$

$$(1.2\sim1.4)t_{\mathrm{bw}}=(1.2\sim1.4)\times8\,\mathrm{mm}=9.6\sim11.2\,\mathrm{mm}$$

连接板厚度采用 $t=14\,\mathrm{mm}$。

连接板与柱翼缘的连接采用双面角焊缝连接，焊脚尺寸 $h_{\mathrm{f}}=8\,\mathrm{mm}$，则其强度为

$$\tau=\frac{V}{2\times0.7\times h_{\mathrm{f}}\times l_{\mathrm{w}}}=\frac{150.37\times10^3}{2\times0.7\times8\times300}\,\mathrm{N/mm^2}$$

$$=44.75\,\mathrm{N/mm^2}<f_{\mathrm{t}}^{\mathrm{w}}=160\,\mathrm{N/mm^2}\quad（满足要求）$$

（2）柱水平加劲肋计算

1）判别是否需设置水平加劲肋。

$$A_{\mathrm{fb}}=A_{\mathrm{ft}}=b_{\mathrm{b}}t_{\mathrm{bf}}=200\times14\,\mathrm{mm^2}=2800\,\mathrm{mm^2}$$

$$f_{\mathrm{b}}=f_{\mathrm{c}}=215\,\mathrm{N/mm^2}$$

$$b_{\mathrm{e}}=t_{\mathrm{bf}}+5(t_{\mathrm{cf}}+r_{\mathrm{c}})=[14+5\times(18+24)]\,\mathrm{mm^2}=223\,\mathrm{mm^2}$$

$$\frac{A_{\mathrm{fb}}f_{\mathrm{b}}}{b_{\mathrm{e}}f_{\mathrm{c}}}=\frac{2800\times215}{223\times215}\,\mathrm{mm}=12.56\,\mathrm{mm}>t_{\mathrm{cw}}=11\,\mathrm{mm}$$

大于梁受压翼缘处柱腹板厚度 t_{cw}。

$$\frac{h_{\mathrm{e}}}{30}\sqrt{\frac{f_{\mathrm{yc}}}{235}}=\frac{440-2\times18}{30}\sqrt{\frac{235}{235}}\,\mathrm{mm}=13.47\,\mathrm{mm}>t_{\mathrm{cw}}=11\,\mathrm{mm}$$

大于梁受压翼缘处柱腹板厚度 t_{cw}。

$$0.4\sqrt{\frac{A_{\mathrm{ft}}f_{\mathrm{b}}}{f_{\mathrm{c}}}}=0.4\times\sqrt{\frac{2800\times215}{215}}\,\mathrm{mm}=21.17\,\mathrm{mm}>t_{\mathrm{cf}}=18\,\mathrm{mm}$$

大于梁的受拉翼缘处柱翼缘板厚度 t_{cf}。

综上所述，需设置柱水平加劲肋。

2）水平加劲肋设计　水平加劲肋一般按与梁翼缘截面面积的等强度条件确定，即

$$A_{\mathrm{s}}=(A_{\mathrm{fc}}f_{\mathrm{b}}-b_{\mathrm{e}}t_{\mathrm{cw}}f_{\mathrm{c}})/f_{\mathrm{s}}=(2800\times215-223\times11\times215)\,\mathrm{mm^2}/215=347\,\mathrm{mm^2}$$

取单侧加劲肋宽 $b_{\mathrm{s}}=115\,\mathrm{mm}$，所需厚度 $t_{\mathrm{s}}=A_{\mathrm{s}}/2b_{\mathrm{s}}=347\,\mathrm{mm}/(2\times115)=1.51\,\mathrm{mm}$。

根据构造要求，水平加劲肋的厚度一般取 $(0.5 \sim 1.0) t_{bf}$，且不宜小于 10mm；如在柱的弱轴方向也与梁连接时，水平加劲肋的厚度还不应小于相连梁翼缘的厚度；并且其自由外伸宽度与厚度之比应满足 $b_s/t \leqslant 15\varepsilon_k$。

综上所述，取水平加劲肋的厚度 $t_s = 14$mm。

水平加劲肋与柱翼缘的连接采用完全焊透的坡口对接焊缝连接，与柱腹板采用双面角焊缝连接。此时，柱翼缘的坡口对接焊缝可视为与母材等强，不必进行强度计算；与柱腹板连接的角焊缝可近似按水平加劲肋截面面积承载力设计值的 1/2 进行计算。焊脚尺寸不宜小于 $0.7t_{cw} = 0.7 \times 11$mm = 7.7mm，取焊脚尺寸 $h_f = 8$mm，焊缝长度 $l_w = (440 - 2 \times 18 - 2 \times 24 - 2 \times 8)$mm = 340mm，则

$$\tau = \frac{b_s t_s f_s/2}{2 \times 0.7 \times h_f \times l_w} = \frac{115 \times 14 \times 215/2}{2 \times 0.7 \times 8 \times 340} \text{N/mm}^2$$

$$= 45.45 \text{N/mm}^2 < f_t^w = 160 \text{N/mm}^2 \text{（满足要求）}$$

（3）节点域计算　由柱翼缘与横向加劲肋包围的节点域应进行下列计算：

1）抗剪强度计算。H 形、工字形截面柱节点域腹板体积：

$$V_p = h_b h_c t_p = (450 - 2 \times 14) \times (440 - 2 \times 18) \times 11 \text{mm}^2 = 1.88 \times 10^6 \text{mm}^2$$

最不利弯矩：$M = 256.49$kN·m

$$\tau_p = \frac{M_{b1} + M_{b2}}{V_p} = \frac{256.49 \times 10^6 + 0}{1.88 \times 10^6} \text{N/mm}^2$$

$$= 136.43 \text{N/mm}^2 < f_{ps} = \frac{4}{3} f_v = \frac{4}{3} \times 125 \text{N/mm}^2 = 166.67 \text{N/mm}^2 \text{（满足要求）}$$

节点域腹板宽度 $h_c = (440 - 2 \times 18)$mm = 404mm，节点域高度 $h_b = (450 - 2 \times 14)$mm = 422mm，$h_c/h_b = 404/422 = 0.957 < 10$，节点域的受剪正则化宽厚比 $\lambda_{n,s}$：

$$\lambda_{n,s} = \frac{h_b/t_w}{37\sqrt{4 + 5.34(h_b/h_c)^2}\varepsilon_k} \cdot \frac{1}{}$$

$$= \frac{422/11}{37\sqrt{4 + 5.34 \times (422/404)^2}} \cdot \frac{1}{\sqrt{235/235}} = 0.331 < 0.6$$

因此，节点域抗剪强度 $f_{ps} = \frac{4}{3} f_v$。

2）稳定计算。节点域水平（横向）加劲肋厚度 $t_s = t_{bf} = 14$mm，节点域宽度 $h_c = 404$mm，由抗剪强度计算可知，节点域的受剪正则化宽厚比 $\lambda_{n,s} = 0.331 < 0.8$（满足要求）

框架梁、柱边节点详图如图 6-45 所示。

2. 横向刚架梁、柱中节点

梁翼缘采用完全焊透的坡口对接焊缝连接，腹板采用 10.9 的 M20 摩擦型高强度螺栓单剪连接。

（1）连接部位的承载力计算　连接部位在弯矩和剪力作用下的承载力采用简化计算方法：梁端弯矩全部由翼缘承担，梁端剪力全部由腹板承担。

中柱与边跨梁的连接计算同边柱节点。中柱与中跨梁的连接计算取最不利内力组合：

$M = -54.09$kN·m，$V = 43.70$kN

梁翼缘对接焊缝的强度：

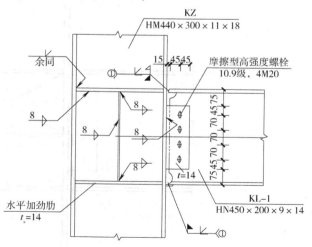

图 6-45　框架梁、柱边节点详图

$$\sigma = \frac{M}{(h_b - t_{bf})b_{bf}t_{bf}} = \frac{54.09 \times 10^6}{(250-9) \times 125 \times 9}\text{N/mm}^2$$

$$= 199.50\text{N/mm}^2 < f_f^w = 215\text{N/mm}^2 \text{（满足要求）}$$

一个单剪 10.9 级 M20 摩擦型高强度螺栓的抗剪承载力设计值为

$$N_v^b = 0.9n_f\mu P = 0.9 \times 1 \times 0.45 \times 155\text{kN} = 62.775\text{kN}$$

在翼缘为焊接、腹板为摩擦型高强螺栓的施工工地连接中，当采用先栓后焊的方法时，在计算中考虑翼缘施焊温度对腹板连接螺栓预拉应力的损失，其螺栓抗剪承载力乘以折减系数 0.9，即一个单剪摩擦形高强度螺栓的抗剪承载力设计值 $0.9N_v^b$。

腹板所需的高强度螺栓个数 n：

$$n = \frac{V}{0.9N_v^b} = \frac{43.70}{0.9 \times 62.775} = 0.77 \text{（取 } n=2\text{）}$$

按腹板净截面受剪承载力的一半进行复核：

$$0.9nN_v^b = 0.9 \times 2 \times 62.775\text{kN} = 113.0\text{kN}$$

$$> 0.5A_n f_v = 0.5 \times (250 - 2 \times 9 - 2 \times 22) \times 6 \times 125\text{N} = 70.5 \times 10^3\text{N} = 70.5\text{kN} \text{（满足要求）}$$

连接板厚度按等强度确定，且板厚宜取梁腹板厚度的 1.2 ~ 1.4 倍，并不宜小于 8mm。

$$t = \frac{t_{bw}h_{bw}}{h} = \frac{6 \times (250 - 2 \times 9)}{160}\text{mm} = 8.7\text{mm}$$

$$(1.2 \sim 1.4)t_{bw} = (1.2 \sim 1.4) \times 6\text{mm} = 7.2 \sim 8.4\text{mm}$$

连接板厚度采用 $t = 10\text{mm}$。

连接板与柱翼缘的连接采用双面角焊缝连接，焊脚尺寸 $h_f = 6\text{mm}$，则其强度为

$$\tau = \frac{V}{2 \times 0.7 \times h_f \times l_w} = \frac{43.70 \times 10^3}{2 \times 0.7 \times 6 \times 160}\text{N/mm}^2$$

$$= 32.51\text{N/mm}^2 < f_t^w = 160\text{N/mm}^2 \text{（满足要求）}$$

（2）柱水平加劲肋计算　柱水平加劲肋采用与前面的梁、柱节点相同的加劲肋。

（3）节点域计算

框架梁、柱中节点域划分为两块，如图 6-46 中①、②所示。

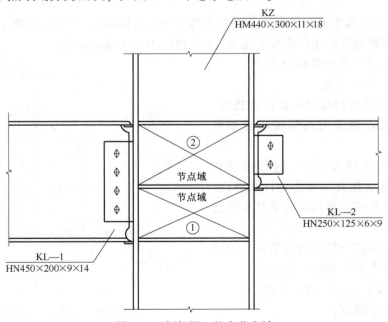

图 6-46　框架梁、柱中节点域

节点域①的剪应力仅由边跨梁弯矩产生，最不利弯矩 $M = -248.86$kN·m。由边节点的验算结果可知满足要求。

节点域②的剪应力由边跨梁和中跨梁弯矩共同作用产生，最不利弯矩应该是一端梁顶面受拉，另一端梁顶面受压。

取 $M_{b1} = -248.86$kN·m

$$M_{b2} = \{1.3 \times (-6.60) + 1.5 \times [28.851 + 0.7 \times (-2.13)]\}\text{kN·m} = 32.46 \text{ kN·m （组合②）}$$

$$\tau_p = \left[\frac{248.86 \times 10^6}{(440 - 2 \times 18) \times (450 - 2 \times 14) \times 11} + \frac{32.46 \times 10^6}{(440 - 2 \times 18) \times (250 - 2 \times 9) \times 11}\right]\text{N/mm}^2$$

$$= (132.70 + 31.48)\text{N/mm}^2 = 165.18\text{N/mm}^2 < f_{ps} = \frac{4}{3}f_v = \frac{4}{3} \times 125\text{N/mm}^2 = 166.67\text{N/mm}^2 \text{（满足要求）}$$

节点域腹板宽度 $h_c = (440 - 2 \times 18)\text{mm} = 404\text{mm}$，节点域高度 $h_b = (250 - 2 \times 9)\text{mm} = 232\text{mm}$，$h_c/h_b = 404/232 = 1.74 < 10$，节点域的受剪正则化宽厚比 $\lambda_{n,s}$：

$$\lambda_{n,s} = \frac{h_b/t_w}{37\sqrt{4 + 5.34(h_b/h_c)^2}\varepsilon_k}$$

$$= \frac{232/11}{37\sqrt{4 + 5.34 \times (232/404)^2}}\frac{1}{\sqrt{235/235}} = 0.238 < 0.6$$

因此，节点域抗剪强度 $f_{ps} = \frac{4}{3}f_v$。

框架梁、柱中节点详图如图 6-47 所示。

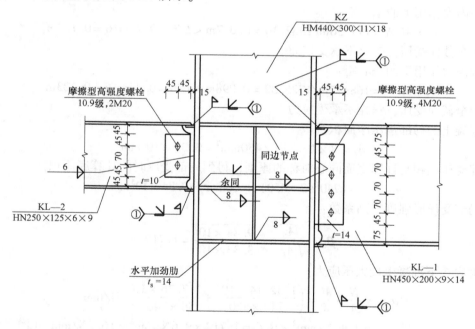

图 6-47　框架梁、柱中节点详图

3. 柱脚节点

边柱和中柱柱脚采用相同的外露式刚接柱脚，设计内容包括底板、锚栓和肋板等。

（1）设计条件　柱及柱脚的连接板、锚栓等均采用 Q235 钢，底板下的混凝土强度等级 C20（$f_c = 9.6\text{N/mm}^2$）。由表 6-10 可得底层柱下端截面的最不利内力：

底层边柱下端内力组合

$$M_{max} = -117.36\text{kN·m}$$

$$N = 1532.14\text{kN}$$

$$V = \frac{117.36 + 121.07}{4.7}\text{kN} = 50.73\text{kN}$$

底层中柱下端内力组合

$$M_{\max} = -168.77\text{kN}\cdot\text{m}$$

$$N = 1725.32\text{kN}$$

$$V = \frac{168.77 + 133.70}{4.7}\text{kN} = 64.36\text{kN}$$

（2）柱脚底板的平面尺寸　柱脚底板的平面尺寸由构造和基础混凝土局部受压承载力确定。假定柱脚在强轴一侧布置 3M30 地脚螺栓。根据钢柱的截面尺寸及地脚螺栓的构造要求，初步确定柱脚底板的长度 $L = (440 + 150 + 150)\text{mm} = 740\text{mm}$，宽度 $B = (300 + 75 + 75)\text{mm} = 450\text{mm}$，如图 6-48 所示。

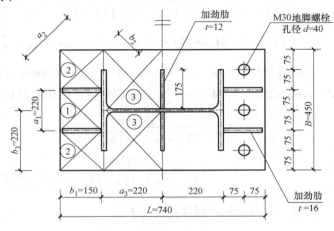

图 6-48　柱脚底板

受拉螺栓形心至受拉侧边边缘的距离为 $l_1 = 75\text{mm}$，至受压侧边缘的距离 $l = L - l_1 = (740 - 75)\text{mm} = 665\text{mm}$。设柱脚底板处的混凝土基础梁宽度为 600mm。

边柱下端内力作用下的偏心距：

$$e_1 = M/N = 117.36\text{m}/1532.14 = 0.077\text{m} < L/6 = 0.74\text{m}/6 = 0.123\text{m}$$

所以，为全截面受压，锚栓不承受拉力。

中柱下端内力作用下的偏心距：

$$e_2 = M/N = 168.77\text{m}/1725.32 = 0.098\text{m} < L/6 = 0.74\text{m}/6 = 0.123\text{m}$$

所以，为全截面受压，锚栓不承受拉力。

底板下混凝土的局部承压净面积：

$$A_l = B \times L = 740 \times 450\text{mm}^2 = 3.33 \times 10^5\text{mm}^2$$

根据局部受压面积与计算底面同心对称的原则，得到局部受压时的计算底面积：

$$A_b = (740 + 2 \times 450) \times 600\text{mm}^2 = 9.84 \times 10^5\text{mm}^2$$

混凝土局部受压时强度提高系数：

$$\beta_l = \sqrt{\frac{A_b}{A_l}} = \sqrt{\frac{9.84 \times 10^5}{3.33 \times 10^5}} = 1.719$$

边柱柱脚底板下混凝土最大压应力：

$$\sigma_{\max} = \frac{N}{A} + \frac{M}{W} = \left(\frac{1532.14 \times 10^3}{740 \times 450} + \frac{117.36 \times 10^6}{450 \times 740^2/6}\right)\text{N/mm}^2$$

$$= 7.46\text{N/mm}^2 < \beta_l f_c = 1.719 \times 9.6\text{N/mm}^2 = 16.5\text{N/mm}^2 \text{（满足要求）}$$

中柱柱脚底板下混凝土最大压应力：

$$\sigma_{\max} = \frac{N}{A} + \frac{M}{W} = \left(\frac{1725.32 \times 10^3}{740 \times 450} + \frac{168.77 \times 10^6}{450 \times 740^2/6}\right)\text{N/mm}^2$$

$$= 9.29\text{N/mm}^2 < \beta_l f_c = 1.719 \times 9.6\text{N/mm}^2 = 16.5\text{N/mm}^2 \text{（满足要求）}$$

取柱脚底板与底板下混凝土的摩擦系数 $\mu = 0.4$，则依靠柱脚底板与底板下混凝土的摩擦所能承受的水平剪力：

$$V_{fb} = 0.4 \times 1532.14\text{kN} = 612.86\text{kN} > V_{\max} = 64.36\text{kN}$$

说明无须设置抗剪件，依靠底板与底板下混凝土的摩擦力即可抵抗柱底剪力。

（3）柱脚底板的厚度 柱脚底板厚度由底板抗弯承载力确定。柱脚底板的受力状态可以分为三种区格，如图 6-48 所示。取底板最大压应力 $\sigma_c = 9.29\text{N/mm}^2$ 计算。

区格①：三边支承板，$a_1 = 150\text{mm}$，$b_1 = 150\text{mm}$，$b_1/a_1 = 1.0$，弯矩系数 $\alpha = 0.1117$，弯矩 $M_1 = \alpha\sigma_c a_1^2 = 0.1117 \times 9.29 \times 150^2\text{N·mm} = 23348.09\text{N·mm}$。

区格②：邻边支承板，$a_2 = 150 \times \sqrt{2}\text{mm} = 212.1\text{mm}$，$b_2 = 150 \times \sqrt{2}/2\text{mm} = 106.1\text{mm}$，$b_2/a_2 = 0.5$，弯矩系数 $\alpha = 0.0602$，弯矩 $M_2 = \alpha\sigma_c a_2^2 = 0.0602 \times 9.29 \times (150 \times \sqrt{2})^2\text{N·mm} = 25166.61\text{N·mm}$。

区格③：三边支承板，$a_3 = 220\text{mm}$，$b_3 = 225.0\text{mm}$，$b_3/a_3 = 1.023$，弯矩系数 $\alpha = 0.1127$，弯矩 $M_2 = \alpha\sigma_c a_3^2 = 0.1127 \times 9.29 \times 220^2\text{N·mm} = 50673.98\text{N·mm}$。

底板上最大弯矩 $M_{max} = 50673.98\text{N·mm}$，要求厚度：

$$t \geq \sqrt{6M_{max}/f} = \sqrt{6 \times 50673.98/205}\text{mm} = 38.51\text{mm}$$

对露出式柱脚底板的厚度，要求不小于钢柱中较厚板件的厚度（翼缘的厚度），且不小于 30mm，所以取柱脚底板的厚度 $t = 40\text{mm}$。

（4）螺栓 由于全截面受压，锚栓不承受拉力，无须进行强度验算，仅需按构造配置。

非受力锚栓宜采用 Q235B 钢制成，锚栓在混凝土基础中的锚固长度不宜小于 $20d = 20 \times 30\text{mm} = 600\text{mm}$，取锚栓锚固长度 750mm，并取下端弯钩 120mm。

（5）柱与底板的连接焊缝 柱翼缘采用完全焊透的剖口对接焊缝连接；腹板采用双面角焊缝连接，焊脚尺寸取用 $h_f = 10\text{mm}$。

不考虑加劲肋等补强板件与底板连接焊缝的作用，柱翼缘与腹板的倒角半径 $r_c = 24\text{mm}$，考虑两端起落弧扣除 $2h_f$。

焊缝计算长度： $l_w = (440 - 2 \times 18 - 2 \times 24 - 2 \times 10)\text{mm} = 336\text{mm}$

柱单侧翼板面积： $A_F = 440 \times 18\text{mm}^2 = 7920\text{mm}^2$

柱腹板处角焊缝有效截面面积： $A_{ew} = 2 \times 0.7 \times h_f \times l_w = 2 \times 0.7 \times 10 \times 336\text{mm}^2 = 4704\text{mm}^2$

柱翼缘截面抵抗矩： $W_F = \left(\dfrac{1}{12} \times 300 \times 18^3 + 300 \times 18 \times 211^2\right)\text{mm}^3/211 = 1.14 \times 10^6\text{mm}^3$

焊缝应力：

$$\sigma_N = \frac{N}{2A_F + A_{ew}} = \frac{1725.32 \times 10^3}{2 \times 7920 + 4704}\text{N/mm}^2 = 83.98\text{N/mm}^2$$

$$\sigma_M = \frac{M}{W_F} = \frac{168.77 \times 10^6}{1.14 \times 10^6}\text{N/mm}^2 = 148.04\text{N/mm}^2$$

$$\tau_v = \frac{V}{A_{ew}} = \frac{64.36 \times 10^3}{4704}\text{N/mm}^2 = 13.68\text{N/mm}^2$$

对于翼缘连接焊缝，两侧均为受压，最大应力：

$\sigma_{Fmax} = \sigma_N + \sigma_M = (83.98 + 148.04)\text{N/mm}^2 = 232.02\text{N/mm}^2 > f_c^w = 215\text{N/mm}^2$（不满足要求）

经计算，考虑加劲肋等补强板件与底板连接焊缝的作用后，$\sigma_{Fmax} = \sigma_N + \sigma_M < f_c^w$，能够满足要求。

对于腹板连接焊缝：

$$\sigma_w = \sqrt{\left(\frac{\sigma_N}{\beta_f}\right)^2 + \tau_v^2} = \sqrt{\left(\frac{83.98}{1.22}\right)^2 + 13.68^2}\text{N/mm}^2$$

$$= 70.18\text{N/mm}^2 < f_f^w = 160\text{N/mm}^2 \text{（满足要求）}$$

（6）柱翼缘加劲肋

1）锚栓支承加劲肋与柱底板的焊缝。取锚栓支承加劲肋的高度 $h = 300\text{mm}$，宽度 $l = 140\text{mm}$，厚度 $t = 16\text{mm}$，宽厚比 $140/16 = 8.75 < 15\varepsilon_k$，满足要求。切角高度取 20mm，焊脚尺寸 $h_f = 12\text{mm}$，焊缝长

度 $l_w = (140 - 20 - 2 \times 12)\text{mm} = 96\text{mm}$。作用在加劲肋上的分布力近似取负荷范围内的最大底板反力 $q = \sigma_c b = 9.29 \times 450/2\text{N/mm} = 2090.25\text{N/mm}$。

$$\sigma_N = \frac{N}{2 \times 0.7 h_f l_w} = \frac{2090.25 \times 140}{2 \times 0.7 \times 12 \times 96}\text{N/mm}^2$$

$$= 181.45\text{N/mm}^2 < \beta_1 f_f^w = 1.22 \times 160\text{N/mm}^2 = 195.2\text{N/mm}^2 \text{（满足要求）}$$

2）锚栓支承加劲肋与柱翼缘的焊缝。

剪力 $\qquad V = 2090.25 \times 140\text{N} = 2.93 \times 10^5\text{N}$

弯矩 $\qquad M = \frac{1}{2} \times 2090.25 \times 140^2\text{N} \cdot \text{mm} = 2.05 \times 10^7\text{N} \cdot \text{mm}$

角焊缝计算长度 $l_w = (300 - 20 - 2 \times 12)\text{mm} = 256\text{mm}$，角焊缝的有效截面面积 $A_{ew} = 2 \times 0.7 \times h_f \times l_w = 2 \times 0.7 \times 12 \times 256\text{mm}^2 = 4300.8\text{mm}^2$，角焊缝截面抵抗矩 $W_{ew} = 2 \times 0.7 \times 12 \times 256^2\text{mm}^3/6 = 1.835 \times 10^5\text{mm}^3$。

$$\sigma_M = \frac{M}{W_{ew}} = \frac{2.05 \times 10^7}{1.835 \times 10^5}\text{N/mm}^2 = 111.72\text{N/mm}^2$$

$$\tau_v = \frac{V}{A_{ew}} = \frac{2.93 \times 10^5}{4300.8}\text{N/mm}^2 = 68.13\text{N/mm}^2$$

对于腹板连接焊缝：

$$\sigma_w = \sqrt{\left(\frac{\sigma_M}{\beta_f}\right)^2 + \tau_v^2} = \sqrt{\left(\frac{111.72}{1.22}\right)^2 + 68.13^2}\text{N/mm}^2$$

$$= 114.14\text{N/mm}^2 < f_f^w = 160\text{N/mm}^2 \text{（满足要求）}$$

3）加劲肋的抗剪。

$$\tau = \frac{1.5V}{ht} = \frac{1.5 \times 2.93 \times 10^5}{(300 - 20) \times 16}\text{N/mm}^2 = 98.10\text{N/mm}^2 < f_v = 125\text{N/mm}^2 \text{（满足要求）}$$

（7）柱腹板加劲肋

1）锚栓支承加劲肋与柱底板的焊缝。

取加劲肋的高度 $h = 300\text{mm}$，宽度 $l = 175\text{mm}$，厚度 $t = 12\text{mm}$，宽厚比 $175/12 = 14.58 < 15\varepsilon_k$，满足要求。切角高度取 20mm，焊脚尺寸 $h_f = 10\text{mm}$，焊缝长度 $l_w = (175 - 20 - 2 \times 10)\text{mm} = 135\text{mm}$。

作用在加劲肋上的分布力近似取负荷范围内的最大底板反力：

$$q = \sigma_c b = 6.40 \times 440/2\text{N/mm} = 1408.0\text{N/mm}$$

$$\sigma_c = \frac{N}{A} + \frac{My}{I} = \left(\frac{1725.32 \times 10^3}{740 \times 450} + \frac{168.77 \times 10^6 \times 110}{450 \times 740^3/12}\right)\text{N/mm}^2 = 6.40\text{N/mm}^2$$

$$\sigma_N = \frac{N}{2 \times 0.7 h_f l_w} = \frac{1408.0 \times 175}{2 \times 0.7 \times 10 \times 135}\text{N/mm}^2$$

$$= 130.37\text{N/mm}^2 < \beta_1 f_f^w = 1.22 \times 160\text{N/mm}^2 = 195.2\text{N/mm}^2 \text{（满足要求）}$$

2）锚栓支承加劲肋与柱翼缘的焊缝。

剪力 $\qquad V = 1408.0 \times 175\text{N} = 2.464 \times 10^5\text{N}$

弯矩 $\qquad M = \frac{1}{2} \times 1408.0 \times 175^2\text{N} \cdot \text{mm} = 2.156 \times 10^7\text{N} \cdot \text{mm}$

角焊缝计算长度 $l_w = (300 - 20 - 2 \times 10)\text{mm} = 260\text{mm}$，角焊缝的有效截面面积 $A_{ew} = 2 \times 0.7 \times h_f \times l_w = 2 \times 0.7 \times 10 \times 260\text{mm}^2 = 3640\text{mm}^2$，角焊缝截面抵抗矩 $W_{ew} = 2 \times 0.7 \times 10 \times 260^2\text{mm}^3/6 = 1.577 \times 10^5\text{mm}^3$。

$$\sigma_M = \frac{M}{W_{ew}} = \frac{2.156 \times 10^7}{1.577 \times 10^5}\text{N/mm}^2 = 136.72\text{N/mm}^2$$

$$\tau_v = \frac{V}{A_{ew}} = \frac{2.464 \times 10^5}{3640} \text{N/mm}^2 = 67.69 \text{N/mm}^2$$

对于腹板连接焊缝：

$$\sigma_w = \sqrt{\left(\frac{\sigma_M}{\beta_f}\right)^2 + \tau_v^2} = \sqrt{\left(\frac{136.72}{1.22}\right)^2 + 67.69^2} \text{N/mm}^2$$

$$= 112.37 \text{N/mm}^2 < f_f^w = 160 \text{N/mm}^2 \quad （满足要求）$$

3）加劲肋的抗剪。

$$\tau = \frac{1.5V}{ht} = \frac{1.5 \times 2.464 \times 10^5}{(300-20) \times 12} \text{N/mm}^2 = 110.00 \text{N/mm}^2 < f_v = 125 \text{N/mm}^2 \quad （满足要求）$$

柱脚在地面以下部分应采用强度等级较低的混凝土包裹，厚度不小于50mm，包裹部分高出地面不小于150mm。

柱脚节点详图如图6-49所示。

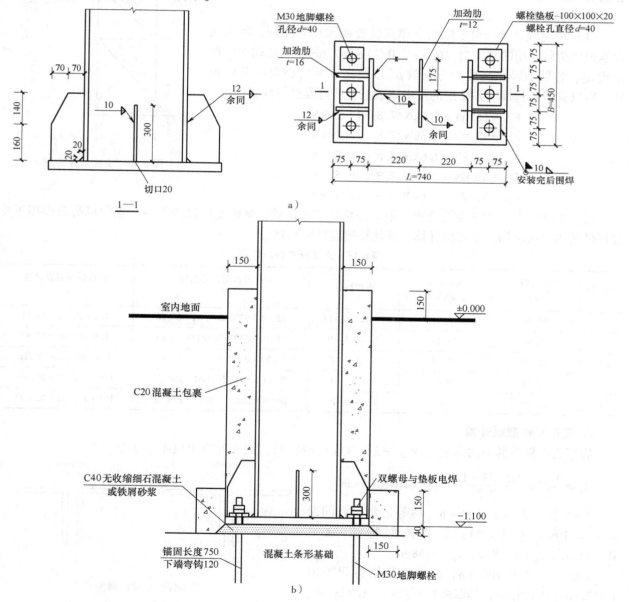

图6-49　柱脚详图

6.2.7 纵向支撑设计

纵向框架梁、柱采用铰接，由支撑承担纵向风荷载并提高结构纵向的侧向刚度。

1. 计算简图

支撑杆件的形心线与梁、柱形心线汇交于一点，据此可以确定支撑的几何尺寸：底层支撑高度 $h_1 = (4700 - 150 - 450/2)$ mm = 4325mm，其余支撑高度均为 $h_i = 3600$mm；支撑宽度等于开间宽度，即 $b = 3900$mm。

支撑杆件与框架采用铰接；为了简化计算，假定柱与基础的连接和上、下层柱交接处均为铰接，交叉支撑杆、框架柱和纵向梁构成竖向铰接桁架。计算简图如图 6-50 所示，图中实线表示受拉杆，虚线表示受压杆。

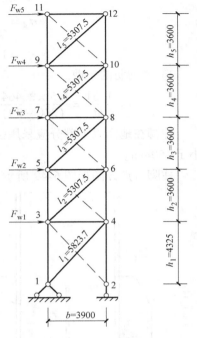

图 6-50 支撑计算简图

2. 内力计算

（1）风荷载计算　由于纵向支撑只设置在Ⓐ和Ⓓ柱列，每列支撑承担风荷载作用的宽度为 $(6.6 + 2.0/2)$m = 7.6m。风荷载的体形系数 μ_s、各层的风压高度变化系数 μ_z 以及高度 h 与横向风荷载相同，所以只需要将横向各楼层的集中荷载按负荷宽度进行换算即可。

$$F_{w5} = 15.64 \times 7.6 \text{kN}/7.8 = 15.24 \text{kN}$$
$$F_{w4} = 22.89 \times 7.6 \text{kN}/7.8 = 22.30 \text{kN}$$
$$F_{w3} = 20.89 \times 7.6 \text{kN}/7.8 = 22.30 \text{kN}$$
$$F_{w3} = 20.08 \times 7.6 \text{kN}/7.8 = 19.57 \text{kN}$$
$$F_{w1} = 21.75 \times 7.6 \text{kN}/7.8 = 21.19 \text{kN}$$

（2）内力计算　对于交叉支撑一般可按拉杆体系设计，忽略受压杆的作用。纵向风荷载作用下支撑杆件的内力按结构力学方法计算，其计算过程见表 6-15。

表 6-15　支撑杆件内力计算

楼层	风荷载 /kN	层间剪力 /kN	支撑杆件	杆件风荷载标准值 /kN	杆件风荷载设计值 /kN
5	15.24	15.24	9-12、10-11	$15.24 \times 5307.5/3900 = 20.74$	$1.5 \times 20.74 = 33.11$
4	22.30	37.54	7-10、8-9	$37.54 \times 5307.5/3900 = 51.88$	$1.5 \times 51.88 = 77.82$
3	22.30	59.84	5-8、6-7	$59.84 \times 5307.5/3900 = 81.44$	$1.5 \times 81.44 = 122.16$
2	19.57	79.41	3-6、4-5	$79.41 \times 5307.5/3900 = 108.07$	$1.5 \times 108.07 = 162.11$
1	21.19	100.6	1-4、2-3	$100.6 \times 5823.7/3900 = 150.22$	$1.5 \times 150.22 = 225.33$

3. 支撑杆件截面计算

底层支撑杆件的轴向力最大 $N_{1-4} = 225.33$kN（拉力），截面的净面积 A_n 应满足：

$$A_n \geqslant \frac{N_{1-4}}{f} = \frac{225.33 \times 10^3}{215} \text{mm}^2 = 1048.05 \text{mm}^2$$

2~5 层：选用 2∟100×8，两等边角钢背间距离 $a = 10$mm（图 6-51a），其截面特征：$A = 31.278$cm²，$i_x = 3.08$cm，$i_y = 4.48$cm。

1 层：选用 2∟100×8，两等边角钢背间距离 $a = 12$mm（图 6-51b），其截面特征：$A = 31.278$cm²，$i_x = 3.08$cm，$i_y = 4.56$cm。

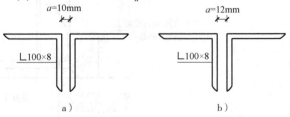

图 6-51　支撑杆截面
a) 2~5 层　b) 1 层

支撑在中部交叉部分用连接板连接，按受拉构件考虑，平面内计算长度取节点中心至交叉点间的距离，平面外计算长度取节点中心间的距离。

对于受拉杆件的长细比要求 $[\lambda] \leqslant 400$，支撑杆件虽然按受拉杆件设计，但其实际仍可能会承受压力，所以其长细比以不超过 250 为宜。

2～5 层支撑杆件的长度为 5307.5mm，平面内、外的长细比分别为

$$\lambda_x = \frac{l_{0x}}{i_x} = \frac{0.5 \times 5307.5}{30.8} = 86.16 < [\lambda] = 250$$

$$\lambda_y = \frac{l_{0y}}{i_y} = \frac{5307.5}{44.8} = 118.47 < [\lambda] = 250$$

1 层支撑杆件的长度为 5823.7mm，平面内、外的长细比分别为

$$\lambda_x = \frac{l_{0x}}{i_x} = \frac{0.5 \times 5823.7}{30.8} = 94.54 < [\lambda] = 250$$

$$\lambda_y = \frac{l_{0y}}{i_y} = \frac{5823.7}{45.6} = 127.71 < [\lambda] = 250$$

均满足要求。

4. 风荷载作用下的侧移验算

计算各层支撑单元的抗侧刚度时，只要考虑其中的受拉杆件的作用，不计受压杆件的作用。假定：横梁（纵向框架联系梁）和立柱的轴向刚度与支撑相比很大，按刚性杆考虑。

支撑单元的抗侧刚度 $k = \dfrac{1}{\delta} = \dfrac{EAb^2}{l^3}$

2～5 层（图 6-52a）：$E = 2.06 \times 10^5$ N/mm²，$l = 5307.5$mm，$A = 3127.8$mm²，$b = 3900$mm，代入上式，可得：

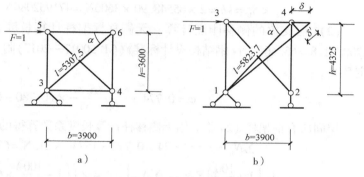

图 6-52 支撑层间抗侧刚度计算简图
a) 2～5 层 b) 1 层

$$k = \frac{EAb^2}{l^3} = \frac{2.06 \times 10^5 \times 3127.8 \times 3900^2}{5307.5^3} \text{N/mm} = 65548.90 \text{N/mm}$$

1 层（图 6-52b）：$E = 2.06 \times 10^5$N/mm²，$l = 5823.7$mm，$A = 3127.8$mm²，$b = 3900$mm，代入上式，可得：

$$k = \frac{EAb^2}{l^3} = \frac{2.06 \times 10^5 \times 3127.8 \times 3900^2}{5823.7^3} \text{N/mm} = 49617.91 \text{N/mm}$$

纵向框架在风荷载作用下的侧移计算过程见表 6-16，层间位移限值 $[\delta_i] = h/400$，顶点位移 $[\delta] = H/500$，均满足要求。

表 6-16 纵向框架在风荷载作用下的侧移计算

楼层	层间剪力/kN	层间刚度 k/(N/mm)	层间位移 δ_i/mm	位移限值 $[\delta_i]$/mm
5	15.24	65548.90	0.233	3600/400 = 9.00
4	37.54	65548.90	0.573	3600/400 = 9.00
3	59.84	65548.90	0.913	3600/400 = 9.00
2	79.41	65548.90	1.215	3600/400 = 9.00
1	100.6	49617.91	2.477	4700/400 = 11.75
顶点位移 $\delta = \sum \delta_i$			5.411	19100/500 = 38.2

5. 强支撑框架验算

（1）2~5 层支撑的侧移刚度计算　由于纵向框架中所有的水平纵向杆件与柱均为铰接，横梁的线刚度取为零，即 $K_1 = 0$；对底层柱，当柱与基础铰接时，$K_2 = 0$，查《钢结构设计标准》（GB 50017—2017）附录 E 表 E.0.1，无侧移框架柱计算长度系数 $\mu = 1.0$；查《钢结构设计标准》（GB 50017—2017）附录 E 表 E.0.2 有侧移框架柱计算长度系数 $\mu = \infty$，意味着轴压杆稳定承载力为零，$\sum N_{0i} = 0$。

框架柱 HM450×300，$A = 15740\text{mm}^2$，$I_y = 0.811 \times 10^8 \text{mm}^4$，$i_y = 71.8\text{mm}$；无侧移框架柱计算长度 $l_{0y} = 1.0 \times 3600\text{mm} = 3600\text{mm}$，$\lambda_y = l_{0y}/i_y = 3600/71.8 = 50.14$，查《钢结构设计标准》（GB 50017—2017）附录 D 表 D.0.2（b 类截面），可得轴心受压稳定系数 φ：

$$\varphi = 0.852 + \frac{51 - 50.14}{51 - 50} \times (0.856 - 0.852) = 0.855$$

层间所有框架柱(24 根)用无侧移柱计算长度系数算得的轴压杆件稳定承载力之和：

$$\sum N_{bi} = n\varphi A f = 24 \times 0.855 \times 15740 \times 215\text{N} = 69441732\text{N} = 69441.73\text{kN}$$

$$4.4\left[\left(1 + \frac{100}{f_y}\right)\sum N_{bi} - \sum N_{0i}\right] = 4.4 \times \left[\left(1 + \frac{100}{235}\right) \times 69441.73 - 0\right]\text{kN} = 435562.17\text{kN}$$

$$< S_b = kh = 2 \times 65548.90 \times 3600\text{N} = 471952080\text{N} = 471952.08\text{kN}（满足要求）$$

（2）1 层支撑的侧移刚度计算　无侧移框架柱计算长度 $l_{0y} = 1.0 \times 4700\text{mm} = 4700\text{mm}$，$\lambda_y = l_{0y}/i_y = 4700/71.8 = 65.46$，查《钢结构设计标准》（GB 50017—2017）附录 D 表 D.0.2（b 类截面），可得轴心受压稳定系数 φ：

$$\varphi = 0.774 + \frac{66 - 65.46}{66 - 65} \times (0.780 - 0.774) = 0.777$$

层间所有框架柱（24 根）用无侧移柱计算长度系数算得的轴压杆件稳定承载力之和：

$$\sum N_{bi} = n\varphi A f = 24 \times 0.777 \times 15740 \times 215\text{N} = 63106696.8\text{N} = 63106.70\text{kN}$$

$$4.4\left[\left(1 + \frac{100}{f_y}\right)\sum N_{bi} - \sum N_{0i}\right] = 4.4 \times \left[\left(1 + \frac{100}{235}\right) \times 63106.70 - 0\right]\text{kN} = 395826.71\text{kN}$$

$$< S_b = kh = 2 \times 49617.91 \times 4325\text{N} = 429194921.5\text{N} = 429194.92\text{kN}（满足要求）$$

6. 支撑连接节点

支撑节点包括端部与梁、柱的连接节点和交叉杆之间的连接。

（1）支撑端部与梁、柱的连接。

2~5 层：

1）高强度螺栓摩擦型连接计算。由于杆件内力较小，可以按支撑杆件承载力设计值的 1/2 来进行设计。

支撑杆件承载力设计值 $N = fA = 215 \times 3127.8\text{N} = 672477\text{N} = 672.48\text{kN}$，取 $N = 0.5 \times 672.48\text{kN} = 336.24\text{kN}$ 进行计算。

支撑与节点板的连接采用高强度螺栓。单个 10.9 级的 M20 高强度螺栓摩擦型双剪连接的抗剪承载力设计值为

$$N_v^b = 2(0.9n_f\mu)P = 2 \times (0.9 \times 1 \times 0.45) \times 155\text{kN} = 125.55\text{kN}$$

所需要螺栓数量：

$$n = \frac{N}{N_v^b} = \frac{336.24}{125.55} = 2.68，取3个螺栓$$

2）节点板焊缝强度计算。支撑轴向拉力分解为水平力和垂直力，分别作用于梁的翼缘和柱的翼缘上。

竖向分量：　　　　　　　$V_1 = N\sin\alpha = 336.24 \times 3900\text{kN}/5307.5 = 247.07\text{kN}$

水平分量：　　　　　　　$V_2 = N\cos\alpha = 336.24 \times 3600\text{kN}/5307.5 = 228.07\text{kN}$

与梁翼缘的连接板 $t = 10\text{mm}$。切角高度 20mm，焊脚尺寸 $h_\text{f} = 8\text{mm}$，焊缝长度 $l_\text{w} = (600 - 20 - 2 \times 8)$ mm $= 564\text{mm}$；焊缝有效面积 $A_\text{ew} = 2 \times 0.7 h_\text{f} l_\text{w} = 2 \times 0.7 \times 8 \times 564\text{mm}^2 = 6316.8\text{mm}^2$。

$$\tau_\text{v} = \frac{V_1}{A_\text{ew}} = \frac{247.07 \times 10^3}{6316.8}\text{N}/\text{mm}^2 = 39.11\text{N}/\text{mm}^2 < f_\text{f}^\text{w} = 160\text{N}/\text{mm}^2 \text{（满足要求）}$$

与柱腹板的连接板 $t = 10\text{mm}$。切角高度 20mm，焊脚尺寸 $h_\text{f} = 8\text{mm}$，焊缝长度 $l_\text{w} = (300 - 20 - 2 \times 8)\text{mm} = 264\text{mm}$；焊缝有效面积 $A_\text{ew} = 2 \times 0.7 h_\text{f} l_\text{w} = 2 \times 0.7 \times 8 \times 264\text{mm}^2 = 2956.8\text{mm}^2$。

$$\tau_\text{v} = \frac{V_2}{A_\text{ew}} = \frac{228.07 \times 10^3}{2956.8}\text{N}/\text{mm}^2 = 77.13\text{N}/\text{mm}^2 < f_\text{f}^\text{w} = 160\text{N}/\text{mm}^2 \text{（满足要求）}$$

3）节点板强度计算。板件的有效宽度 b_e 按图 6-53 确定，$b_\text{e} = (2 \times 200 \times \tan 30° - 22)\text{mm} = 208.94\text{mm}$。连接板厚度 $t = 10\text{mm}$。

连接节点板在拉、剪作用下的强度：

$$\sigma = \frac{N}{b_\text{e}t} = \frac{336.24 \times 10^3}{208.94 \times 10}\text{N}/\text{mm}^2 = 160.93\text{N}/\text{mm}^2 < f$$
$$= 215\text{N}/\text{mm}^2 \text{（满足要求）}$$

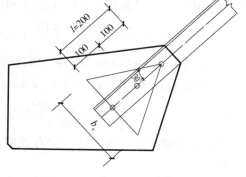

4）节点板稳定计算。因所有杆件均按受拉杆件设计，不考虑受压作用，节点板稳定可以不计算。

ZC-1 与框架节点的连接详图如图 6-54 所示。

图 6-53 板件的有效宽度

1 层：

1）高强度螺栓摩擦型连接计算。一般应按支撑杆件截面等强度的条件确定，由于 $N = 225.33\text{kN} < 0.5 fA = 0.5 \times 215 \times 3127.8\text{kN} = 336.24\text{kN}$，按 $N = 336.24\text{kN}$ 进行计算。

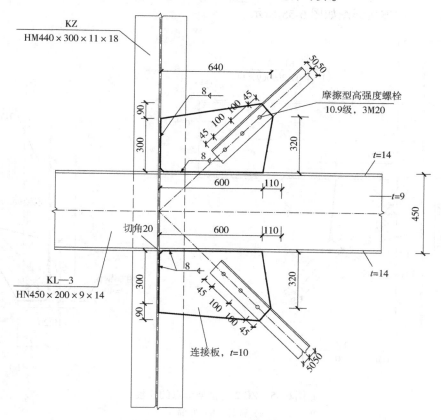

图 6-54 ZC-1 与框架节点的连接

支撑与节点板的连接采用高强度螺栓。单个 10.9 级的 M20 高强度螺栓摩擦型双剪连接的承载力 $N_v^b = 125.55\text{kN}$，所需要螺栓数量：

$$n = \frac{N_{1-4}}{N_v^b} = \frac{336.24}{125.55} = 2.68，取3个螺栓$$

2）节点板焊缝强度计算。支撑轴向拉力分解为水平力和垂直力，分别作用于梁的翼缘和柱的翼缘上。

竖向分量：　　　　　　$V_1 = N\sin\alpha = 336.24 \times 3900\text{kN}/5823.7 = 225.17\text{kN}$

水平分量：　　　　　　$V_2 = N\cos\alpha = 336.24 \times 3600\text{kN}/5823.7 = 207.85\text{kN}$

与梁翼缘的连接板 $t = 10\text{mm}$。切角高度 20mm，焊脚尺寸 $h_f = 8\text{mm}$，焊缝长度 $l_w = (500 - 20 - 2 \times 8)\text{mm} = 464\text{mm}$；焊缝有效面积 $A_{ew} = 2 \times 0.7h_fl_w = 2 \times 0.7 \times 8 \times 464\text{mm}^2 = 5196.8\text{mm}^2$。

$$\tau_v = \frac{V_1}{A_{ew}} = \frac{225.17 \times 10^3}{5196.8}\text{N/mm}^2 = 44.33\text{N/mm}^2 < f_f^w = 160\text{N/mm}^2 \text{（满足要求）}$$

与柱腹板的连接板 $t = 10\text{mm}$。切角高度 20mm，焊脚尺寸 $h_f = 8\text{mm}$，焊缝长度 $l_w = (300 - 20 - 2 \times 8)\text{mm} = 264\text{mm}$；焊缝有效面积 $A_{ew} = 2 \times 0.7h_fl_w = 2 \times 0.7 \times 8 \times 264\text{mm}^2 = 2956.8\text{mm}^2$。

$$\tau_v = \frac{V_2}{A_{ew}} = \frac{207.85 \times 10^3}{2956.8}\text{N/mm}^2 = 70.30\text{N/mm}^2 < f_f^w = 160\text{N/mm}^2 \text{（满足要求）}$$

3）节点板强度计算。板件的有效宽度 $b_e = (2 \times 200 \times \tan30° - 22)\text{mm} = 228.94\text{mm}$，连接板厚度 $t = 10\text{mm}$。

连接节点板在拉、剪作用下的强度：

$$\sigma = \frac{N}{b_et} = \frac{336.24 \times 10^3}{228.94 \times 12}\text{N/mm}^2 = 122.39\text{N/mm}^2 < f = 215\text{N/mm}^2 \text{（满足要求）}$$

4）节点板稳定计算。因所有杆件均按受拉杆件设计，不考虑受压作用，节点板稳定可以不计算。ZC-2 与框架节点的连接详图如图 6-55 所示。

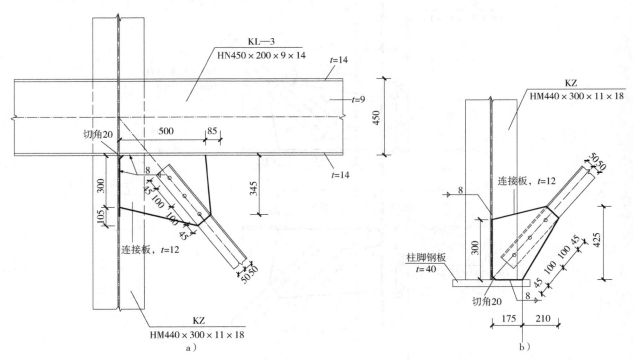

图 6-55　ZC-2 与框架节点的连接

a）顶部　b）底部

（2）交叉腹杆之间的连接　断开的支撑杆件采用与支座处相同形式的 3M20 高强度螺栓与节点板连接，未断开的支撑杆件采用双面角焊缝与节点板连接，焊脚尺寸取 $h_f = 6\text{mm}$。节点详图如图 6-56 所示。

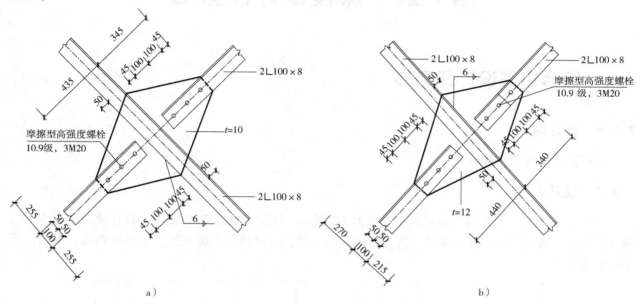

图 6-56　交叉腹杆之间的连接

a）ZC-1　　b）ZC-2

思　考　题

[6-1]　在单向刚接框架另一向为柱间支撑—铰接梁框架结构体系中，柱的截面方向如何布置？

[6-2]　在双向刚接框架结构体系中，柱的截面方向如何布置？

[6-3]　钢框架结构的适用最大高度有何规定？

[6-4]　如何确定钢结构房屋的抗震等级？

[6-5]　如何估选钢框架梁、柱的截面尺寸？

[6-6]　非抗震设计时，多层钢框架结构的承载力极限状态应考虑哪些荷载组合？

[6-7]　什么条件下的钢框架宜采用二阶 P—Δ 弹性分析？

[6-8]　钢框架结构一阶弹性分析与二阶 P—Δ 弹性分析有何异同？

[6-9]　说明钢框架一阶弹性分析的步骤。

[6-10]　说明钢框架二阶 P—Δ 弹性分析的步骤。

[6-11]　钢框架梁应进行哪些计算？

[6-12]　如何确定钢框架柱平面内、平面外的计算长度 l_0？

[6-13]　钢框架柱应进行哪些计算？

[6-14]　钢框架梁、柱刚性节点应进行哪些计算？

[6-15]　多层钢结构房屋中，柱脚与基础采用刚接，则刚性柱脚应进行哪些计算？

[6-16]　如何确定纵向支撑的计算简图？

[6-17]　交叉支撑按拉杆体系设计，受拉杆件的长细比允许值 $[\lambda] = 400$，为什么在支撑杆件长细比 λ_x 或 λ_y 验算时，取允许长细比 $[\lambda] = 250$ 验算？

[6-18]　纵向强支撑框架应满足什么条件？

[6-19]　支撑节点应进行哪些计算？

[6-20]　为什么支撑杆件的节点板稳定性可以不计算？

[6-21]　如何计算板件的有效宽度 b_e？

第7章　课程设计任务书

7.1　组合楼盖设计任务书

7.1.1　设计题目

某厂房仓库楼盖结构设计。

7.1.2　设计条件

（1）工程概况　某厂房仓库柱网布置如图7-1所示，楼层建筑标高4.500m。设计使用年限50年，房屋的安全等级为二级，环境类别一类，耐火等级二级，抗震设防烈度6度。拟采用钢梁、钢柱、压型钢板组合楼盖。

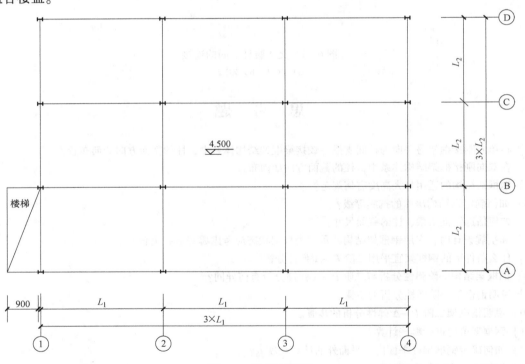

图7-1　柱网布置图

（2）建筑做法

1）楼面做法。20mm水泥砂浆找平，5mm厚1:2水泥砂浆加"108"胶水着色粉面层；板底为V形轻钢龙骨吊顶。

2）外墙做法。采用240mm加气混凝土砌块，双面粉刷。外粉刷1:3水泥砂浆底，厚20mm，外墙涂料；内粉刷为混合砂浆粉面，厚20mm，内墙涂料。

3）内墙做法。采用240mm加气混凝土砌块，双面粉刷。内粉刷为混合砂浆粉面，厚20mm，内墙涂料。

（3）柱网尺寸及可变荷载标准值（表7-1）　楼面可变荷载标准值的组合值系数 $\psi_c = 0.7$，准永久

值系数 $\psi_q = 0.8$。

表 7-1　柱网尺寸及可变荷载标准值

柱网 $L_1 \times L_2$ /m×m	可变荷载标准值/(kN/m²)					
	2.0	3.0	4.0	5.0	6.0	7.0
6.0×4.5	1	2	3	4	5	6
9.0×4.5	7	8	9	10	11	12
12.0×4.5	13	14	15	16	17	18
9.0×6.0	19	20	21	22	23	24
12.0×6.0	25	26	27	28	29	30
9.0×7.5	31	32	33	34	35	36
12.0×7.5	37	38	39	40	41	42

（4）材料要求

1）混凝土。钢筋混凝土结构的混凝土强度等级不应低于 C20，当采用 400MPa 及以上的钢筋时，混凝土强度等级不应低于 C25。

2）钢筋。梁内受力主筋采用 HRB400 级钢筋，其余均采用 HPB300 级钢筋。

（5）其他该厂房无特殊要求，楼梯位于楼盖外部的相邻部分。

7.1.3　设计内容

1）结构布置。
2）组合楼板设计。
3）次梁设计（采用型钢）。
4）主梁设计（采用型钢）。
5）次梁与主梁的连接节点设计。
6）组合楼盖施工图。
① 结构布置图。
② 楼板配筋图。
③ 次梁、主梁大样图。
④ 施工说明。

7.1.4　成果要求

1）进度安排（1 周）。

布置设计任务及结构布置　　0.5 天
设计计算及整理计算书　　2.5 天
绘制施工图　　2.0 天

2）计算正确，计算书必须统一格式并用钢笔抄写清楚。

3）每人需完成 1 号图一张，用铅笔绘图。要求图面布局均匀、比例适当、线条流畅、整洁美观，标注及说明用仿宋体书写，严格按照建筑制图标准绘图。

4）在完成上述设计任务后方可参加课程设计答辩。

7.1.5　参考资料

1）沈祖炎、陈以一、陈扬骥，房屋钢结构设计。
2）邱洪兴，建筑结构设计（第二册）——设计示例。

3）《建筑结构静力计算手册》编写组，建筑结构静力计算手册（第二版）。

4）GB/T 50105—2010 建筑结构制图标准。

5）GB 5009—2012 建筑结构荷载规范。

6）GB 50010—2010（2015 年版）混凝土结构设计规范。

7）GB 50017—2017 钢结构设计标准。

8）CECS 273：2010 组合楼板设计与施工规范。

7.2 普通钢屋架设计任务书

7.2.1 设计题目

某厂房××m 钢屋架设计。

7.2.2 设计条件

（1）工程概况 某车间厂房跨度 21（24、27、30）m，柱距 6m，总长度 96m，车间内设有两台 500/100kN 的 A5 工作制（中级工作制）软钩桥式起重机，地区计算温度高于 -20℃，无侵蚀性介质，抗震设防烈度 6 度，屋架下弦杆标高 18m，采用 1.5m×6.0m 预应力钢筋混凝土大型屋面板，Ⅱ级防水，卷材屋面，桁架采用梯形钢桁架，梁端铰支于钢筋混凝土柱上，上柱截面尺寸 450mm×450mm，混凝土强度等级 C25。

（2）屋面构造 采用二毡三油防水层；20mm 厚水泥砂浆找平层；80mm 厚泡沫混凝土保温层。

（3）荷载

1）永久荷载标准值。除屋盖自重外，还要考虑悬挂荷载 $0.15N/m^2$。

2）可变荷载标准值（可变荷载可按水平投影面积计算）。

基本风压 $0.35kN/m^2$

基本雪压 $0.50kN/m^2$

积灰荷载 $0.50kN/m^2$

不上人屋面 $0.50kN/m^2$

（4）结构参数

屋面坡度 i、屋架跨度 L（m）、屋架端部高度 H_0（m）（表 7-2）。

表 7-2 屋面坡度 i、屋架跨度 L（m）、屋架端部高度 H_0（m）

端高 H_0/m \ 跨度 L/m	屋面坡度 $i = 1/10$				屋面坡度 $i = 1/11$				屋面坡度 $i = 1/12$			
	21	24	27	30	21	24	27	30	21	24	27	30
1.70	1				5				9			
1.74	13				17				21			
1.78	25	2			29	6			33	10		
1.80	37	14			41	18			45	22		
1.84		26	3			30	7			34	11	
1.88		38	15			42	19			46	23	
1.90			27	4			31	8			35	12
1.94			39	16			43	20			47	24
1.98				28				32				36
2.00				40				44				48

注：屋架采用钢材及焊条：单号学号学生采用 Q235B 钢，焊条 E43 型；双号学号学生采用 Q345 钢，焊条 E50 型。

（5）建筑结构方案 屋盖采用无檩方案，无天窗，采用 1.5m×6.0m 预应力大型屋面板。

（6）制造运送方案 焊接，铁路运输。

7.2.3 设计内容

1）确定屋架形式和几何尺寸。

内容：确定屋架中高及端高；确定节点间距及腹杆图形；按比例画出屋架单线图。

2）屋架支撑布置。内容包括：上弦横向水平支撑，下弦横向水平支撑，下弦纵向水平支撑，垂直支撑，系杆。按 1:600 比例尺画出屋架上弦、下弦支撑布置图及垂直支撑布置图。

3）进行荷载和内力计算。内容包括：按荷载规范选取荷载，采用图解法计算半跨单位节点荷载作用下的杆件内力系数，进行杆件内力计算和内力组合。

4）屋架杆件截面选择。

5）节点设计。内容包括：屋脊节点，上、下弦拼接节点，上、下一般节点，支座节点等 4~5 个典型节点。

6）完成设计计算书，绘制钢屋架运送单元施工图。

7.2.4 成果要求

1）进度安排（1 周）。

布置设计任务及屋盖布置、屋架几何形状布置	0.5 天
设计计算（屋架内力分析和组合、杆件截面选择、屋架节点设计）	2.5 天
绘制施工图及计算书整理	2.0 天

2）设计计算书。

① 设计资料、设计依据。

② 选择钢屋架材料，并明确提出保证项目的要求。

③ 确定屋架形式及几何尺寸、屋盖及支撑布置。

④ 荷载汇集、杆件内力计算、内力组合、选择各杆件截面。

⑤ 节点设计（包括下弦节点、上弦节点，屋脊节点及下弦中央节点等）。

⑥ 垫板设计。

⑦ 材料统计。

设计计算书书写工整（用钢笔），表达要清楚，计算步骤明确，计算公式和数据应有依据；图表应用得当（应附有与设计有关的插图和说明），各种图形应按比例，并用仪器绘制。

3）每人需完成 1 号图一张，用铅笔绘图。

① 屋架几何尺寸和内力简图（1:100）。

② 构件详图：屋架正立面图（轴线图比例 1:20，节点及杆件比例 1:10），上、下弦平面图，端部侧面图，跨中及中间部位剖面图。

③ 零件或节点大样图（1:5）。

④ 材料表。

⑤ 设计说明。要求图面布局均匀、比例适当、线条流畅、整洁美观，标注及说明用仿宋体书写，严格按照建筑制图标准绘图。

4）在完成上述设计任务后方可参加课程设计答辩。

7.2.5 参考资料

1）陈绍蕃、顾强，钢结构（上册）——钢结构基础（第二版）。

2）陈绍蕃、顾强，钢结构（下册）——房屋建筑钢结构设计（第二版）。

3）魏明钟，钢结构（第二版）。

4）GB/T 50105—2010 建筑结构制图标准。

5）GB/T 50001—2017 房屋建筑制图统一标准。

6）GB 5009—2012 建筑结构荷载规范。

7）GB 50017—2017 钢结构设计标准。

7.3 平台钢结构设计任务书

7.3.1 设计题目

某机加工车间钢结构操作平台设计。

7.3.2 设计条件

（1）工程概况 某机加工车间，厂房跨度 21m 或 24m，长度 96m。室内钢结构操作平台建筑标高为 4.500m，柱网布置如图 7-2 所示。厂房安全等级为二级，设计使用年限 50 年，耐火等级二级。

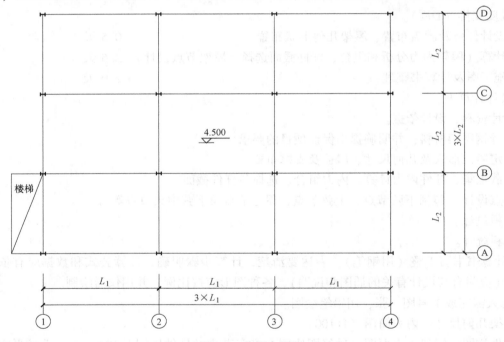

图 7-2 柱网布置图

（2）荷载 楼面活荷载根据工艺要求分别为 $2.0 \sim 7.0 \mathrm{kN/m^2}$，见表 7-3，准永久值系数 $\psi_q = 0.8$。

（3）连接方式 平台板与梁采用焊接（角焊缝）；次梁与主梁采用高强度螺栓连接；主梁与柱采用焊接或高强度螺栓连接，定位螺栓采用粗制螺栓。

（4）材料 型钢、钢板采用 Q235—AF；手工焊条，采用 E43 型焊条，粗制螺栓采用 Q235 钢。

（5）平台做法 设计对象为厂房内的钢操作平台，钢平台楼面做法如下：

1）采用花纹钢板或防滑带肋钢板。

2）钢筋混凝土预制板。

（6）柱网尺寸和可变荷载标准值（表 7-3）

表 7-3　柱网尺寸和可变标准值

柱网 $L_1 \times L_2 /\mathrm{m} \times \mathrm{m}$	可变荷载标准值/$(\mathrm{kN/m^2})$					
	2.0	3.0	4.0	5.0	6.0	7.0
6.0×4.5	1	2	3	4	5	6
9.0×4.5	7	8	9	10	11	12
12.0×4.5	13	14	15	16	17	18
9.0×6.0	19	20	21	22	23	24
12.0×6.0	25	26	27	28	29	30
9.0×7.5	31	32	33	34	35	36
12.0×7.5	37	38	39	40	41	42

7.3.3　设计内容

1）钢平台结构支撑系统（支撑布置及选型，在计算书上应绘制支撑布置图）。

2）楼板设计（包括楼板和加劲肋的设计或者楼板配置及合理布置）。

3）次梁设计（采用型钢）。

4）主梁设计（采用焊接组合梁）。

5）钢柱设计（采用焊接组合柱或型钢柱）（安排 1.5 周时做）。

6）次梁与主梁、主梁与柱上端、柱脚（安排 1.5 周时做）设计。

7）平台楼梯和栏杆的选择与设计（安排 1.5 周时做）。

8）钢平台的设计施工图（含材料表）。

7.3.4　成果要求

1）进度安排（1 周/1.5 周）。

布置设计任务及结构布置　　　0.5 天

设计计算及整理计算书　　　2.5 天/5.0 天

绘制施工图　　　2.0 天

2）计算正确，计算书必须统一格式并用钢笔抄写清楚。

3）每人绘制 1 号施工图一张，采用白光纸、铅笔线条完成。要求图面质量符合工程制图标准要求，线条粗细均匀、有层次，图面表达清楚、整洁。

4）完成设计计算书 1 份。计算书必须条理清楚、整洁，并附有必要的简图（比例自定），最后装订成册。

5）在完成上述设计任务后方可参加课程设计答辩。

7.3.5　参考资料

1）沈祖炎、陈以一、陈扬骥，房屋钢结构设计。

2）陈绍蕃、顾强，钢结构（下册）——房屋建筑钢结构设计（第二版）。

3）邱洪兴，建筑结构设计（第二册）——设计示例。

4）GB/T 50105—2010 建筑结构制图标准。

5）GB/T 50001—2017 房屋建筑制图统一标准。

6）GB 5009—2012 建筑结构荷载规范。

7）GB 50017—2017 钢结构设计标准。

7.4 轻型门式刚架厂房设计任务书

7.4.1 设计题目

某轻型门式刚架结构设计。

7.4.2 设计条件

（1）工程概况 某单层单跨厂房，跨度 15（18、21、24、27）m，开间 6m，总长 90m，室内外高差 0.30m，柱顶标高 10.0m。设计使用年限 50 年，结构安全等级为二级，抗震设防烈度 6 度。拟采用单跨双坡轻型门式刚架。

（2）厂房围护结构系统 采用压型钢板复合屋面及墙面，檩条、墙梁为冷弯薄壁卷边 C 形钢。屋面坡度 1/12。

（3）材料选择

1）钢材。门式钢架梁（翼缘、腹板）、柱（翼缘、腹板）均采用 Q235B 钢；梁柱端头板采用 Q345B 钢。

2）连接。10.9 级摩擦型高强度螺栓。

3）焊条。Q345 钢与 Q345 钢焊接采用 E50 型焊条；Q345 钢或 Q235 钢与 Q235 钢焊接均采用 E43 型焊条。

（4）可变荷载 基本雪压 $S_0 = 0.40 \mathrm{kN/m^2}$，组合值系数 $\psi_c = 0.7$。

屋面均布活荷载的标准值 $0.50 \mathrm{kN/m^2}$。

（5）厂房跨度 L（m）和基本风压 w_0（$\mathrm{kN/m^2}$）（表 7-4） 地面粗糙度为 B 类，风荷载组合值系数 $\psi_c = 0.6$。

表 7-4 厂房跨度 L 和基本风压 w_0

跨度 L/m	基本风压 $w_0/(\mathrm{kN/m^2})$				
	0.35	0.40	0.45	0.50	0.55
15	1	2	3	4	5
18	6	7	8	9	10
21	11	12	13	14	15
24	16	17	18	19	20
27	21	22	23	24	25
30	26	27	28	29	30

7.4.3 设计内容

（1）结构布置及构件选型 内容：柱网布置与定位轴线、柱间支撑布置、屋盖布置；构件选型与截面尺寸估选。

（2）刚架结构分析 计算简图、荷载计算、内力计算、侧移计算。

（3）刚架构件设计 内力组合、立柱截面计算、横梁截面计算、横梁挠度计算。

（4）刚架节点设计 梁、柱节点，横梁屋脊节点，柱脚节点。

（5）支撑系统设计（安排 2 周时做） 柱间支撑、屋盖横向水平支撑。

（6）围护系统设计（安排 2 周时做） 檩条、墙架梁的强度、稳定性和挠度验算。

（7）绘制施工图。

1）门式刚架厂房结构布置图（1:200）。

2）柱间支撑布置图（1:200）。

3）屋盖布置图（1:200）。

4）刚架施工图（1:50）。

5）施工说明。

7.4.4 成果要求

1）进度安排（1.5 周/2 周）。

下达设计任务及结构布置   1.0 天

刚架结构分析   2.0 天

刚架构件设计（含节点）   2.0 天

支撑系统设计   0.5 天

围护系统设计   2.0 天

绘制施工图及整理计算书   2.5 天

2）计算正确，计算书必须统一格式并用钢笔抄写清楚。

3）每人需完成 1 号图一张或 2 号图 2~3 张，用铅笔绘图。要求图面布局均匀、比例适当、线条流畅、整洁美观，标注及说明用仿宋体书写，严格按照建筑制图标准绘图。

4）在完成上述设计任务后方可参加课程设计答辩。

7.4.5 参考资料

1）沈祖炎、陈以一、陈扬骥，房屋钢结构设计。

2）邱洪兴，建筑结构设计（第二册）——设计示例。

3）GB/T 50105—2010 建筑结构制图标准。

4）GB/T 50001—2017 房屋建筑制图统一标准。

5）GB 50009—2012 建筑结构荷载规范。

6）GB 50017—2017 钢结构设计标准。

7）GB 51022—2015 门式刚架轻型房屋钢结构技术规范。

7.5 钢框架结构设计任务书

7.5.1 设计题目

某多层办公楼结构设计。

7.5.2 设计条件

（1）工程概况 办公楼标准层建筑平面图如图 7-3 所示，层高均为 3.6m，室内外高差 0.45m。房屋安全等级为二级，设计使用年限 50 年。抗震设防烈度 6 度，拟采用钢框架结构。

（2）建筑构造

1）墙身做法：±0.000 标高以下墙体均为多孔黏土砖，用 M7.5 水泥砂浆砌筑；±0.000 标高以上

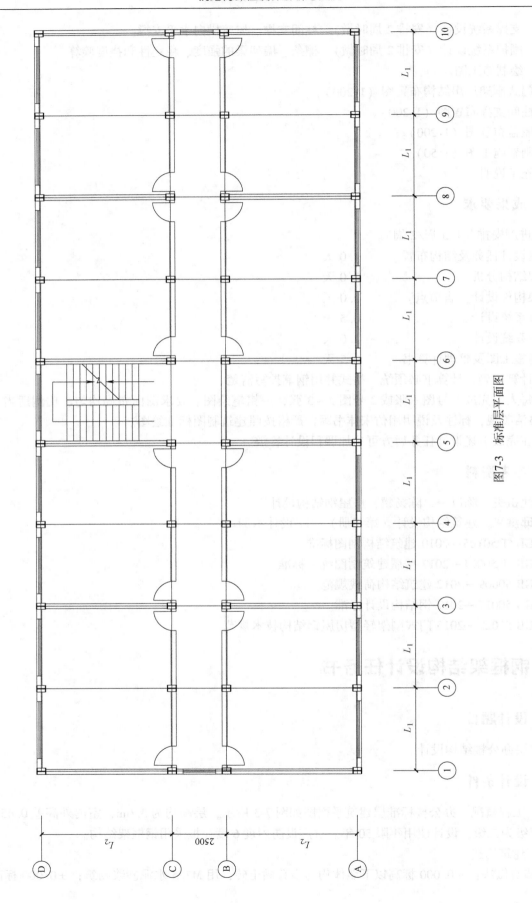

图7-3 标准层平面图

外墙采用 PK1 黏土多孔砖，内墙采用 ALC 加气混凝土砌块，用 M5 混合砂浆砌筑。

　内墙（乳胶漆墙面）：苏 J01—2005 8/5

　　　　　　　　　刷乳胶漆

　　　　　　　　　5mm 厚 1:0.3:3 水泥石灰膏砂浆粉面

　　　　　　　　　12mm 厚 1:1.6 水泥石灰膏砂浆打底

　　　　　　　　　刷界面处理剂一道

　外墙（保温墙面——聚苯板保温）：苏 J01—2005 22/6

　　　　　　　　　喷涂料面层

　　　　　　　　　聚合物抹面抗裂砂浆

　　　　　　　　　耐碱玻纤网格布

　　　　　　　　　聚合物抹面抗裂砂浆

　　　　　　　　　界面剂一道刷在膨胀聚苯板粘贴面上

　　　　　　　　　25mm 厚膨胀聚苯板保温层（需专业固定件）

　　　　　　　　　界面剂一道刷在膨胀聚苯板粘贴面上

　　　　　　　　　3mm 厚专用胶黏剂

　　　　　　　　　20mm 厚 1:3 水泥砂浆找平层

　　　　　　　　　界面处理剂一道

　　　　　　　　　黏土多孔砖基层墙面

　2）平顶做法（乳胶漆顶棚）：苏 J01—2005 6/8

　　　　　　　　　刷乳胶漆

　　　　　　　　　20mm 厚 1:0.3:3 水泥石灰膏砂浆打底

　　　　　　　　　刷素水泥浆一道（内掺建筑胶）

　　　　　　　　　现浇混凝土楼板

　3）楼面做法（水磨石地面）：苏 J01—2005 5/3

　　　　　　　　　15mm 厚 1:2 白水泥彩色石子磨光打蜡（铝条分格条）

　　　　　　　　　刷素水泥结合层一道

　　　　　　　　　20mm 厚 1:3 水泥砂浆找平层

　　　　　　　　　现浇钢筋混凝土楼面

　4）屋面做法（刚性防水屋面——有保温层）：苏 J01—2005 12/7

　　　　　　　　　50mm 厚 C20 细石混凝土内配 $\phi4$ 双向钢筋，中距 200mm 粉平压光

　　　　　　　　　20mm 厚 1:3 水泥砂浆找平

　　　　　　　　　60mm 厚挤塑聚苯板保温层

　　　　　　　　　20mm 厚 1:3 水泥砂浆找平层

　　　　　　　　　合成高分子防水卷材一层（厚度≥12mm）

　　　　　　　　　20~150mm 厚轻质混凝土找坡（坡度2%）

　　　　　　　　　钢筋混凝土屋面板

5）门窗做法：隔热断桥铝合金窗（2700mm×1800mm），木门（1200mm×2400mm）。

（3）可变荷载标准值

1）建设地点基本风压 $w_0 = 0.70\text{kN/m}^2$（重现期 50 年），场地粗糙度属 B 类，组合值系数 $\psi_c = 0.6$。

2）建设地点基本雪压 $S_0 = 0.40\text{kN/m}^2$（重现期 50 年），组合值系数 $\psi_c = 0.7$。

3）不上人屋面可变荷载标准值 0.5kN/m²，组合值系数 $\psi_c = 0.7$。

4）办公室楼面可变荷载标准值 2.0kN/m²，组合值系数 $\psi_c = 0.7$。

5）走廊、楼梯可变荷载标准值 2.5kN/m², 组合值系数 $\psi_c = 0.7$。

（4）柱网及层数（表 7-5）

表 7-5　柱网及层数

层数	柱网 $L_1 \times L_2 / \mathrm{m} \times \mathrm{m}$									
	3.6×6.0	3.6×6.3	3.6×6.6	3.6×6.9	3.6×7.2	3.9×6.3	3.9×6.6	3.9×6.9	3.9×7.2	4.2×6.0
三层	30	29	28	27	26	25	24	23	22	21
四层	20	19	18	17	16	15	14	13	12	11
五层	10	9	8	7	6	5	4	3	2	1

7.5.3　设计内容

1）结构平面布置（含支撑布置）与材料选择。

2）横向框架结构分析（初选截面尺寸、荷载计算、竖向荷载下内力计算、水平荷载下内力计算、水平荷载下侧移计算）。

3）框架梁、柱截面设计。

4）节点设计（梁柱节点、柱脚节点）。

5）支撑设计（安排 1.5 周时做）。

6）绘制施工图。

① 结构平面布置图（1:200）。

② 框架施工图（1:200）。

③ 施工说明。

7.5.4　成果要求

1）进度安排（1 周/1.5 周）。

下达设计任务及结构布置	1.0 天
框架结构分析	1.5 天
框架构件设计（含节点、支撑）	1.5 天/2.0 天
绘制施工图及整理计算书	1.0 天

2）计算正确，计算书必须统一格式并用钢笔抄写清楚。

3）每人需完成 1 号图一张或 2 号图 2 张，用铅笔绘图。要求图面布局均匀、比例适当、线条流畅、整洁美观，标注及说明用仿宋体书写，严格按照建筑制图标准绘图。

4）在完成上述设计任务后方可参加课程设计答辩。

7.5.5　参考资料

1）沈祖炎、陈以一、陈扬骥，房屋钢结构设计。

2）邱洪兴，建筑结构设计（第二册）——设计示例。

3）GB/T 50105—2010 建筑结构制图标准。

4）GB/T 50001—2017 房屋建筑制图统一标准。

5）GB 50009—2012 建筑结构荷载规范。

6）GB 50011—2010（2016 年版）建筑抗震设计规范。

7）GB 50017—2017 钢结构设计标准。

参 考 文 献

［1］中华人民共和国住房和城乡建设部．建筑结构可靠性设计统一标准：GB 50068—2018［S］．北京：中国建筑工业出版社，2018.

［2］中华人民共和国住房和城乡建设部．建筑抗震设计规范：GB 50011—2010（2016 年版）［S］．北京：中国建筑工业出版社，2016.

［3］中华人民共和国住房和城乡建设部．混凝土结构设计规范：GB 50010—2010（2015 年版）［S］．北京：中国建筑工业出版社，2015.

［4］中华人民共和国住房和城乡建设部．钢结构设计标准：GB 50017—2017［S］．北京：中国建筑工业出版社，2017.

［5］中华人民共和国住房和城乡建设部．建筑结构荷载规范：GB 50009—2012［S］．北京：中国建筑工业出版社，2012.

［6］中华人民共和国住房和城乡建设部．建筑地基基础设计规范：GB 50007—2011［S］．北京：中国建筑工业出版社，2011.

［7］中华人民共和国住房和城乡建设部．组合结构设计规范：JGJ 138—2016［S］．北京：中国建筑工业出版社，2016.

［8］中冶建筑研究总院有限公司．组合楼板结构设计与施工规程：CECS 273：2010［S］．北京：中国计划出版社，2010.

［9］中华人民共和国住房和城乡建设部．门式刚架轻型房屋钢结构技术规范：GB 51022—2015［S］．北京：中国建筑工业出版社，2015.

［10］沈祖炎，陈以一，陈扬骥．房屋钢结构设计［M］．北京：中国建筑工业出版社，2008.

［11］陈绍蕃，顾强．钢结构（上册）——钢结构基础［M］．2 版．北京：中国建筑工业出版社，2007.

［12］陈绍蕃，顾强．钢结构（下册）——房屋建筑钢结构设计［M］．2 版．北京：中国建筑工业出版社，2007.

［13］魏明钟．钢结构［M］．2 版．武汉：武汉理工大学出版社，2002.

［14］邱洪兴．建筑结构设计（第二册）——设计示例［M］．北京：高等教育出版社，2008.